Fundamentals of Interchangeability and Measurement Technology

互换性与测量技术基础

主　编　周宏根　景旭文

副主编　苏世杰

江苏大学出版社

JIANGSU UNIVERSITY PRESS

镇　江

图书在版编目(CIP)数据

互换性与测量技术基础/周宏根,景旭文主编. —镇江:江苏大学出版社,2015.8
ISBN 978-7-5684-0018-3

Ⅰ.①互… Ⅱ.①周… ②景… Ⅲ.①零部件—互换性②零部件—测量技术 Ⅳ.①TG801

中国版本图书馆 CIP 数据核字(2015)第 186285 号

互换性与测量技术基础
Huhuanxing Yu Celiang Jishu Jichu

主　　编/周宏根　景旭文
副 主 编/苏世杰
责任编辑/汪再非　吴蒙蒙
出版发行/江苏大学出版社
地　　址/江苏省镇江市梦溪园巷 30 号(邮编:212003)
电　　话/0511-84446464(传真)
网　　址/http://press.ujs.edu.cn
排　　版/镇江文苑制版印刷有限责任公司
印　　刷/虎彩印艺股份有限公司
经　　销/江苏省新华书店
开　　本/787 mm×1 092 mm　1/16
印　　张/16.5　　插表 2
字　　数/421 千字
版　　次/2015 年 8 月第 1 版　2015 年 8 月第 1 次印刷
书　　号/ISBN 978-7-5684-0018-3
定　　价/34.00 元

如有印装质量问题请与本社营销部联系(电话:0511-84440882)

前　言

“互换性与测量技术基础”是工科类专业的一门重要专业基础课，涉及产品设计与制造、生产计划与管理、质量保证与服务等整个机械行业的方方面面。该课程主要介绍机械产品的几何精度设计，其内容不仅涉及标准化领域，也涉及计量学领域。本书内容主要讲授互换性、标准化、测量技术及质量工程的基本知识，通过该课程的学习，使学生掌握机械产品几何精度设计的要求，理解和掌握各公差标准及其应用、初步掌握企业常用测量器具的应用范围和操作技能，并了解测量数据的处理办法。

本书结合编者多年的教学实践经验，依据全国互换性与测量技术基础教材编审小组审核的教学大纲编写，力求做到以下几点：

1. 内容新颖齐全，表述简明扼要、通俗易懂。为了帮助学生正确理解和标注各种精度要求，本书采用了大量图例，以强化对有关标准的解释说明。

2. 强化工程应用，注重培养实际技能。着眼于生产实践，注意理论联系实际，体现“以实用为主、以够用为度、学以致用”的原则。

3. 设计了基础知识和应用实践并重的习题。通过给出的应用实例，帮助学生掌握知识点。

4. 采用全新国家标准。本书所引用的标准全部为最新的国家标准，标准内容齐全完整。

本书可作为本科生和研究生的教材，适用于机械、电子、仪表等专业，同时也适用于近机类专业，也可以作为机械行业的工程技术人员的参考资料。

本书由周宏根副教授、景旭文教授担任主编，苏世杰副教授担任副主编。参加本书编写的有：周宏根（第2，3，9章）、景旭文（第1，5章）、苏世杰（第4，8章）、潘宝俊（第6章）、龚婵媛（第7章）、王新彦（第10章）。

本书在编写过程中参考了一些兄弟院校的教材和资料，在此谨表谢意。

限于编写者水平，书中不足之处和错误难免，恳切希望广大读者批评指正。

编　者

2015年6月

目　录

第7章 键、花键的公差与配合

第8章 圆锥的公差与检测

第9章 螺纹的公差与检测

第 1 章　绪　　论

互换性生产在国民经济中起着重要的作用，它是现代化大批量生产的基础。标准是规范生产活动的规范。互换性与标准化涉及产品的设计制造及质量控制、生产管理等领域。本课程主要讲解“产品几何量技术规范与认证(GPS)”方面的标准，为产品的设计和制造提供技术依据。本章涉及的规范主要有：GB/T 321—2005《优先数和优先数系》、GB/T 19763—2005《优先数和优先数系的应用指南》、GB/T 19764—2005《优先数和优先数化整值系列的选用指南》、GB/Z 20308—2006《产品几何技术规范(GPS)　总体规划》。

§1.1　互换性的概念和作用

1.1.1　互换性的基本概念

1. 互换性(interchangeability)

在现代生产和生活中，互换现象随处可见。例如，电灯泡坏了，买一只相同型号的灯泡换上就行；机器掉了一个螺钉，按同样规格买一个装上就行；机器零件磨损了，换上一个同规格的零件便能满足使用要求等。这是因为这些合格的零件都具有在材料性能、几何尺寸和使用功能上彼此相互替换的性能，即具有互换性。

广义上讲，互换性是一种产品或服务能够替代另一种产品或服务，并且能满足同样要求的能力。在机械制造业中，零部件的互换性是指按同种规格生产的一批零部件，在装配前不需要挑选，装配时不需要修配和调整，装配后能满足规定的功能要求的特性。在现代化的大量或批量生产中，要求互相装配的零部件都要符合互换性原则。

互换性通常包括几何参数(包括尺寸、微观与宏观几何形状及相互位置)、机械性能(硬度、强度等)和物化性能(密度、化学成分等)的互换性，本课程仅研究几何参数的互换性及其测量技术。

2. 误差与公差(error & tolerance)

误差是零件在实际生产中，由于加工系统等因素的影响，其实际几何参数与理想几何参数的差值。

公差是零件几何参数的允许变动量，即允许几何参数误差的最大值。公差是由设计人员根据产品设计要求给定的，用以控制加工误差和装配误差。

公差是实现零件误差控制和保证零件互换性的基础。合理规定公差值是保证互换性生产的基本技术措施，公差过大不能保证产品的使用性能，公差过小会增加加工成本和使加工困难。

3. 检测(detection)

在产品工艺过程中，检测包括检验、测量等意义比较宽泛的几何参数测量过程。它不仅用来评定产品质量,还用来分析产品不合格原因,预防废品产生。其中测量是将被测量与已知标准量进行比较,获取被测量具体数值的过程;检验指判断被测量是否合格,通常不需要测出具体数值。

合理制定公差和正确进行检测是保证产品质量、实现互换性生产的两个必不可少的条件和手段。

4. 精度和精度设计(precision & precision design)

精度指零部件的实际几何形体与理想几何形体相接近的程度。一般来说,精度等级越高,公差值越小,零部件的实际几何形体与其理想几何形体越接近。

精度设计又称公差设计,即根据产品的功能和性能要求,合理地设计零部件的几何要素公差,并将其正确标注在工程图纸上。

1.1.2 互换性的分类

在不同的场合,零部件互换的形式和程度是不同的。根据互换的程度,互换性可分为完全互换和不完全互换两类。

1. 完全互换(completely interchangeable)

完全互换简称互换性,它以零部件装配或更换时不需要挑选或修配为条件,也就是零部件百分之百互换。

它的优点是生产效率高,有利于生产组织和维修。但是如果产品使用要求很高,即精度很高,若按完全互换性进行生产,就要求零部件的制造精度很高,给加工带来困难,加工很不经济,有时甚至无法加工,此时在生产中往往采用不完全互换组织生产,即零部件加工按经济精度组织生产,装配时通过一定的工艺措施来保证产品的精度要求。完全互换通常用于厂际协作与批量生产,螺母、螺钉、销、轴承等标准件大都属于完全互换。

2. 不完全互换(incompletely interchangeable)

不完全互换也称有限互换,在零部件装配时允许有附加的挑选、修配或者调整。不完全互换可采用分组互换法、调整法和修配法等方法来实现。

不完全互换一般用于中小批量生产的高精度产品,通常用于厂内生产的零部件装配。

1.1.3 互换性的作用

互换性已经成为提高制造水平、促进技术进步的有力手段之一,在产品设计、制造、使用和维修等方面有着极其重要的作用。

1. 在设计方面

零部件具有互换性可以最大限度地利用标准件和通用件,这样就可以简化制图,减少计算工作,从而缩短设计周期,便于设计人员集中精力解决关键问题,对提高设计质量,改善产品性能都有重大作用。

2. 在加工和装配方面

在加工和装配方面,按互换性进行生产可以分散加工、集中装配,有利于组织跨地域的专业化厂际协作;有利于采用先进工艺和高效率装备或先进制造系统,实现生产过程的自动化;有利于保证装配过程连续进行,减轻劳动强度,缩短装配周期,保证装配质量。

3. 在使用维修方面

零部件具有互换性可以及时更换那些已经磨损或损坏了的零部件，可以减少机器的维修时间和费用，保证机器正常运转，从而提高机器的寿命和使用价值。

4. 在生产组织管理方面

技术和物质供应只有贯彻零部件具有互换性的生产理念，才能实现科学化管理。互换性原则是机械工业生产中的基本技术原则，也是设计生产中必须遵循的基本思想，因为无论采用何种生产方式，都要采用具有互换性的刀具、夹具和量具等工装，并且在整台产品中一定会用到大量具有互换性的标准件和通用件。

§1.2 标准与标准化

1.2.1 标准与标准化的概念

所谓标准是指对需要协调统一的重复性事物(如产品、零部件)和概念(如术语、规则、方法、代号、量值)所做的统一规定。它以科学、技术和实践经验的综合成果为基础，经有关方面协商一致，由主管机构批准，以特定形式发布。

所谓标准化是指在经济、技术、科学及管理等社会实践中，对重复性事物和概念通过制定、发布和实施标准，达到统一，以获得最佳秩序和社会效益。标准化包括制定标准和贯彻标准的全部活动过程。这个过程是从探索标准化对象开始，经调查、实验和分析，进而起草、制定和贯彻标准，而后修订标准。因此，标准化是个不断循环而又不断提高的过程。

标准化的主要形式有简化、统一化、系列化、通用化和组合化。标准化覆盖面很广，包括产品规格的标准化、尺寸和参数的标准化、公差配合的标准化、检测的标准化。为了全面保证互换性，不仅要合理确定零部件的制造公差，而且要对影响制造精度及质量的各个生产环节、阶段和方面实施标准化，它是科学管理的重要组成部分。

标准化对人类进步和科学技术发展起着巨大的推动作用，是国家现代化水平的重要标志之一。标准化是组织现代化生产的重要手段，是实现互换性生产的必要前提。

1.2.2 标准的分类及代号

1. 标准的种类

标准的范围很广，涉及人类生活的方方面面。按照标准的地位和作用，标准通常分为技术标准、管理标准和工作标准三大类。按照标准化对象的特性，技术标准又分为基础标准、产品标准、工艺标准、方法标准、检测试验标准，以及安全、卫生、环境保护标准等。基础标准是指在一定范围内作为其他标准的基础并被普遍使用，且具有广泛指导意义的标准。在每个领域中，基础标准是覆盖面最广的标准，它是该领域中所有标准的共同基础。基础标准是机电产品设计和制造中必须采用的工程语言和技术数据，也是机械产品公差设计和检测的依据。本课程涉及的极限配合标准、检测器具和方法标准等，大多属于基础标准。

2. 标准的级别

根据《中华人民共和国标准化法》规定，我国的标准分为国家标准、行业标准、地方标准和企业标准四级标准体系。国家标准、行业标准、地方标准又分为强制性标准和推荐性标准,其中,强制性标准必须执行,不符合强制性标准的产品,禁止生产、销售和进口;国家鼓励企业自愿采用推荐性标准。

(1) 国家标准。国家标准是四级标准体系中的主体,指由国家标准化主管机构批准、发布,在全国范围内统一的标准。我国的国家标准分为国标(GB)和国军标(GJB)。强制性国家标准的代号为 GB,推荐性国家标准的代号为 GB/T。

(2) 行业标准。由我国各主管部、委(局)批准发布,在该部门范围内统一使用的标准,称为行业标准。行业标准是对国家标准的补充,是专业性、技术性较强的标准。不同行业标准前面的两个字母不同,例如:机械-JB、交通-JT、轻工-QB、汽车-QC、农业-NY、环境-HJ、林业-LY、电子-SJ、通信-YD、教育-JY、卫生-WS、航空-HB 等。

(3) 地方标准。对没有国家标准和行业标准而需要在省、自治区、直辖市范围内统一的技术要求,可以制定地方标准(DB)。例如 DB32/856—2005 为江苏省强制性地方标准,DB后面的阿拉伯数字代表省、自治区或直辖市。如北京 11、天津 12、河北 13、山西 14、内蒙古 15、辽宁 21、吉林 22、黑龙江 23、上海 31、江苏 32、浙江 33、安徽 34、福建 35、江西 36、山东 37、河南 41、湖北 42、湖南 43、广东 44、广西 45、海南 46、重庆 50、四川 51、贵州 52、云南 53、西藏 54、陕西 61、甘肃 62、青海 63、宁夏 64、新疆 65。

(4) 企业标准。企业标准(QB)是指由企(事)业或其上级有关机构批准发布的标准。企业生产的产品没有相应的国家标准、行业标准和地方标准的,应当制定相应的企业标准;对已有国家标准、行业标准或地方标准的,鼓励企业制定严于前三级标准要求的企业标准。

3. 国际标准

国际标准是指由国际标准化机构通过的标准。国际标准化组织(ISO)、国际电工委员会(IEC)和国际电信联盟(ITU)是三大权威的国际标准化机构。随着贸易国际化,标准也日趋国际化。以国际标准为基础制定本国标准,已成为世界贸易组织(WTO)对各成员国的要求。各成员国可自愿而不是强制采用国际标准,但国际标准往往集中了发达工业国家的技术经验,因此从本国的利益出发,也应当积极采用国际标准。

§1.3 公差标准与测量技术发展概况

1.3.1 公差标准的发展概况

1. 国外公差制

随着生产的发展,要求企业内部有统一的公差与配合标准,以扩大互换性生产的规模和控制机器备件的供应。1902 年,英国伦敦以生产剪羊毛机为主的纽瓦(Newall)公司编辑出版了"极限表",即最早的公差制。

1906 年,英国颁布了国家标准 B. S. 27。1924 年,英国又制定了国家标准 B. S. 164。1925 年,美国出版了包括公差制在内的美国标准 A. S. A. B4a。1929 年,苏联也颁布了一个"公差与配合"标准。上述标准即为初期的公差标准。

在公差标准的发展史上,德国的标准 DIN 占有重要位置,它在总结和继承英、美等国初期公差制的基础上,有较大的发展。其特点为:① 明确提出标准公差因子的概念;② 将精度等级与配合代号区别开来;③ 规定了基孔制与基轴制,但优先采用基孔制;④ 规定了标准参考温度(20℃)。德国标准 DIN 公差制在当时是先进的,它影响了一些国家公差制的制订。例如,苏联旧公差制(OCT. ГОСТ)、日本的旧公差制(JES),都是参考 DIN 公差制制订的。虽然这些公差制都比 DIN 制有所发展,但基本结构一样,都属于旧的公差制。

由于生产的发展,国际交流也越来越多,1926 年,成立了国际标准化协会(ISA),1940 年正式颁布了国际公差标准 ISA。

ISA 制建立时,考虑了各国公差制的特点,大多数欧洲国家都以 ISA 草案为基础修订了本国公差制。德国首先采用 ISA,取代了 DIN。美国、英国、加拿大和日本等国也先后按此修订了本国公差制。

由于第二次世界大战的爆发,ISA 无法继续工作,于 1942 年解体。

第二次世界大战以后,1947 年 2 月,国际标准化组织重建,改名为 ISO,仍由第三技术委员会(ISO/TC3)负责公差配合标准,秘书国为法国。在 ISA 公差的基础上制定了新的 ISO 公差与配合标准,此标准于 1962 年公布,其编号为 ISO/R 286:1962(极限与配合制)。以后又陆续公布了 ISO/R 1938:1971(光滑工件的检验)、ISO 2768:1973(未注公差尺寸的允许偏差)、ISO 1829:1975(一般用途公差带选择)等,形成了现行国际公差标准。

ISO 标准颁布后,各国都很重视,美国、英国、原联邦德国、法国、日本、原民主德国、匈牙利、捷克、波兰及中国等国家都先后修订了本国标准,采用了国际公差制。第三世界新独立的国家为了独立自主地发展本国工业,都采用 ISO 标准,而不采用某个国家的标准。所以,到目前为止,各工业国均已采用了国际公差制。

随着科学技术和生产的发展,原有关几何参数的公差标准体系已不适应新形势的要求,必须重新建立一个新的体系。为此,于 1996 年,国际标准化组织(ISO)将原来独立的 ISO/TC3(极限与配合、尺寸公差及相关检测)、TC57(表面纹理与相关检测)和 TCIO/SC5(几何公差与相关检测)三个技术委员会合并,成立一个新的技术委员会"产品几何技术规范及认证技术委员会"(即 ISO/TC231),并由该委员会着手建立一个基于信息技术,适应计算机辅助设计(CAD)和计算机辅助制造(CAM)技术要求的新的"产品几何技术规范与认证"体系。简称 GPS。该体系包括从公差标准、标注方法、精度控制到检验、测量在内的一系列标准和细则,它和 CAD/CAM 相结合,也有利于计算机辅助公差(CAT)和计算机辅助测量(CAM)的发展与完善。

2. 国内公差制

在我国,公差制的使用情况可分为四个阶段。

(1) 新中国成立前:据传 1910 年巩县兵工厂已经开始使用量规,而规模较大的互换性生产则开始于 1931 年的沈阳兵工厂和 1937 年的金陵兵工厂。旧中国由于机械工业落后,采用的公差制是混乱的,虽然 1944 年当时的政府经济部中央标准局完全借用 ISA 制颁布过中国标准 CIS 制,但实际上并未执行。

(2) 新中国成立初期:鉴于当时的历史条件,为了加速发展我国的机械工业,1955 年第一机械工业部按苏联 OCT 公差制颁布了《公差与配合》标准,完全借用 OCT 公差制的内容,只是规定了配合名称的中文译名。

(3) 1959 年至 1978 年:1959 年 6 月 3 日国家科学技术委员会颁布了《公差与配合》国家标准 GB 159～174—1959,于 1960 年 7 月 1 日起实施。这个标准也与 OCT 公差制基本相同,不同之处只有两点:① 精度等级完全按阿拉伯数字顺序排列;② 配合名称按类别及松紧程度顺序称呼，代号用汉语拼音字母。旧国标使用20年，对统一我国的公差制度，促进工业的发展起到了重要作用。但是，随着科学技术的发展，发现它存在许多不足之处，已不能满足我国机械工业生产与技术发展的需要，更满足不了国际贸易和技术交流的需要，所以不能继续使用。

1978年中华人民共和国恢复为ISO成员国，当选为ISO理事国，承担ISO技术委员会秘书处工作和国际标准草案起草工作。

(4) 1979年至今：1979年11月国家标准总局颁布了《公差与配合》国家标准GB1800～1804—1979。接着又陆续制定了各种结合件、传动件、表面光洁度以及表面形状和位置公差等标准。此后，我国的公差标准随着国际标准的不断更新，并结合我国的生产实际也在不断地审定、修改着。

为适应国际交流与对接，我国也将有关的几个独立的标准化技术委员会合并，组建了"全国产品尺寸和几何技术规范标准化技术委员会"(SAC/TC240)，该委员会负责全国"产品几何技术规范与认证"(GPS)工作。该委员会成立后不久，就着手对我国原有的"极限与配合"、"几何公差"(原形位公差)及"表面粗糙度"等标准按新的体系进行了修订。如：GB/T 1800.1—2009《产品几何技术规范(GPS) 极限与配合 第1部分：公差、偏差和配合基础》，GB/T 1800.2—2009《产品几何技术规范(GPS) 极限与配合 第2部分：标准公差等级和孔、轴极限偏差表》，GB/T 1801—2009《产品几何技术规范(GPS) 极限与配合 公差带和配合的选择》，GB/T 1182—2008《产品几何技术规范(GPS) 几何公差 形状、方向、位置和跳动公差标注》，GB/T 16671—2009《产品几何技术规范(GPS) 几何公差 最大实体要求、最小实体要求和可逆要求》，GB/T 4249—2009《产品几何技术规范(GPS) 公差原则》，GB/T 3505—2009《产品几何技术规范(GPS) 表面结构 轮廓法 术语、定义及表面结构参数》，GB/T 1031—2009《产品几何技术规范(GPS) 表面结构 轮廓法 表面粗糙度参数及其数值》等。用这些新体系标准替代原有标准。

1.3.2 测量技术的发展概况

1. 国外测量技术

要进行测量，首先就需要有计量单位和计量器具。

18世纪末期，由于欧洲工业的发展，要求统一长度单位。1791年，法国政府决定以通过巴黎的地球子午线的四千万分之一作为长度单位"米"。后又制成1米的基准尺，称为档案尺。该尺的长度由两端面的距离决定。

1875年，国际米尺会议决定制造具有刻线的基准尺，并用铂铱合金制成(含铂90%、铱10%)。1888年，国际计量局接收了一些工业发达的国家制造的共31根基准尺，并经与档案米尺进行比较，以其中No.6最接近档案米尺。于是在1889年召开的第一届国际计量大会上规定该尺作为国际米原器(即米的基准)。

由于科学技术的发展，发现地球子午线有变化，米原器的金属结构也不够稳定，因而提出要从长期稳定的物理现象中找出长度的自然基准。1960年，在第十一届国际计量大会上，决定把米的定义改为："1米的长度等于氪86原子的$2p_{10}$和$5d_1$能级之间跃迁的辐射在真空中波长的1 650 763.73倍"。这一自然基准性能稳定，没有变形问题，容易复现，而且具有很高的复现精度，相对误差不超过4×10^{-9}，相当于在1千米长度测量中误差不超过4微米。

米的定义更改后，国际米原器仍按原规定保存在国际计量局。

随着科学技术的发展，发现稳频激光的波长，比氪86波长更稳定、误差更小(甲烷稳定的激光系统，波长3.39 μm，其准确度为1×10^{-11})。因此，以它作为米的新定义似乎更理想。但是，为了避免今后发现一种更稳定的光波又更改一次米的定义，在1983年第十七届国际计量大会通过了以光速定义米的新定义，即：米是光在真空中于1/299 792 458 s时间间隔内的行程长度，这就是目前所使用的米的定义。

伴随长度基准的发展，计量器具也在不断改进。1926年，德国Zeiss厂制成了小型工具显微镜，1927年，该厂又生产了万能工具显微镜。从此几何参数计算的准确度、计量范围，随着生产的发展而飞速发展，误差由0.01 mm提高到0.001 mm、0.1 μm，甚至0.01 μm；测量范围由两维空间(如工具显微镜)发展到三维空间(如三坐标测量机)；测量的尺寸范围从集成元件上的线条宽度到飞机的机架；测量自动化程度从人工对准刻度尺读数，发展到自动对准，计算机处理数据，自动打印或自动显示测量结果。

这里还应提到的是在20世纪80年代初期由Bining和Rohrer研制成功并于1986年获诺贝尔奖的隧道显微镜，该仪器的分辨率可达0.01 nm，可测原子或分子的尺寸或形貌，这就为微尺寸的测量打开了新的篇章。

2. 国内测量技术

长度计量在我国具有悠久的历史。早在我国商朝时期(前1600—前1046年)已有象牙制成的尺。到秦朝我国已统一了度量衡制度。公元九年，即西汉末王莽始建国元年已制成铜质的卡尺，它可测车轮轴径、板厚和槽深，其最小读数值为一分。但是由于我国长期的封建统治，科学技术未能得到发展，计量技术也停滞不前。

新中国成立前，我国没有计量仪器制造厂。新中国成立后，随着生产的迅速发展，新建和扩建了一批计量仪器制造厂，如哈尔滨量具刃具厂、成都量具刃具厂、上海光学仪器厂、新添光学仪器厂、北京量具刃具厂、中原量具仪器厂等。这些厂为我国成批生产了诸如万能工具显微镜，万能渐开线检查仪、触针式粗糙度检查仪、接触式干涉仪、干涉显微镜、电感测微仪、气动量仪、圆度仪，三坐标测量机以及齿轮单啮仪等，满足了我国工业生产发展的需要。

为了做好计量管理和开展科学研究工作，1955年我国成立了国家计量局(现为国家质量监督检验检疫总局)。以后又设立中国计量科学研究院，各省、市、县也相应地成立了从事计量管理、检定和测试的机构。

新中国成立以后，我国在计量、测试科学的研究工作中也取得了很大的成绩。自1962年至1964年建立了氪86原子长度基准以来，又先后制成了激光光电光波比长仪、激光二坐标测量仪、激光量块干涉仪，从而使我国的线纹尺和量块测量技术达到世界先进水平。此外，我国研制成功并进行小批生产的激光丝杆动态检查仪、光栅式齿轮全误差测量仪等，均进入了世界先进行列。近年来，我国又相继开发出了隧道显微镜和原子力显微镜，在纳米测量技术方面也紧跟世界先进水平。

可以预言，随着现代化建设事业的推进，我国的计量测试技术将得到更大的发展。

§1.4 优先数与优先数系

在制订工业标准的表格时会遇到选择数值系列问题，在进行产品设计时，为了满足用户各种各样的要求，同一种产品的同一参数还要从大到小取不同的值，从而形成不同规格的产品系列，那么应该选取什么样的数值系列呢？按什么规律来选取呢？

例如：某工厂生产圆柱形塑料容器，有十种型号的产品，其容积分别为 1 L，2 L，3 L，4 L，5 L，6 L，7 L，8 L，9 L，10 L，容积按自然数排列。分别投入市场后发现：① 9 L 和 10 L 容器价格差异不大，因为二者尺寸是按比例设计的，假定其高度相等，则体积比 $V_1/V_2=D^2/d^2=10/9$，直径比为 $D/d=\sqrt{10/9}=1.05$，从直径比就可以看出，由于直径相差不大，实际上这两种型号的产品用料相差很少，从而价格相差很小，因此人们在选用时多选用 10 L 容器，而 9 L 容器则无人问津。② 对于小型号产品存在 1 L 小，而 2 L 又较大，没有中间容量的型号的现象。为了满足实际需要，该厂修订了 10 种型号规格，其容积分别为 1 L，1.25 L，1.6 L，2 L，2.5 L，3 L，4 L，5 L，6 L，8 L，10 L，共 11 种规格。这样就基本上克服了上述两种不足之处。这组数据粗看起来没什么规律，但仔细分析可看出，这组数据是有一定规律的，大致上近似按公比为 1.25 的几何级数排列，也就是说数值的选择是有一定的科学依据的。

为使产品的参数能够合理分档、分级，必须推行科学、统一的数值标准，即优先数系和优先数。这是一种科学的数值制度，适用于各种数值的分级，是国际上统一的数值分级制度。我国目前的国家标准是 GB/T 321—2005。

1.4.1 优先数系

优先数系(series of preferred numbers)由一些十进制等比数列构成，数系是按一定公比 q 来排列每项数值的，其中每项数值就称为优先数。GB/T 321—2005 规定了 5 种优先数系，组成 R5，R10，R20，R40 和 R80 优先数系，优先选用 R5 数系。各数系的公比为：

R5 的公比 $q=\sqrt[5]{10}\approx1.60$

R10 的公比 $q=\sqrt[10]{10}\approx1.25$

R20 的公比 $q=\sqrt[20]{10}\approx1.12$

R40 的公比 $q=\sqrt[40]{10}\approx1.06$

R80 的公比 $q=\sqrt[80]{10}\approx1.03$

其中 R5，R10，R20 和 R40 为基本系列，R80 为补充系列。

优先数系的主要优点：

(1) 相邻两项的相对差均匀，疏密适中，而且运算方便，简单易记；

(2) 在同系列中优先数(理论值)的积、商、整数(正或负)的乘方仍为优先数；

(3) 优先数可以向两端延伸。

在工程上还采用 R10/3 系列，称为派生系列，其公比 $q=\sqrt[10]{10^3}=2$，即为在 R10 系列中每隔 3 项选一个数值组成的数列，其中每一项数也都是优先数。

另外，优先数系还可以在分母中应用，即任何优先数系的倒数所组成的数列仍然是优先数系。

根据生产实际，有时需要在某些数字区段分得密一些，其他区段疏一些，这时可以采用复合系列，即由若干个等公比的系列混合构成的多公比系列。如 10，16，25，50，100 是由 R5 和 R10/3 两个系列构成的复合系列。

1.4.2 优先数

在优先数系列中的每一个数值均为优先数(preferred numbers)，除了 10 的整数幂外，都是无理数，实际应用的优先数都是经过圆整后的近似值，见表 1-1。

标准化的作用在于把工程上的各种技术参数协调、简化和统一，其前提条件是选择优先数系。在生产中，当选定一个数值作为某种产品的参数指标后，这个数值就会按着一定规律向一切相关的制品、材料等有关参数指标传播扩散。例如，动力机械的功率和转速值确定后，不仅会传到有关机器的相应参数上，而且必然会反映到有关零件上，如轴、轴承、键、齿轮和联轴节等一整套零部件，并将进一步传播到与其有关的加工用的机床、刀具和夹具及检验用的量具等相应的参数上。这种技术参数的传播在生产中极为普遍，并跨越行业和部门的界限。由此可见，产品技术参数不能随意确定，否则会导致产品规范繁杂，给组织生产、协作配套及使用维修等带来很大困难。

表 1-1 优先数基本系列

基本系列	优先数(常用值)					
R5	1.00	1.60	2.50	4.00	6.30	10.00
R10	1.00 1.25	1.60 2.00	2.50 3.15	4.00 5.00	6.30 8.00	10.00
R20	1.00 1.12 3.55 4.00	1.25 1.40 4.50 5.00	1.6 1.80 5.60 6.30	2.00 2.24 7.10	2.50 2.80 8.00 9.00	3.15 10.00
R40	1.00 1.06 1.9 2.00 3.35 3.55 5.60 6.00	1.12 1.18 2.12 2.24 3.75 6.30 6.70	1.25 1.32 2.36 4.00 4.25 7.10 7.50	1.40 1.50 2.5 2.65 4.50 8.00 8.50	1.60 1.70 2.8 3.0 4.75 5.00 9.00 9.50	1.80 3.15 5.30 10.00

1.4.3 优先数系的应用

(1) 用于产品几何参数、性能参数的系列化。通常一般机械的主要参数采用 R5 或 R10 系列，如立式车床主轴直径、专用工具的主要参数尺寸都用 R10 系列，锻压机床吨位采用 R5 系列；通用型材、零件及工具的尺寸和铸件壁厚等用 R20 系列。

(2) 用于产品质量指标分级。本课程涉及的标准中，如尺寸分段、形位公差和表面粗糙度等参数系列，都选用优先数系。

实训习题与思考题

1. 互换性在机械制造领域起到哪些作用?
2. 如何理解公差、检测、标准化与互换性间的关系?
3. 第一个数为 10，按 R5 系列确定后 5 项优先数。
4. 某钻床可加工最大孔的直径(单位 mm)为：25，40，63，80，100，…，该孔径系列属于优先数系的哪个系列?

第2章　极限与配合

极限与配合是机械制造中重要的基础标准，公差用于协调零件的使用要求与加工经济性之间的矛盾，配合反映零件间有关功能要求的相互关系。合理选择极限与配合，有利于产品的设计、制造和使用，直接影响产品的使用性能和寿命，是评定产品质量问题的重要技术指标。本章主要阐述极限与配合国家标准的组成规律、特点及基本内容，并分析极限与配合选用的原则与方法。相关国家标准主要有：GB/T 18780.1—2002《产品几何技术规范(GPS)　几何要素　第1部分：基本术语和定义》，GB/T 1800.1—2009《产品几何技术规范(GPS)　极限与配合　第1部分：公差、偏差和配合的基础》，GB/T 1800.2—2009《产品几何技术规范(GPS)　极限与配合　第2部分：标准公差等级和孔、轴极限偏差表》，GB/T 1801—2009《产品几何技术规范(GPS)　极限与配合　公差带和配合的选择》，GB/T 1803—2003《极限与配合　尺寸至18 mm孔、轴公差带》，GB/T 1804—2008《一般公差　未注公差的线性和角度尺寸的公差》。

本章重点介绍GB/T 1800，说明极限与配合标准构成的基本原则，以及对常用尺寸段(至500 mm)孔、轴公差带与配合的具体规定。

§2.1　基本术语及定义

2.1.1　孔和轴

1. *尺寸要素*(feature of size)

尺寸要素是指由一定大小的线性尺寸或角度尺寸确定的几何形状。

2. *孔*(hole)

孔通常指工件的圆柱形内尺寸要素，也包括非圆柱形内尺寸要素(由两平行平面或切面形成的包容面)。孔的尺寸用D表示。

3. *轴*(shaft)

轴通常指圆柱形外尺寸要素，也包括非圆柱形外尺寸要素(由两平行平面或切面形成的被包容面)。轴的尺寸用d表示。

从加工方面看，孔是越做越大，轴是越做越小；从装配关系看，孔是包容面，轴是被包容面。广义来讲，孔、轴不仅表示通常理解的概念，即圆柱的内、外尺寸要素，而且表示其他几何形状的内、外尺寸要素中由单一尺寸确定的部分。由单一尺寸确定的两平行尺寸要素相对，其间没有材料，形成包容状态的，称为孔；由单一尺寸确定的两平行尺寸要素相对，其外没有材料，形成被包容面，称为轴。如果两尺寸要素同向，既不能形成包容状态，也不能形成被包容状态，既不是内尺寸要素，也不是外尺寸要素，应是长度。

如图 2-1 所示，图 a 是孔，图 b 是轴。图 2-2 所示，各内尺寸要素上由 D_1，D_2，D_3 和 D_4 各单一尺寸所确定的部分，称为孔；各外尺寸要素上，由 d_1，d_2，d_3 和 d_4 各单一尺寸所确定的部分，称为轴。L_1，L_2 和 L_3 称长度尺寸。

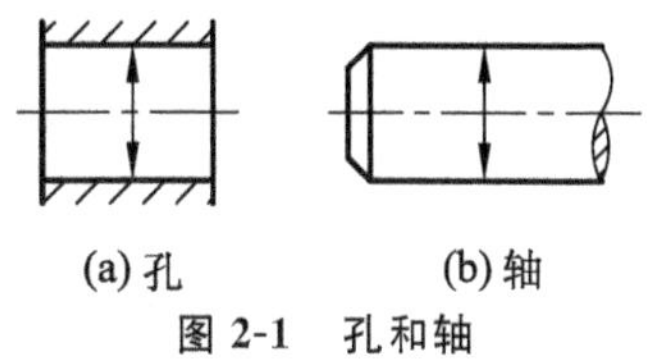
(a) 孔　　(b) 轴

图 2-1　孔和轴

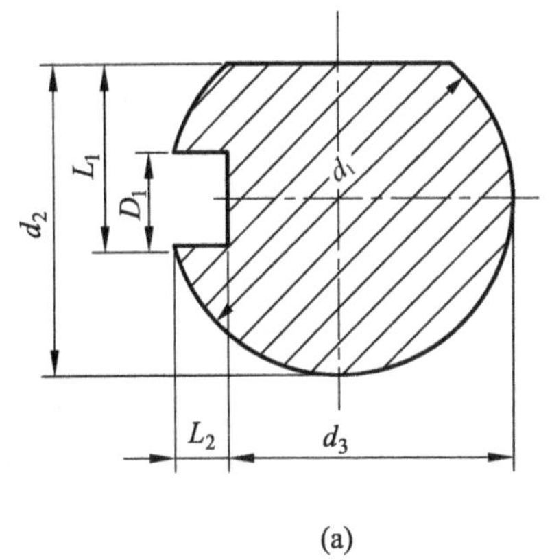

(a)

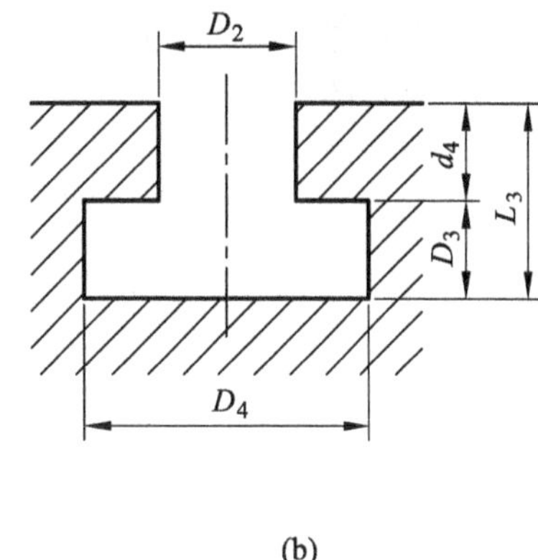

(b)

图 2-2　广义的孔和轴

2.1.2　尺寸

1. 尺寸(size)

以特定单位表示线性尺寸值的数值，称为尺寸。如直径、半径、长度、宽度、高度、深度等都是尺寸。如图样上轴的直径 ϕ50 mm，轴的长度 300 mm，两圆中心距 60 mm 等中的 mm 即特定单位。在图样上通常以 mm 为单位，标注时将 mm 省略。

2. 公称尺寸(nominal size)

公称尺寸是由图样规范确定的理想形状要素的尺寸，也是用来与上、下极限偏差一起计算得到极限尺寸的尺寸。公称尺寸通常是由设计者经过计算（如强度、刚度、运动和工艺）或根据经验而确定的。一般要符合标准尺寸系列，以减少定值刀具、量具的种类。公称尺寸是用以计算其他尺寸的依据。孔和轴的公称尺寸分别用 D 和 d 表示。

3. 实际(组成)要素(real (integral) feature)

实际（组成）要素是指通过测量获得的某一孔或轴的尺寸。孔和轴实际（组成）要素分别用 D_a 和 d_a 表示。由于存在测量误差，实际（组成）要素并非被测量的真值。例如，轴的尺寸为 ϕ 18.987 mm，测量误差在 ±0.001 mm 以内，实测尺寸的真值将在 ϕ 18.986～ϕ18.988 mm之间。真值是客观存在的，但不确定，因此，只能以测得的尺寸作为实际（组成）要素。由于工件存在形位误差，同一尺寸要素不同部位的实际（组成）要素往往不同。所以，标准定义了“提取组成要素的局部尺寸(local size of an integral feature)”，它是一切提取组成要素上两对应点之间距离的统称，简称为提取要素的局部尺寸。

4. 极限尺寸(limits of size)

极限尺寸是孔或轴允许的尺寸的两个极端，也就是允许尺寸变动的两个界限值，它是在设计时给定的。实际（组成）要素应位于其中，也可达到极限尺寸。其中较大的一个极限尺寸称为最大极限尺寸，较小的一个极限尺寸称为最小极限尺寸。孔和轴的最大、最小极限尺

寸分别用 D_{max}，d_{max} 和 D_{min}，d_{min} 表示。

5. 体外拟合要素和体外拟合尺寸(external associated feature & size)

体外拟合要素分为单一体外拟合要素和关联体外拟合要素。在给定长度上，与实际(提取)外尺寸要素(轴)体外相接的最小理想面，或与实际(提取)内尺寸要素(孔)体外相接的最大理想面，称为单一体外拟合要素。对于给定方向或位置公差的导出要素，其相应尺寸要素的体外拟合要素还应具有确定的方向或位置，称为关联体外拟合要素。

体外拟合要素的尺寸(直径或距离)称为体外拟合尺寸。孔的体外拟合尺寸用 D_{ae} 表示，轴的体外拟合尺寸用 d_{ae} 表示(此处 D_{ae} 和 d_{ae} 是单一体外拟合要素和关联体外拟合要素的统一表述，第 4 章中会加以区分)。

6. 体内拟合要素和体内拟合尺寸(internal associated feature & size)

体内拟合要素分为单一体内拟合要素和关联体内拟合要素。在给定长度上，与实际(提取)外尺寸要素(轴)体内相接的最大理想面，或与实际(提取)内尺寸要素(孔)体内相接的最小理想面，称为单一体内拟合要素。对于给出方向或位置公差的导出要素，其相应尺寸要素的体内拟合要素还应具有确定的方向或位置，称为关联体内拟合要素。

体内拟合要素的尺寸(直径或距离)称为体内拟合尺寸。孔的体外拟合尺寸用 D_{ai} 表示，轴的体外拟合尺寸用 d_{ai} 表示(此处 D_{ai} 和 d_{ai} 是单一体内拟合要素和关联体内拟合要素的统一表述，第 4 章中会加以区分)。

2.1.3 偏差与公差

1. 尺寸偏差(size deviation)

尺寸偏差简称偏差，是指某一尺寸(极限尺寸、实际(组成)要素等)减去公称尺寸所得代数差。

(1) 上极限偏差。最大极限尺寸减去其公称尺寸所得的代数差称上极限偏差。孔的上极限偏差用 ES 表示，轴的上极限偏差用 es 表示。

(2) 下极限偏差。最小极限尺寸减去其公称尺寸所得的代数差称下极限偏差。孔的下极限偏差用 EI 表示，轴的下极限偏差用 ei 表示。

(3) 实际偏差。实际(组成)要素减去其公称尺寸所得的代数差称实际偏差。孔的实际偏差用 Ea 表示，轴的实际偏差用 ea 表示。

2. 尺寸公差(size tolerance)

尺寸公差简称公差，是指尺寸的允许变动量。公差是设计时给定的，用以限制误差。工件的误差在公差范围内即为合格。

孔公差用 T_H 表示，轴公差用 T_S 表示，其值等于最大极限尺寸与最小极限尺寸之代数差的绝对值，也等于上极限偏差与下极限偏差之代数差的绝对值。用公式表式为：

$$T_H = |D_{max} - D_{min}| = |ES - EI|$$

$$T_S = |d_{max} - d_{min}| = |es - ei|$$

3. 偏差与公差的比较

(1) 偏差可以为正值、负值或零，而公差则一定是正值；

(2) 极限偏差用于限制实际偏差，而公差用于限制误差；

(3) 对单个零件只能测出尺寸“实际偏差”，而对数量足够的一批零件，才能确定公差；

(4) 偏差取决于加工机床的调整(如车削时进刀的位置)，不反映加工难易，而公差表示制造精度的要求，反映加工难易程度；

(5) 极限偏差主要反映公差带位置，影响配合松紧程度，而公差代表公差带大小，影响配合精度。

【例 2-1】 已知孔的公称尺寸 $D=30$ mm，极限尺寸 $D_{max}=30.02$ mm，$D_{min}=30$ mm，轴的公称尺寸 $d=30$ mm，极限尺寸 $d_{max}=29.98$ mm，$d_{min}=29.967$ mm，求孔与轴的极限偏差与公差。

解 孔的上极限偏差 $ES=D_{max}-D=30.02-30=+0.02$ mm

孔的下极限偏差 $EI=D_{min}-D=30-30=0$

轴的上极限偏差 $es=d_{max}-d=29.98-30=-0.02$ mm

轴的下极限偏差 $ei=d_{min}-d=29.967-30=-0.033$ mm

孔公差 $T_H=|D_{max}-D_{min}|=|30.02-30|=0.02$ mm

轴公差 $T_S=|d_{max}-d_{min}|=|29.98-29.967|=0.013$ mm

4. 公差带与公差带图

(1) 公差带图。用以表示相互配合的一对孔和轴的公称尺寸、极限尺寸、极限偏差，以及相互关系的简图，称为公差带图。如图 2-3 所示。

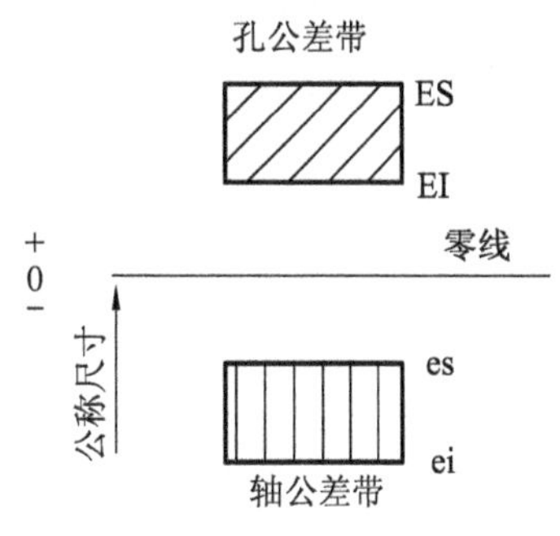

图 2-3　公差带图

(2) 零线(zero line)。在公差带图中，确定偏差的一条基准直线，即零线。在公差带图中，零线表示公称尺寸，其单位是 mm，偏差及公差的单位也是 mm，孔、轴公差带其相互位置及大小应按协调比例给出。通常将零线沿水平方向绘制，在其左端标注表示偏差方向的 $\overset{+}{\underset{-}{0}}$，正偏差位于零线上方，负偏差位于零线下方。

(3) 公差带(tolerance zone)。在公差带图中，由代表上、下极限偏差的两条直线所限定的一个区域，称尺寸公差带，如图 2-3 所示。公差带有两个基本参数，即公差带大小与公差带位置。公差带大小由标准公差确定，公差带位置由基本偏差确定。GB/T 1800.2—2009 将尺寸公差和基本偏差进行了标准化。

(4) 基本偏差(fundamental deviation)。基本偏差是用来确定公差带相对于零线位置的上极限偏差或下极限偏差，一般为靠近零线的那个偏差。当公差带位于零线上方时，其基本偏差为下极限偏差；当公差带位于零线下方时，基本偏差为上极限偏差，如图 2-4 所示；当公差带对称于零线时，基本偏差为上极限偏差或下极限偏差。

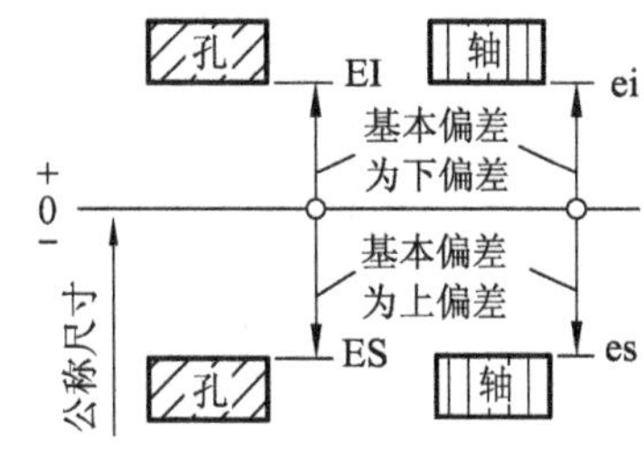

图 2-4　基本偏差示意图

2.1.4　加工误差与公差的关系

零件在加工过程中，由于工艺系统误差的影响，使加工后零件的几何参数与理想值不相符合，其差别称为加工误差。加工误差包括尺寸误差、几何形状误差和位置误差。

1. 尺寸误差(size error)

尺寸误差是指工件加工后的实际(组成)要素和理想尺寸之差。

2. 几何形状误差(geometric error)

几何形状误差包括宏观几何形状误差、表面微观形状误差及表面波度误差。

(1) 宏观几何形状误差。即通常所指的形状误差,一般是由机床、刀具、工件所组成的工艺系统的误差造成的。

(2) 表面微观形状误差。通常称为表面粗糙度,它是指加工后,刀具在工件表面上留下振幅和波长都很小的波形。

(3) 表面波度误差。介于宏观几何形状误差与微观几何形状误差之间的几何形状误差,叫表面波度误差。一般是由加工过程中振动引起的,具有明显的周期性。

3. 位置误差(position error)

位置误差是指工件加工后,各实际要素的位置与其理想位置的差值。

加工误差是不可避免的,但零件在使用中也不是绝对不允许有误差,其误差在一定范围内变化是允许的。因此,加工后的零件的误差只要不超过零件的加工公差,零件便是合格的。所以,公差是限制加工误差的。

2.1.5 配合与配合制

1. 配合(fit)

配合是指公称尺寸相同,相互结合的孔和轴公差带之间的关系,如图 2-5 所示。由于配合是指一批孔、轴的装配的松紧程度,而不是指单个孔和轴的装配关系,所以用公差带关系反映配合就比较确切。

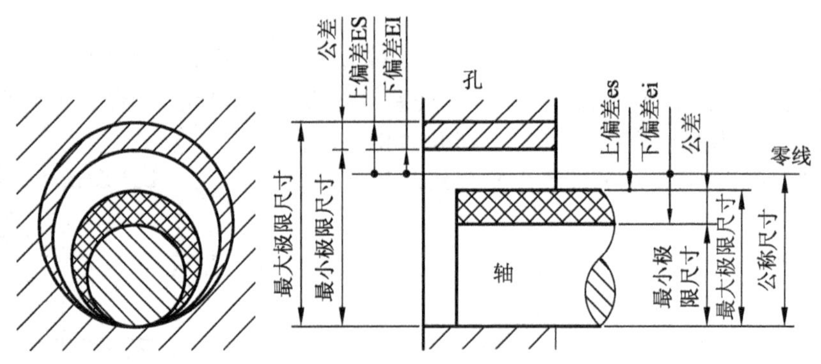

图 2-5　极限与配合的示意图

2. 间隙或过盈(clearance & interference)

间隙或过盈是指孔的尺寸减去相配合的轴的尺寸所得的代数差。该代数差为正时,称为间隙,用 X 表示;该代数差为负时,称为过盈,用 Y 表示。

3. 配合种类

(1) 间隙配合(clearance fit)

具有间隙(包括最小间隙等于零)的配合,称为间隙配合。此时,孔的公差带在轴的公差带之上。如图 2-6 所示,其极限值为最大间隙和最小间隙。

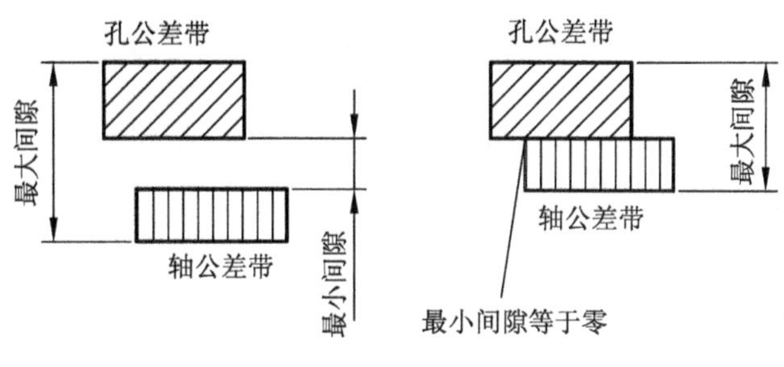

图 2-6　间隙配合

孔的最大极限尺寸减去轴的最小极限尺寸所得代数差，称为最大间隙，用 X_{max} 表示，即

$$X_{max}=D_{max}-d_{min}=ES-ei$$

孔的最小极限尺寸减去轴的最大极限尺寸所得代数差，称为最小间隙，用 X_{min} 表示，即

$$X_{min}=D_{min}-d_{max}=EI-es$$

配合公差(variation of fit)用 T_f 表示，此时的配合公差是允许间隙的变动量，其值等于最大间隙与最小间隙之代数差的绝对值，也等于相互配合的孔公差与轴公差之和，即

$$T_f=|X_{max}-X_{min}|=T_H+T_S$$

【例 2-2】　孔 $\phi 30^{+0.025}_{0}$ mm，轴 $\phi 30^{-0.025}_{-0.041}$ mm，求 X_{max}，X_{min} 及 T_f。

解　$X_{max}=D_{max}-d_{min}=ES-ei=0.025-(-0.041)=0.066$ mm

$X_{min}=D_{min}-d_{max}=EI-es=0-(-0.025)=0.025$ mm

$T_f=|X_{max}-X_{min}|=|0.066-0.025|=0.041$ mm

(2) 过盈配合(interference fit)

具有过盈(包括最小过盈等于零)的配合，称为过盈配合。此时，孔的公差带在轴的公差带之下，如图 2-7 所示。其极限值为最大过盈和最小过盈。

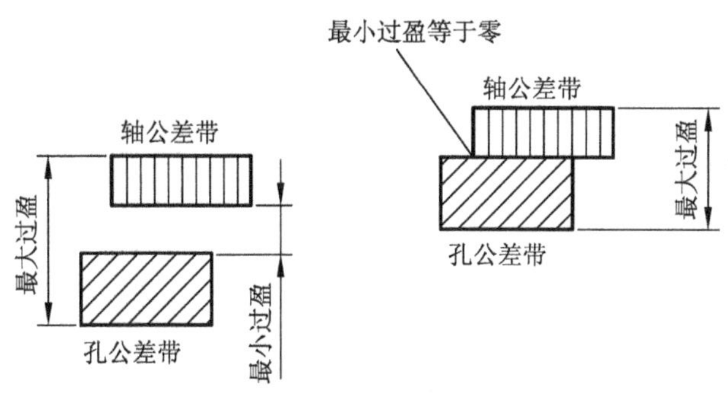

图 2-7　过盈配合

孔的最小极限尺寸与轴的最大极限尺寸之差，称为最大过盈，用 Y_{max} 表示，即

$$Y_{max}=D_{min}-d_{max}=EI-es$$

孔的最大极限尺寸与轴的最小极限尺寸之差称为最小过盈，用 Y_{min} 表示，即

$$Y_{min}=D_{max}-d_{min}=ES-ei$$

此时的配合公差是允许过盈的变动量，其值等于最小过盈与最大过盈之代数差的绝对值，也等于相互配合的孔公差与轴公差之和，即

$$T_f=|Y_{min}-Y_{max}|=T_H+T_S$$

【例 2-3】 孔 $\phi 30^{+0.025}_{0}$ mm，轴 $\phi 30^{+0.050}_{+0.034}$ mm，求 Y_{max}，Y_{min}及 T_f。

解 $Y_{max}=D_{min}-d_{max}=EI-es=0-0.050=-0.050$ mm

$Y_{min}=D_{max}-d_{min}=ES-ei=+0.025-0.034=-0.009$ mm

$T_f=|Y_{max}-Y_{min}|=|-0.050-(-0.009)|=0.041$ mm

(3) 过渡配合(transition fit)

可能具有间隙也有可能具有过盈的配合，称为过渡配合。此时，孔的公差带与轴的公差带相互交叠，其极限值为最大间隙和最大过盈，如图 2-8 所示。最大过盈 Y_{max} 和最大间隙 X_{max}

$$Y_{max}=D_{min}-d_{max}=EI-es$$

$$X_{max}=D_{max}-d_{min}=ES-ei$$

此时的配合公差等于最大过盈与最大间隙之代数差的绝对值，也等于相互配合的孔公差与轴公差之和，即

$$T_f=|Y_{max}-X_{max}|=T_H+T_S$$

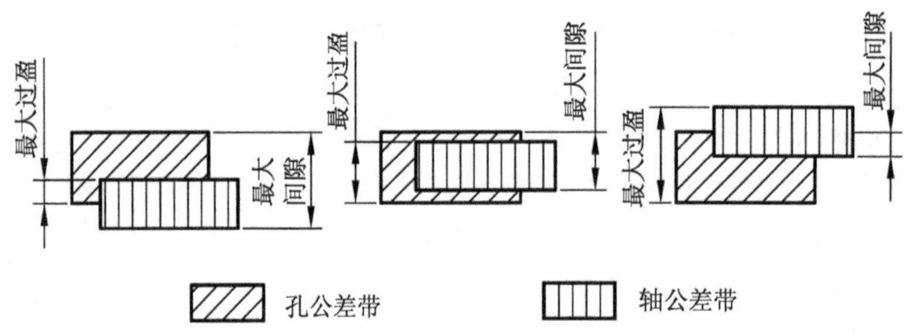

图 2-8 过渡配合

【例 2-4】 孔 $\phi 30^{+0.025}_{0}$ mm，轴 $\phi 30^{+0.018}_{+0.002}$ mm，求 Y_{max}，X_{max}及 T_j。

解 $Y_{max}=D_{min}-d_{max}=EI-es=0-0.018=-0.018$ mm

$X_{max}=D_{max}-d_{min}=ES-ei=+0.025-0.002=0.023$ mm

$T_f=|Y_{max}-X_{max}|=|-0.018-0.023|=0.041$ mm

【例 2-5】 画出【例 2-2】、【例 2-3】和【例 2-4】的公差配合图。

解 例 2-2、例 2-3 和例 2-4 的公差配合图，如图 2-9 所示。

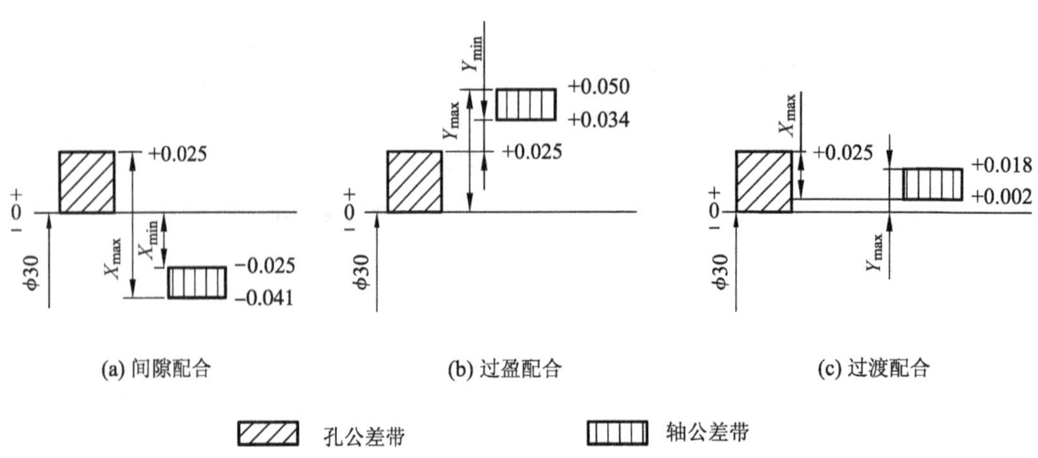

图 2-9 例题的极限与配合图解

4. 配合制(fit system)

配合制是指同一极限制的孔和轴组成配合的一种制度。GB/T 1801—2009 规定了两种平行的配合制,即基孔制配合和基轴制配合。

(1) 基孔制配合(hole-basis system of fits)

基孔制配合是基本偏差为一定的孔的公差带,与不同基本偏差的轴的公差带形成各种配合的一种制度。基孔制的孔为基准孔,其代号为 H。标准规定的基准孔的基本偏差(下极限偏差)为零,如图 2-10 a 所示。

(2) 基轴制配合(shaft-basis system of fits)

基轴制配合是基本偏差为一定的轴的公差带,与不同基本偏差的孔的公差带形成各种配合的一种制度。基轴制的轴为基准轴,其代号为 h。标准规定的基准轴的基本偏差(上极限偏差)为零,如图 2-10 b 所示。

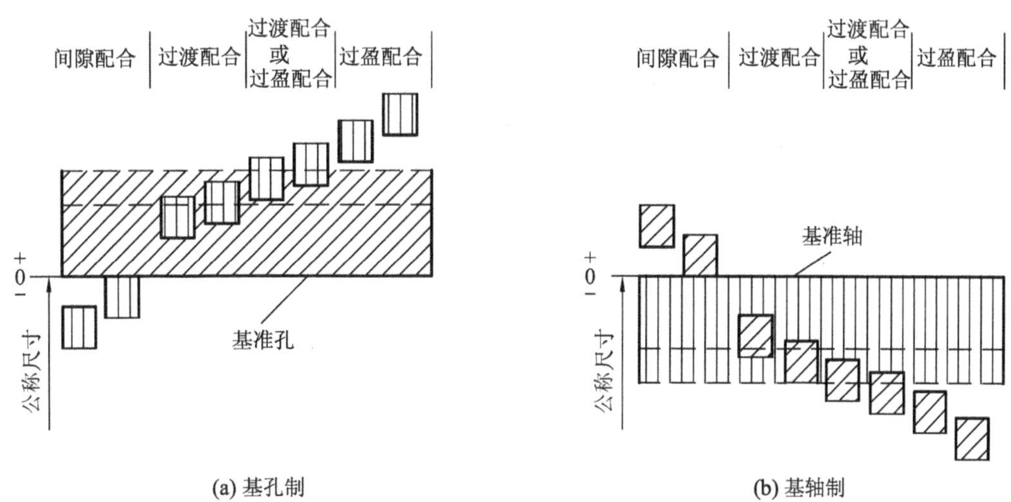

图 2-10　基孔制和基轴制

2.1.6　极限尺寸判断原则——泰勒原则

在孔和轴配合时,除尺寸的大小外,工件实际上还存在形状误差,因此,工件不仅存在实际(组成)要素,还有体外拟合尺寸。为了正确地判断工件尺寸的合格性,以及工件孔、轴的配合特性,规定了极限尺寸判断原则。下面介绍与此有关的几个术语。

1. 最大实体状态和最大实体尺寸

最大实体状态(maximum material condition)是指假定提取组成要素的局部尺寸处处位于极限尺寸之内,并具有实体最大(即材料最多)时的状态。实际要素在最大实体状态下的极限尺寸,称为最大实体尺寸(maximum material size),它是轴的最大极限尺寸 d_{max} 和孔的最小极限尺寸 D_{min} 的统称。

例如:孔 $\phi 30^{+0.025}_{0}$ mm 的最大实体尺寸为 30 mm,轴 $\phi 30^{-0.025}_{-0.041}$ mm 的最大实体尺寸为 29.975 mm。

2. 最小实体状态和最小实体尺寸

最小实体状态(least material condition)是指假定提取组成要素的局部尺寸处处位于极

限尺寸之内，并具有实体最小(即材料最少)时的状态。实际要素在最小实体状态下的极限尺寸，称为最小实体尺寸(least material size)，它是轴的最小极限尺寸 d_{min} 和孔的最大极限尺寸 D_{max} 的统称。

例如：孔 $\phi 30^{+0.025}_{0}$ mm 的最小实体尺寸为 30.025 mm，轴 $\phi 30^{-0.025}_{-0.041}$ mm 的最小实体尺寸为 29.959 mm。

按加工过程特征，最大实体尺寸即合格工件的起始尺寸，最小实体尺寸即合格工件的终止尺寸。

按使用极限量规的检验特征，最大实体尺寸即通极限，最小实体尺寸即止极限，它们分别由通规与止规控制。

3. 极限尺寸判断原则

(1) 孔或轴的体外拟合尺寸不允许超过最大实体尺寸。对孔而言，其体外拟合尺寸应不小于最小极限尺寸；对于轴，则应不大于最大极限尺寸。

(2) 在任何位置上的实际(组成)要素不允许超过最小实体尺寸。即对于孔，其实际(组成)要素应不大于最大极限尺寸；对于轴，则应不小于最小极限尺寸。

综上所述，最大实体尺寸主要是用以限制体外拟合尺寸的，而最小实体尺寸则主要是用以限制实际(组成)要素的。体外拟合尺寸和实际(组成)要素均应限制在最大、最小实体尺寸以内。

考虑到体外拟合尺寸与局部尺寸的关系，孔、轴的尺寸合格条件：

孔的合格条件　　$D_a \leqslant D_{max}$ 且 $D_{ae} \geqslant D_{min}$

轴的合格条件　　$d_a \geqslant d_{min}$ 且 $d_{ae} \leqslant d_{max}$

§2.2　极限与配合的国家标准

极限与配合的国家标准主要由标准公差系列和基本偏差系列组成。GB/T 1800.1—2009 规定了公称尺寸至 3 150 mm 的标准公差和基本偏差。

2.2.1　标准公差

标准公差(standard tolerance)是国家标准规定的用以确定公差带大小的任一公差值。

1. 标准公差系列

标准公差系列是国家标准规定的一系列标准公差数值。表 2-1 为公称尺寸至 3 150 mm 的标准公差等级 IT1～IT18 的公差数值。表 2-2 为公称尺寸至 500 mm 的标准公差等级 IT01 和 IT0 的公差数值。

表 2-1　公称尺寸至 3 150 mm 的标准公差数值(摘自 GB/T 1800.1—2009)

公称尺寸/mm		标准公差等级																	
		IT1	IT2	IT3	IT4	IT5	IT6	IT7	IT8	IT9	IT10	IT11	IT12	IT13	IT14	IT15	IT16	IT17	IT18
大于	至	μm											mm						
—	3	0.8	1.2	2	3	4	6	10	14	25	40	60	0.1	0.14	0.25	0.4	0.6	1	1.4
3	6	1	1.5	2.5	4	5	8	12	18	30	48	75	0.12	0.18	0.3	0.48	0.75	1.2	1.8

续表

公称尺寸/mm		标准公差等级																	
		IT1	IT2	IT3	IT4	IT5	IT6	IT7	IT8	IT9	IT10	IT11	IT12	IT13	IT14	IT15	IT16	IT17	IT18
6	10	1	1.5	2.5	4	6	9	15	22	36	58	90	0.15	0.22	0.36	0.58	0.9	1.5	2.2
10	18	1.2	2	3	5	8	11	18	27	43	70	110	0.18	0.27	0.43	0.7	1.1	1.8	2.7
18	30	1.5	2.5	4	6	9	13	21	33	52	84	130	0.21	0.33	0.52	0.84	1.3	2.1	3.3
30	50	1.5	2.5	4	7	11	16	25	39	62	100	160	0.25	0.39	0.62	1	1.6	2.5	3.9
50	80	2	3	5	8	13	19	30	46	74	120	190	0.3	0.46	0.74	1.2	1.9	3	4.6
80	120	2.5	4	6	10	15	22	35	54	87	140	220	0.35	0.54	0.87	1.4	2.2	3.5	5.4
120	180	3.5	5	8	12	18	25	40	63	100	160	250	0.4	0.63	1	1.6	2.5	4	6.3
180	250	4.5	7	10	14	20	29	46	72	115	185	290	0.46	0.72	1.15	1.85	2.9	4.6	7.2
250	315	6	8	12	16	23	32	52	81	130	210	320	0.52	0.81	1.3	2.1	3.2	5.2	8.1
315	400	7	9	13	18	25	36	57	89	140	230	360	0.57	0.89	1.4	2.3	3.6	5.7	8.9
400	500	8	10	15	20	27	40	63	97	155	250	400	0.63	0.97	1.55	2.5	4	6.3	9.7
500	630	9	11	16	22	32	44	70	110	175	280	440	0.7	1.1	1.75	2.8	4.4	7	11
630	800	10	13	18	25	36	50	80	125	200	320	500	0.8	1.25	2	3.2	5	8	12.5
800	1 000	11	15	21	28	40	56	90	140	230	360	560	0.9	1.4	2.3	3.6	5.6	9	14
1 000	1 250	13	18	24	33	47	66	105	165	260	420	660	1.05	1.65	2.6	4.2	6.6	10.5	16.5
1 250	1 600	15	21	29	39	55	78	125	195	310	500	780	1.25	1.95	3.1	5	7.8	12.5	19.5
1 600	2 000	18	25	35	46	65	92	150	230	370	600	920	1.5	2.3	3.7	6	9.2	15	23
2 000	2 500	22	30	41	55	78	110	175	280	440	700	1 100	1.75	2.8	4.4	7	11	17.5	28
2 500	3 150	26	36	50	68	96	135	210	330	540	860	1 350	2.1	3.3	5.4	8.6	13.5	21	33

注：① 公称尺寸大于 500 mm 的 IT1～IT5 的标准公差数值为试行；

② 公称尺寸小于或等于 1 mm 时，无 IT14～IT18。

表 2-2　IT01 和 IT0 的标准公差（摘自 GB/T 1800.1—2009）

公称尺寸/mm		标准公差等级	
		IT01	IT0
大于	至	公差/μm	
—	3	0.3	0.5
3	6	0.4	0.6
6	10	0.4	0.6
10	18	0.5	0.8
18	30	0.6	1
30	50	0.6	1
50	80	0.8	1.2
80	120	1	1.5

续表

公称尺寸/mm		标准公差等级	
		IT01	IT0
大于	至	公差/μm	
120	180	1.2	2
180	250	2	3
250	315	2.5	4
315	400	3	5
400	500	4	6

2. 标准公差等级及代号

在国标中，标准公差用 IT 表示，I 是 ISO（国际标准化组织）的第一个字母，T 是 Tolerance（公差）的第一个字母。

一般情况下，标准公差用公差等级系数 a 与标准公差因子 i 的乘积来确定，即

$$IT=ai \tag{2-1}$$

当公称尺寸一定时，i 即为定值，公差等级系数是决定标准公差大小的唯一参数。根据公差等级系数不同，国标规定标准公差分为 20 个等级，用阿拉伯数字表示，20 个等级标准公差为 IT01，IT0，IT1，IT2，…，IT18，其中 IT01 为最高等级，公差数值最小，公差等级依次降低，公差数值则依次增大。

公称尺寸至 500 mm 的标准公差计算公式见表 2-3。其中，IT5～IT18 级，每一公差等级对应有一个公差等级系数，分别为 7，10，16，…，2 500，从数字看出从 IT6 开始，公差等级系数是按 R5 优先数系增加的，即各级间的公比为 $\sqrt[5]{10}\approx 1.6$。按 R5 系列每隔 5 个等级，公差值增加到 10 倍。IT01，IT0，IT1 三个等级，由于公差等级高，主要考虑测量误差，公差计算采用线性关系。IT2，IT3，IT4 三个等级，公差值大约在 IT1～IT5 数值之间，近似呈几何级数，公比为 $\left(\frac{IT5}{IT1}\right)^{\frac{1}{4}}$。

表 2-3 公称尺寸至 500 mm 的标准公差计算公式（摘自 GB/T 1800.1—2009）

公差等级	计算公式/μm	公差等级	计算公式/μm	公差等级	计算公式/μm
IT01	$0.3+0.008D$	IT6	$10i$	IT13	$250i$
IT0	$0.5+0.012D$	IT7	$16i$	IT14	$400i$
IT1	$0.8+0.020D$	IT8	$25i$	IT15	$640i$
IT2	$(IT1)(IT5/IT1)^{1/4}$	IT9	$40i$	IT16	$1\,000i$
IT3	$(IT1)(IT5/IT1)^{1/2}$	IT10	$64i$	IT17	$1\,600i$
IT4	$(IT1)(IT5/IT1)^{3/4}$	IT11	$100i$	IT18	$2\,500i$
IT5	$7i$	IT12	$160i$		

3. 标准公差因子

根据统计规律，零件的加工误差不仅与加工方法有关，还与公称尺寸大小有关。为了评定零件尺寸公差等级的高低，合理规定公差数值，就需要建立标准公差因子。标准公差因子是计算标准公差的基本单位，是制定标准公差系列表的基础。

根据生产实践和专门科学试验与统计分析表明，在常用尺寸段内(公称尺寸至 500 mm)，公差等级在 IT5～IT18 之间时，标准公差因子 i 为

$$i=0.45\sqrt[3]{D}+0.01D \tag{2-2}$$

式中：i——标准公差因子，μm；

D——公称尺寸段的几何平均值，即尺寸所在尺寸段首尺寸 D_1 和尾尺寸 D_2 的几何平均值，$D=\sqrt{D_1\times D_2}$，mm。

式(2-2)中，第一项反映加工误差，呈抛物线规律；第二项用于补偿测量误差的影响，主要包括测量温度不稳定、测量温度与标准温度有偏差及量规变形等引起的测量误差。实际上，当零件尺寸很小时，第二项在标准公差因子中所占比例很小，当尺寸较大时，标准公差因子随尺寸的增大而加大，公差值也相应增加。

4. 尺寸分段

根据表 2-3 给出的标准公差计算公式，每一公称尺寸都对应一个公差值。但在实际生产中公称尺寸很多，因而就形成了一个庞大的公差数值表，给生产带来麻烦，同时也不利于公差值的标准化、系列化。为了减少标准公差的数目，统一公差值，简化公差表格以便于生产实际应用，国标对公称尺寸进行分段。尺寸分段后，对同一尺寸段内的所有公称尺寸，在相同的公差等级的情况下，规定相同的标准公差。式(2-2)中用以计算标准公差因子的 D 是尺寸段首尾两个尺寸的几何平均值。例如 30～50 mm 尺寸段内，$D=\sqrt{D_1\times D_2}=\sqrt{30\times 50}\approx 38.73$ mm。凡属于这一尺寸段的任一公称尺寸，其标准公差和基本偏差(稍后介绍)均以 $D=38.73$ mm 进行计算。经实践证明，这样计算的公差值差别不大，对生产影响较小。但对公差数值的标准化很有利。对于小于或等于 180 mm 的公称尺寸分段采用不均匀递增数列。对于大于 180 mm 的公称尺寸分段，主段落按 R10 优先数系分段，中间段落按 R20 优先数系分段。其公称尺寸分段见表 2-4。

表 2-4　公称尺寸分段(摘自 GB/T 1800.1—2009)　mm

主段落		中间段落		主段落		中间段落	
大于	至	大于	至	大于	至	大于	至
—	3	无细分段		50	80	50	65
3	6					65	80
6	10			80	120	80	100
						100	120
10	18	10	14	120	180	120	140
		14	18			140	160
18	30	18	24			160	180
		24	30	180	250	180	200
30	50	30	40			200	225
		40	50			225	250

续表

主段落		中间段落		主段落		中间段落	
大于	至	大于	至	大于	至	大于	至
250	315	250 280	280 315	1 000	1 250	1 000 1 120	1 120 1 250
315	400	315 355	355 400	1 250	1 600	1 250 1 400	1 400 1 600
400	500	400 450	450 500	1 600	2 000	1 600 1 800	1 800 2 000
500	630	500 560	560 630	2 000	2 500	2 000 2 240	2 240 2 500
630	800	630 710	710 800	2 500	3 150	2 500 2 800	2 800 3 150
800	1 000	800 900	900 1 000				

【例 2-6】 公称尺寸为 20 mm，求其对应的 IT6，IT7 的公差值。

解 公称尺寸为 20 mm，属于 18～30 mm 尺寸段，故有

$$D=\sqrt{18\times 30}=23.24\ \text{mm}。$$

则标准公差因子为

$i=0.45\sqrt[3]{D}+0.001D=0.45\sqrt[3]{23.24}+0.001\times 23.24\approx 1.31\ \mu\text{m}$

由表 2-3 查得，$IT6=10i$，$IT7=16i$，可求得

$IT6=10i=10\times 1.31=13.1\approx 13\ \mu\text{m}$

$IT7=16i=16\times 1.31=20.96\approx 21\ \mu\text{m}$

2.2.2 基本偏差系列

1. 基本偏差及其代号

(1) 基本偏差

基本偏差是指确定零件公差带相对零线位置的上极限偏差或下极限偏差。它是公差带位置标准化的唯一指标。除 JS 和 js 以外，基本偏差均指靠近零线的偏差，与公差等级无关。而 JS 和 js，公差带对称零线分布，其基本偏差是上极限偏差或下极限偏差，与公差等级有关。

(2) 基本偏差代号

如图 2-11 所示为基本偏差系列，基本偏差的代号用拉丁字母表示，大写代表孔，小写代表轴。在 26 个字母中，除去易混淆的五个字母 I，L，O，Q，W(i，l，o，q，w)，再加上 7 个用两个字母表示的代号 CD，EF，FG，JS，ZA，ZB，ZC(cd，ef，fg，js，za，zb，zc)，共有 28 个代号，即孔、轴各有 28 个基本偏差。其中 JS 和 js 在各个公差等级中相对零线是完全对称的。JS，js 将逐渐代替近似对称的基本偏差 J 和 j。因此在国家标准中，孔仅留 J6，J7 和 J8，轴仅留 j5，j6，j7 和 j8。基本偏差代号见表 2-5。

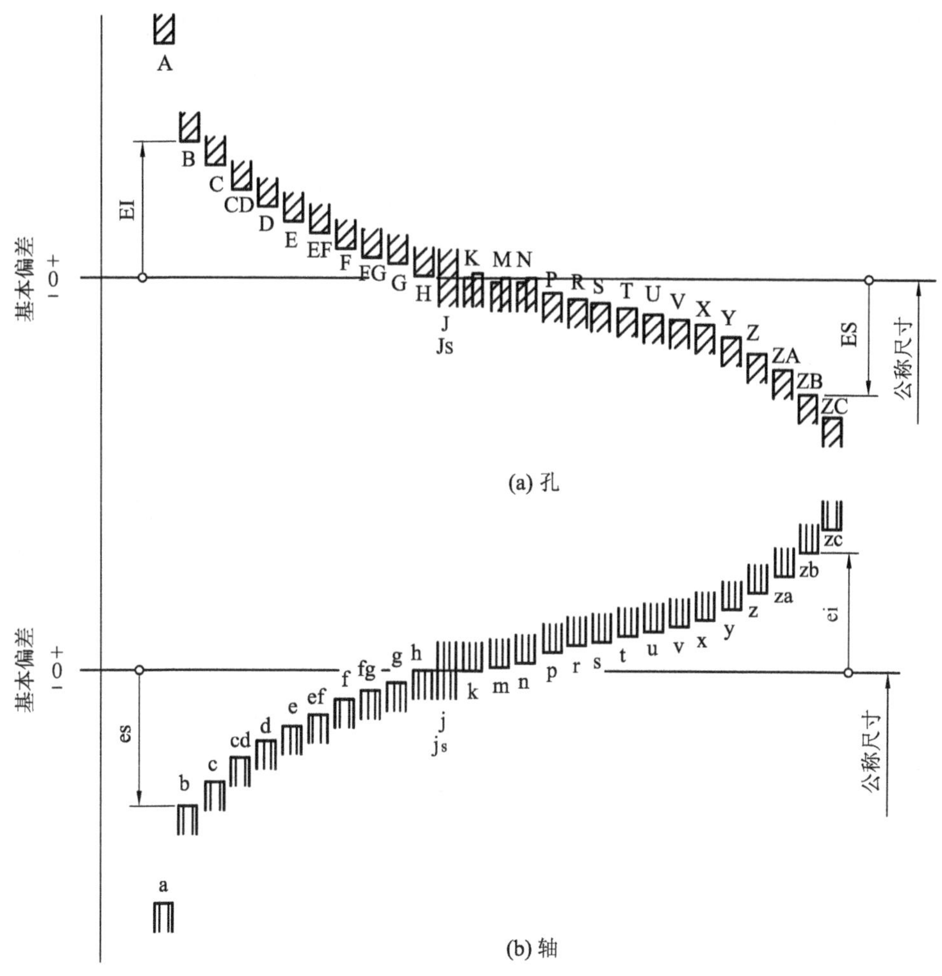

图 2-11　基本偏差系列(摘自 GB/T 1800.1—2009)

表 2-5　基本偏差代号

孔或轴	基　本　偏　差		注
孔	下偏差	A,B,C,CD,D,E,EF,F,FG,G,H	H 代表下偏差为零的孔，即基准孔
	上偏差或下偏差	$JS=\pm\frac{IT}{2}$	
	上偏差	J,K,M,N,P,R,S,T,U,V,X,Y,Z,ZA,ZB,ZC	
轴	上偏差	a,b,c,cd,d,e,ef,f,fg,g,h	h 代表上偏差为零的轴，即基准轴
	上偏差或下偏差	$js=\pm\frac{IT}{2}$	
	下偏差	j,k,m,n,p,r,s,t,u,v,x,y,z,za,zb,zc	

对于轴，a～h 的基本偏差为上极限偏差 es，其绝对值依次减小；j～zc(js 除外)的基本偏差为下极限偏差 ei，其绝对值逐渐增大。

对于孔，A～H 的基本偏差为下极限偏差 EI，其绝对值依次减小；J～ZC(JS 除外)的基本偏差为上极限偏差 ES，其绝对值依次增大。H 和 h 的基本偏差为零。

在图 2-11 中，基本偏差系列各公差带只画出一端，另一端未画出，因为它取决于公差带的大小。

2. 基本偏差计算

1）轴的基本偏差计算

轴的基本偏差是在基孔制的基础上制定的。根据科学试验和生产实践，对于轴的各种基本偏差整理为一系列计算公式，见表 2-6。

表 2-6　公称尺寸至 500 mm 轴的基本偏差计算公式（摘自 GB/T 1800.1—2009）

基本偏差代号	适用范围	基本偏差为上极限偏差 es/μm	基本偏差代号	适用范围	基本偏差为下极限偏差 ei/μm
a	公称尺寸≤120 mm	$-(265+1.3D)$	j	IT5～IT8	无公式
	公称尺寸＞120 mm	$-3.5D$	k	≤IT3	0
b	公称尺寸 160 mm	$-(140+0.85D)$		IT4～IT7	$+0.6\sqrt[3]{D}$
	公称尺寸＞160 mm	$-1.8D$		≥IT8	0
c	公称尺寸≤40 mm	$-52D^{0.2}$	m		+(IT7−IT6)
	公称尺寸＞40 mm	$-(95+0.8D)$	n		$+5D^{0.34}$
cd		$-\sqrt{cd}$	p		+[IT7+(0～5)]
d		$-16D^{0.44}$	r		$+\sqrt{ps}$
e		$-11D^{0.41}$	s	公称尺寸≤50 mm	+[IT8+(1～4)]
				公称尺寸＞50 mm	+(IT7+0.4D)
ef		$-\sqrt{ef}$	t	公称尺寸＞24 mm	+(IT7+0.63D)
f		$-5.5D^{0.41}$	u		+(IT7+D)
fg		$-\sqrt{fg}$	v	公称尺寸＞14 mm	+(IT7+1.25D)
			x		+(IT7+1.6D)
g		$-2.5D^{0.34}$	y	公称尺寸＞18 mm	+(IT7+2D)
			z		+(IT7+2.5D)
h		0	za		+(IT8+3.15D)
			zb		+(IT9+4D)
			zc		+(IT10+5D)
$js=\pm\frac{IT}{2}$					

注：① 公称尺寸大于 500 的 IT1～IT5 的标准公差数值为试行；② 公称尺寸小于 1 时，无 IT14～IT18。

a～h 为间隙配合，基本偏差的绝对值正好等于最小间隙，其基本偏差为上极限偏差，如图 2-12 所示，其中 a，b，c 三种用于大间隙热动配合。考虑热膨胀影响，因此，最小间隙采用与直径成正比的关系计算。d，e，f 三种考虑保证良好的液体摩擦，但考虑到表面粗糙度的影响，所以最小间隙略小于直径的平方根。g 主要考虑滑动和半液体摩擦或用于定位，间隙要小，故直径的指数更小些。cd，ef，fg 三种是中间插入，则分别按 c 与 d，e 与 f，f 与 g 的绝对值的几何平均值计算。

j，k，m，n 四种为过渡配合，如图 2-13 所示，基本偏差为下极限偏差 ei。计算公式基本上根据经验与统计方法确定。对于 k，规定 IT4～IT7 的基本偏差 $ei=0.6\sqrt[3]{D}$，其值很小，只有 1～5 μm，对其于公差等级，均取 ei=0。对于 m，是在 m6 的上极限偏差与 H7 的上极限偏差数值相等的条件下确定的，所以 m 的基本偏差 ei=+(IT7−IT6)。对于 n，按它与 H6 形成过盈配合，与 H7 形成过渡配合来考虑的，所以 n 的基本偏差数值大于 IT6 而小于 IT7，即 $ei=+5D^{0.34}$。

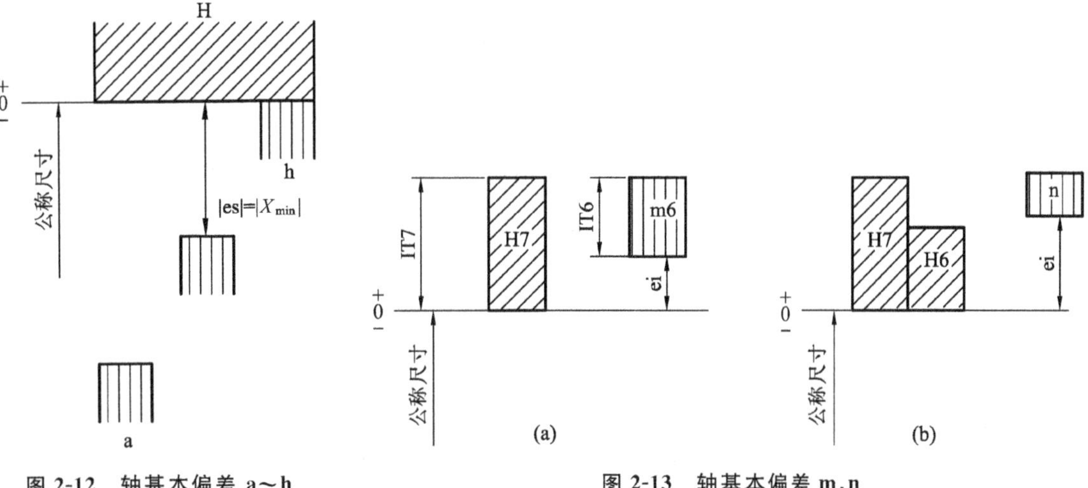

图 2-12 轴基本偏差 a～h

图 2-13 轴基本偏差 m,n

p～zc 为过盈配合，其基本偏差为下极限偏差，如图 2-14 所示，从保证最小过盈来考虑。最小过盈的系数系列符合优先数系，规律性较好，便于应用。

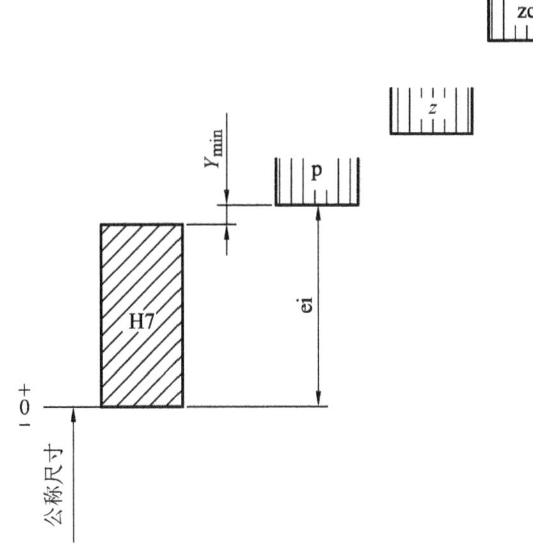

图 2-14 轴基本偏差 p～zc

2）轴的另一偏差计算

轴的另一偏差（上极限偏差或下极限偏差）是根据轴的基本偏差和选用的公差等级计算，即

$$a\sim h\quad ei=es-IT \tag{2-3}$$

$$j\sim zc\quad es=ei+IT \tag{2-4}$$

3）孔的基本偏差计算

孔的基本偏差是指在基轴制的基础上孔的基本偏差系列。它与轴的基本偏差系列相

同，共有 28 种。公称尺寸≤500 mm 时，孔的基本偏差是从轴的基本偏差换算得来的。有两种换算规则，如图 2-15 所示。

（1）通用规则

用同一字母表示的孔、轴的基本偏差的绝对值相等，符号相反。即

$$ES=-ei$$

$$EI=-es$$

孔的基本偏差是轴的基本偏差相对于零线的倒影。因此又称倒影规则，如图 2-15 a 所示。

通用规则适用于以下情况：

① 对于 A～H，因其基本偏差 EI 和对应轴的基本偏差 es 的绝对值都等于最小间隙，故不论孔与轴是否采用同级配合均按通用规则确定，即 EI＝－es。

② 对于 K～ZC，因标准公差大于 IT8 的 K，M，N 和大于 IT7 的 P～ZC，一般孔轴采用同级配合，故按通用规则确定，即 ES＝－ei。

但标准公差等级大于 IT8，公称尺寸 ＞3 mm 的 N 例外，其基本偏差 ES 等于零，即 ES＝0。

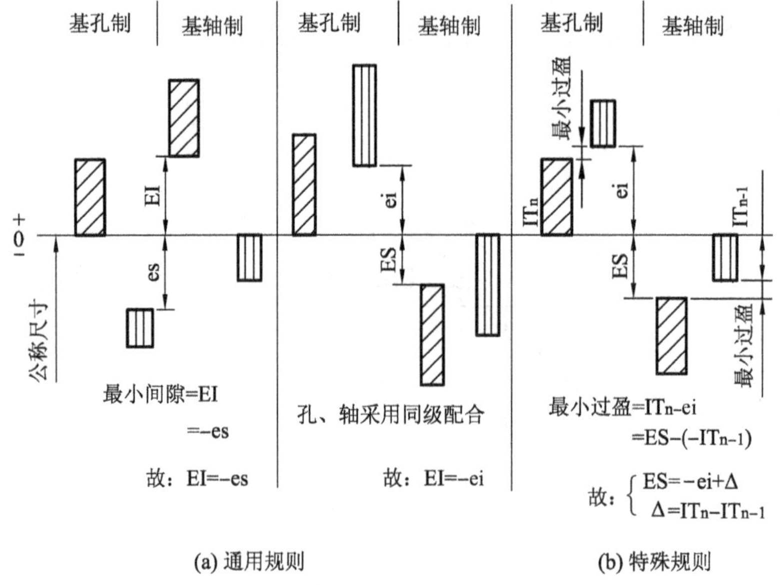

图 2-15　孔的基本偏差的计算规则

（2）特殊规则

用同一字母表示孔、轴基本偏差时，孔基本偏差 ES 和轴的基本偏差 ei 符号相反，而绝对值相差一个 Δ 值，如图 2-15 b 所示。

因为在较高的公差等级中，同一公差等级的孔比轴加工困难，因而常采用比轴低一级的孔相配合，即异级配合，并要求两种配合制所形成的配合性质相同。如图 2-16 b 所示：

基孔制时　$Y_{min}=ES-ei=+IT_n-ei$

基轴制时　$Y_{min}=ES-ei=ES-(-IT_{n-1})$

要求具有相同的配合性质，故有

$$+IT_n-ei=ES+IT_{n-1}$$

由此得出孔基本偏差为

$$ES=-ei+\Delta$$

$$\Delta=IT_n-IT_{n-1}$$

式中：IT_n——某一级孔的标准公差；

　　IT_{n-1}——比某一级孔高一级的轴的标准公差。

特殊规则适用于公称尺寸≤500 mm，标准公差≤IT8 的 J，K，M，N 和标准公差≤IT7 的 P～ZC。此时，由于一般的配合采用异级配合，为满足配合性质相同的要求，ES 和 ei 的绝对值相差一个 Δ 值。

4）孔另一偏差计算

孔的另一偏差（ES 或 EI）根据孔的基本偏差和选用的标准公差计算：

$$A\sim H \quad ES=EI+IT$$

$$J\sim ZC \quad EI=ES-IT$$

国标规定的轴、孔基本偏差数值见书后附表 1 和附表 2。

2.2.3　公差带与配合的表示

GB/T 1800.1—2009 规定孔、轴尺寸公差带代号用基本偏差的字母与标准公差等级代号组合表示，如 H7（孔公差带）、f8（轴公差带）。

将孔和轴的公差带代号组合，并用分数形式表示，就组成了配合代号。例如，H7/f6，F8/h7。

尺寸公差标注方法如图 2-16 所示，在零件图上，在公称尺寸之后，标注所要求的公差带或（和）上、下极限偏差，实际生产中一般采用图 b，c 两种标注方法。

在装配图上，在孔、轴相同公称尺寸后，标注配合代号，分子代表孔公差带，分母代表轴公差带。具体标注方法如图 2-17 所示。

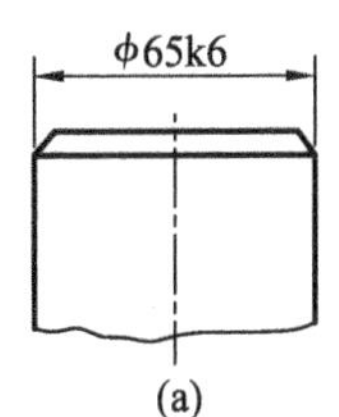

$\phi 65^{+0.021}_{-0.002}$

(b)

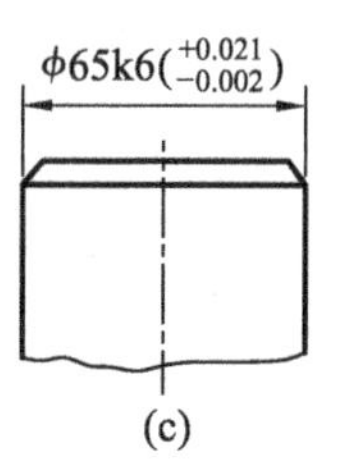

图 2-16　尺寸公差标注方法

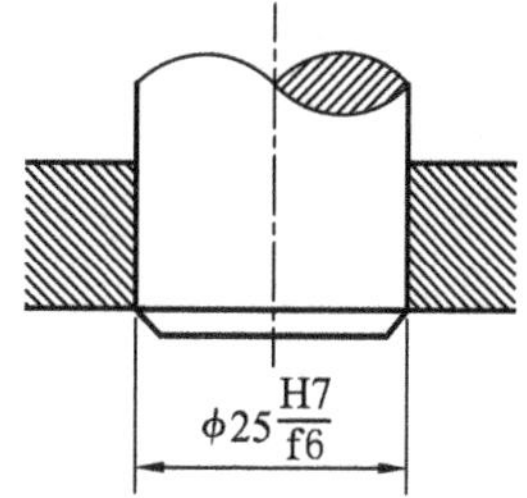

图 2-17　配合标注方法

【例 2-7】　试确定 ϕ30H7/f6 和 ϕ30F7/h6 配合中孔与轴的极限偏差。

解　① ϕ30H7/f6

孔与轴的公称尺寸 ϕ30 属于 18～30 mm 尺寸段，由表 2-1 查得

$$IT7=21\ \mu m, IT6=13\ \mu m。$$

基准孔 H7 的基本偏差为下极限偏差 EI=0，上极限偏差

$$ES=EI+IT7=21\ \mu m。$$

从表 2-7 查得 f6 的基本偏差为上极限偏差 es=−20 μm，下极限偏差

$$ei = es - IT6 = -20 - 13 = -33\ \mu m。$$

由此可得：$\phi 30H7 = \phi 30^{+0.021}_{0}$，$\phi 30f6 = \phi 30^{-0.020}_{-0.033}$。

② $\phi 30F7/h6$

基准轴 h6 的基本偏差为上极限偏差 es＝0，下极限偏差

$$ei = es - IT6 = 0 - 13 = -13\ \mu m。$$

从表 2-8 查得 F7 的基本偏差 EI＝＋20 μm，上极限偏差

$$ES = EI + IT7 = 20 + 21 = 41\ \mu m。$$

由此可得：$\phi 30F7 = \phi 30^{+0.041}_{+0.020}$，$\phi 30h6 = \phi 30^{0}_{-0.013}$。

两对孔、轴配合的公差带如图 2-18 a 所示，从图中看出，一组为基孔制配合，一组为基轴制配合，但最大间隙和最小间隙不变，即具有相同的配合性质。

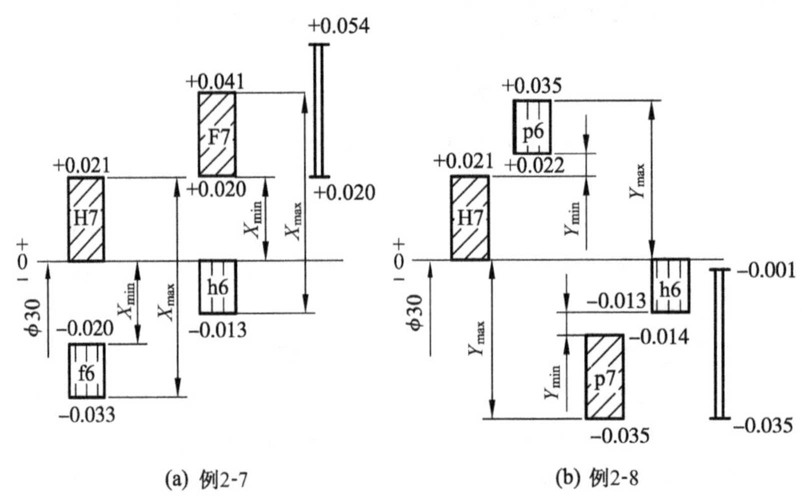

图 2-18　例 2-7 和例 2-8 的公差带

【例 2-8】 试确定 $\phi 30H7/p6$ 和 $\phi 30P7/h6$ 配合中孔与轴的极限偏差。

解　① $\phi 30H7/p6$

从例 2-7 知 H7 的 EI＝0，ES＝21 μm。

查表 2-7 得 p6 的基本偏差为下极限偏差 ei＝22 μm，上极限偏差为

$$es = ei + IT6 = 22 + 13 = 35\ \mu m。$$

由此可得：$\phi 30H7 = \phi 30^{+0.021}_{0}$，$\phi 30p6 = \phi 30^{+0.035}_{+0.022}$。

② $\phi 30P7/h6$

从例 2-7 知 h6 的 ei＝−13 μm，es＝0。

查表 2-8 得 P7 的基本偏差为 ES＝−22＋Δ＝−22＋8＝−14 μm；

也可直接按特殊规则计算，即

Δ＝IT7−IT6＝21−13＝8 μm，ES＝−ei＋Δ＝−22＋8＝−14 μm；

P7 的下极限偏差为

$$EI = ES - IT7 = -14 - 21 = -35\ \mu m；$$

由此可得：$\phi 30h6 = \phi 30^{0}_{-0.013}$，$\phi 30P7 = \phi 30^{-0.014}_{-0.035}$。

两对孔、轴配合的公差带如图 2-18 b 所示，从图中可以看到两对轴、孔配合性质相同。

§ 2.3　极限与配合的标准化

2.3.1　一般、常用和优先的公差带

根据 GB/T 1800.1—2009 提供的 20 个等级的标准公差及孔、轴 28 种基本偏差代号，孔、轴可以组成很多不同大小和位置的公差带(孔有 20×27＋3＝543 种，轴有 20×27＋4＝544 种)。由孔和轴的公差带又可组成大量的配合，如此多的公差带与配合全部使用显然是不经济的。为了减少定尺寸刀具、量具和工艺装配的品种及规格，对公差带和配合选用应加以限制。

根据生产实际情况，GB/T 1801—2009 对常用尺寸段推荐了孔、轴的一般、常用和优先公差带。国标规定了一般、常用和优先孔用公差带共 105 种，如图 2-19 所示。其中方框内的 44 种为常用公差带，圆圈内的 13 种为优先公差带。

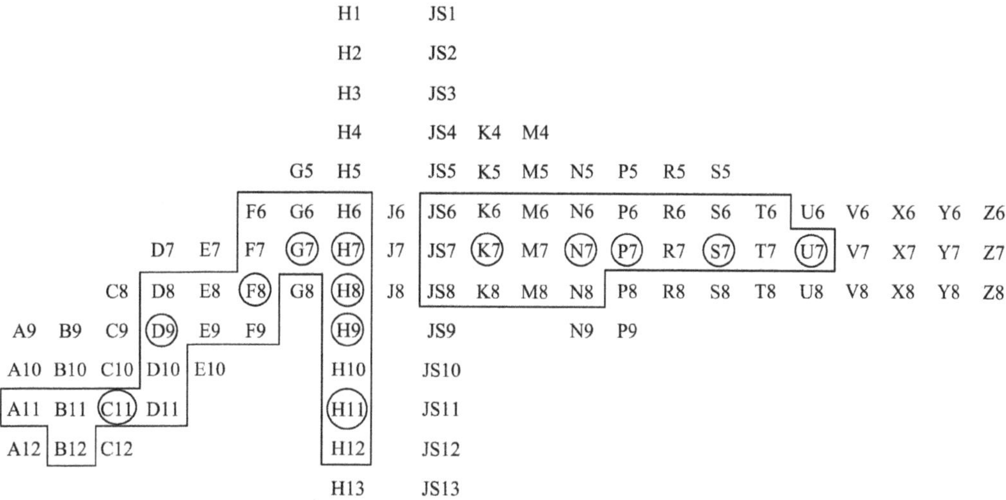

图 2-19　公称尺寸至 500 mm 孔一般、常用、优先公差带(摘自 GB/T 1801—2009)

国标 GB/T 1801—2009 规定了一般、常用和优先轴公差带共 116 种，如图 2-20 所示。其

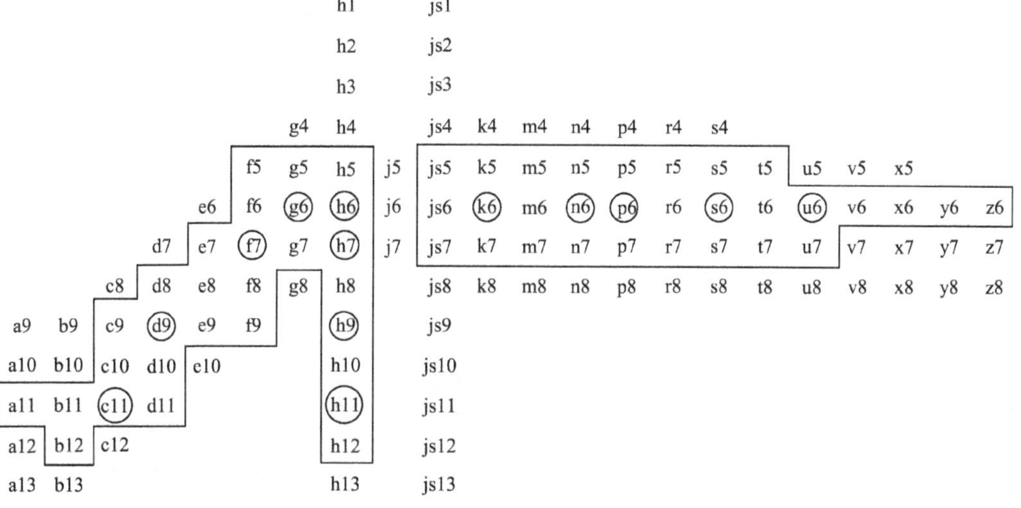

图 2-20　公称尺寸至 500 mm 轴一般、常用、优先公差带(摘自 GB/T 1801—2009)

中方框内的 59 种为常用公差带，圆圈内的 13 种为优先公差带。

2.3.2 优先和常用配合

国标 GB/T 1801—2009 在规定孔、轴公差带选用的基础上，还规定了孔、轴公差带的组合。基孔制常用配合 59 种，见表 2-7。其中注有黑◤符号的 13 种为优先配合。基轴制常用配合 47 种，见表 2-8。其中注有黑◤符号的 13 种为优先配合。

表 2-7 基孔制优先、常用配合(摘自 GB/T 1801—2009)

基准孔	轴																				
	a	b	c	d	e	f	g	h	js	k	m	n	p	r	s	t	u	v	x	y	z
	间隙配合								过渡配合			过盈配合									
H6						$\frac{H6}{f5}$	$\frac{H6}{g5}$	$\frac{H6}{h5}$	$\frac{H6}{js5}$	$\frac{H6}{k5}$	$\frac{H6}{m5}$	$\frac{H6}{n5}$	$\frac{H6}{p5}$	$\frac{H6}{r5}$	$\frac{H6}{s5}$	$\frac{H6}{t5}$					
H7						$\frac{H7}{f6}$	◤$\frac{H7}{g6}$	◤$\frac{H7}{h6}$	$\frac{H7}{js6}$	◤$\frac{H7}{k6}$	$\frac{H7}{m6}$	◤$\frac{H7}{n6}$	◤$\frac{H7}{p6}$	$\frac{H7}{r6}$	◤$\frac{H7}{s6}$	$\frac{H7}{t6}$	◤$\frac{H7}{u6}$	$\frac{H7}{v6}$	$\frac{H7}{x6}$	$\frac{H7}{y6}$	$\frac{H7}{z6}$
H8					$\frac{H8}{e7}$	◤$\frac{H8}{f7}$	$\frac{H8}{g7}$	◤$\frac{H8}{h7}$	$\frac{H8}{js7}$	$\frac{H8}{k7}$	$\frac{H8}{m7}$	$\frac{H8}{n7}$	$\frac{H8}{p7}$	$\frac{H8}{r7}$	$\frac{H8}{s7}$	$\frac{H8}{t7}$	$\frac{H8}{u7}$				
				$\frac{H8}{d8}$	$\frac{H8}{e8}$	$\frac{H8}{f8}$		$\frac{H8}{h8}$													
H9			$\frac{H9}{c9}$	◤$\frac{H9}{d9}$	$\frac{H9}{e9}$	$\frac{H9}{f9}$		◤$\frac{H9}{h9}$													
H10			$\frac{H10}{c10}$	$\frac{H10}{d10}$				$\frac{H10}{h10}$													
H11	$\frac{H11}{a11}$	$\frac{H11}{b11}$	◤$\frac{H11}{c11}$	$\frac{H11}{d11}$				◤$\frac{H11}{c11}$													
H12		$\frac{H12}{b12}$						$\frac{H12}{h12}$													

注：① $\frac{H6}{n5}$，$\frac{H7}{p6}$在公称尺寸小于或等于 3 mm 和$\frac{H8}{r7}$在公称尺寸小于或等于 100 mm 时，为过渡配合。

② 标注◤的配合为优先配合。

表 2-7 中，当轴的公差小于或等于 IT7 时，是与低一级的基准孔相配合；大于或等于 IT8 时，与同级基准孔相配合。表 2-8 中，当孔的标准公差小于 IT8 或少数等于 IT8 时是与高一级的基准轴相配合，其余是与同级基准轴相配合。基孔制优先公差带如图 2-21 所示。基轴制优先公差带如图 2-22 所示。

表 2-8 基轴制优先、常用配合(摘自 GB/T 1801—2009)

基准轴	孔																				
	A	B	C	D	E	F	G	H	JS	K	M	N	P	R	S	T	U	V	X	Y	Z
	间隙配合								过渡配合			过盈配合									
h5						$\frac{F6}{h5}$	$\frac{G6}{h5}$	$\frac{H6}{h5}$	$\frac{JS6}{h5}$	$\frac{K6}{h5}$	$\frac{M6}{h5}$	$\frac{N6}{h5}$	$\frac{P6}{h5}$	$\frac{R6}{h5}$	$\frac{S6}{h5}$	$\frac{T6}{h5}$					
h6						$\frac{T7}{h6}$	◤$\frac{G7}{h6}$	◤$\frac{H7}{h6}$	$\frac{JS7}{h6}$	◤$\frac{K7}{h6}$	$\frac{M7}{h6}$	◤$\frac{N7}{h6}$	◤$\frac{P7}{h6}$	$\frac{R7}{h6}$	◤$\frac{S7}{h6}$	$\frac{T7}{h6}$	◤$\frac{U7}{h6}$				
h7					$\frac{E8}{h7}$	◤$\frac{F8}{h7}$		◤$\frac{H8}{h7}$	$\frac{JS8}{h7}$	$\frac{K8}{h7}$	$\frac{M8}{h7}$	$\frac{N8}{h7}$									

续表

基准轴	孔																				
	A	B	C	D	E	F	G	H	JS	K	M	N	P	R	S	T	U	V	X	Y	Z
	间隙配合								过渡配合			过盈配合									
h8				$\frac{D8}{h8}$	$\frac{E8}{h8}$	$\frac{F8}{h8}$		$\frac{H8}{h8}$													
h9				◤$\frac{D9}{h9}$	$\frac{E9}{h9}$	$\frac{F9}{h9}$		◤$\frac{H9}{h9}$													
h10				$\frac{D10}{h10}$				$\frac{H10}{h10}$													
h11	$\frac{A11}{h11}$	$\frac{B11}{h11}$	◤$\frac{C11}{h11}$	$\frac{D11}{h11}$				◤$\frac{H11}{h11}$													
h12		$\frac{B12}{h12}$						$\frac{H12}{h12}$													

注：标注◤的配合为优先配合。

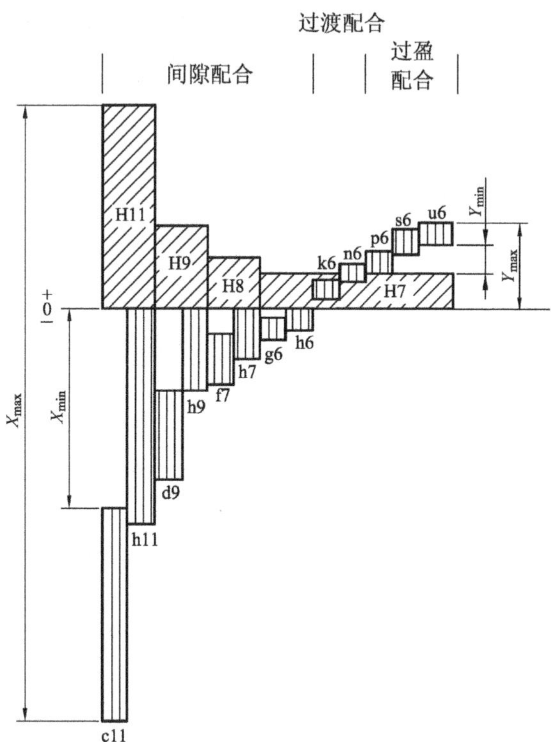

图 2-21　基孔制优先配合

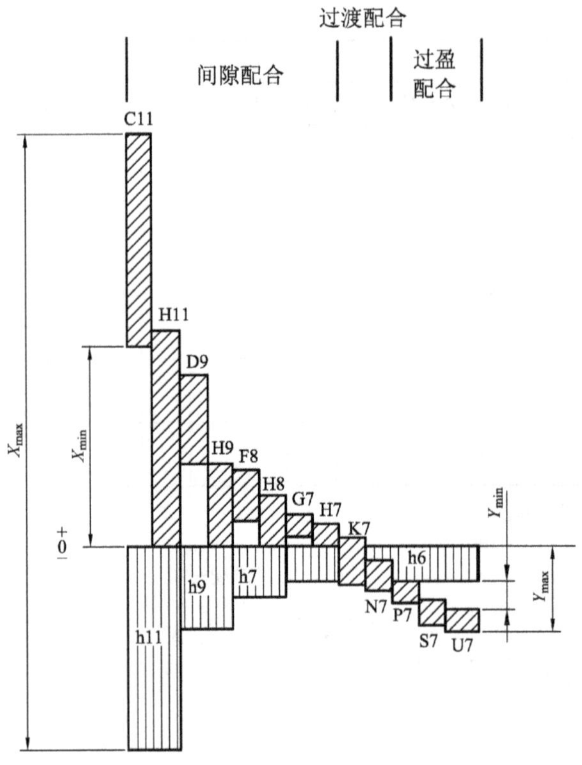

图 2-22　基轴制优先配合

§2.4　极限与配合的选用

极限与配合的选择是机械产品精度设计中的一项重要工作。合理选择极限与配合，不但有利于产品质量的提高，而且有利于生产成本的降低。在设计工作中，极限与配合的选用主要包括配合制选择、公差等级确定和配合种类选择。

极限与配合的选择一般有三种方法：类比法、计算法和试验法。

(1) 类比法。通过类似的机械产品和零件进行调查、研究和分析对比，根据前人的经验来选取极限与配合。这是目前应用最多也是最主要的一种方法，要求设计人员有较为丰富的实践经验。

(2) 计算法。按一定的理论和公式来计算需要的极限间隙或过盈，然后确定孔和轴的公差带。由于影响配合间隙量和过盈量的因素很多，故理论计算也是近似的，但比较科学。不过有时将条件理论化、简单化，使得设计结果不完全符合实际，所以在实际应用中还需要经过试验进行修正。一般情况下很少使用计算法。

(3) 试验法。通过试验或统计分析来确定满足产品工作性能的间隙或过盈范围。该方法合理、可靠，但代价高。因此，只用于重要产品的重要配合处。

2.4.1　配合制的选择

基孔制和基轴制是两种等效的配合制。配合制的选择与使用要求无关，应从结构、工艺、经济几个方面综合考虑。

1. 优先选用基孔制

一般情况下应优先选用基孔制。通常加工孔比加工轴困难，采用基孔制可以减少定值刀具、量具的规格和数量，有利于刀具、量具标准化、系列化，因而较为经济、合理，且使用方便。

2. 基轴制的选用

下列情况选用基轴制比较经济合理。

(1) 直接使用冷拔棒材做轴。直接使用具有一定公差等级(IT7～IT11)而不再进行机械加工的冷拔钢材(这些钢材是按基轴制的公差带制造的)做轴，应选用基轴制。这种情况主要应用在农业机械、纺织机械中，此时采用基轴制减少了加工量，较为经济合理。

(2) 尺寸小于 1 mm 的精密轴。这类轴比同一公差等级的孔加工困难，通常采用经过光轧成形的钢丝直接做轴，可获得明显的经济效益。这种情况一般用于仪器、仪表和无线电工程中。

(3) 结构的需要。在同一公称尺寸的轴上装配几个不同配合的零件时，采用基轴制。图 2-23所示为活塞销 1 与连杆 3 及活塞 2 的配合。根据要求，活塞销与活塞应为过渡配合，而活塞销与连杆之间有相对运动，应为间隙配合。如果三段配合均选基孔制，则应为如 ϕ30H6/m5，ϕ30H6/h5和 ϕ30H6/m5，公差如图 2-23 b 所示，此时必须将轴做成台阶轴才能满足各部分配合要求。这样做既不便于加工，又不利于装配。如果改用基轴制，则三段的配合可改为 ϕ30M6/h5，ϕ30H6/h5 和 ϕ30M6/h5，其公差带如图 2-23 c 所示，将活塞销做成光轴，既方便加工又利于装配。

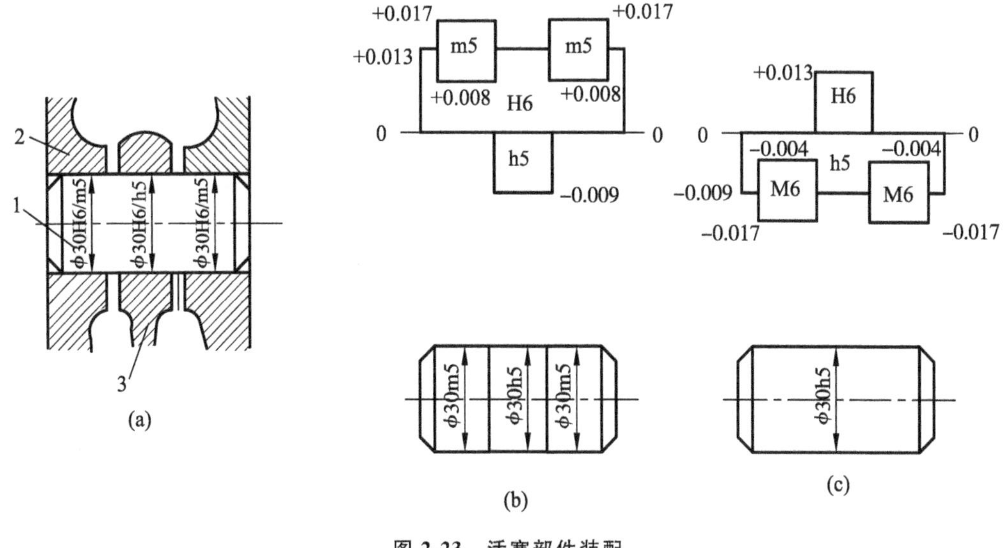

图 2-23　活塞部件装配

(4) 与标准件配合。当设计的零件与标准件相配合时，配合制的选择应以标准件为基准件确定配合制。例如与滚动轴承(标准件)内圈相配合的轴应选用基孔制，而与滚动轴承外圆配合的孔则应选用基轴制。

3. 采用非基准制

在某些情况下，为了满足配合的特殊要求，可以采用非基准制配合，即允许采用任一孔、轴公差带（既无基准孔 H，又无基准轴 h）组成的配合。图 2-24 所示为 C616 车床床头箱的一部分，由于齿轮轴颈 1 与两轴承孔相配合，已选定为ϕ 60js6，隔套 2 起间隔两个轴承作轴向定位用。为了装拆方便，只要松套在齿轮轴颈上即可，公差等级要求不高，因而选用ϕ 60D10 与齿轮轴颈相配。

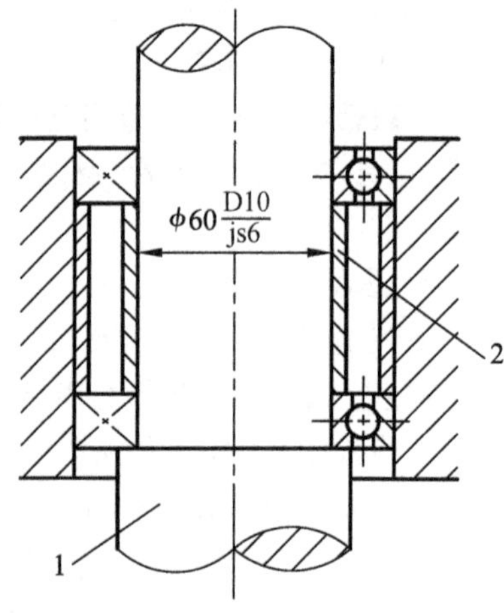

图 2-24 一轴与多孔的配合选用

2.4.2 公差等级选择

合理地选择公差等级，就是为了更好地解决机械零部件的使用要求与制造工艺成本之间的矛盾。

(1) 选择公差等级应首先满足使用要求。各个等级标准公差的应用范围没有严格的划分。表 2-9 为各公差等级的应用范围。

表 2-9 公差等级的应用范围

应用	公差等级(IT)																			
	01	0	1	2	3	4	5	6	7	8	9	10	11	12	13	14	15	16	17	18
块规	—	—	—																	
量规		—	—	—	—	—	—	—	—											
配合尺寸							—	—	—	—	—	—	—	—	—					
特别精密零件的配合				—	—	—	—													
非配合尺寸(大制造公差)														—	—	—	—	—	—	—
原材料公差										—	—	—	—	—	—	—				

(2) 工艺等价性。对于公称尺寸至 500 mm 的配合，由于孔比轴加工困难，所以当公差等级较高（标准公差值≤IT8）时，国标规定选用异级（轴比孔高一级）配合，对于公差等级要求较低时，推荐采用同级配合。

(3) 加工零件的经济性。在满足使用要求的前提下，尽量采用较大的公差值，以降低生产成本，同时也要考虑到工艺的可行性。

各种加工方法能够达到的公差等级见表 2-10。表 2-11 为常用公差等级的应用实例。

表 2-10 各种加工方法能达到的公差等级

加工方法	公差等级																	
	01	0	1	2	3	4	5	6	7	8	9	10	11	12	13	14	15	16
研磨	—	—	—	—	—	—	—											
珩						—	—	—	—									
圆磨							—	—	—	—								
平磨							—	—	—	—								

续表

加工方法	公差等级																
	01	0	1	2	3	4	5	6	7	8	9	10	11	12	13	14	15	16
金刚石车							—	—	—									
金刚石镗							—	—	—									
拉削							—	—	—	—								
铰孔								—	—	—	—							
车									—	—	—	—						
镗									—	—	—	—						
铣										—	—	—						
刨、插												—	—	—				
钻孔												—	—	—	—			
滚压、挤压												—	—					
冲压												—	—	—	—	—		
压铸													—	—	—	—		
粉末冶金成形								—	—	—								
粉末冶金烧结									—	—	—	—						
砂型铸造、气割																		—
锻造																	—	

表 2-11 常用公差等级的应用实例

公差等级	应　　用
IT5 (孔 IT6)	主要用在配合公差、形状公差要求很小的地方，其配合性质稳定，一般在机床、发动机、仪表等重要部位应用。例如：与 5 级滚动轴承配合的外壳孔，与 6 级滚动轴承配合的机床主轴，机床尾架与套筒，精密机械及高速机械中轴颈，精密丝杠轴颈等
IT6 (孔 IT7)	配合性质能达到较高的均匀性，广泛用于机械制造中的重要配合。例如：与 6 级滚动轴承相配合的孔、轴颈，与齿轮、蜗轮、联轴器、带轮、凸轮等连接的轴颈，机床丝杠轴颈，摇臂钻立柱，机床夹具中异向件外径尺寸，6 级精度齿轮的基准孔，7 级和 8 级精度齿轮基准轴等
IT7	7 级精度比 6 级精度稍低，应用条件与 6 级基本相似，在一般机械制造中应用较为普遍。例如：联轴器、带轮、凸轮等孔径，机床夹盘座孔，夹具中固定钻套，7 级和 8 级齿轮基准孔，9 级和 10 级齿轮基准轴等
IT8	在机械制造中属于中等精度，用于中等精度要求的场合。例如：轴承座衬套沿宽度方向尺寸；9～12 级齿轮基准孔；11～12 级齿轮基准轴等
IT9，IT10	主要用于机械制造中轴套外径与孔，操纵件与轴，带轮与轴，单键与花键
IT11，IT12	配合精度很低，装配后可能产生很大间隙，适用于基本上没有什么配合要求的场合。例如：机床上法兰盘与止口，滑块与滑移齿轮，加工中工序间尺寸，冲压加工的配合件，机床制造中的扳手孔与扳手座的连接等

2.4.3 配合的选择

选择配合主要是为了解决结合零件孔与轴在工作时的相互关系，以保证机器正常工作。配合是指公称尺寸相同的相互结合的孔和轴公差带之间的关系，这种关系决定间隙或过盈的大小及变动，反映了配合的性质。

在设计中，根据使用要求，尽量选用优先配合和常用配合，如果不能满足要求，可选用一般用途的孔、轴公差带按需要组成配合。当有特殊要求时，可以从标准公差和基本偏差中选取合适的孔、轴公差带组成所需的配合。

确定配合制和公差等级后就要确定配合的种类。当孔和轴之间有相对运动时，就必须选择间隙配合。基本偏差的绝对值等于最小间隙，所以可按要求的最小间隙来确定与基准孔（轴）相配的轴（孔）的基本偏差代号。当孔和轴之间不要求有相对运动，并依靠键、销或螺钉等将孔、轴紧固在一起时，也可以选用间隙配合。当要求孔、轴之间有较紧配合，不能产生相对运动，甚至有时还要传递运动和力，则需选用过盈配合。对于受力小或基本不受力主要要求对中、定心或便于装拆时，则可选用过渡配合。为了方便配合的选用，表 2-12 介绍了配合类别的选择说明，表 2-13 为常用轴的基本偏差选用说明，表 2-14 为优先配合选用说明。

表 2-12　配合类别选择说明

<table>
<tr><td rowspan="4">无相对运动</td><td rowspan="3">需要传递转矩</td><td colspan="2">永久结合</td><td>较大过盈的过盈配合</td></tr>
<tr><td rowspan="2">可拆结合</td><td>要精确同轴</td><td>轻型过盈配合、过渡配合或基本偏差为 H(h)的间隙配合加紧固件</td></tr>
<tr><td>不要精确同轴</td><td>间隙配合加紧固件</td></tr>
<tr><td colspan="3">不需要传递转矩，要精确同轴</td><td>过渡配合或轻的过盈配合</td></tr>
<tr><td rowspan="2">有相对运动</td><td colspan="3">只有移动</td><td>基本偏差为 H(h)，G(g)等间隙配合</td></tr>
<tr><td colspan="3">转动或转动和移动的复合运动</td><td>基本偏差 A～F(a～f)等间隙配合</td></tr>
</table>

表 2-13　常用轴的基本偏差选用说明

配合种类	基本偏差	配合特性及应用
间隙配合	a，b	可得到特别大的间隙，很少应用
	c	可得到大的间隙，应用一般适用于缓慢、松弛的转动配合。用于工作条件较差（如农业机械），受力变形，或为了便于装配，而必须保证有较大的间隙时。推荐的配合为 H11/c11，其较高级的配合，如 H8/c7 适用于轴在高温工作的紧密转动配合，例如内燃机排气阀和导管
	d	配合一般用于 IT7～IT11，适用于松动的转动配合，如密封盖、滑轮、空转带轮等与轴的配合。也适用于大直径滑动轴承配合，如透平机、球磨机、轧滚成型和重型弯曲机及其他重型机械中的一些滑动支架
	e	多用于 IT7～IT9 级，通常适用于要求有明显间隙，易于转动的支承配合，如大跨距、多点支承等。高精度等级的 e 轴适用于大型、高速、重载支承配合，如蜗轮发电机、大型电动机、内燃机、凸轮轴及摇臂支承等
	f	多用于 IT6～IT8 级的一般转动配合。当温度影响不大时，被广泛用于普通润滑油（或润滑脂）润滑的支承。如齿轮箱、小电动机、泵等的转轴与滑动支承的配合

续表

配合种类	基本偏差	配合特性及应用
间隙配合	g	配合间隙很小，制造成本高，除很轻负荷的精密装置外，不推荐用于转动配合。多用于 IT5～IT7 级，最适合不回转的精密滑动配合，也用于插销等定位配合。如精密连杆轴承、活塞及滑阀、连杆销及分度头轴颈与轴的配合等。例如钻套与衬套的配合为 H7/g6
	h	多用于 IT4～IT11 级，广泛用于无相对转动的零件，作为一般定位配合。若无温度、变形影响，也用于精密滑动配合。例如车床尾座孔与顶尖套筒的配合为 H6/h5
过渡配合	js	为完全对称偏差(±IT/2)，平均为稍有间隙的配合，多用于 IT4～IT7 级，要求间隙比 h 轴小，并允许略有过盈的定位配合。如联轴器，可用手或木锤装配
	k	平均为没有间隙的配合，适用于 IT4～IT7 级，推荐用于稍有过盈的定位配合。例如为了消除振动用的定位配合。一般用木锤装配
	m	平均为具有不大过盈的过渡配合，适用于 IT4～IT7 级，一般可用木锤装配，但在最大过盈时，要求相当的压入力
	n	平均过盈比 m 轴稍大，很少得到间隙，适用于 IT4～IT7 级，用锤或压力机装配，通常推荐用于紧密的组件配合。H6/n5 配合时为过盈配合
过盈配合	p	与 H6 或 H7 配合时是过盈配合，与 H8 配合时则为过渡配合。对非铁类零件，为较轻的压入配合，当需要时易于拆卸。对钢、铸铁或铜、钢组件装配是标准压入配合
	r	对铁类零件是中等打入配合，对非铁类零件，为轻打入的配合，当需要时可以拆卸。与 H8 孔配合，直径在 100 mm 以上时为过盈配合，直径小时为过渡配合
	s	用于钢和铁制零件的永久性或半永久性装配，可产生相当大的结合力。当用弹性材料，如轻合金时，配合性质与铁类零件的 p 轴相当。例如套环压装在轴上、阀座等配合。尺寸较大时，为了避免损伤配合表面，需用热胀或冷缩法装配
	t～z	过盈量依次增大。一般不作推荐

表 2-14 优先配合选用说明

基孔制	基轴制	优先配合特性及其应用举例
H11/c11	C11/h11	间隙非常大，用于很松的、转动很慢的动配合；要求大公差与大间隙的外露组件；要求装配方便得很松的配合
H9/d9	D9/h9	间隙很大的自由转动配合；用于精度非主要要求时，或有大的温度变动、高转速或大的轴颈压力时
H8/f7	F8/h7	间隙不大的转动配合；用于中等转速与中等轴颈压力的精确转动；也用于装配较易的中等定位配合
H7/g6	G7/h6	间隙很小的滑动配合；用于不希望自由转动、但可以自由移动和滑动并精确定位时，也可用于要求明确的定位配合
H7/h6 H6/h7 H9/h9 H11/h11	H7/h6 h8/h7 H9/h9 H11/h11	均为间隙定位配合，零件可自由装拆，而工作是一般相对静止不动。在最大实体条件下的间隙为零，在最小实体条件下的间隙由公差等级决定

续表

基孔制	基轴制	优先配合特性及其应用举例
H7/k6	K7/h6	过渡配合,用于精密定位
H7/n6	N7/h6	过渡配合,允许有较大过盈的更精密定位
H7*/p6	P7/p6	过盈定位配合,即小过盈配合,用于定位精度特别重要时,能以最好的定位精度达到部件的刚性及对中要求,而对内孔承受压力无特殊要求,不依靠配合的紧固性传递摩擦负荷
H7/s6	S7/h6	中等压入配合,适用于一般钢件,或用于薄壁件的冷缩配合,用于铸铁件可得到最紧的配合
H7/u6	U7/h6	压入配合,适用于可承受大压入力的零件或承受大压入力的冷缩配合

注:* 公称尺寸小于或等于 3 mm 时为过渡配合。

当选定配合之后,需要按工作条件,并参考机器或机构工作时结合件的相对位置状态(如运动速度、运动方向、停歇时间、运动精度等)、承载情况、润滑条件、温度变化、配合的重要性、装卸条件及材料的物理机械性能等,根据具体条件,对配合的间隙或过盈的大小参照表 2-15 进行修正。

表 2-15　工作情况对过盈和间隙的影响

具 体 情 况	过盈量	间隙量	具 体 情 况	过盈量	间隙量
材料许用应力小	减		装配时可能歪斜	减	增
经常拆卸	减		旋转速度较高	增	减
有冲击负荷	增	减	有轴向运动		增
工作时,孔的温度高于轴的温度	增	减	润滑油黏度大		增
工作时,孔的温度低于轴的温度	减	增	表面粗糙度值大	增	减
配合长度较长	减	增	装配精度高	减	减
配合表面几何误差大	减	增	单件小批量生产	减	增

§2.5　大尺寸段的极限与配合

2.5.1　特点

公称尺寸大于 500 mm,有些甚至超过 10 000 mm 的零件尺寸称大尺寸。重型机械制造中常遇到大尺寸极限与配合的问题。例如船舶制造、大型发电机组、矿山机械、飞机制造等。根据国内外有关单位调查研究,影响大尺寸加工误差的主要因素是测量误差。

(1) 大尺寸孔和轴测量时,其测得值往往小于实际值,其原因是测量时不容易找到真正的直径。又由于测量困难,时间长,致使量具因温度升高而产生误差。

(2) 大直径内孔测量一般采用结构简单、轻便、刚性较好的内径千分尺或经过仪器对准的量杆进行测量,而外径测量用的是自重大、易变形、操作找正不方便的卡尺测量。因此大尺寸外径比内径测量更难掌握，测量误差更大。

(3) 在大尺寸测量中，测量基准的准确性和测量时量具轴线与被测工件的中心线的对准问题都对测量精度有影响。

(4) 被测工件与量具之间的温度差对测量误差也有较大的影响。

由于大尺寸工件在测量方面及其他方面的特殊问题，因而对大尺寸极限与配合要考虑以下几点：

(1) 在大尺寸段零件的标准公差因子公式中，应充分反映测量误差影响，并注意测量误差对配合性质的影响。

(2) 由于大尺寸零件制造和测量的困难，因此在大尺寸范围内一般选用 IT6～IT12 公差值。

(3) 由于大轴比大孔更难测量，所以推荐孔、轴采用同级配合。

(4) 除采用互换配合外，根据其制造特点，可采用配制配合。

2.5.2 标准公差

1. 标准公差因子

尺寸段(公称尺寸大于 500～3 150 mm)内，公差等级在 IT1～IT18 之间时，标准公差因子 I 为

$$I=0.004D+2.1 \tag{2-5}$$

式中：I——标准公差因子，单位为 μm；

D——公称尺寸段的几何平均值，尺寸所在尺寸段首尺寸 D_1 与尾尺寸 D_2 的几何平均值，即 $D=\sqrt{D_1\times D_2}$，单位为 mm。

从式(2-5)看出，标准公差因子与公称尺寸呈线性关系。因为随尺寸的增加，与尺寸成正比的测量误差在公差中占的比例增加很快，特别是温度变化引起的误差随尺寸的加大呈线性增加。

2. 公差等级

国标规定公称尺寸大于 500～3 150 mm 有 20 个公差等级(即 IT01～IT18)，但公差只采用 IT6～IT12，其计算公式见表 2-16。

表 2-16 公称尺寸大于 500～3 150 mm 的标准公差计算公式 μm

公差等级	公　式	公差等级	公　式	公差等级	公　式
IT1	$2I$	IT7	$16I$	IT13	$250I$
IT2	$2.7I$	IT8	$25I$	IT14	$400I$
IT3	$3.7I$	IT9	$40I$	IT15	$640I$
IT4	$5I$	IT10	$64I$	IT16	$1\,000I$
IT5	$7I$	IT11	$100I$	IT17	$1\,600I$
IT6	$10I$	IT12	$160I$	IT18	$2\,500I$

注：从 IT6 开始每增加 5 个等级，标准公差增加至 10 倍。

IT5 以下各级标准公差同样以公差等级系数 a 和标准公差因子 I 的乘积来计算，即

$$IT = aI \tag{2-6}$$

其标准公差值见表 2-1,尺寸分段见表 2-4。

3. 基本偏差

公称尺寸大于 500～3 150 mm 轴、孔基本偏差确定可参照常用尺寸段(公称尺寸至 500 mm)孔、轴基本偏差确定的有关规定,其计算公式见表 2-17。其基本偏差数值见表 2-18。

表 2-17　公称尺寸大于 500～3 150 mm 基本偏差计算公式

轴			基本偏差/μm	孔		
d	es	−	$16D^{0.44}$	+	EI	D
e	es	−	$11D^{0.41}$	+	EI	E
f	es	−	$5.5D^{0.41}$	+	EI	F
(g)	es	−	$2.5D^{0.34}$	+	EI	(G)
h	es	−	0	+	EI	H
js	ei	−	$0.5IT_n$	+	ES	JS
k	ei	无符号	0	无符号	ES	K
m	ei	+	$0.024D+12.6$	−	ES	M
n	ei	+	$0.004D+2.1$	−	ES	N
p	ei	+	$0.072D+37.8$	−	ES	P
r	ei	+	$\sqrt{p \cdot s}$或$\sqrt{P \cdot S}$	−	ES	R
s	ei	+	$IT7+0.4D$	−	ES	S
t	ei	+	$IT7+0.63D$	−	ES	T
u	ei	+	$IT7+D$	−	ES	U

注:① 表中 D 为公称尺寸分段的计算尺寸,单位 mm。

② 除 js 和 JS 外,表中所列公式与公差等级无关。

表 2-18　公称尺寸大于 500～3 150 mm 孔与轴的基本偏差

轴	代号	基本偏差代号		d	e	f	(g)	h	js	k	m	n	p	r	s	t	u
		公差等级		6～18													
	偏差	表中偏差为		es						ei							
		另一偏差计算式		ei=es−IT						es=ei+IT							
		表中偏差正负号		−	−	−	−				+	+	+	+	+	+	+
直径分段/mm		>500～560	偏差数值/μm	260	145	76	22	0	偏差等于$\pm\frac{IT}{2}$	0	26	44	78	150	280	400	600
		>560～630												155	310	450	660
		>630～710		290	160	80	24	0		0	30	50	88	175	340	500	840
		>710～800												185	380	560	840
		>800～900		320	170	86	26	0		0	34	56	100	210	430	620	940
		>900～1 000												220	470	680	1 050

续表

			d	e	f	(g)	h	js	k	m	n	p	r	s	t	u
轴	代号	基本偏差代号	d	e	f	(g)	h	js	k	m	n	p	r	s	t	u
		公差等级	6～18													
	偏差	表中偏差为	es						ei							
		另一偏差计算式	ei＝es－IT						es＝ei＋IT							
		表中偏差正负号	—	—	—	—				＋	＋	＋	＋	＋	＋	＋
直径分段/mm	>1 000～1 120	偏差数值/μm	350	195	98	28	0	偏差等于 $\pm\frac{IT}{2}$	0	40	66	120	250	520	780	1 150
	>1 120～1 250												260	580	840	1 300
	>1 250～1 400		390	220	110	30	0		0	48	78	140	300	640	960	1 450
	>1 400～1 600												330	720	1 050	1 600
	>1 600～1 800		430	240	120	32	0		0	58	92	170	370	820	1 200	1 850
	>1 800～2 000												400	920	1 350	2 000
	>2 000～2 240		480	260	130	34	0		0	63	110	195	440	1 000	1 500	2 300
	>2 240～2 500												460	1 100	1 650	2 500
	>2 500～2 800		520	290	145	38	0		0	76	135	240	550	1 250	1 900	2 900
	>2 800～3 150												580	1 400	2 100	3 200
孔	偏差	表中偏差正负号	＋	＋	＋	＋				—	—	—	—	—	—	—
		另一偏差计算式	ES＝EI＋IT						EI＝ES－IT							
		表中偏差为	EI						ES							
	代号	公差等级	6～18													
		基本偏差代号	D	E	F	G	H	JS	K	M	N	P	R	S	T	U

2.5.3　常用孔、轴公差带

国标规定公称尺寸大于 500～3 150 mm 大尺寸段的常用孔、轴公差带分别见表 2-19 和表 2-20。

表 2-19　公称尺寸大于 500～3 150 mm 孔常用公差带(摘自 GB/T 1801—2009)

			G6	H6	JS6	K6	M6	N6
		F7	G7	H7	JS7	K7	M7	N7
D8	E8	F8		H8	JS8			
D9	E9	F9		H9	JS9			
D10				H10	JS10			
D11				H11	JS11			
				H12	JS12			

表 2-20　公称尺寸大于 500～3 150 mm 轴常用公差带(摘自 GB/T 1801—2009)

			g6	h6	js6	k6	m6	n6	p6	r6	s6	t6	u6
		f7	g7	h7	js7	k7	m7	n7	p7	r7	s7	t7	u7
d8	e8	f8		h8	js8								
d9	e9	f9		h9	js9								
d10				h10	js10								
d11				h11	js11								
				h12	js12								

2.5.4 配制配合

国标对大尺寸段没有推荐配合，除采用互换性生产外，根据制造特点可采用配制配合。GB/T 1801—2009 提出了有关配制配合的正确理解和使用。配制配合(matched fit)是以一个零件的实际(组成)要素为基数，来配制另一个零件的一种工艺措施。适用于尺寸较大、公差等级较高、单件小批生产的配合零件，也可用于中、小批零件生产中，公差等级较高的场合。配制配合的代号为 MF。

【例 2-9】 某一公称尺寸为ϕ3 000 mm 的孔和轴配合，要求配合的最大间隙为 0.450 mm，最小间隙为 0.140 mm，采用配制配合。

解 ① 先按互换性生产要求，选用$\phi 3\ 000\frac{H6}{f6}$或$\phi 3\ 000\frac{F6}{h6}$。查表 2-18 并计算得出这两种配合的最大间隙为 0.415，最小间隙为 0.145；符合要求。

如先加工孔，在图纸上应标注为$\phi 3\ 000\frac{H6}{f6}$MF。

如先加工轴，在图纸上应标注为$\phi 3\ 000\frac{F6}{h6}$MF。

② 选择先加工零件

根据大尺寸零件加工测量特点，一般先选择加工孔，因为孔加工困难，但能得到较高测量精度。先给孔一个比较容易达到的尺寸公差，如 H8，在孔零件图上标注为ϕ3 000H8MF。若按未注公差尺寸的极限偏差加工，则孔零件图上应标注为ϕ3 000MF。

③ 对于配制件轴，根据配合公差来选取适当公差。本例可按最大、最小间隙来考虑。如选 f7，最大间隙为 0.355 mm，最小间隙为 0.145 mm，符合要求。

在轴的零件图上注为ϕ3 000f7MF 或$\phi 3\ 000^{-0.145}_{-0.355}$ MF。

④ 准确测出先加工孔的实际(组成)要素。如测得孔径为ϕ3 000.195 mm，以此尺寸作为配制件极限尺寸计算起始尺寸。则 f7 轴的极限尺寸为

$d_{max}=3\ 000.195-0.145=3\ 000.050$ mm

$d_{min}=3\ 000.195-0.355=2\ 999.840$ mm

其公差带如图 2-25 所示。

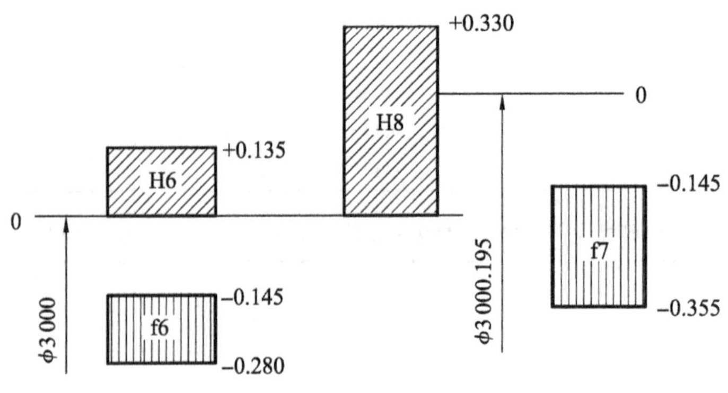

图 2-25 配制配合

注意："配制配合"与"配作"是有区别的。"配制配合"既能扩大制造公差，又具有系列化、理论化和标准化的优点。"配作"只涉及零件尺寸公差，其他技术要求不降低。

2.5.5 公称尺寸大于 3 150～10 000 mm 的极限与配合

对于公称尺寸大于 3 150～10 000 mm，标准公差因子只能在 $I=0.004D+2.1$ 的基础采用延伸的方法确定。但科学依据与实践基础都不够充分，GB/T 1801—2009 的附录提供了有关数据供参考使用。表 2-21 是大于 3 150～10 000 mm 的公称尺寸分段，表 2-22 是公称尺寸大于 3 150～10 000 mm 标准公差值；表 2-23 是公称尺寸大于 3 150～10 000 mm 孔、轴基本偏差数值。

表 2-21 大于 3 150～10 000 mm 公称尺寸分段(摘自 GB/T 1801－2009)

主段落		中间段落	
大于	至	大于	至
3 150	4 000	3 150	3 550
		3 550	4 000
4 000	5 000	4 000	4 500
		4 500	5 000
5 000	6 300	5 000	5 600
		5 600	6 300
6 300	8 000	6 300	7 100
		7 100	8 000
8 000	10 000	8 000	9 000
		9 000	10 000

表 2-22 公称尺寸大于 3 150～10 000 mm 标准公差值(摘自 GB/T 1801－2009)

公称尺寸/mm		公差等级									
		IT01	IT0	IT1	IT2	IT3	IT4	IT5	IT6	IT7	IT8
大于	至	μm									
3 150	4 000	16	23	33	45	60	84	115	165	260	410
4 000	5 000	20	28	40	55	74	100	140	200	320	500
5 000	6 300	25	35	49	67	92	125	170	250	400	620
6 300	8 000	31	43	62	84	115	155	215	310	490	760
8 000	10 000	38	53	76	105	140	195	270	380	600	940
公称尺寸/mm		公差等级									
		IT9	IT10	IT11	IT12	IT13	IT14	IT15	IT16	IT17	IT18
大于	至	μm			mm						
3 150	4 000	660	1 050	1 650	2.60	4.10	6.6	10.5	16.5	26.0	41.0
4 000	5 000	800	1 300	2 000	3.20	5.00	8.0	13.0	20.0	32.0	50.0
5 000	6 300	980	1 550	2 500	4.00	6.20	9.8	15.5	25.0	40.0	62.0
6 300	8 000	1 200	1 950	3 100	4.90	7.60	12.0	19.5	31.0	49.0	76.0
8 000	10 000	1 500	2 400	3 800	6.00	9.40	15.0	24.0	38.0	60.0	94.0

表 2-23　公称尺寸大于 3 150～10 000 mm 孔、轴基本偏差数值(摘自 GB/T 1801—2009)　μm

轴的基本偏差		上偏差 es						下偏差 ei							
		d	e	f	g	h	js	k	m	n	p	r	s	t	u
公差等级		6～18													
公称尺寸/mm		符　号													
大于	至	−	−	−	−				+	+	+	+	+	+	+
3 150	3 550	580	320	160		0					290	680	1 600	2 400	3 600
3 550	4 000											720	1 750	2 600	4 000
4 000	4 500	640	350	175		0	偏差 $=\pm\frac{IT}{2}$				360	840	2 000	3 000	4 600
4 500	5 000											900	2 200	3 300	5 000
5 000	5 600	720	380	190		0					440	1 050	2 500	3 700	5 600
5 600	6 300											1 100	2 800	4 100	6 400
6 300	7 100	800	420	210		0					540	1 300	3 200	4 700	7 200
7 100	8 000											1 400	3 500	5 200	8 000
8 000	9 000	880	460	230		0					680	1 650	4 000	6 000	9 000
9 000	10 000											1 750	4 400	6 600	10 000
大于	至	+	+	+	+				−	−	−	−	−	−	−
公称尺寸/mm		符　号													
公差等级		6～18													
孔的基本偏差		D	E	F	G	H	JS	K	M	N	P	R	S	T	U
		下偏差 EI						上偏差 ES							

§2.6　尺寸至 18 mm 的极限与配合

2.6.1　特点

尺寸至 18 mm 的零件，特别是尺寸小于 3 mm 的零件，在加工、测量、装配和使用等方面都与常用尺寸段和大尺寸段有所不同。

1. *加工误差*

从理论上讲，零件加工误差随公称尺寸增大而增加，因此小尺寸零件加工误差应很小；但实际上，由于小尺寸零件刚性差，受切削力影响变形很大，同时加工时定位、装夹等都比较困难，有时零件尺寸越小反而加工误差越大。另外，小尺寸轴加工比小尺寸孔加工困难。

2. *测量误差*

国内外曾有人对小尺寸零件的测量误差作一系列调查分析，尺寸在 10 mm 范围内，测量误差与零件尺寸不成正比关系，这主要是由于量具误差、温度变化及测量力等因素的影响。

2.6.2　孔、轴公差带与配合

GB/T 1803—2003 规定了尺寸至 18 mm 孔、轴公差带，主要用于仪器仪表和钟表工业。轴公差带见表 2-24，孔公差带见表 2-25。标准对这些公差带未指明优先、常用和一般的选用次序，也未推荐配合。各行业、工厂可根据实际情况自行选用公差带并组成配合。

表 2-24 尺寸至 18 mm 轴公差带(摘自 GB/T 1803—2003)

										h1		js1													
										h2		js2													
						ef3	f3	fg3	g3	h3		js3	k3	m3	n3	p3	r3								
						ef4	f4	fg4	g4	h4		js4	k4	m4	n4	p4	r4	s4							
		c5	cd5	d5	e5	ef5	f5	fg5	g5	h5	j5	js5	k5	m5	n5	p5	r5	s5	u5	v5	x5	z5			
		c6	cd6	d6	e6	ef6	f6	fg6	g6	h6	j6	js6	k6	m6	n6	p6	r6	s6	u6	v6	x6	z6	za6		
		c7	cd7	d7	e7	ef7	f7	fg7	g7	h7	j7	js7	k7	m7	n7	p7	r7	s7	u7	v7	x7	z7	za7	zb7	zc7
	b8	c8	cd8	d8	e8	ef8	f8	fg8	g8	h8		js8	k8	m8	n8	p8	r8	s8	u8	v8	x8	z8	za8	zb8	zc8
a9	b9	c9	cd9	d9	e9	ef9	f9			h9		js9	k9	m9	n9	p9	r9	s9	u9		x9	z9	za9	zb9	zc9
a10	b10	c10	cd10	d10	e10	ef10	f10			h10		js10	k10												
a11	b11	e11		d11						h11		js11													
a12	b12	c12								h12		js12													
a13	b13	c13								h13		js13													

表 2-25 尺寸至 18 mm 孔公差带(摘自 GB/T 1803—2003)

										H1		JS1													
										H2		JS2													
						EF3	F3	FG3	G3	H3		JS3	K3	M3	N3	P3	R3								
						EF4	F4	FG4	G4	H4		JS4	K4	M4	N4	P4	R4								
					E5	EF5	F5	FG5	G5	H5		JS5	K5	M5	N5	P5	R5	S5							
			CD6	D6	E6	EF6	F6	FG6	G6	H6	J6	JS6	K6	M6	N6	P6	R6	S6	U6	V6	X6	Z6			
			CD7	D7	E7	EF7	F7	FG7	G7	H7	J7	JS7	K7	M7	N7	P7	R7	S7	U7	V7	X7	Z7	ZA7	ZB7	ZC7
	B8	C8	CD8	D8	E8	EF8	F8	FG8	G8	H8	J8	JS8	K8	M8	N8	P8	R8	S8	U8	V8	X8	Z8	ZA8	ZB8	ZC8
A9	B9	C9	CD9	D9	E9	EF9	F9			H9		JS9	K9	M9	N9	P9	R9	S9	U9		X9	Z9	ZA9	ZB9	ZC9
A10	B10	C10	CD10	D10	E10	EF10				H10		JS10			N10										
A11	B11	C11		D11						H11		JS11													
A12	B12	C12								H12		JS12													
										H13		JS13													

在小尺寸段由于轴比孔难加工,所以基轴制用得较多。在配合中,孔和轴公差等级关系更为复杂。除孔、轴采用同级配合外,也有相差 1～3 级配合,而且往往是孔的公差等级高于轴的公差等级。

§2.7 线性尺寸的未注公差

GB/T 1804—2000《一般公差 未注公差的线性和角度尺寸公差》标准采用了国际标准 ISO 2768-1:1989(E)《一般公差 第 1 部分:未单独注出公差的线性和角度尺寸的公差》。线性尺寸的一般公差是指车间通常加工条件下可保证的公差,采用一般公差的尺寸,在该尺寸后不需注出其极限偏差数值。在正常维护和操作情况下，它代表经济加工精度。

线性尺寸的一般公差主要用于较低精度的非配合尺寸。当功能上允许的公差等于或大于一般公差时，均采用一般公差。采用一般公差的尺寸在图样上不单独注出公差，而应在图样标题栏附近或技术要求、技术文件(如企业标准)中注出本标准号及公差等级代号。例如，选取中等级时，标注为：

GB/T 1804—m

应用一般公差，可带来以下好处：

(1) 简化制图，使图样清晰易读，可高效地进行信息交换。

(2) 节省图样设计时间。设计人员只需熟悉和应用一般公差规定，不必逐一考虑其公差值。

(3) 突出了图样上注出公差的尺寸，这些尺寸大多是重要的且需要控制的，引起加工与检验时重视和做出计划安排。

(4) 图样明确了哪些要素可由一般工艺水平保证，可简化检验要求，有助于质量管理。

线性尺寸的一般公差规定四个公差等级。即精密级(f)、中等级(m)、粗糙级(c)、最粗级(v)，其中精密级公差等级最高，公差数值最小；最粗级公差等级最低，公差数值最大。未注公差的默认等级为中级。线性尺寸的极限偏差数值见表 2-26，倒圆半径和倒角高度尺寸的极限偏差数值见表 2-27，角度尺寸的极限偏差数值见表 2-28。

表 2-26　线性尺寸的极限偏差数值(摘自 GB/T 1804—2000)　mm

公差等级	尺寸分段							
	0.5～3	>3～6	>6～30	>30～120	>120～400	>400～1 000	>1 000～2 000	>2 000～4 000
精密 f	±0.05	±0.05	±0.1	±0.15	±0.2	±0.3	±0.5	—
中等 m	±0.1	±0.1	±0.2	±0.3	±0.5	±0.8	±1.2	±2
粗糙 c	±0.2	±0.3	±0.5	±0.8	±1.2	±2	±3	±4
最粗 v		±0.5	±1	±1.5	±2.5	±4	±6	±8

表 2-27　倒圆半径与倒角高度尺寸的极限偏差数值(摘自 GB/T 1804—2000)　mm

公差等级	尺寸分段			
	0.5～3	>3～6	>6～30	>30
精密 f	±0.2	±0.5	±1	±2
中等 m				
粗糙 c	±0.4	±1	±2	±4
最粗 v				

注：倒圆半径与倒角高度的含义参见 GB/T 6403.4—2008《零件倒圆与倒角》。

表 2-28　角度尺寸的极限偏差数值(摘自 GB/T 1804—2000)　mm

公差等级	长度分段/mm				
	～10	>10～50	>50～120	>120～400	>400
精密 f	±1°	±30′	±20′	±10′	±5′
中等 m					
粗糙 c	±1°30′	±1°	±30′	±15′	±10′
最粗 v	±3°	±2°	±1°	±30′	±20′

实训习题与思考题

1. 试述标准公差、基本偏差、误差及公差等级的区别和联系。

2. 什么是配合制？规定配合制有什么意义？如何选择配合制？

3. 国家标准对所选用的公差带与配合为何做出限制？选用时的顺序是什么？

4. 间隙配合、过渡配合和过盈配合适用于什么场合？

5. 下面列有四组孔、轴配合，试查表确定其上、下极限偏差，基本偏差，尺寸公差；计算配合公差，并绘制公差带图。

(1) $\phi 100\ \frac{H6}{u5}$　(2) $\phi 150\ \frac{H6}{h5}$　(3) $\phi 80\ \frac{K8}{h7}$　(4) $\phi 30\ \frac{H9}{d9}$

6. 确定以下孔、轴的公差等级、基本偏差代号和公差带：

(1) 轴 $\phi 50^{+0.033}_{+0.017}$　(2) 轴 $\phi 100^{-0.036}_{-0.123}$　(3) 轴 $\phi 18^{+0.046}_{+0.028}$

(4) 孔 $\phi 65^{-0.030}_{-0.060}$　(5) 孔 $\phi 240^{+0.285}_{+0.170}$　(6) 孔 $\phi 20^{+0.130}_{0}$

7. 将以下两对孔、轴配合从基孔制转换成基轴制。要求具有相同的配合性质，画出公差带图，并分别标出公差。

(1) $\phi 80\ \frac{H6}{f5}$　(2) $\phi 50\ \frac{H6}{p5}$

8. 查表确定以下三对孔、轴配合，标出孔、轴尺寸公差，并绘出公差带图。

(1) 公称尺寸 $\phi 30$ mm，$Y_{max}=-0.035$ mm，$Y_{min}=-0.001$ mm；

(2) 公称尺寸 $\phi 500$ mm，$X_{max}=+0.350$ mm，$X_{min}=0$ mm；

(3) 公称尺寸 $\phi 100$ mm，$X_{max}=+0.022$ mm，$Y_{max}=-0.035$ mm。

第 3 章　测量技术基础

在生产中，按标准化对机械产品各零部件的几何量分别规定了合理的公差，若不采取适当的检测措施，零部件的互换性是不能得到保证的。也就是说，判断一个零件按给定的公差加工后是否合格，需用通过量具进行检测。本章主要介绍有关测量技术方面的基本知识，涉及的相关国家标准有：GB/T 6093—2001《几何量技术规范（GPS）　长度标准　量块》、GB/T 3177—2009《几何量技术规范（GPS）　光滑工件尺寸的检验》、GB/T 1957—2006《光滑极限量规　技术条件》。

§3.1　概　述

3.1.1　测量的基本概念

测量就是将被测的量与具有计量单位的标准量进行比较，从而确定被测量的量值的操作过程，即

$$L=qE \tag{3-1}$$

式中：L——被测量；

q——被测量与标准量的比值；

E——标准量。

一个完整的测量过程应包括四个要素：被测对象、计量单位、测量方法（含测量器具）和测量精度。

1. 被测对象

被测对象主要指机械几何量，包括长度、角度、表面粗糙度、形位误差，以及螺纹、齿轮零件中较复杂的几何参数。

2. 计量单位

为了保证测量的准确度，首先需要建立一个统一且可靠的测量单位基准。

1984 年国务院发布了《关于在我国统一实行法定计量单位的命令》，其中规定“米”(m)为长度的基本单位。机械制造中常用的长度单位为毫米(mm)、微米(μm)、纳米(nm)，角度单位为度(°)、分(′)、秒(″)。

3. 测量方法

测量方法是指测量时所采用的测量原理、测量条件和测量器具的总和。采用何种测量器具是根据被测对象的特点（精度、大小等）来确定的。

4. 测量精度

测量精度是指测得值与被测量真值的相符合程度。对每一测量过程的测量结果都应给

出一定的测量精度，不考虑测量精度而得到的测量结果是没有任何意义的。由于测量误差的存在，任一测量结果都是用近似值表示的。测量误差越大，测量精度越低，反之测量精度越高。

3.1.2　尺寸的传递

1. 长度量值的传递系统

光波波长作为长度基准虽然准确可靠，但不能直接用于实际生产中的尺寸测量。为了保证机械制造中长度测量量值的统一，必须建立从长度基准到生产中使用的各种测量器具，直至工件的测量值传递系统。量值传递是通过对比、校准、检定和测量，将国家计量基准（标准）复现的计量单位量值，通过计量标准逐级传递到测量器具，以保证被测对象所测量值的准确一致。尺寸传递一般是自上而下，由高级向低级进行，为此需建立统一的量值传递系统。

我国长度量值通过两个平行的系统往下传递，如图 3-1 所示，一个是标准线纹尺（刻线量具）传递，另一个是标准量块（端面量具）传递。通过这两种传递系统就可将米这一计量基准长度逐级、准确地传递到生产所使用的测量器具上，再用其测量被测对象，从而保证量值的准确与统一。

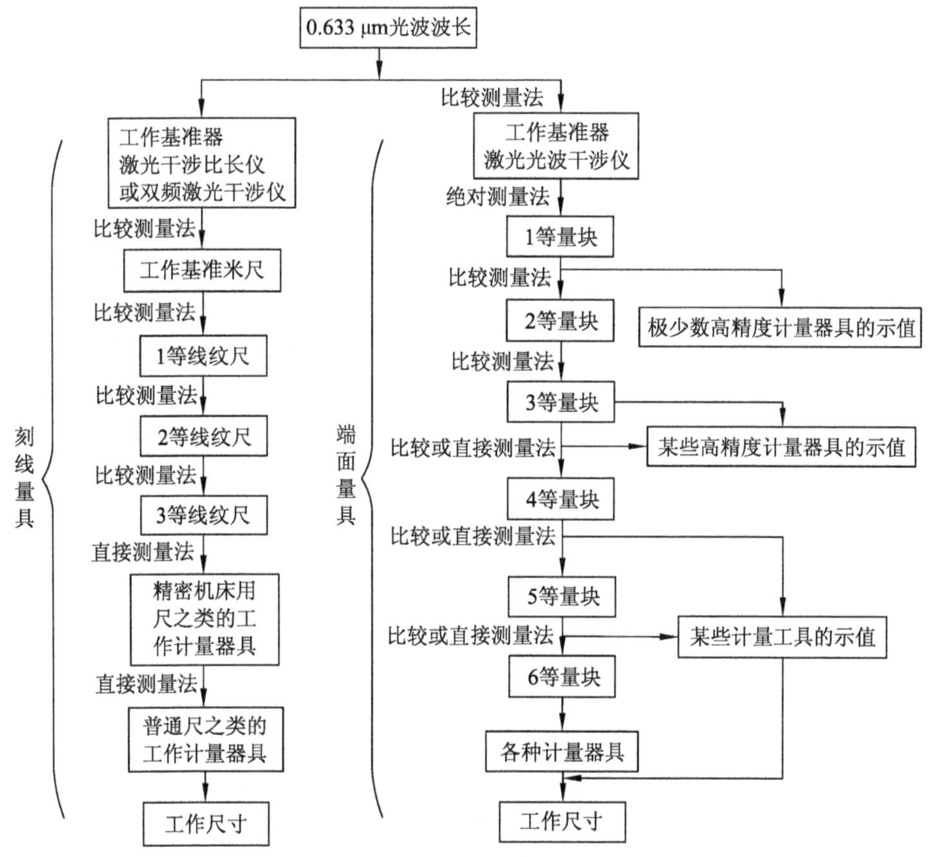

图 3-1　长度尺寸量值传递系统

2. 角度量值的传递系统

角度是重要的几何量之一，由于圆周定义为360°，因此角度不需要像长度一样建立一个自然基准。但在实际应用中，为了测量和检定的方便，采用多面棱体和标准度盘作为角度测量的基准。机械制造中的角度标准一般是角度量块、测角仪或分度头等。

多面棱体常见的有4面、6面、8面、12面、24面、36面和72面等，一般用特殊合金钢或石英玻璃精细加工而成。以多面棱体作为基准的角度量值传递系统如图3-2所示。

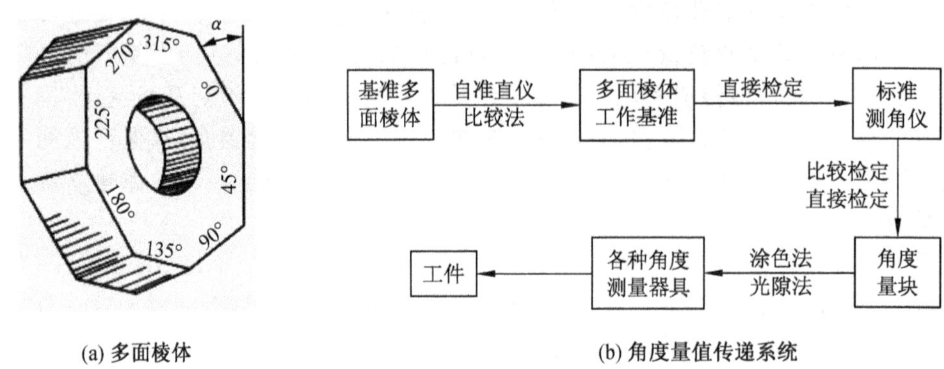

(a) 多面棱体　　(b) 角度量值传递系统

图3-2　多面棱体与角度量值传递系统

3.1.3　量块

1. 量块的作用

量块又称块规，用途很广，除了作为长度基准的传递媒介外，还可以有以下的作用：

(1) 生产中用来检定和校准测量工具或量仪。

(2) 相对测量时用来调整量具或量仪的零位。

(3) 直接用于精密测量、精密划线和精密机床的调整。

2. 量块的构成

量块通常做成矩形截面的方块，如图3-3所示。所用材料一般为铬锰钢等特殊合金钢或其他线膨胀系数小、性质稳定、耐磨、不易变形的材料制成。

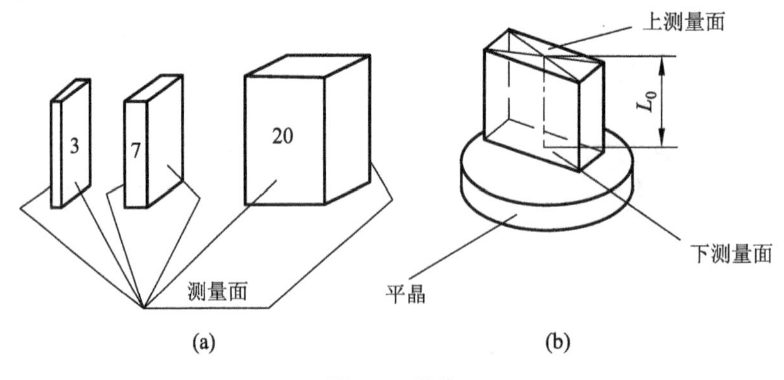

(a)　　(b)

图3-3　量块

量块上有两个平行的测量面和四个非测量面(图3-3 a)。测量面极为光滑、平整，其表面粗糙度 Ra 为0.008～0.012 μm。两个测量面之间具有精确尺寸。

量块上测量面中心与到下测量面研合的平晶表面的垂直距离为 L_0，称为量块的中心长度，此长度为量块的工作尺寸，如图 3-3 b 所示。量块上所刻数字表示这一量块的名义尺寸。

3. 量块的精度

根据不同的使用要求，量块做成不同的精度等级。划分量块有两种规定："级"和"等"。国家标准 GB/T 6093—2001《几何量技术规范(GPS)　长度标准　量块》按量块制造精度规定了五个等级，即 0，1，2，3 和 K 级，其中 0 级精度最高，3 级最低，K 级为校准级，用来校准 0，1，2，3 级量块。各级量块的精度指标见表 3-1。

表 3-1　各级量块的精度指标(摘自 GB/T 6093—2001)　　μm

标称长度/mm	0 级		1 级		2 级		3 级		校准级 K	
	①	②	①	②	①	②	①	②	①	②
～10	0.12	0.10	0.20	0.16	0.45	0.30	1.00	0.50	0.20	0.05
>10～25	0.14	0.10	0.30	0.16	0.60	0.30	1.20	0.50	0.30	0.05
>25～50	0.20	0.10	0.40	0.18	0.80	0.30	1.60	0.55	0.40	0.06
>50～75	0.25	0.12	0.50	0.18	1.00	0.35	2.00	0.55	0.50	0.06
>75～100	0.30	0.12	0.60	0.20	1.20	0.35	2.50	0.60	0.60	0.07
>100～150	0.40	0.14	0.80	0.20	1.60	0.40	3.00	0.65	0.80	0.08
>150～200	0.50	0.16	1.00	0.25	2.00	0.40	4.00	0.70	1.00	0.09
>200～250	0.60	0.16	1.20	0.25	2.40	0.45	5.00	0.75	1.20	0.10

注：① 表示量块测量面上任意点的长度相对于标称长度的极限偏差(±)；② 表示量块长度变动量的最大允许值。

在使用量块时，由于磨损等原因使实际(组成)要素发生变化，需要定期地检定出全套量块的实际(组成)要素，再按检定的实际(组成)要素来使用量块，这样比按名义尺寸使用量块的准确度高，所以，标准中又规定了量块按其检定精度分为六个等，即 1，2，3，4，5，6 等，其中 1 等精度最高，6 等精度最低。各等量块的精度指标见表 3-2。

表 3-2　各等量块的精度指标　　μm

标称长度/mm	1 等		2 等		3 等		4 等		5 等		6 等	
	①	②	①	②	①	②	①	②	①	②	①	②
～10	0.02	0.05	0.06	0.10	0.11	0.16	0.22	0.30	0.60	0.50	2.10	0.50
>10～25	0.02	0.05	0.07	0.10	0.12	0.16	0.25	0.30	0.60	0.50	2.30	0.50
>25～50	0.03	0.06	0.08	0.10	0.15	0.18	0.30	0.30	0.80	0.55	2.60	0.55
>50～75	0.04	0.06	0.09	0.12	0.18	0.18	0.35	0.35	0.90	0.55	2.90	0.55
>75～100	0.04	0.07	0.10	0.12	0.20	0.20	0.40	0.35	1.00	0.60	3.20	0.60
>100～150	0.05	0.08	0.12	0.14	0.25	0.20	0.50	0.40	1.20	0.65	3.80	0.65
>150～200	0.06	0.09	0.15	0.16	0.30	0.25	0.60	0.40	1.50	0.70	4.40	0.70
>200～250	0.07	0.10	0.18	0.16	0.35	0.25	0.70	0.45	1.80	0.75	5.00	0.75

注：① 表示测量的总不确定度(±)；② 表示长度变动量允许值。

量块按“级”使用时，是以标记在量块上的名义尺寸作为工作尺寸。该尺寸包含了量块实际制造误差。按“等”使用时，则是以量块检定后给出的实测中心长度作为工作尺寸。该尺寸不包含量块的制造误差，但包含了量块检定时的测量误差。一般来说，检定时的测量误差要比量块的制造误差小得多。所以在精密测量时，通常按“等”使用量块。

4. 量块的选用

量块的测量平面非常光洁和平整，当用力推合两块量块时，其测量平面相互紧密接触并黏合在一起，这种特性被称为研合性。利用量块的研合性，可以将量块组合使用。为了能用较少的量块组合成所需的尺寸，量块都是按照一定的尺寸系列成套生产供应，国家标准共规定了17种系列的成套量块，其块数为91，83，46，38，12，10，8，6，5等几种规格。表3-3列出了总块数分别为91，83，46，38块的成套量块的尺寸系列。在使用量块时可以在同一套量块内选用不同尺寸量块组成所需要的尺寸。

表3-3 成套量块的尺寸系列(摘自GB/T 6093—2001)

套别	总块数	级别	尺寸系列/mm	间隔/mm	块数
1	91	00,0,1	0.5		1
			1		1
			1.001,1.002,…,1.009	0.001	9
			1.01,1.02,…,1.49	0.01	49
			1.5,1.6,…,1.9	0.1	5
			2.0,2.5,…,9.5	0.5	16
			10,20,…,100	10	10
2	83	0,1,2	0.5		1
			1		1
			1.005		1
			1.01,1.02,…,1.49	0.01	49
			1.5,1.6,…,1.9	0.1	5
			2.0,2.5,…,9.5	0.5	16
			10,20,…,100	10	10
3	46	0,1,2	1		1
			1.001,1.002,…,1.009	0.001	9
			1.01,1.02,…,1.09	0.01	9
			1.1,1.2,…,1.9	0.1	9
			2,3,…,9	1	8
			10,20,… ,100	10	10
4	38	0,1,2,(3)	1		1
			1.005		1
			1.01,1.02,…,1.09	0.01	9
			1.1,1.2,…,1.9	0.1	9
			2,3,…,9	1	8
			10,20,…,100	10	10

在选用量块组合时，所选量块块数越多，则累积误差越大，为了减少量块组合的累积误差，根据所需尺寸应选用最少的量块组合，一般情况下不超过 4～5 块。在选择量块时，根据所需尺寸的最后一位数选择第一块量块；根据倒数第二位数选择第二块量块，依次类推。例如，为了得到 38.935 mm 的量块组合，从 91 块量块组中选取量块的过程如下：

量块组合尺寸	38.935 mm
选第一块	1.005 mm
剩余尺寸	37.930 mm
选第二块	1.43 mm
剩余尺寸	36.50 mm
选第三块	6.5 mm
剩余尺寸	30.0 mm
选第四块	30 mm

§3.2　测量器具和测量方法

3.2.1　测量器具的分类

测量器具是测量工具(量具)、测量仪器(量仪)和其他用于测量目的的测量装置的总称。按其用途和特点，测量器具分为标准测量器具、通用测量器具、专用测量器具和测量装置四类。

1. 标准测量器具

标准测量器具是指测量时以固定的形式复现量值的测量器具。这种量具通常只有某一固定尺寸，常用来校对和调整其他测量器具，或作为标准量与被测工件进行比较。如量块、直角尺、各种曲线样板和标准量规等。

2. 通用测量器具

通用测量器具是指通用性大，可测量某一范围内的任一尺寸(或其他几何量)，并能获得具体读数值的测量器具。按其结构又可分为以下几种：

(1) 固定刻线量具。指具有一定刻线，在一定范围内能直接读出被测量数值的量具。如钢皮尺、卷尺等。

(2) 游标量具。指直接移动测头实现几何量测量的量具。这类量具有游标卡尺、深度游标卡尺、高度游标卡尺、游标量角器等。

(3) 微动螺旋副式量仪。指用螺旋方式移动测头来实现几何量测量的量具。如外径千分尺、内径千分尺、深度千分尺等。

(4) 机械式量仪。指用机械方法来实现被测量的变换和放大，以实现几何量测量的量具。如百分表、千分表、杠杆百分表、杠杆千分表、杠杆齿轮比较仪、扭簧比较仪等。

(5) 光学式量仪。指用光学原理来实现被测量的变换和放大，以实现几何量测量的量具。如光学计、测长仪、投影仪、干涉仪等。

(6) 气动式量仪。指以压缩空气为介质，将被测量转换为气动系统状态(流量或压力)的变化，以实现几何量测量的量具。如水柱式气动量仪、浮标式气动量仪等。

(7) 电动式量仪。指将被测量变换成电量，然后通过对电量的测量来实现几何量测量的量具。如电感式量仪、电容式量仪、电接触式量仪、电动轮廓仪等。

(8) 光电式量仪。指利用光学方法放大或瞄准，通过光电组件再转换为电量进行检测，以实现几何量测量的量具。如光电显微镜、激光干涉仪等。

3. 专用测量器具

专用测量器具是指专门用来测量某种特定参数的测量器具。如圆度仪、渐开线检查仪、丝杠检查仪、极限量规等。

4. 测量装置

测量装置是指为确定被测量值所必需的测量器具和辅助设备的总称。它能用来测量较多的几何量和较复杂的零件，有助于实现测量过程的自动化，如连杆、滚动轴承中的零件测量。

3.2.2 测量器具的指标

1. 度量指标

度量指标是选择和使用测量器具、研究和判断测量方法正确性的依据，是表征测量器具的性能和功用的指标。如图 3-4 所示测量器具的基本度量指标主要有刻线间距、分度值、测量范围、示值范围等。

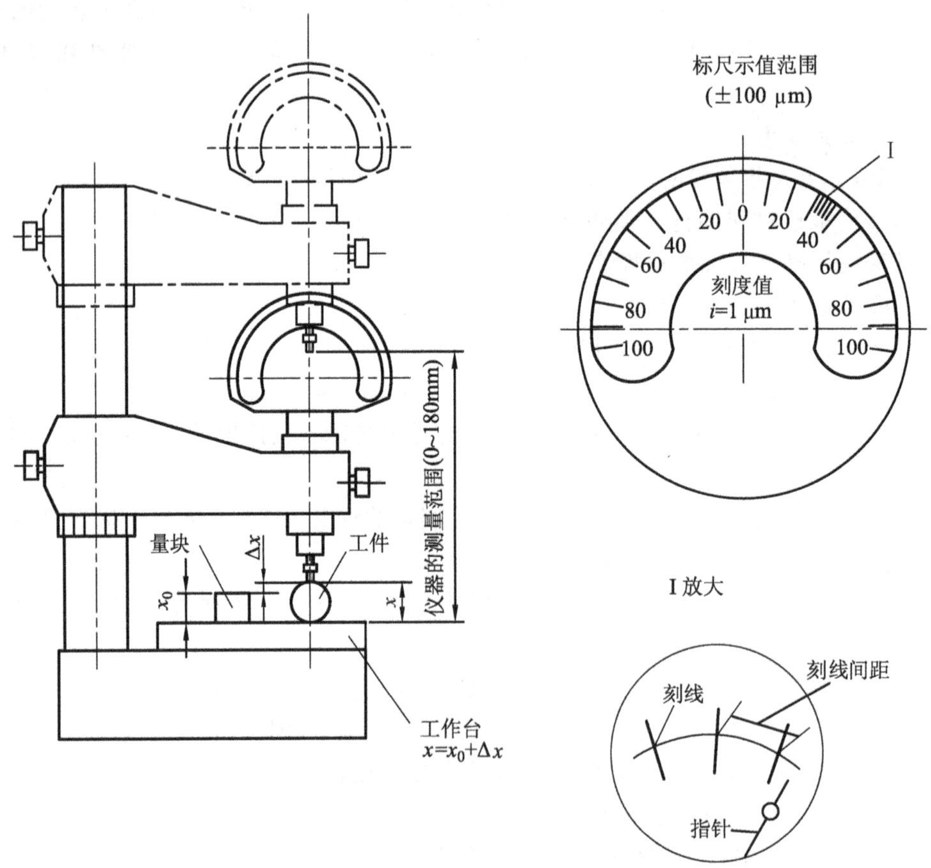

图 3-4 测量器具的基本度量指标

(1) 刻线间距 c。测量器具标尺上两相邻刻线中心线间的距离。为了目测，刻线间距一般取为 0.75～2.5 mm。

(2) 分度值(刻度值)i。测量器具标尺上每一刻线间距所代表的量值。一般长度量仪中的分度值有 0.1 mm，0.01 mm，0.001 mm，0.000 5 mm 等。图 3-4 所示测量器具 $i=1\ \mu\mathrm{m}$。有一些测量器具(如数字式量仪)由于没有刻度尺，就不称分度值而称分辨率。分辨率是指量仪显示的最末一位数所代表的量值。例如，F604 坐标测量机的分辨率为 1 μm，OPTON 光栅测长仪的分辨率为 0.2 μm。

(3) 测量范围。测量器具所能测量的被测量最小值到最大值的范围，图 3-4 所示测量器具的测量范围为 0～180 mm。

(4) 示值范围。由测量器具所显示或指示的最小值至最大值的范围。图 3-4 所示测量器具的示值范围为 ±100 μm。

(5) 灵敏度(迟钝度)s。测量器具反映被测几何量微小变化的能力。

(6) 放大比 K。测量器具的指针位移量与被测参数的变化量之比。如果被测参数的变化量为 Δx 引起测量器具的指针位移量为 ΔL，则放大比为 $K=\Delta L/\Delta x$。对于均匀刻度的测量器具，放大比为$K=c/i$。

2. 精度特征指标

(1) 示值误差。测量器具显示的数值与被测量的真值之差。一般可用量块作为真值来检定测量器具的示值误差。

(2) 校正值(修正值)。为消除测量器具系统测量误差，用代数法加到测量结果上的值。它与测量器具的系统测量误差的绝对值相等，符号相反。

(3) 示值变动。在测量条件不变的情况下，用测量器具对同一被测量测量多次(一般 5～10 次)测得示值的最大差值为示值变动。

(4) 回程误差(滞后误差)。在相同测量条件下，当被测量不变时，测量器具沿正、反行程在同一点上测量结果之差的绝对值称为回程误差。回程误差是由测量器具中测量系统的间隙、变形和摩擦等原因引起的。测量时，为了减少回程误差的影响，应按同一个方向进行测量。

(5) 重复精度。在相同测量条件下，对同一被测参数进行多次重复测量时，其结果的最大差异即重复精度。差异值越小，重复性就越好，测量器具精度也就越高。

(6) 测量力。指在接触式测量过程中，测量器具测头与被测工件之间的接触压力。测量力太小影响接触的可靠性，测量力太大则会引起弹性变形，从而影响测量精度。

(7) 示值稳定性。指在规定的工作条件下，测量器具保持其测量特征恒定不变的程度，包括时间稳定性和温度稳定性。

3.2.3 测量方法的分类

测量方法是测量的四要素之一，一种好的测量方法必须依据被测对象的结构特征、精度要求、生产批量、技术条件和测量成本等因素，遵循一定的测量原则，选择相应的测量器具，并考虑测量条件、测量力等影响，实现被测量与标准量的比较过程。可从以下角度对测量方法进行分类。

1. 按实测量是否直接为被测量分类

(1) 直接测量。被测量的数值可直接从测量器具上读出。例如用游标卡尺和千分尺测量外圆直径。

(2) 间接测量。被测量的数值与测量结果按一定的函数关系运算后获得。例如,图 3-5 所示的样板直径 D 无法直接测出时,可先测量弦长 S 和弓形高 H,然后按下式计算出直径

$$D=\frac{S^2}{4H}+H$$

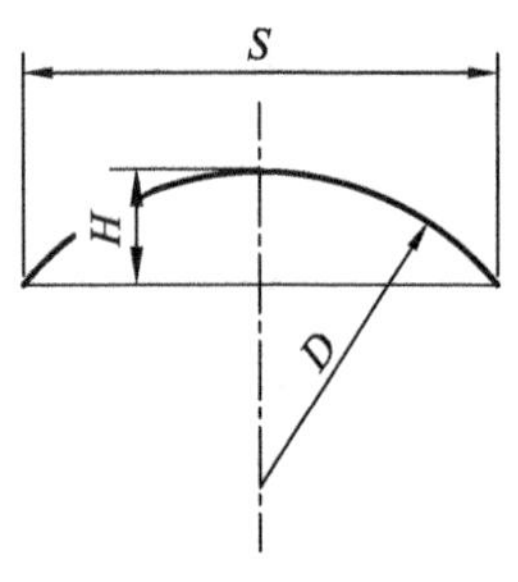

图 3-5 间接测量

2. 按测量时是否与标准器具比较分类

(1) 绝对测量。测量时从测量器具上直接得到被测参数的整个量值。例如用游标卡尺测量工件。

(2) 相对测量(比较测量)。测量时从测量器具上直接得到的数值是被测量相对于标准量的偏差值。用如图 3-4 所示的比较仪测量轴径 x 时,先用量块(标准量)x_0 调整零位,实测后获得的示值 Δx 就是轴径相对于量块(标准量)的偏差值,实际轴径 $x=x_0+\Delta x$。

3. 按工件被测表面与测量器具测头是否有机械接触分类

(1) 接触测量。测量器具测头与工件被测表面直接接触,并有机械测量力存在。如用千分尺、游标卡尺等测量工件。

(2) 非接触测量。测量器具的测头与工件被测表面不接触,没有机械测量力。如用光学投影测量、气动测量等。

4. 按测量在工艺过程中所起作用分类

(1) 主动测量(在线测量)。零件在加工过程中进行测量。此时测量结果直接用来控制工件的加工过程,决定是否需要继续加工或调整机床,故能及时防止废品的产生。一般自动化程度高的机床具有主动测量功能。如数控机床、加工中心等先进设备。

(2) 被动测量(离线测量)。零件加工后进行的测量。此测量结果仅限于发现并剔除废品。

5. 按零件上同时被测参数数量分类

(1) 单项测量。单个地彼此没有联系地测量零件的单项参数。如分别测量齿轮的齿厚、齿形、齿距,螺纹的中径、螺距等。这种方法一般用于量规的检定、工序间的测量,或为了工艺分析、调整机床等。

(2) 综合测量。同时测量零件上几个有关的参数,从而综合判断零件的合格性。例如用齿轮单啮仪测量齿轮的切向综合误差,用螺纹量规检验螺纹等。这种方法一般用于最终检验,其测量效率高,能有效保证互换性,在大批量生产中应用广泛。

6. 按被测工件在测量时所处状态分类

(1) 动态测量。测量时零件被测表面与测量器具的测头有相对运动。它能反映生产过程中被测参数的变化过程。例如,用激光比长仪测量精密线纹尺,电动轮廓仪测量表面粗糙度等都属于动态测量。

(2) 静态测量。测量时零件被测表面与测量器具测头是相对静止的。例如,用齿距仪测量齿轮齿距,工具显微镜测量丝杠螺距等。

7. 按测量中测量因素是否变化分类

(1) 等精度测量。在测量过程中决定测量精度的全部因素或条件不变。例如,由同一个人,用同一台机器,在同样环境中,以同样的方法,同样仔细地测量同一个量。在一般情况下,为了简化测量结果的处理,大都采用等精度测量。实际上,绝对的等精度测量是做不到的。

(2) 不等精度测量。在测量过程中,决定测量精度的全部因素或条件可能完全改变或部分改变。由于数据处理比较麻烦,因此不等精度测量一般用于重要的科研实验中的高精度测量。

3.2.4 测量原则

为了获得正确、可靠的测量结果,在测量过程中,要注意应用并遵循有关测量原则。阿贝原则、基准统一原则、最短测量链原则、最小变形原则和封闭原则等是测量原则中比较重要的原则和公理。

(1) 阿贝原则。指测量长度时,应使被测零件的尺寸线和仪器中作为标准的刻度线重合或在同一直线上的原则。如千分尺的标准线(测微螺杆轴线)与工件被测线(被测直径)在同一直线上,而游标卡尺作为标准长度的刻度尺与被测直径不在同一条直线上。

(2) 基准统一原则。要求测量基准与加工基准和使用基准统一,即工序测量应以工艺基准作为测量基准,终检时应以设计基准作为测量基准。

(3) 最短测量链原则。测量信号从输入到输出量值通道的各个环节所构成的测量链最短。

(4) 最小变形原则。测量器具与被测零件因实际温度偏离标准温度和受力(重力和测量力)而发生的变形最小。引起这种变形的主要因素为测量温度和测量力。

(5) 封闭原则。指在闭合的圆周分度中,全部角度分量的偏差的总和为零。

(6) 重复原则。为保证测量结果的可靠性,防止出现粗大误差,可对同一被测量重复进行测量,若测量结果相同或变化不大,一般可表明测量结果比较可靠。

(7) 测量误差公理。在测量的全过程中,测量误差始终存在,这就是测量误差公理,它是建立所有测量原理、原则的基础。误差不可避免,但可以用精密测量方法减小其影响。

(8) 最近真值原理。被测量的真值可以用最近真值表示,并可以通过测量获知。通常将被测量的总体平均值作为真值,则其样本均值可以用做最近真值。测量仪器的精度应该比被测量的期望测量精度高 5～10 倍。

§3.3 测量误差及数据处理

3.3.1 测量误差的基本概念

一个量在被检测的瞬间,严格定义的那个值,就是该量本身所应具有的真实大小,被称为真值(L)。量的真值是永远得不到的。在长度测量中,不管使用多么精确的测量器具,采用多么可靠的测量方法,进行多么仔细精确的测量,由于存在有各种测量误差,如测量器具的制造误差、测量方法误差、调整误差等,测得值 l 均不可能是真值。被测量测得值 l 与真值 L 的差称为测量误差 δ,也称为绝对误差,即

$$\delta = l - L \tag{3-2}$$

在实际测量中，虽然真值 L 不能得到，但往往要求分析或估算测量误差的范围，即求出真值 L 必落在测得值 l 附近的最小范围，称之为测量极限误差 $\delta_{\lim}$，它应满足

$$l - |\delta_{\lim}| \leqslant L \leqslant l + |\delta_{\lim}| \tag{3-3}$$

在测量过程中，由于测得值可能大于真值，也可能小于真值，所以 δ 可能大于零，也可能小于零，即有

$$L = l \pm \delta \tag{3-4}$$

绝对误差 δ 的大小反映测得值与真值的偏离程度，$|\delta|$ 越小，l 偏离 L 越小，测量精度越高；反之测量精度越低。所以，对同一尺寸测量，可以通过绝对误差 δ 的大小来判断测量精度的高低。但对不同尺寸测量，就不能用绝对误差 δ 的大小来判断测量精度的高低。

例如：有两个被测零件，一个零件公称尺寸为 100 mm，另一零件公称尺寸为 1 000 mm，它们的测量绝对误差 δ 均等于 0.01 mm，公称尺寸大的零件测量精度远高于公称尺寸小的零件。因此用绝对误差 δ 大小来判断测量精度高低，对不同尺寸测量是不合适的。测量精度的高低，不仅与绝对误差有关，还与被测尺寸大小有关。为了判断不同尺寸的测量精度，常用相对误差 δ_r 来判断。

相对误差 δ_r 是指测量的绝对误差 δ 与被测量真值 L 之比，通常用百分数表示，即

$$\delta_r = \frac{l-L}{L} = \frac{\delta}{L} \times 100\% \approx \frac{\delta}{l} \times 100\% \tag{3-5}$$

从式中可以看出，δ_r 是无量纲的量。

如前例用相对误差 δ_r 来判断测量精度大小，有：

公称尺寸为 100 mm　　$\delta_r = \frac{\delta}{l} \times 100\% = \frac{0.01}{100} \times 100\% = 0.01\%$

公称尺寸为 1 000 mm　　$\delta_r = \frac{\delta}{l} \times 100\% = \frac{0.01}{1000} \times 100\% = 0.001\%$

很显然对不同尺寸测量用相对误差 δ_r 大小来判断测量精度高低更为合适。

绝对误差和相对误差都可用来判断测量器具的精确度，因此，测量误差是评定测量器具和测量方法在测量精确度方面的定量指标，每一种测量器具都有这种指标。

在实际生产中，为了提高测量精度，就应该减少测量误差，要减少测量误差，就必须了解误差产生的原因、变化规律及误差的处理方法。

3.3.2 测量误差产生的原因

在实际测量中，产生测量误差的原因很多，主要有以下几个方面。

1. 测量器具误差

测量器具误差是指因测量器具设计、制造和装配调整不准确而产生的误差。如量头的直线位移与指针的角位移不成比例，刻度盘和标尺刻度制造有误差，刻度盘安装偏心，测量器具零部件本身的制造误差、变形和磨损等。又如在设计量具时，为了简化结构，采用近似设计所产生的误差，属设计原理误差。如图 3-6

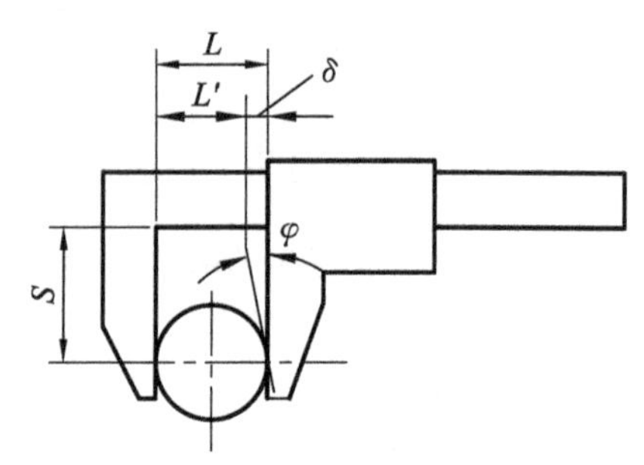

图 3-6　量具设计原理误差

所示，游标卡尺测量轴颈所引起的误差就属于设计原理误差。根据长度测量的阿贝原则，在设计测量器具或测量零件时，应将被测长度与基准长度置于同一直线上。显然用游标卡尺测量时，不符合阿贝原则，用于读数的刻线尺上的基准长度和被测工件直径不在同一直线上，由于游标框架与主尺之间的间隙影响，可能使活动量爪发生倾斜，由此而产生的测量误差为

$$\delta = L' - L = S \cdot \tan\varphi$$

式中：φ——活动量爪的倾斜角；

S——刻度尺与被测工件尺寸之间的距离。

2. 基准件误差

基准件误差是指作为基准件使用的量块或标准件等本身存在的制造误差和使用过程中的磨损产生的误差。特别是用相对测量时，基准件的误差直接反映到测量结果中。因此，为了提高测量精度，应提高基准件的精度，并且要经常校验基准件。

3. 测量方法误差

测量方法误差是指由于测量方法不完善（包括工件安装不合理，测量方法选得不当，计算公式不准确等）或对被测对象认识不够全面而引起的误差。如大直径外圆的直径 d 往往通过测量周长 S 来间接得到，即 $d=S/\pi$，由于 π 是无理数，可取近似值，则在计算结果中带有方法误差。

4. 调整误差

调整误差是指测量前未能将测量器具或被测工件调整到正确位置（或状态）而产生的误差。如用未经调零的百分表或千分表测量工件而产生的零位误差等。

5. 环境误差

环境误差是指测量时的环境条件不符合标准条件所引起的误差。环境误差包括由温度、湿度、气压、振动、灰尘等因素引起的误差。其中温度对测量结果的影响最为突出。在实际测量时，当测量器具和被测工件的温度偏离标准温度（20℃）时，测量器具和工件由于材料不同，从而线膨胀系数不同，产生误差的计算式为

$$\delta_W = L(\alpha_1 \cdot \Delta t_1 - \alpha_2 \cdot \Delta t_2) \tag{3-6}$$

式中：δ_W——温度引起的测量误差；

L——被测尺寸真值（通常用公称尺寸代替）；

α_1——测量器具的线膨胀系数；

α_2——被测工件的线膨胀系数；

Δt_1——测量器具实际温度 t_1 与标准温度之差，即 $\Delta t_1 = t_1 - 20℃$；

Δt_2——测量器具实际温度 t_2 与标准温度之差，即 $\Delta t_2 = t_2 - 20℃$。

由式(3-6)看出，测量时最好使测量器具与被测工件材料相同（通用量具很难保证），即 $\alpha_1 = \alpha_2$，这样，只要温度相近，即使偏离标准温度影响也不大。

对于一些高精度零件的精密测量，为了减少环境误差，应在恒温、恒湿、无灰尘、无振动的条件下进行。

6. 测量力误差

测量力误差是指在进行接触式测量时，由于测量力使测量器具和被测工件变形而产生的误差。为了保证测量结果的可靠性，必须控制测量力的大小并保持恒定，特别是精密测量

尤为重要。测量力过小不能保证测头与被测工件可靠接触而产生误差;测量力过大使测头和被测工件产生变形也产生误差。一般测量器具的测量力大都控制在 2 N 之内,高精度测量器具的测量力控制在 1 N 之内。

7. 人为误差

人为误差是指测量人员的主观因素(如技术熟练程度、测量习惯、思想情绪等)引起的误差。如测量器具调整不正确、瞄准不准确、估读误差等都会造成测量误差。

由此可见,造成测量误差的因素很多,有些误差是不可避免的,但有些是可以避免的。测量时应找出主要影响因素,设法消除或减小其对测量结果的影响。

3.3.3 测量误差的分类

根据测量误差的性质和特点,可将其分为三大类,即系统误差、随机误差和粗大误差。

1. 系统误差

在相同测量条件下,多次测量同一量值时,误差的数值和符号均不变或当条件改变时,其值按一定规律变化的误差,称为系统误差。系统误差按其出现的规律又可分为常值系统误差和变值系统误差。

(1) 常值系统误差(又称定值系统误差)。在相同测量条件下,多次测量同一量值时,其大小和方向均不变的误差。如基准件的误差、仪器的原理误差和制造误差等。

(2) 变值系统误差(又称变动系统误差)。在相同测量条件下,多次测量同一量值时,其大小和方向按一定规律变化的误差。如温度均匀变化引起的测量误差。

从理论上讲,系统误差是可以消除的,特别是常值系统误差,易于发现并能够消除或减小。但在实际测量中,系统误差不一定能够完全消除,且消除系统误差也没有统一的方法,特别是对变值系统误差。只能针对具体情况采用不同的处理措施。对于这些未能消除的系统误差,在规定允许的测量误差时应予以考虑。有关系统误差的处理将在后面介绍。

2. 随机误差

随机误差又称偶然误差,是指在相同的测量条件下,多次测量同一量值时,绝对值大小和符号均以不可预知的方式变化着的误差。随机误差的存在,以及它的大小和方向不受人为的支配与控制,即单次测量之间无确定的规律,不能从前一次的误差推断后一次误差。但是对多次重复测量的随机误差,按概率与统计方法进行统计分析发现,它们是有一定规律的。在测量中,测量器具的变形、测量力的不稳定、温度的波动和读数不准确等产生的误差均属随机误差。

3. 粗大误差

在测量过程中,明显歪曲测量结果的误差或大大超出在规定条件下预期的误差称为粗大误差。粗大误差主要是由于测量操作方法不正确和测量人员的主观因素造成的,如读错数值、记录错误、测量器具测头残缺等。外界条件的大幅度突变,如冲击振动、电压突降等也会导致粗大误差产生。

系统误差和随机误差也不是绝对的,它们在一定的条件下可以相互转化。例如线纹尺的刻度误差,对线纹尺生产厂家而言是随机误差,但作为测量器具去成批测量别的工件时,该线纹尺的刻度误差成为被测零件的系统误差。

3.3.4 测量精度

测量精度是与测量误差相对的概念。测量精度越高，测量误差越小；反之测量误差越大。由于误差分系统误差和随机误差，因此必须对二者及它们综合影响提出相应的概念。

1. 精密度

精密度反映测量结果中随机误差的影响程度，是用于评定随机误差的精度指标。随机误差越小，则精密度就越高。精密度也说明了在一个测量过程中，在同一测量条件下进行多次重复测量时，所得结果彼此之间相符合程度。

2. 正确度

正确度反映了测量结果中系统误差的影响程度，是用于评定系统误差的精度指标。系统误差越小，则正确度就越高。

3. 准确度(精确度)

准确度反映了测量结果中随机误差与系统误差的综合影响程度。也就是测量结果与真值的一致程度。若随机误差与系统误差都小，准确度就高。

一般来说，精密度高而正确度不一定高，反之亦然；但准确度高则精密度和正确度都高。以射击打靶为例，图 3-7 a 表示随机误差小而系统误差大，即打靶的精密度高而正确度低；图 3-7 b 表示系统误差小而随机误差大，即打靶正确度高而精密度低；图 3-7 c 表示随机误差和系统误差都小，即打靶的准确度高。

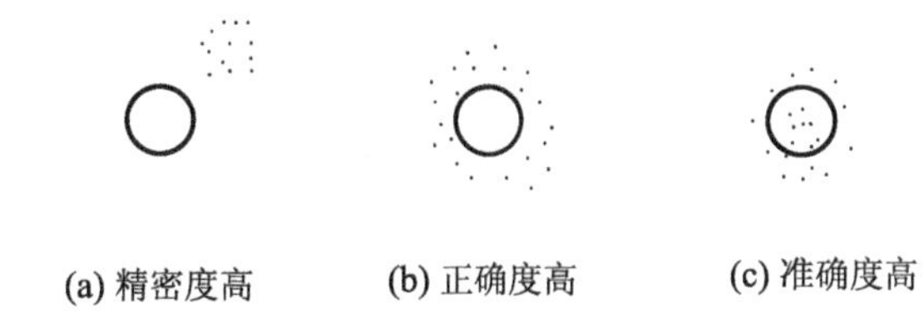

图 3-7 精密度、正确度和准确度

3.3.5 随机误差的特征及其评定

1. 随机误差特性

前面提到，虽然随机误差变化无规律，但只要多次重复测量，按概率与数理统计方法进行统计分析可以看出，随机误差就其整体来说是有它的内在规律的。例如，在相同的测量条件下对某一轴颈外圆直径重复测量 120 次，得到 120 个测得值(设不存在系统误差或已消除系统误差)，找出其中的最大测得值和最小测得值，用最大值减去最小值得到测得值的分散范围，将分散范围按一定尺寸间隔分成 7 组，统计测得值在每一组出现的次数 n_i(频数)，计算每一组频率(频数 n_i 与测量总次数 N 之比)，列于表 3-4 中。

表 3-4 频率计算示例

测得值分组区间/mm	区间中心值/mm	频数 n_i	频率 $\frac{n_i}{N}$/%
9.992 5～9.993 5	9.993	4	3.3
9.993 5～9.994 5	9.994	8	6.7
9.994 5～9.995 5	9.995	20	16.7
9.995 5～9.996 5	9.996	48	40
9.996 5～9.997 5	9.997	24	20
9.997 5～9.998 5	9.998	12	10
9.998 5～9.999 5	9.999	4	3.3
测得平均值：9.996		$N=\sum n_i=120$	$\sum(n_i/N)=100$

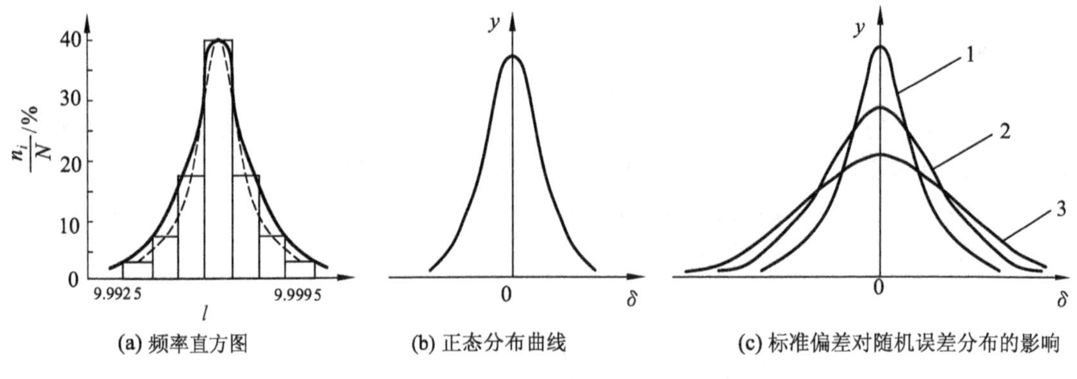

(a) 频率直方图　(b) 正态分布曲线　(c) 标准偏差对随机误差分布的影响

图 3-8 随机误差分布特性曲线

以测得值 l 为横坐标，频率 n_i/N 为纵坐标，将表 3-4 中数据以每组的区间与相应的频率为边长画成直方图，即频率直方图，如图 3-8 a 所示。如连接长方形上部的中点（每组区间的中值），得到一条折线，称为实际分布曲线（图 3-8 a 中的虚线）。假设上述测量次数无限增大，$N\to\infty$，将分组间隔趋于无限小，$\Delta l\to 0$，便得到一条光滑曲线（图 3-8 a 中的实线），称为理论分布曲线。如果用横坐标表示随机误差 δ，纵坐标表示对应各随机误差的概率密度 y，则得到如图 3-8 b 所示的随机误差理论分布曲线，称为正态分布曲线，根据概率理论，正态分布曲线方程为

$$y=\frac{1}{\sqrt{2\pi}\sigma}e^{-\frac{\delta^2}{2\sigma^2}} \tag{3-7}$$

式中：y——概率密度；

e——自然对数底；

σ——标准偏差；

δ——随机误差（$\delta=l-L$）。

从式(3-7)和图 3-8 b 可以看出，随机误差具有以下四个基本特性：

(1) 对称性。绝对值相等的正、负随机误差出现的概率相等。

(2) 单峰性。绝对值小的随机误差比绝对值大的随机误差出现的概率大。

(3) 有界性。在一定的测量条件下,随机误差的绝对值不会超过一定界限,即 $\delta \leqslant \pm 3\sigma$。

(4) 抵偿性。当测量次数 N 无限增加时,随机误差的算术平均值趋于零,或者说各次随机误差的代数和趋于零,即

$$\lim_{N\to\infty}\frac{\delta_1+\delta_2+\cdots+\delta_N}{N}=\lim_{N\to\infty}\frac{\sum_{i=1}^{N}\delta_i}{N}=0$$

2. 随机误差的评定指标

评定随机误差时,通常以正态分布曲线的两个参数,即算术平均值 $\bar{L}$ 和标准偏差 σ 作为评定指标。

(1) 算术平均值 $\bar{L}$

对同一尺寸进行一系列等精度测量,得到 $l_1, l_2, \cdots, l_N$,则

$$\bar{L}=\frac{l_1+l_2+l_3+\cdots+l_N}{N}=\frac{\sum_{i=1}^{N}l_i}{N} \tag{3-8}$$

由式(3-2)可知

$$\begin{aligned}\delta_1&=l_1-L\\ \delta_2&=l_2-L\\ \delta_3&=l_3-L\\ \vdots\quad&\quad\vdots\quad\vdots\\ \delta_N&=l_N-L\end{aligned}$$

将等式两边相加得

$$\delta_1+\delta_2+\delta_3+\cdots+\delta_N=(l_1+l_2+l_3+\cdots+l_N)-NL$$

即

$$\sum_{i=1}^{N}\delta_i=\sum_{i=1}^{N}l_i-NL$$

将等式两边同除以 N 得

$$\frac{\sum_{i=1}^{N}\delta_i}{N}=\frac{\sum_{i=1}^{N}L_i}{N}-L=\bar{L}-L$$

$$L=\bar{L}-\frac{\sum_{i=1}^{N}\delta_i}{N}$$

由随机误差的抵偿性可知,当 $N\to\infty$ 时,$\left(\sum_{i=1}^{N}\delta_i\right)/N=0, L=\bar{L}$。由此可知,如果对某一尺寸进行无限次测量,则全部测得值的算术平均值 $\bar{L}$ 就等于其真值 L。实际上,无限次测量是不可能的,也就是真值 L 是找不到的。但若进行有限次测量,其算术平均值 $\bar{L}$ 最接近真值。因此,将算术平均值作为最后测量结果是可靠的、合理的。

算术平均值 L 作为测量的最后结果,则测量中各测得值与算术平均值的代数差叫作残余误差 V_i,即 $V_i=l_i-\bar{L}$。残余误差是由随机误差引申而来的,故当测量次数 $N\to\infty$ 时,$\lim_{N\to\infty}\sum_{i=1}^{N}V_i=0$。

(2) 标准偏差 σ

用算术平均值表示测量结果是可靠的，但它不能反映测得值的精度。例如有两组测得值：

第一组　12.005，11.996，12.003，11.994，12.002；

第二组　11.9，12.1，11.95，12.05，12.00。

可以算出 $\overline{L}_1=\overline{L}_2=12$，但从两组数据看出，第一组测得值比较集中，第二组测得值则比较分散，即说明第一组每一测得值比第二组每一测得值更接近于算术平均值 L（即真值），也就是第一组测得值精密度比第二组高，故通常用标准偏差 σ 反映测量精度的高低。

① 测量列中任一测得值标准偏差 σ

按照误差理论，等精度测量列中单次测量（任一测得值）的标准偏差 σ 为

$$\sigma=\sqrt{\frac{{\delta_1}^2+{\delta_2}^2+\cdots+{\delta_N}^2}{N}}=\sqrt{\frac{\sum_{i=1}^{N}{\delta_i}^2}{N}} \tag{3-9}$$

式中：δ_i——测量列中各测得值的随机误差，即 $\delta_i=l_i-L$，$i=1,2,\cdots,N$；

N——测量次数。

由式(3-7)可知，概率密度 y 与随机误差 δ 和标准偏差 σ 有关，当 $\delta=0$ 时，概率密度最大，$y_{\max}=\dfrac{1}{\sigma\sqrt{2\pi}}$，且不同的标准差对应不同形状的正态分布曲线。如图 3-8 c 所示，若三条正态分布曲线 $\sigma_1<\sigma_2<\sigma_3$，则 $y_{1\max}>y_{2\max}>y_{3\max}$。这表明 σ 越小，曲线越陡，随机误差分布也就越集中，即测得值分布越集中，测量的精密度也就越高。反之，σ 越大，曲线越平坦，随机误差分布就越分散，即测得值分布就越分散，测量的精密度也就越低。如前面第一组测得值精密度比第二组测得值精密度要高。因此，σ 可作为随机误差评定指标来评定测得值的精密度。

由概率论可知，随机误差正态分布曲线下包含的面积等于其相应区间确定的概率，如果误差落在区间$(-\infty,+\infty)$之中，则其概率为

$$P=\int_{-\infty}^{+\infty}y\mathrm{d}\delta=\int_{-\infty}^{+\infty}\frac{1}{\sigma\sqrt{2\pi}}\mathrm{e}^{-\frac{\delta^2}{2\sigma^2}}\mathrm{d}\delta=1$$

理论上，随机误差的分布范围应在正、负无穷大之间，但这在生产实践中是不切实际的。一般随机误差主要分布在 $\delta=\pm3\sigma$ 范围之内，因为 $\int_{-3\sigma}^{+3\sigma}y\mathrm{d}\delta=0.997\,3=99.73\%$，也就是说 $\delta=\pm3\sigma$ 范围之内出现的概率为 99.73%，超出 3σ 之外概率仅为 $1-0.997\,3=0.002\,7$，属于小概率事件，也就是说随机误差分布在 $\pm3\sigma$ 之外的可能性很小，几乎不可能出现。所以可以把 $\delta=\pm3\sigma$ 看作随机误差的极限值，记作 $\delta_{\lim}=\pm3\sigma$。很显然 $\delta_{\lim}$ 也是测量列中任一测得值的测量极限误差。

② 标准偏差的估计值 σ'

按式(3-9)计算 σ 值必须具备三个条件：a）真值 L 必须已知；b）测量次数要无限次$(N\to\infty)$；c）无系统误差。但在实际测量中要达到这三个条件是不可能的，因为真值 L 无法得到，则 $\delta_i=l_i-L$ 也不知道；另外，测量次数也只能是有限量。所以在实际测量中，常采用残余误差 V_i 代替 δ_i，同时对式(3-9)进行修正，得到标准偏差的估计值 σ'。

$$\sigma'=\sqrt{\frac{\sum_{i=1}^{N}V_i^2}{N-1}} \tag{3-10}$$

③ 测量列算术平均值的标准偏差 σ_L

标准偏差 σ 代表一组测得值中任一测得值的精密度。但在系列测量中，是以测得值的算术平均值作为测量结果的。因此，重要是要知道算术平均值的精密度，即算术平均值的标准偏差。

根据误差理论，测量列算术平均值的标准偏差 σ_L 与测量列任一测得值的标准偏差 σ 存在如下关系

$$\sigma_L = \frac{\sigma}{\sqrt{N}} \tag{3-11}$$

其估计值 $\sigma_L{}'$ 为

$$\sigma_L{}' = \frac{\sigma'}{\sqrt{N}} = \sqrt{\frac{\sum_{i=1}^{N} V_i^2}{N(N-1)}} \tag{3-12}$$

式中：N——每组的测量次数。

3.3.6　测量列中各类测量误差的处理

由于测量误差的存在，测量结果不可能绝对精确地等于真值，因此应根据要求对测量结果进行处理和评定。

1. 系统误差处理

在测量过程中产生系统误差的因素是复杂的、多样的。由于系统误差的存在，对测量结果的影响是很明显的。因此分析处理系统误差的关键问题是首先发现系统误差，进而设法消除或减少系统误差，以有效地提高测量精度。

(1) 常值系统误差的发现

由于常值系统误差的大小和方向不变，对测量结果的影响也是一定值。因此，这类误差不能从系列测得值的处理中揭示，而只能通过实验对比方法去发现，即通过改变测量条件进行不等精度测量来揭示常值系统误差。例如，在相对测量时，用量块作标准件并按其公称尺寸使用时，因量块的尺寸偏差引起的系统误差可用高精度的仪器对量块实际(组成)要素进行检定来发现，或用更高精度的量块进行对比测量来发现。

(2) 变值系统误差的发现

变值系统误差可以从系列测量值的处理和分析观察中揭示出来。常用的方法有残余误差观察法，即将测量列按测量顺序排列(或作图)观察各残余误差的变化规律，如图 3-9 所示。若残余误差大体上正负相同，又没有发生变化，则不存在变值系统误差，如图 3-9 a 所示；若残余误差有规律地递增或递减，且其趋势始终不变，则可认为存在线性变化的系统误差，如图 3-9 b 所示；若残余误差有规律的增减交替，形成循环重复时，则认为存在周期性的系统误差，如图 3-9 c 所示。

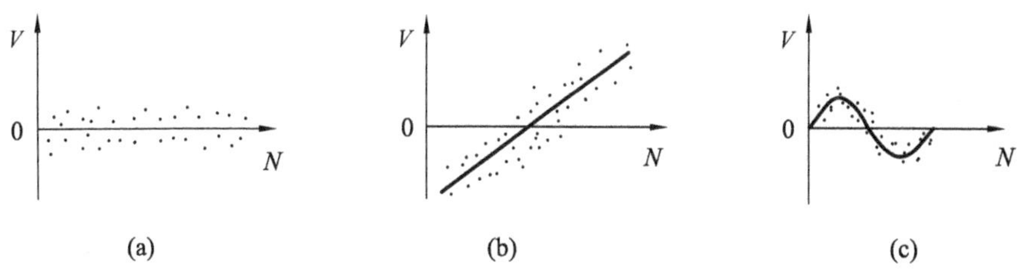

图 3-9　残余误差的变化规律

显然，为了发现变值系统误差，在对测量列作表或作图时，必须严格按照测得值的时间顺序，不得混合排列。

(3) 系统误差的消除

① 误差根除法：即从产生误差的根源上消除，这是消除系统误差的最根本方法。为此，在测量之前，应仔细分析测量过程中可能产生系统误差的环节，找出产生系统误差的根源，并加以消除。例如，为了防止测量过程中仪器零位的变动，测量开始和结束时都需检查仪器零位；又如，为了防止仪器因长期使用而磨损等因素降低精度，要定期进行严格的检定与维修；又如量块按“等”使用即可消除量块的制造和磨损误差。

② 误差修正法：这种方法是预先检定出测量器具的系统误差，将其数值反向后作为修正值，用代数法加到实际测得值上，即可得到不包含该系统误差的测量结果。

③ 误差抵消法：根据具体情况拟定测量方案，进行两次测量，使得两次读数时出现的系统误差大小相等，方向相反，取两次测得值的平均值作为测量结果，即可消除系统误差。

除以上几种方法外，系统误差的消除方法还有对称消除法和半周期消除法等。

2. 随机误差的处理

随机误差不可能被消除，但可应用概率与数理统计方法，通过对测量列的数据处理，评定其对测量结果的影响。

在具有随机误差的测量列中，常以算术平均值 $\overline{L}$ 表征最可靠的测量结果，以标准偏差表征随机误差。其处理方法如下：

① 计算测量列算术平均值 $\overline{L}$；

② 计算测量列中任一测得值的标准偏差的估计值 σ'；

③ 计算测量列算术平均值的标准偏差的估计值 $\sigma_{\overline{L}}'$；

④ 确定测量结果。

多次测量结果可表示为

$$L=\overline{L}\pm 3\sigma_{\overline{L}}' \tag{3-13}$$

3. 粗大误差的处理

粗大误差的数值比较大，会对测量结果产生明显的歪曲。因此，必须采用一定的方法判断并剔除粗大误差。判断粗大误差常采用拉依达(PauTa)准则(或称 3σ 准则)。

拉依达准则认为，当测量列服从正态分布时，残余误差超出 $\pm 3\sigma$ 的情况不会发生，故将超出 $\pm 3\sigma$ 的残余误差作为粗大误差，即

$$|V_i|>3\sigma \tag{3-14}$$

则认为该残余误差对应的测得值含有粗大误差，在误差处理时应予以剔除。

3.3.7 直接测量的数据处理

根据以上分析，对直接测量列的综合数据处理应按以下步骤进行：

① 判断测量列中是否存在系统误差，若存在，则应设法加以消除或减少。

② 计算测量列的算术平均值、残余误差和标准偏差的估计值。

③ 判断粗大误差，若存在粗大误差，则应剔除并重新组成测量列，重复上述②计算，直至无粗大误差为止。

④ 计算测量列算术平均值的标准偏差估计值和测量极限偏差。

⑤ 确定测量结果。

【例 3-1】 对一轴颈进行 10 次测量,测得值列于表 3-5,试求测量结果。

表 3-5 测得值

l_i/mm	V_i/μm	V_i^2/μm^2
30.454	−3	9
30.459	+2	4
30.459	+2	4
30.454	−3	9
30.458	+1	1
30.459	+2	4
30.456	−1	1
30.458	+1	1
30.458	+1	1
30.455	−2	4
$\overline{L}=30.457$	$\sum V_i=0$	$\sum V_i^2=38$

解 ① 判断系统误差假设测量器具已检定,测量中不存在常值系统误差。

② 求算术平均值 $\overline{L}$

$$\overline{L}=\frac{\sum_{i=1}^{N}l_i}{N}=\frac{\sum_{i=1}^{10}l_i}{10}=30.457\ \text{mm}$$

③ 计算残余误差 V_i

$$V_i=l_i-\overline{L}$$

残余误差值见表 3-5 中第二列,从残余误差列中各数值可判断无明显的变值系统误差。

④ 计算单次测量的标准偏差估计值 σ'

$$\sigma'=\sqrt{\frac{\sum_{i=1}^{N}V_i^2}{N-1}}=\sqrt{\frac{\sum_{i=1}^{10}V_i^2}{10-1}}=2.1\ \mu\text{m}$$

⑤ 判断粗大误差

按 3σ 准则,$3\sigma=6.3\ \mu$m,而表 3-5 中第二列 V_i 最大绝对值 $|V_1|=3\ \mu\text{m}<3\sigma=6.3\ \mu\text{m}$,因此,判断测量列中不存在粗大误差。

⑥ 计算测量列算术平均值的标准偏差的估计值 $\sigma_{\overline{L}}'$

$$\sigma_{\overline{L}}'=\frac{\sigma'}{\sqrt{N}}=\frac{2.1}{\sqrt{10}}=0.7\ \mu\text{m}$$

⑦ 计算测量列极限误差

$$\delta_{\lim\overline{L}}=\pm3\sigma_{\overline{L}}'=\pm2.1\ \mu\text{m}$$

⑧ 确定测量结果

$$L=\overline{L}\pm3\sigma_{\overline{L}}'=30.457\pm0.002\ \text{mm}$$

3.3.8 间接测量的数据处理

间接测量的特点是所需的测量值不是直接测得的，而是通过测量有关的独立量值 x_1，x_2，…，x_n 后，再经过计算而得到的。所需的测量值是有关独立量值的函数，即

$$y=F(x_1,x_2,\cdots,x_n) \tag{3-15}$$

式中：y——间接测量求出的量值；

x_i——各个直接测量值。

该函数增量可用函数的全微分表示为

$$\mathrm{d}y=\frac{\partial F}{\partial x_1}\mathrm{d}x_1+\frac{\partial F}{\partial x_2}\mathrm{d}x_2+\cdots+\frac{\partial F}{\partial x_n}\mathrm{d}x_n \tag{3-16}$$

式中：$\mathrm{d}y$——间接测量的测量误差；

$\mathrm{d}x_i$——各直接测量值的测量误差；

$\frac{\partial F}{\partial x_i}$——各误差的传递函数。

1. 系统误差的计算

根据式(3-15)可知，y 是由 x_1，x_2，…，x_n 各直接测量的独立变量决定的，若已知各独立变量的系统误差分别为 Δx_1，Δx_2，…，Δx_n，则间接量 y 的系统误差为 Δy，其函数关系为

$$y+\Delta y=F(x_1+\Delta x_1,x_2+\Delta x_2,\cdots,x_n+\Delta x_n)$$

按泰勒公式展开，并舍去高阶微分量可得

$$\Delta y=\frac{\partial F}{\partial x_1}\Delta x_1+\frac{\partial F}{\partial x_2}\Delta x_2+\cdots+\frac{\partial F}{\partial x_n}\Delta x_n \tag{3-17}$$

式(3-17)为间接测量的系统误差传递公式。

2. 随机误差的计算

由于各直接测量值中存在着随机误差，因此，函数也相应存在随机误差。根据误差理论，函数的标准偏差 σ_y 与各直接测量值的标准偏差 σ_{x_i} 的关系为

$$\sigma_y=\sqrt{\left(\frac{\partial F}{\partial x_1}\right)^2\sigma_{x_1}^2+\left(\frac{\partial F}{\partial x_2}\right)^2\sigma_{x_2}^2+\cdots+\left(\frac{\partial F}{\partial x_n}\right)^2\sigma_{x_n}^2} \tag{3-18}$$

式(3-18)为间接测量的随机误差传递公式。

如果各直接测量值的随机误差服从正态分布，则间接测量的测量极限误差为

$$\delta_{\lim(y)}=\sqrt{\left(\frac{\partial F}{\partial x_1}\right)^2\delta_{\lim(x_1)}^2+\left(\frac{\partial F}{\partial x_2}\right)^2\delta_{\lim(x_2)}^2+\cdots+\left(\frac{\partial F}{\partial x_n}\right)^2\delta_{\lim(x_n)}^2} \tag{3-19}$$

式中：$\delta_{\lim(y)}$——函数的测量极限误差；

$\delta_{\lim(x_i)}$——各直接测量值的测量极限误差。

3. 间接测量的数据处理

间接测量的数据处理步骤如下：

① 根据函数关系式和各直接测得值 x_i 计算间接测量值 y_0；

② 据式(3-17)计算函数的系统误差 Δy；

③ 据式(3-19)计算函数的测量极限误差 $\delta_{\lim(y)}$；

④ 确定测量结果为

$$y=(y_0-\Delta y)\pm\delta_{\lim(y)} \tag{3-20}$$

【例 3-2】 通过直接测量如图 3-5 所示的尺寸 H 和 S 来间接测出圆弧板的直径 D，设测量的尺寸 $H=10$ mm，$\Delta H=\pm 0.01$ mm，$\delta_{\lim(H)}=\pm 3.5\ \mu\text{m}$，$S=40$ mm，$\Delta S=0.02$ mm，$\delta_{\lim(S)}=\pm 4\ \mu\text{m}$，求直径 D 的测量结果。

解 ① 确定间接测量的函数关系，计算被测直径的间接测量值 D_0

根据几何关系可得

$$D_0=\frac{S^2}{4H}+H=\frac{40}{4\times 10}+10=50\ \text{mm}$$

② 计算直径 D 的系统误差 ΔD

由式(3-17)得

$$\begin{aligned}\Delta D&=\frac{\partial F}{\partial S}\cdot\Delta S+\frac{\partial F}{\partial H}\cdot\Delta H\\&=\frac{S}{2H}\cdot\Delta S+\left(1-\frac{S^2}{4H^2}\right)\cdot\Delta H\\&=\frac{40}{2\times 10}\times 0.02+\left(1-\frac{40^2}{4\times 10^2}\right)\times 0.01\\&=0.01\ \text{mm}\end{aligned}$$

③ 计算直径 D 的极限测量误差 $\delta_{\lim(D)}$

由式(3-19)得

$$\begin{aligned}\delta_{\lim(D)}&=\sqrt{\left(\frac{\partial F}{\partial S}\right)^2\cdot\delta^2_{\lim(S)}+\left(\frac{\partial F}{\partial H}\right)^2\cdot\delta^2_{\lim(H)}}\\&=\sqrt{\left(\frac{S}{2H}\right)^2\cdot\delta^2_{\lim(S)}+\left(1-\frac{S^2}{4H^2}\right)^2\cdot\delta^2_{\lim(H)}}\\&=\sqrt{\left(\frac{40}{2\times 10}\right)^2\times 0.004^2+\left(1-\frac{40^2}{4\times 10^2}\right)^2\times 0.0035^2}\\&=0.013\ \text{mm}\end{aligned}$$

④ 确定测量结果

由式(3-20)求得测量结果

$$\begin{aligned}D&=(D_0-\Delta D)\pm\delta_{\lim(D)}\\&=(50-0.01)\pm 0.013=49.99\pm 0.013\ \text{mm}\end{aligned}$$

§3.4 通用测量器具的选择

光滑工件尺寸的检测可以使用通用测量器具，也可以使用极限量规等专业测量器具。当零件的尺寸公差和几何公差遵循独立原则时，使用通用测量器具测量零件的实际(组成)要素和几何误差；对采用包容要求的零件，应采用光滑极限量具进行检验；当遵循最大实体要求的零件，应当采用专用功能量规进行检验。与其对应的国家标准有 GB/T 3177—2009《产品几何技术规范(GPS) 光滑工件尺寸的检验》、GB/T 1957—2006《光滑极限量规 技术条件》、GB/T 8069—1998《功能量规》。本节主要介绍采用通用测量器具检测零件尺寸。

3.4.1 测量器具选择时应考虑的因素

(1) 选择测量器具应考虑与被测工件的外形、位置和尺寸的大小相适应。所选择的测量器具的测量范围应能满足要求。

(2) 选择测量器具应考虑与被测工件的尺寸公差相适应。所选择的测量器具的极限误差既要保证测量精确度，又要符合经济性的要求。一般对于有检测标准的(如光滑工件尺寸的检验)，应按标准规定进行；对于没有检测标准的，则应使所选择的测量器具的测量极限误差约占被测工件公差的1/10～1/3，其中对于低精度的工件，测量器具的测量极限误差取工件公差的1/10，而对于高精度的工件则应取1/3，甚至1/2。这是因为高精度测量器具制造困难。一般情况下可取1/5。常用测量器具的测量极限误差见表3-6。

表3-6 常用测量器具测量极限误差

计量器具名称	分度值/mm	所用量块		尺寸范围/mm							
		检定等别	精度级别	1～10	10～50	50～80	80～120	120～180	180～260	260～360	360～500
				测量极限误差±/μm							
游标卡尺	0.02	绝对测量		40	40 45	45 60	45 60	45 60	57 70	60 80	70 90
游标卡尺 测量外尺寸 测量内尺寸	0.05	绝对测量		80	80 100	90 130	100 130	100 150	100 150	110 150	110 150
游标深度尺和高度尺	0.02	绝对测量		80	60	60	60	60	60	70	80
游标深度尺和高度尺	0.05	绝对测量		100	100	150	150	150	150	150	150
零级千分尺	0.01	绝对测量		4.5	5.5	6	7	8	10	12	15
1级深度千分尺	0.01	绝对测量		7	8	9	10	12	10	20	15
2级千分尺	0.01	绝对测量		12	13	14	15	18	20	25	30
1级深度千分尺	0.01	绝对测量		14	16	18	22				
千分表	0.001	4 5	1 2	0.6 0.7	0.8 1.0	1.0 1.7	1.2 1.8	1.4 2.0	2.0 2.5	2.5 3.5	3.0 4.5
千分表	0.002	5	2	1.2	1.5	1.8	2.0	2.5	3.0	4.0	5.0
杠杆式卡规	0.002	5	2	3	3	3.5	3.5				
立式卧式测长仪测外尺寸	0.001	4 5	1 2	0.4 0.7	0.6 1.0	0.8 1.3	1.0 1.6	1.2 1.8	1.8 2.5	2.5 3.5	3.0 4.5

续表

计量器具名称	分度值/mm	所用量块		尺寸范围/mm							
		检定等别	精度级别	1～10	10～50	50～80	80～120	120～180	180～260	260～360	360～500
				测量极限误差±/μm							
立式卧式测长仪测外尺寸	0.001	绝对测量		1.1	1.5	1.9	2.0	2.3	2.3	3.0	3.5
卧式测长仪测内尺寸	0.001	绝对测量		2.5	3.0	3.3	3.5	3.8	4.2	4.8	
测长机	0.001	绝对测量		1.0	1.3	1.6	2.0	2.5	4.0	5.0	6.0
万能工具显微镜	0.001	绝对测量		1.5	2	2.5	2.5	3	3.5		
大型工具显微镜	0.001	绝对测量		5	5						
接触式干涉仪				$\Delta \leqslant 0.1\ \mu m$							

(3) 应根据生产类型和要求选择测量器具。一般来说，单件小批生产时应选用通用量具；大批大量生产时应选用专用量具(如极限量规等)，以提高检验效率。

3.4.2 普通测量器具的选择

1. 检验条件的要求

(1) 工件尺寸合格与否通常只按一次测量结果来判断。

(2) 考虑到普通测量器具的特点(即两点式测量)，一般只能用来测量尺寸，且不考虑被测工件上可能存在的形状误差。

(3) 对偏离测量的标准条件(如温度和测量力等)所引起的误差，测量器具和标准件不显著的系统误差等一般不作修正。

2. 安全裕度与验收极限

采用普通测量器具(通常有游标卡尺、千分尺、指示表和比较仪等)对光滑工件尺寸检测是在上述三个检验条件下进行的。测量器具的内在误差和测量条件误差综合作用，产生测量误差。由于测量误差存在，实际测得尺寸可能大于也可能小于被测尺寸的真值。因此，如果根据实际测得尺寸是否超出极限尺寸来判断合格性，即以极限尺寸作为验收极限，则当工件真值处于极限尺寸附近时，按测得尺寸来验收工件就可能出现误收或误废，如图3-10所示。

验收极限是保证被判断为合格零件的真值不超出设计规定的尺寸界限，在GB/T 3177—2009中规定如下两种验收极限方式。

(1) 内缩方式。验收极限是从被测工件规定的极限尺寸分别向公差带内缩一个安全裕度 A，如图3-11所示。安全裕度 A 由被检验工件的尺寸公差 T 的1/10确定，其允许值见表3-7。

(2) 不内缩方式。验收极限等于被测工件规定的极限尺寸，即安全裕度 A 的值等于零。

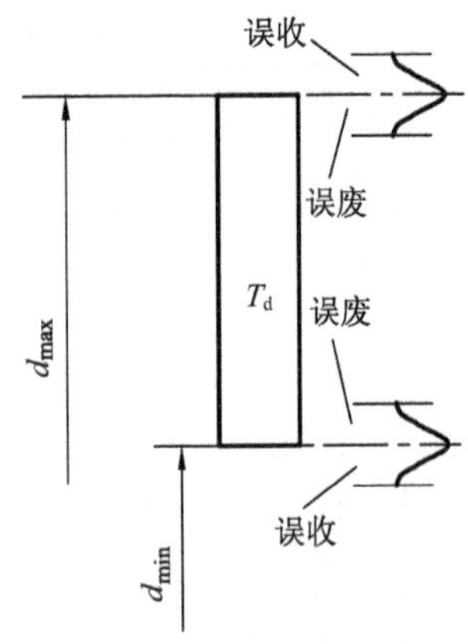

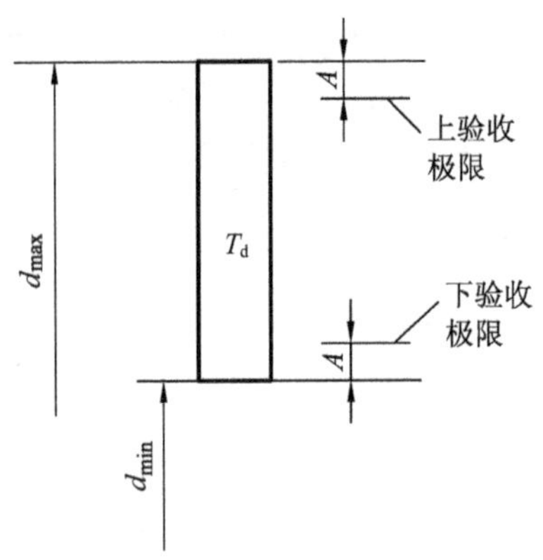

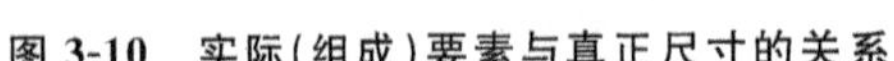

图 3-10　实际(组成)要素与真正尺寸的关系　　**图 3-11　内缩的验收极限**

采用哪种验收极限方式，应综合考虑被测工件的尺寸功能要求及其重要程度、尺寸公差等级、测量不确定度和工艺能力等因素来确定。

(1) 对应遵循包容要求和公差要求比较高的尺寸，其验收极限按内缩方式确定。

(2) 当工艺能力 $C_p \geqslant 1$ 时，验收极限可以按不内缩方式确定；但对于遵循包容要求的工件，其最大实体尺寸一边的验收极限应该按内缩方式确定。

(3) 对于偏态分布的尺寸，其验收极限可以仅对尺寸偏向的一边按内缩方式确定。

(4) 对于非配合尺寸和一般公差的尺寸，其验收极限按不内缩方式确定。

确定了工件尺寸验收极限后，还需要正确选择测量器具才能开始测量过程。

表 3-7　安全裕度及计量器具不确定度允许值(摘自 GB/T 3177—2009)　　μm

公差等级		IT6					IT7					IT8					IT9				
公称尺寸/mm		T	A	μ_1			T	A	μ_1			T	A	μ_1			T	A	μ_1		
大于	至			Ⅰ	Ⅱ	Ⅲ			Ⅰ	Ⅱ	Ⅲ			Ⅰ	Ⅱ	Ⅲ			Ⅰ	Ⅱ	Ⅲ
—	3	6	0.6	0.5	0.9	1.4	10	1.0	0.9	1.5	2.3	14	1.4	1.3	2.1	3.2	25	2.5	2.3	3.8	5.6
3	6	8	0.8	0.7	1.2	1.8	12	1.2	1.1	1.8	2.7	18	1.8	1.6	2.7	4.1	30	3.0	2.7	4.5	6.8
6	10	9	0.9	0.8	1.4	2.0	15	1.5	1.4	2.3	3.4	22	2.2	2.0	3.3	5.0	36	3.6	3.3	5.4	8.1
10	18	11	1.1	1.0	1.7	2.5	18	1.8	1.7	2.7	4.1	27	2.7	2.4	4.1	6.1	43	4.3	3.9	6.5	9.7
18	30	13	1.3	1.2	2.0	2.9	21	2.1	1.9	3.2	4.7	33	3.3	3.4	5.0	7.4	52	5.2	4.7	7.8	12
30	50	16	1.6	1.4	2.4	3.6	25	2.5	2.3	3.8	5.6	39	3.9	3.5	5.9	8.8	62	6.2	5.5	9.3	14
50	80	19	1.9	1.7	2.9	4.3	30	3.0	2.7	4.5	6.8	46	4.6	4.1	6.9	10	74	7.4	6.7	11	17
80	120	22	2.2	2.0	3.3	5.0	35	3.5	3.2	5.3	7.9	54	5.4	4.9	8.1	12	87	8.7	7.8	13	20
120	180	25	2.5	2.3	3.8	5.6	40	4.0	3.6	6.0	9.0	63	6.3	5.7	9.5	14	100	10	9.0	15	23
180	250	29	2.9	2.6	4.4	6.5	46	4.6	4.1	6.9	10	72	7.2	6.5	11	16	115	12	10	17	26
250	315	32	3.2	2.9	4.8	7.2	52	5.2	4.7	7.8	12	81	8.1	7.3	12	18	130	13	12	19	29
315	400	36	3.6	3.2	5.4	8.1	57	5.7	5.1	8.4	13	89	8.9	8.0	13	20	140	14	13	21	32
400	500	40	4.0	3.6	6.0	9.0	63	6.3	5.7	9.5	14	97	9.7	8.7	15	22	155	16	4	23	35

续表

公差等级		IT10					IT11					IT12				IT13			
公称尺寸/mm		T	A	μ_1			T	A	μ_1			T	A	μ_1		T	A	μ_1	
大于	至			Ⅰ	Ⅱ	Ⅲ			Ⅰ	Ⅱ	Ⅲ			Ⅰ	Ⅱ			Ⅰ	Ⅱ
—	3	40	4.0	3.6	6.0	9.0	60	6.0	5.4	9.0	14	100	10	9.0	15	140	14	13	21
3	6	48	4.8	4.3	7.2	11	75	7.5	6.8	11	17	120	12	11	18	180	18	16	27
6	10	58	5.8	5.2	8.7	13	90	9.0	8.1	14	20	150	15	14	23	220	22	20	33
10	18	70	7.0	6.3	11	16	110	11	10	17	25	180	18	16	27	270	27	24	41
18	30	84	8.4	7.6	13	19	130	13	12	20	29	210	21	19	32	330	33	30	50
30	50	100	10	9.0	15	23	160	16	14	24	36	250	25	23	38	390	39	35	59
50	80	120	12	11	18	27	190	19	17	29	43	300	30	27	45	460	46	41	69
80	120	140	14	13	21	32	220	22	20	33	50	350	35	32	53	540	54	49	81
120	180	160	16	15	24	36	250	25	23	38	56	400	40	36	60	630	63	57	95
180	250	185	18	17	28	42	290	29	26	44	65	460	46	41	69	720	72	65	110
250	315	210	21	19	32	47	320	32	29	48	72	520	52	47	78	810	81	73	120
315	400	230	23	21	35	52	360	36	32	54	81	570	57	51	80	890	89	80	130
400	500	250	25	23	38	56	400	40	36	60	90	630	63	57	95	970	97	87	150

3. 测量的不确定度

由于测量误差的存在，同一真实尺寸的测得值必须有一分散范围，表示测得尺寸分散程度的测量范围称为测量不确定度。也就是说不确定度用来表征测量结果对真值可能分散的一个区间。它包括以下两个方面的因素：

(1) 测量器具的不确定度允许值 μ_1。它包括测量器具内在误差及调整标准器的不确定度，其允许值 $\mu_1 \approx 0.9A$。表 3-8 和表 3-9 列出了普通测量器具的不确定度 μ_1'。

表 3-8　千分尺和游标卡尺的不确定度

<table>
<tr><td colspan="2" rowspan="2">尺寸范围/mm</td><td colspan="4">计量器具类型(分度值)/mm</td></tr>
<tr><td>游标卡尺(0.02)</td><td>游标卡尺(0.05)</td><td>外径千分尺(0.01)</td><td>内径千分尺(0.01)</td></tr>
<tr><td>大于</td><td>至</td><td colspan="4">不确定度</td></tr>
<tr><td>—</td><td>50</td><td rowspan="6">0.020</td><td rowspan="4">0.050</td><td>0.004</td><td rowspan="3">0.008</td></tr>
<tr><td>50</td><td>100</td><td>0.005</td></tr>
<tr><td>100</td><td>150</td><td>0.006</td></tr>
<tr><td>150</td><td>200</td><td>0.007</td><td rowspan="3">0.013</td></tr>
<tr><td>200</td><td>250</td><td rowspan="8">0.100</td><td>0.008</td></tr>
<tr><td>250</td><td>300</td><td>0.009</td></tr>
<tr><td>300</td><td>350</td><td rowspan="7"></td><td>0.010</td><td rowspan="3">0.20</td></tr>
<tr><td>350</td><td>400</td><td>0.011</td></tr>
<tr><td>400</td><td>450</td><td>0.012</td></tr>
<tr><td>450</td><td>500</td><td>0.013</td><td>0.025</td></tr>
<tr><td>500</td><td>600</td><td rowspan="3"></td><td rowspan="3">0.030</td></tr>
<tr><td>600</td><td>700</td></tr>
<tr><td>700</td><td>1 000</td><td>0.150</td></tr>
</table>

表 3-9 机械式比较仪和指示表的不确定度

<table>
<tr><td rowspan="3">名称</td><td rowspan="3">分度值/mm</td><td rowspan="3">放大倍数或量程范围</td><td colspan="9">尺寸范围/mm</td></tr>
<tr><td>0～25</td><td>25～40</td><td>40～65</td><td>65～90</td><td>90～115</td><td>115～165</td><td>165～215</td><td>215～265</td><td>265～315</td></tr>
<tr><td colspan="9">不确定度</td></tr>
<tr><td rowspan="4">比较仪</td><td>0.000 5</td><td>2 000 倍</td><td>0.000 6</td><td>0.000 7</td><td colspan="2">0.000 8</td><td>0.000 9</td><td>0.001 0</td><td>0.001 2</td><td>0.001 4</td><td>0.001 6</td></tr>
<tr><td>0.001</td><td>1 000 倍</td><td colspan="2">0.001 0</td><td colspan="2">0.001 1</td><td>0.001 2</td><td>0.001 3</td><td>0.001 4</td><td>0.001 6</td><td>0.001 7</td></tr>
<tr><td>0.002</td><td>400 倍</td><td>0.001 7</td><td colspan="3">0.001 8</td><td colspan="2">0.001 9</td><td>0.002 0</td><td>0.002 1</td><td>0.002 2</td></tr>
<tr><td>0.005</td><td>250 倍</td><td colspan="6">0.003 0</td><td colspan="3">0.003 5</td></tr>
<tr><td rowspan="5">千分表</td><td rowspan="2">0.001</td><td>0 级全程内</td><td colspan="5" rowspan="3">0.005</td><td colspan="4" rowspan="3">0.006</td></tr>
<tr><td>1 级 0.2 mm</td></tr>
<tr><td>0.002</td><td>1 转内</td></tr>
<tr><td>0.001</td><td rowspan="2">1 级全程内</td><td colspan="9" rowspan="2">0.010</td></tr>
<tr><td>0.005</td></tr>
<tr><td rowspan="4">百分表</td><td>0.01</td><td>0 级任意 1 mm 内</td><td colspan="9">0.010</td></tr>
<tr><td rowspan="2">0.01</td><td>0 级全程内</td><td colspan="9" rowspan="2">0.018</td></tr>
<tr><td>1 级任意 1 mm 内</td></tr>
<tr><td>0.01</td><td>1 级全程内</td><td colspan="9">0.030</td></tr>
</table>

(2) 其他因素引起的不确定度允许值 μ_2。主要是由于温度、压陷效应和工件形状误差等因素影响所引起的不确定度，其允许值的 $\mu_2 \approx 0.45A$，按随机误差的合成规则，其误差总不确定度 μ 为

$$\mu=\sqrt{{\mu_1}^2+{\mu_2}^2}=\sqrt{(0.9A)^2+(0.45A)^2}\approx A$$

4. 测量器具的选择

选择测量器具时应使所选测量器具的不确定度 μ_1' 小于或等于测量器具不确定度的允许值 μ。在实际测量中，当缺乏必要的测量器具而只有精度较低的测量器具时，可采取以下两种方法处理。

(1) 比较测量法

① 用现有测量器具按等于工件公称尺寸的量块调整零位，然后再测量工件，读出相对测量数据。

② 现有测量器具测量等于工件公称尺寸的量块，得出测量器具的误差值，在测量工件时再进行修正。

(2) 扩大 A 值法

当所选用的测量器具的 $\mu_1' > \mu_1$ 时，按 μ_1' 计算出扩大的安全裕度 A' $(A'=\mu_1'/0.9)$；当 A' 不超过工件公差 15% 时，允许选用该测量器具，此时需要按 A' 数值确定上下验收极限。

3.4.3 应用举例

【例 3-3】 用普通测量器具测量 $\phi 150F10(^{+0.203}_{+0.043})$ 孔，IT=0.16 mm，试确定验收极限和选

择测量器具。

解　① 确定安全裕度 A 和不确定度允许值 μ_1

根据 IT10 查表 3-7 得：$A=0.016$ mm；$\mu_1=0.015$ mm。

② 确定验收极限

上验收极限＝150.203－0.016＝150.187 mm

下验收极限＝150.043＋0.016＝150.059 mm

③ 选择测量器具

工件尺寸为 150 mm，查表 3-8 得分度值为 0.01 mm 的内径千分尺的不确定度 $\mu_1'=0.008<\mu_1=0.015$。故选用分度值为 0.01 mm 的内径千分尺能满足使用要求。

§3.5　光滑极限量规

对尺寸精度的检验除了用通用测量器具外，还可以用极限量规。本节主要介绍极限量规及其设计。

光滑极限量规是指被检验工件是光滑孔或轴时所用到的极限量规的统称。极限量规的特征是判断被测零件是否在规定的极限尺寸范围内，以确定零件是否合格，它不能测出零件的实际（组成）要素，其结构简单，使用方便，检验效率高，并能保证零件的互换性，因此，在批量生产中广泛使用。

3.5.1　光滑极限量规的种类及作用

1. 孔用极限量规和轴用极限量规

孔用光滑极限量规又称塞规，如图 3-12 所示。

塞规分通端（通规）和止端（止规）。通端按被测孔的最大实体尺寸（即孔的最小极限尺寸）制造；止端是按被测孔的最小实体尺寸（即孔的最大极限尺寸）制造。使用时，塞规的通端通过被检验孔，表示被测孔径大于最小极限尺寸。止规通不过被检验孔，表示被测孔径小于最大极限尺寸。即说明被检验孔的实际（组成）要素在规定的极限尺寸范围内，被检验的孔是合格的。

轴用光滑极限量规，又称环规或卡规，如图 3-13 所示。

卡规分通端和止端，通端按被测轴的最大实体尺寸（即轴的最大极限尺寸）制造。止端按被测轴的最小实体尺寸（即轴的最小极限尺寸）制造。使用时，卡规通端能顺利地滑过轴颈，表示被测轴颈比最大极限尺寸小，卡规的止端滑不过去，表示轴径比最小极限尺寸大。即说明被测轴径的实际（组成）要素在规定的极限尺寸范围内，被检验的轴是合格的。

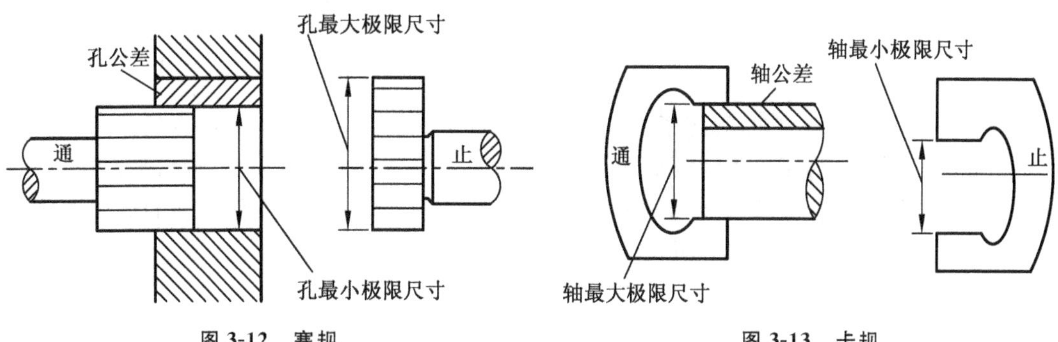

图 3-12　塞规　　　　图 3-13　卡规

把通规和止规联合使用，就能判断被测零件尺寸是否在规定的极限尺寸范围内。如果通端通不过零件，或止端通过了零件，即可确定被测零件是不合格的。

2. 光滑极限量规的分类

(1) 工作量规。工作量规是在零件的制造过程中，生产工人检验用的量规。工作量规的通规用代号"T"表示，止规用代号"Z"表示。通规的尺寸等于被检验零件的最大实体尺寸 MMS(D_{min}或 d_{max})；止规的尺寸等于被检验零件的最小实体尺寸 LMS(D_{max}或 d_{min})。

(2) 验收量规。验收量规是检验部门或用户代表在验收产品时所用的量规。

(3) 校对量规。校对量规是轴用工作量规制造和使用过程中的检验量规。由于轴用工作量规(卡规)的测量较困难，使用过程中又易变形和磨损，所以必须有校对量规。孔用工作量规(塞规)，刚性较好，不易变形和磨损，而且可以用通用测量器具检验，所以没有校对量规。

检验卡规通端的校对量规称为"校通-通"用代号"TT"表示。检验卡规止端的校对量规称为"校止-通"，用代号"ZT"表示，只有 TT 通过、ZT 未通过卡规才合格。检验通规磨损极限的校对量规称为"校通-损"，用代号"TS"表示，使用时只有被检验量规不通过时才合格。

3.5.2 光滑极限量规的公差带

1. 概述

量规和一般零件一样，在制造中存在制造误差。不可能绝对准确地按指定的尺寸制造。

量规工作时，也有测量误差，其影响如图 3-14 所示。由于测量误差对测量结果的影响，可能使实际(组成)要素超出极限尺寸范围的零件被误认为是合格的而误收，使实际(组成)要素在极限尺寸范围之内的零件被误认为是不合格的而误废。因此，测量误差的存在，实际上改变了零件规定的公差，使之缩小或扩大。以检验轴的止规为例，其公称尺寸为轴最小极限尺寸 d_{min}，但制造所得止规的实际(组成)要素比这个大，也可能比这个小。若止规实际(组成)要素大于 d_{min}，利用这样的量规检验零件时，可能造成误废。反之，若止规实际(组成)要素小于 d_{min}，则可能造成误收。

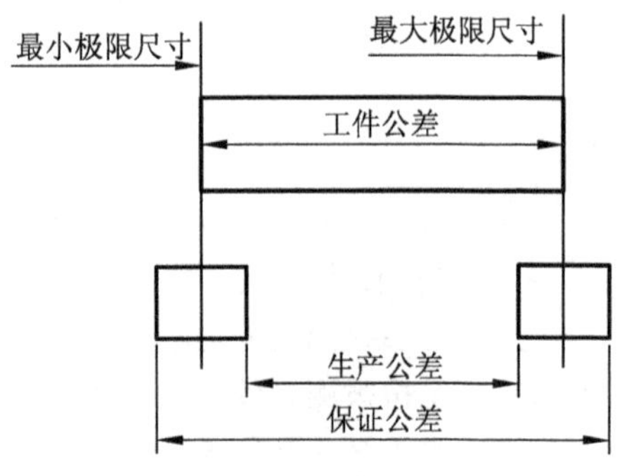

图 3-14 测量误差的影响

另外工作量规的通端，在工作时，通常通过被测零件，其工作表面将逐渐磨损以致报废。为了使通规有一个合理的使用寿命，还必须留有一适当的磨损量。

综上所述，GB/T 1957—2006 对量规规定了公差，用以限制制造误差、测量误差及磨损，以保证实际(组成)要素不超过零件的公差带。

2. 量规公差带

标准 GB/T 1957—2006 规定了工作量规和校对量规的公差带，如图 3-15 所示。

由图 3-15 可知：为了不发生误收的现象，量规公差带全部安置在被测零件的尺寸公差带之内。工作止规的最大实体尺寸等于被检验零件的最小实体尺寸；工作通规的磨损极限尺寸等于被检验零件的最大实体尺寸。

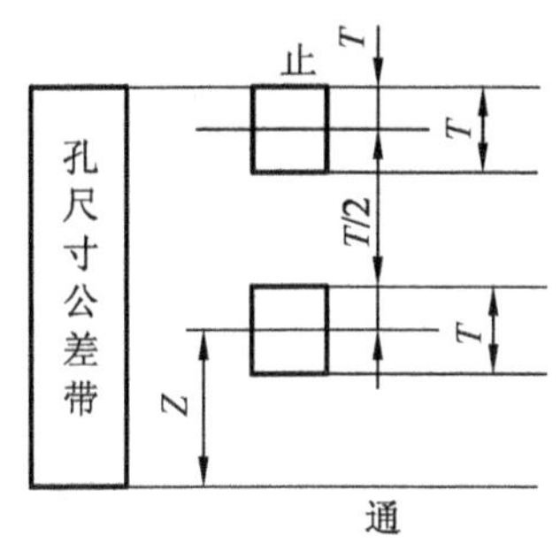

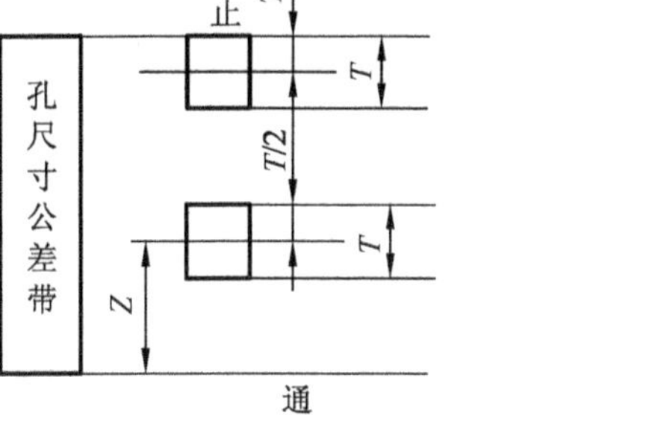

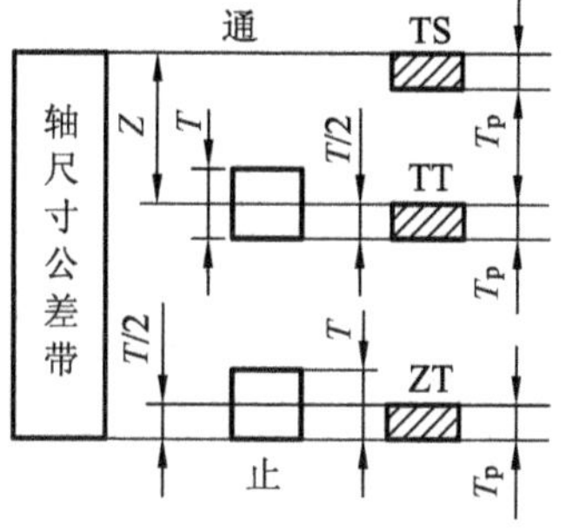

(a) 检验孔用的工作量规公差带　　(b) 检验轴用的工作量规公差带和校对量规公差带

图 3-15　孔、轴量规的公差带

轴用工作量规的三种校对量规中，“TT”和“ZT”分别控制通规和止规的最大实体尺寸。合格的工作通规和止规应分别被“TT”和“ZT”的通过。“TS”是控制工作通规的磨损极限尺寸，不能被“TS”所通过的工作通规可以继续使用。

校对量规公差带全部安置在被检验的工作量规的公差带之内，以保证工作量规的尺寸在制造公差内或在磨损极限范围以内。

由图 3-15 可看出：“TT”和“ZT”两校对量规的最小实体尺寸分别等于工作通规的磨损极限尺寸。

3. 量规公差值

工作量规的通规在工作时要经常通过被检验工件，其工作表面会发生磨损。为保证通规具有一定的使用寿命，除规定制造公差外，还应规定磨损极限，留出适当的磨损储量(即通规尺寸公差带中心到工件最大实体尺寸之间的距离 Z 值)。因此，通规的公差是由制造公差和磨损公差组成的。制造公差的大小决定了量规制造的难易程度，而磨损公差的大小决定了量规的使用寿命。工作量规的止规通常不通过被测工件，很少磨损，因此，不规定其磨损公差。

GB/T 1957—2006 规定了检验公称尺寸至 500 mm，公差等级为 IT6～IT16 的孔和轴的工作量规的制造公差 T 和通规位置要素 Z 值，见表 3-10。

表 3-10　工作量规的 T 和 Z 值(摘自 GB/T 1957—2006)　　μm

工件公称尺寸 D,d/mm	IT6			IT7			IT8			IT9			IT10		
	IT6	T	Z	IT7	T	Z	IT8	T	Z	IT9	T	Z	IT10	T	Z
≤3	6	1	1	10	1.2	1.6	14	1.6	2	25	2	3	40	2.4	4
3～6	8	1.2	1.4	12	1.4	2	18	2	2.6	30	2.4	4	48	3	5
6～10	9	1.4	1.6	15	1.8	2.4	22	2.4	3.2	36	2.8	5	58	3.6	6
10～18	11	1.6	2	18	2	2.8	27	2.8	4	43	3.4	6	70	4	8
18～30	13	2	2.4	21	2.4	3.4	33	3.4	5	52	4	7	84	5	9
30～50	16	2.4	2.8	25	3	4	39	4	6	62	5	8	100	6	11
50～80	19	2.8	3.4	30	3.6	4.6	46	4.6	7	74	6	9	120	7	13
80～120	22	3.2	3.8	35	4.2	5.4	54	5.4	8	87	7	10	140	8	15
120～180	25	3.8	4.4	40	4.8	6	63	6	9	100	8	12	160	9	18

续表

工件公称尺寸 D,d/mm	IT6			IT7			IT8			IT9			IT10		
	IT6	T	Z	IT7	T	Z	IT8	T	Z	IT9	T	Z	IT10	T	Z
180～250	29	4.4	5	46	5.4	7	72	7	10	115	9	14	185	10	20
250～315	32	4.8	5.6	52	6	8	81	8	11	130	10	16	210	12	22
315～400	36	5.4	6.2	57	7	9	89	9	12	140	11	18	230	14	25
400～500	40	6	7	63	8	10	97	10	14	155	12	20	250	16	28

工件公称尺寸 D,d/mm	IT11			IT12			IT13			IT14		
	IT11	T	Z	IT12	T	Z	IT13	T	Z	IT14	T	Z
≤3	60	3	6	100	4	9	140	6	14	250	9	20
3～6	75	4	8	120	5	11	180	7	16	300	11	25
6～10	90	5	9	150	6	13	220	8	20	360	13	30
10～18	110	6	11	180	7	15	270	10	24	430	15	35
18～30	130	7	13	210	8	18	330	12	28	520	18	40
30～50	160	8	16	250	10	22	390	14	34	620	22	50
50～80	190	9	19	300	12	26	460	16	40	740	26	60
80～120	220	10	22	350	14	30	540	20	46	870	30	70
120～180	250	12	25	400	16	35	630	22	52	1 000	35	80
180～250	290	14	29	460	18	40	720	26	60	1 150	40	90
250～315	320	16	32	520	20	45	810	28	66	1 300	45	100
315～400	360	18	36	570	22	50	890	32	74	1 400	50	110
400～500	400	20	40	630	24	55	970	36	80	1 550	55	120

标准规定各种校对量规的制造公差 T_P 等于被检验的轴用工作量规制造公差 T 的一半，即

$$T_P=\frac{T}{2} \tag{3-21}$$

验收量规一般不单独制造，使用磨损较多，但未超过公差的工作量规的通规作为验收通规（接近于最大实体尺寸），以接近于零件最小实体尺寸的止规作为验收止规。

综上所述，工作量规公差带位于零件极限尺寸范围之内，校对量规公差带位于被校对量规公差带之内，才能保证零件符合国标的要求。

3.5.3 光滑极限量规的设计

1. 光滑极限量规设计原则

光滑极限量规的设计应符合极限尺寸判断原则——泰勒原则，即孔或轴的拟合尺寸不允许超过最大实体尺寸。对于孔，其体外拟合尺寸应不小于最小极限尺寸；对于轴，则其体外拟合尺寸应不大于最大极限尺寸。同时，在任何位置上的实际（组成）要素不允许超过最小实体尺寸，对于孔的局部实际（组成）要素应不大于最大极限尺寸，对于轴的局部实际（组成）要素，则应不小于最小极限尺寸，如图 3-16 所示。

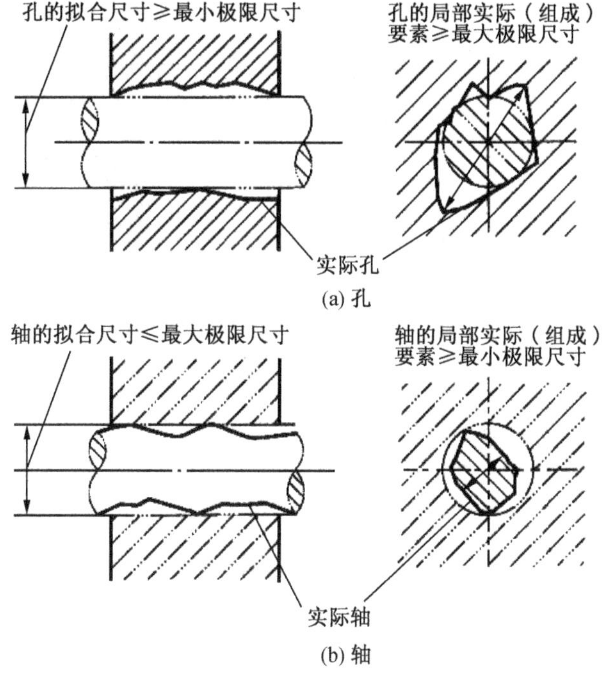

图 3-16 拟合尺寸与实际(组成)要素

2. 量规形式选用

根据泰勒原则,通规应设计成全形的,即其测量面应具有与被测孔或轴相对应的完整表面。其尺寸应等于被测孔或轴的最大实体尺寸,其长度应与被测孔或轴的配合长度一致;止规应设计成两点接触式的,其尺寸应等于被测孔或轴的最小实体尺寸。

泰勒原则是设计极限量规的依据,用这种极限量规检验零件,基本可以保证零件公差与配合要求。

量规的基本形式如图 3-17 和图 3-18 所示。

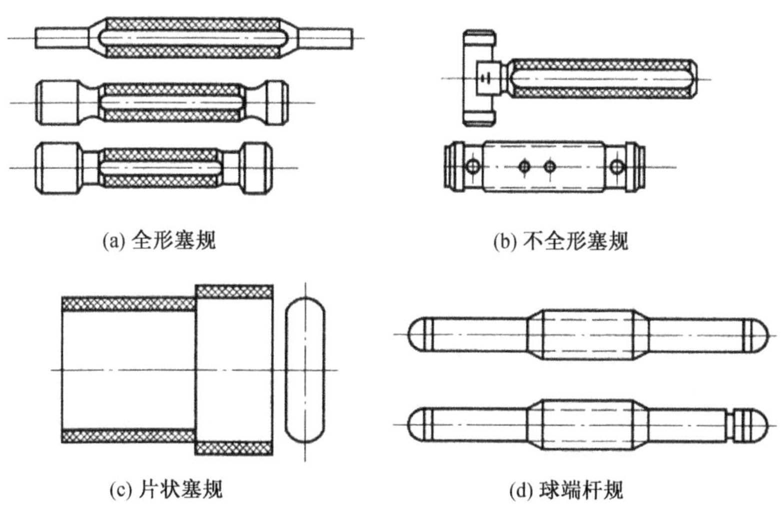

图 3-17 孔用量规的形式

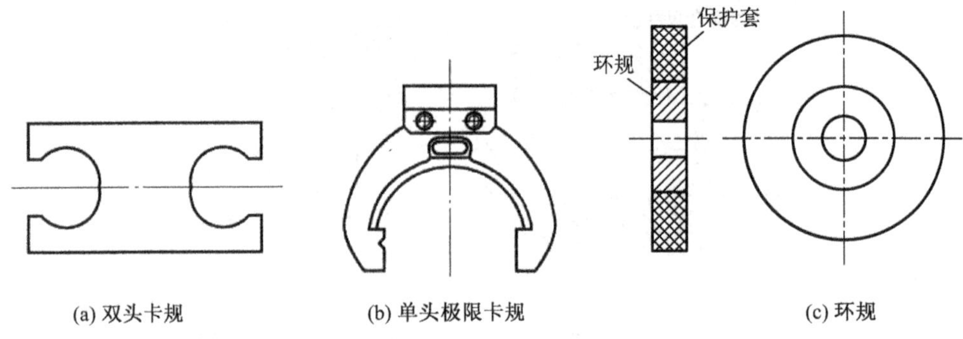

图 3-18　轴用量规及其校对量规

按照国标推荐，测孔时可用下列几种型式的量规：① 全形塞规；② 不全形塞规；③ 片状塞规；④ 球端杆规。见图 3-17。

测轴时，可用下列型式的量规：① 环规；② 卡规。见图 3-18。

量规形式及应用尺寸范围如图 3-19 所示。

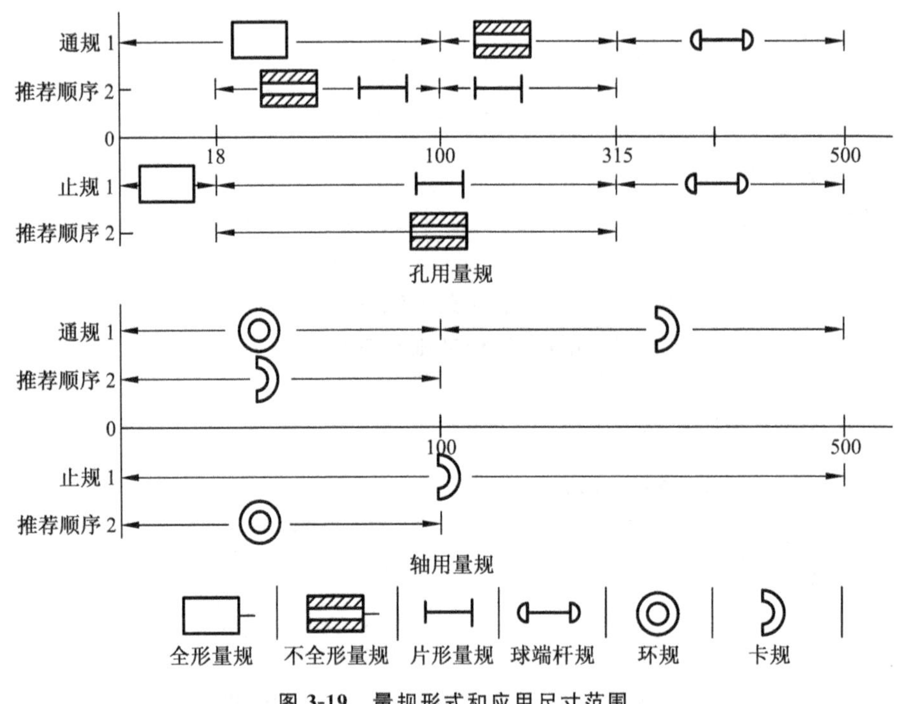

图 3-19　量规形式和应用尺寸范围

3. 量规工作尺寸计算

光滑极限量规工作尺寸计算步骤如下：

① 查出孔与轴的标准公差与基本偏差，或上偏差与下偏差。

② 从表 3-10 查出量规的制造公差 T，通规制造公差带中心到最大实体尺寸的距离 Z 值，并确定量规的几何公差和校对量规的尺寸公差 T_p 值。

③ 按图 3-15 a 和 3-15 b 画出量规公差图，确定量规上、下偏差并计算量规磨损极限尺寸。

④ 按量规的常用形式绘制并标注量规工作图。

【例 3-4】 计算ϕ 40H7/f6 孔与轴用量规的极限偏差。

解　① 孔用量规计算

从 GB/T 1800.1—2009 查得孔的上、下偏差：

$$ES=+0.025\ \text{mm}$$

$$EI=0$$

孔用工作量规通规的公称尺寸为 40 mm；

孔用工作量规止规的公称尺寸为 40.025 mm。

从表 3-10 查得 T,Z 值

$$T=3\ \mu\text{m}$$

$$Z=4\ \mu\text{m}$$

按图 3-15 a 得，通规的上偏差为$\left(Z+\dfrac{T}{2}\right)=+5.5\ \mu$m；下偏差为$\left(Z-\dfrac{T}{2}\right)=+2.5\ \mu$m。止规的上偏差为 0；下偏差为$-T=-3\ \mu$m。

因此，检验ϕ 40H7 孔的止规按 $40.025_{-0.003}^{\ 0}$ mm 制造；通规按 $40_{+0.0025}^{+0.0055}$ mm，即$40.0055_{-0.003}^{\ 0}$ mm 制造。

② 轴的卡规计算

从 GB/T 1800.1—2009 查出轴的上、下偏差：

$$es=-0.025\ \text{mm}$$

$$ei=-0.041\ \text{mm}$$

轴用工作量规通端公称尺寸为 39.975 mm，轴用工作量规止端公称尺寸为 39.959 mm。

从表 3-10 查出 T,Z 值：

$$T=2.4\ \mu\text{m}$$

$$Z=2.8\ \mu\text{m}$$

按图 3-15 b 得，通规的上偏差为$-\left(Z-\dfrac{T}{2}\right)=-1.6\ \mu$m；下偏差为$-\left(Z+\dfrac{T}{2}\right)=-4\ \mu$m。止规的上偏差为$+T=2.4\ \mu$m；下偏差为 0。

因此，检验ϕ 40f6 轴的止规按 $39.959_{\ 0}^{+0.0024}$ mm 制造；通规按 $39.975_{-0.0040}^{-0.0016}$ *mm*，即 $39.971_{\ 0}^{+0.0024}$ mm 制造。

公差带图见图 3-20。

轴用卡规校对量规的尺寸公差 $T_P=\dfrac{T}{2}=1.2\ \mu$m。

按图 3-15 b 得 a) TS；b) TT 和 c) ZT 的上、下偏差：

a) es=0,

$ei=-T_P=-1.2\ \mu$m

校通-损量规(TS)为 $39.975_{-0.0012}^{\ 0}$ mm。

b) $es=-Z=-2.8\ \mu$m；$ei=-Z-T_P=-2.8-1.2=-4\ \mu$m。

校通-通量规(TT)为 $39.975_{-0.0040}^{-0.0028}$ mm，即 $39.9722_{-0.0012}^{\ 0}$ mm。

c) $es=T_P=1.2\ \mu$m；ei=0.

校止-通量规(ZT)为 $39.9602_{\ 0}^{+0.0012}$ mm。

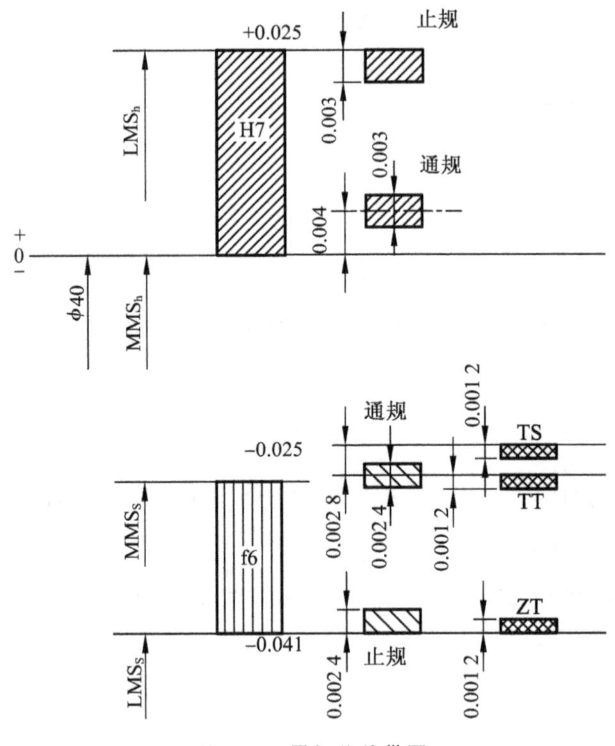

图 3-20　量规公差带图

4. 量规的技术要求

(1) 材料。量规测量面的材料为合金工具钢、碳素工具钢、渗碳钢及其他耐磨材料或在测量表面镀以厚度大于磨损量的镀锚层、氮化层等耐磨材料。

(2) 硬度。量规测量表面的硬度对量规使用寿命有一定影响,通常用淬硬钢制造量规,其测量面的硬度为 HRC58～65。

(3) 量规工作面的粗糙度。量规工作面的粗糙度按表 3-11 选用。

表 3-11　量规工作面的表面粗糙度参数 *Ra* 允许值(摘自 GB/T 1957—2006)　μm

工作量规	工作量规的公称尺寸/mm		
	≤120	>120～315	>315～500
	Ra		
IT6 级孔用量规	0.05	0.10	0.20
IT6～IT9 级轴用量规 IT7～IT9 级孔、轴用量规	0.10	0.20	0.40
IT10～IT12 级孔、轴用量规	0.20	0.40	0.80
IT13～IT16 级孔、轴用量规	0.40	0.80	0.80

(4) 工作量规的工作尺寸标注。

在图样上标注量规工作尺寸时,为了清楚和方便起见,习惯上不标注公称尺寸和上、下偏差。对塞规推荐标注最大极限尺寸和负向偏差,对卡规(环规)推荐标注最小极限尺寸和正向偏差。此时,所注偏差的绝对值即为量规公差,如图 3-21 所示。

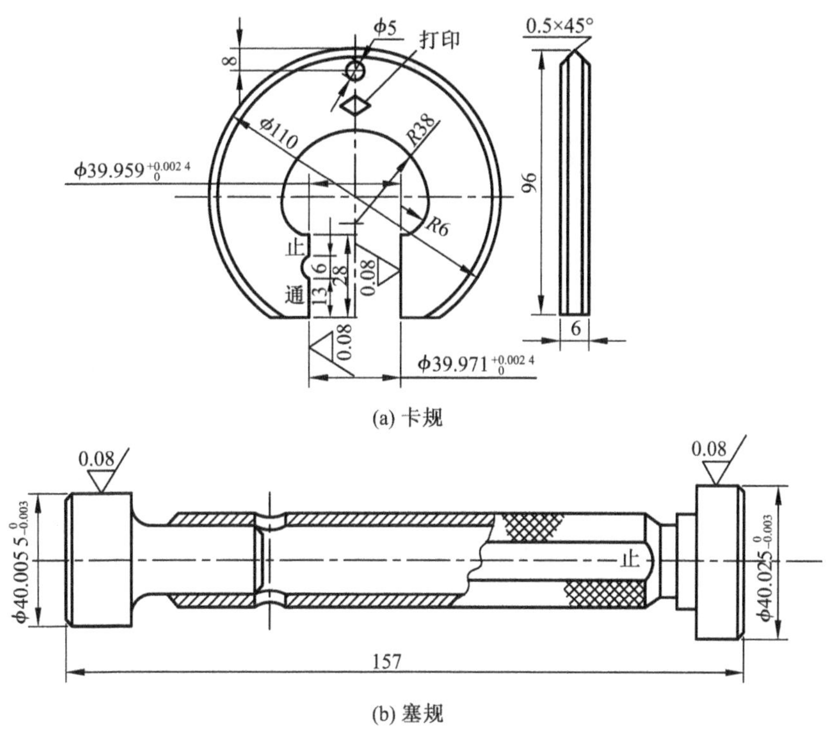

(a) 卡规

0.08

(b) 塞规

图 3-21　量规工作图

实训习题与思考题

1. 测量的定义是什么？测量过程包括几个要素？

2. 量块的"等"和"级"是怎样划分的？使用时有何不同？

3. 量块有哪些用途？

4. 回程误差是怎样产生的？在测量中如何消除或减少其对测量的影响？

5. 何为测量误差？产生测量误差的原因有哪些？

6. 测量误差按性质可分哪几类？各有什么特征？

7. 消除或减少系统误差的方法有哪些？

8. 在相同的测量条件下，对某轴颈的直径重复测量 10 次，按测量顺序记录如下(单位 mm)：40.742，40.743，40.740，40.739，40.741，40.740，40.743，40.742，40.739，40.741，设无常值系统误差。试判断有无变值系统误差和粗大误差，求该测量列的平均值、任一测得值的标准偏差、算术平均值的标准差，并写出最后的测量结果。

9. 在万能工具显微镜上用影像法测量圆弧样板(如图 3-22 所示)，测得弦长 $S=95$ mm，$\Delta S=+8\ \mu\text{m}$，$\delta_{\lim(S)}=\pm 25\ \mu\text{m}$；弓高 $H=30$ mm，$\Delta H=+6\ \mu\text{m}$，$\delta_{\lim(H)}=\pm 2\ \mu\text{m}$。试确定圆弧直径 D、直径的系统误差 ΔD 和直径的极限误差 $\delta_{\lim(D)}$，并写出测量结果。

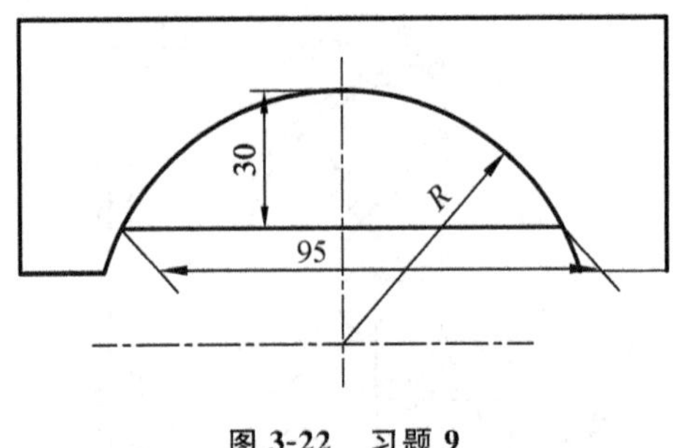

图 3-22　习题 9

10．用普通测量器具测量φ50f8($^{-0.025}_{-0.064}$)轴和φ22H10($^{+0.084}_{0}$)孔，试分别确定孔、轴所选择的测量器具并计算验收极限。

11．计算φ25m8的各种工作量规和校对量规的工作尺寸和磨损极限尺寸，并画出公差带图。

12．计算φ30K7孔的工作量规的极限尺寸。

第 4 章　几何公差及检测

在零件加工过程中，由于工艺系统各种因素的影响，零件的几何要素会产生形状和位置误差。零件的形状和位置误差(简称形位误差)对产品的使用性能和寿命有很大影响。形位误差越大，零件几何参数的精度越低。为了保证机械产品的质量和互换性，应该给定零件形状和位置公差(简称形位公差)，用以限制形位误差。

我国已经把形位公差标准化，发布了国家标准 GB/T 1182—2008《产品几何技术规范(GPS)　几何公差　形状、方向、位置和跳动公差标注》、GB/T 13319—2003《产品几何技术规范(GPS)　位置度公差注法》、GB/T 17852—1999《形状和位置公差　轮廓度尺寸和公差注法》、GB/T 16892—1997《形状和位置公差　非刚性零件注法》、GB/T 17773—1999《形状和位置公差　延伸公差带及其表示法》等。此外，作为贯彻上述标准的技术保证还发布了圆度、直线度、平面度检验标准和位置量规标准等。

§4.1　概　述

4.1.1　几何公差的研究对象——几何要素

任何一个机械零件，都是由一些简单的几何体组成，这些几何体又是由一些点、线、面构成。这些构成零件几何形体的点、线、面统称为几何要素。几何公差的研究对象即为零件的几何要素。如图 4-1 中所示的零件，它是由平面、圆柱面、端平面、圆锥面、素线、轴线、球心和球面构成的。当研究这个零件的形状公差时，涉及对象就是这些点、线、面。一般在研究形状公差时，涉及的对象有线和面两类要素；研究位置公差时，涉及的对象除了有线和面两类要素外，还有点要素。

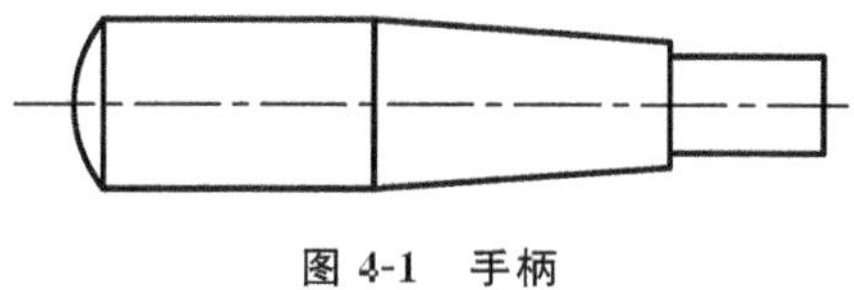

图 4-1　手柄

为方便形位公差的研究，零件几何要素可分为以下几类。

1. 理想要素和非理想要素(按存在状态分)

(1) 理想要素

理想要素(公称要素)是由参数化方程定义的要素。参数化方程的表达取决于理想要素的类型和要素的本质特征。如理想的直线、平面、圆柱面等均可用参数化方程来表达。实际上，设计给定的具有完美形状和方位的几何要素均为理想要素。

(2) 非理想要素

非理想要素(实际要素)是指完全由非理想表面模型确定的不完美的要素，实际工件上存在的、从实际工件上提取的要素，都是非理想要素。

2. 组成要素和导出要素（按结构特征分）

（1）组成要素

组成要素是组成工件几何形体的一个或一组要素，它是组成工件实体或其表面模型的线或面。一个工件要经历设计、制造和检验或验证等几个不同的工作阶段，工件不同的工作阶段对应处于不同的状态，国标将这些不同的状态建立了不同的表面模型：

① 公称表面模型。设计上定义的具有完美尺寸大小和形状的一种理想表面模型。

② 实际工件表面。实际存在并将整个工件与周围介质分隔的一组要素，是工件上实际存在的表面。

③ 规范表面模型。设计上构想的非理想模型，通过对该表面模型进行一系列规范操作，在满足功能要求的条件下，确定其允许的最大偏离程度或允许的几何特征值。

④ 验证表面模型。是对实际工件表面进行采样所测得的轮廓表面模型，是工件实际表面的替代模型，是一个由一组有限个点构成的非理想表面模型。

表面模型是产品（工件）几何描述、几何定义和几何精度评定的基础，是“完美工件”与“真实工件”之间建立关联关系的重要工具。对应上述不同的表面模型，组成要素可进一步分为公称组成要素、实际组成要素、提取组成要素和拟合组成要素。

① 公称组成要素。由技术制图或其他方法确定的理论正确组成要素，即设计上给定的组成公称表面模型的理想要素，如图 4-2 a 所示。

② 实际组成要素。限定工件实际表面的组成要素部分，即组成实际工件形体的几何要素，如图 4-2 b 所示。由于实际工件存在着加工误差，实际组成要素是非理想要素，它是由无数个连续点构成的。实际组成要素简称为实际要素。

③ 提取组成要素。按照规定方法，通过对实际组成要素进行提取操作（按照特定规则，从要素上获取有限点集的一种要素操作）而得到的几何要素，它是由有限个测量点形成的实际组成要素的近似替代要素，如图 4-2 c 所示，是非理想要素。

④ 拟合组成要素。按照规定方法，通过对提取组成要素进行拟合操作（按照特定规则，将理想要素与非理想要素相贴合的一种要素操作）而得到的具有理想形状的组成要素，如图 4-2 d 所示，是理想要素。

（2）导出要素

导出要素是对组成要素进行一系列操作得到的中心点、中心线、中心平面等几何要素。例如：球心是由球面得到的导出要素，该球面为组成要素；圆柱的中心线是由圆柱面得到的导出要素，该圆柱面为组成要素。导出要素包括公称导出要素、提取导出要素和拟合导出要素。

① 公称导出要素。由一个或几个公称组成要素导出的中心点、中心线或中心平面，如图 4-2 a 所示。

② 提取导出要素。由一个或几个提取组成要素得到的中心点、中心线或中心平面，如图 4-2 c 所示。为方便起见，提取圆柱面的导出中心线称为提取中心线；两相对提取平面的导出中心面称为提取中心面。

③ 拟合导出要素。由一个或几个拟合组成要素导出的中心点、中心线或中心平面，如图 4-2 d 所示。

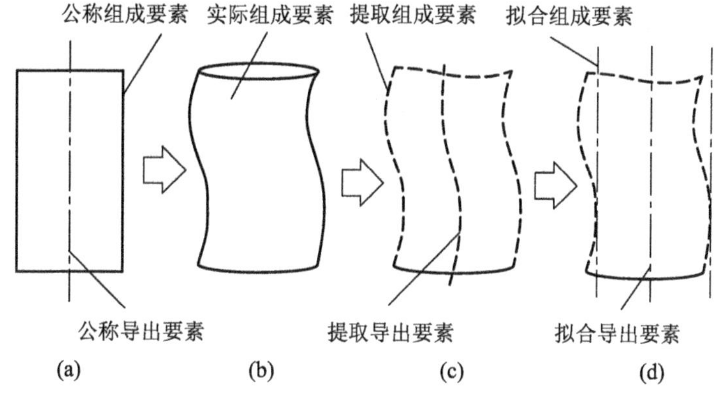

图 4-2　几何要素定义之间的相互关系

对于导出要素，要注意两点：一是不存在“实际导出要素”；二是以“轴线”和“中心平面”来表述理想的导出要素，以“中心线”和“中心面”表述非理想的导出要素。术语上的一字之差，概念上则有本质区别。

3. 被测要素和基准要素（按检测关系分）

（1）被测要素

被测要素是指零件图样上给出了几何公差要求的要素。被测要素是检测的对象。为了保证零件的功能要求，必须控制其几何误差的范围。

（2）基准要素

基准要素是指零件上用来建立基准并实际起基准作用的实际（组成）要素。基准则是与被测要素有关且用来确定其几何位置关系的一个几何理想要素，可由零件上的一个或多个要素构成。如图 4-3 所示，零件右侧小圆柱的轴线相对于左侧大圆柱的轴线给出了同轴度要求，左侧大圆柱的轴线是用来确定右侧小圆柱的轴线的位置用的，因此左侧大圆柱的轴线是基准要素，右侧小圆柱的轴线是被测要素。

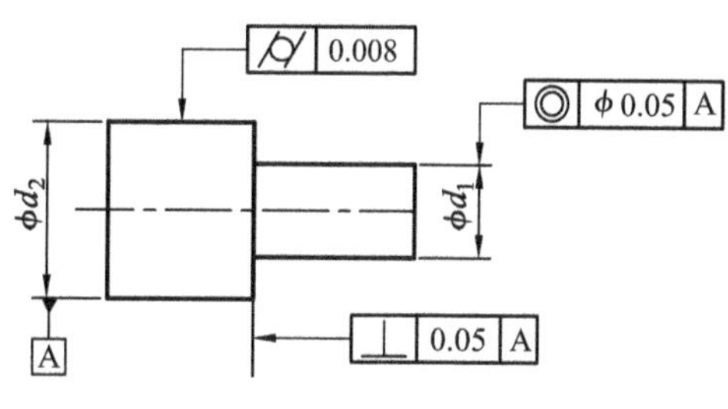

图 4-3　零件几何形状要素

作为实际的基准要素一定存在加工误差，因而应对其规定适当的几何公差。而作为理想要素的基准其作用是用来定义公差带的位置和（或）方向，或用来定义实体状态的位置和（或）方向（当有相关要求时）。

4. 单一要素和关联要素（按功能关系分）

（1）单一要素

单一要素是指仅对自身给出形状公差要求的要素。这种要素的形状公差与其他要素无功能关系要求。如中心线的直线度、圆柱表面的圆度等。图 4-3 中的左侧大圆柱外表面有圆柱度要求，它的圆柱度大小与零件的其他要素无关，因此它是单一要素。

（2）关联要素

关联要素是指与其他要素有功能关系要求的要素。在图纸中给定了方向公差、位置公差和跳动公差的要素都是关联要素。图 4-3 中的右侧小圆柱的轴线相对于左侧大圆柱的轴线有同轴度要求，台阶面对左侧大圆柱的轴线有垂直度要求，因此，右侧小圆柱的轴线和台阶面都是关联要素。

5. 尺寸要素和方位要素(按形位关系分)

尺寸要素是指由一定大小的线性尺寸或角度尺寸确定的几何形状。如由直径尺寸确定的圆柱面、球面、圆锥面,由宽度尺寸确定的两平行对应面,由角度尺寸确定的楔形等,均为尺寸要素。轮廓表面上的直线和平面,这类要素为非尺寸要素。

方位要素是确定某个要素的方向和(或)位置的点、线、面等类型的要素。如两个孔轴线之间的平行度或位置度,其中作为基准要素的轴线即为方位要素。

4.1.2 几何公差的项目及其符号

GB/T 1182—2008 规定的几何公差类型、特征、项目符号和附加符号见表 4-1 和表 4-2。

表 4-1 几何公差的项目及其符号

公差类型	几何特征	符　号	有无基准
形状公差	直线度	—	无
	平面度	▱	无
	圆度	○	无
	圆柱度	⌭	无
	线轮廓度	⌒	无
	面轮廓度	⌓	无
方向公差	平行度	//	有
	垂直度	⊥	有
	倾斜度	∠	有
	线轮廓度	⌒	有
	面轮廓度	⌓	有
位置公差	位置度	⌖	有或无
	同心度(用于中心点)	◎	有
	同轴度(用于轴线)	◎	有
	对称度	⌯	有
	线轮廓度	⌒	有
	面轮廓度	⌓	有
跳动公差	圆跳动	↗	有
	全跳动	⌰	有

表 4-2　附加符号

说　　明	符　　号	说　　明	符　　号
被测要素	[被测要素框格指引线符号]	包容要求	Ⓔ
基准要素	[基准符号 A]	公共公差带	CZ
基准目标	φ2/A1	小径	LD
理论正确尺寸	50（方框）	大径	MD
延伸公差带	Ⓟ	中径、节径	PD
最大实体要求	Ⓜ	素线	LE
最小实体要求	Ⓛ	不凸起	NC
自由状态条件（非刚性零件）	Ⓕ	任意横截面	ACS
全周（轮廓）	[全周符号]		

注：① GB/T 1182—1996 中规定的基准符号为 Ⓐ（基准符号）。

② 如需标注可逆要求，可采用符号Ⓡ，见 GB/T 16671。

GB/T 1182—2008 将几何公差分为形状公差、方向公差、位置公差和跳动公差四类。按其几何特征，形状公差包括直线度、平面度、圆度、圆柱度、线轮廓度和面轮廓度 6 种；方向公差包括平行度、垂直度、倾斜度、线轮廓度和面轮廓度 5 种；位置公差包括位置度、同心度、同轴度、对称度、线轮廓度和面轮廓度 6 种；跳动公差包括圆跳动和全跳动 2 种，共 19 种几何特征项目。

GB/T 1182—2008 中增加了若干新的附加符号，如：

① 公共公差带 CZ(common zone)；

② 小径 LD(minor diameter)；

③ 大径 MD(major diameter)；

④ 中径、节径 PD(pitch diameter)，对于螺纹，PD 指中径，对于齿轮、花键，PD 指节径；

⑤ 素线 LE(line element)，指用一与被测平面垂直的假想平面来剖切被测平面，该假想平面与被测平面的交线，或用一过圆柱体或圆锥体轴线的假想平面来剖切圆柱体或圆锥体，该假想平面与圆柱面或圆锥面的交线；

⑥ 不凸起 NC(no convex)；

⑦ 任意横截面 ACS(any cross section)等。

另外，GB/T 1182—2008 在附注中给出了相关要求中“可逆要求”的符号Ⓡ(reciprocity)。

4.1.3 几何公差标准的演变及新旧标准的差异(GPS)

1. 标准的演变

我国几何公差标按国家标准首次发布于1974年,即GB/T 1182—1974(试行),它是基于ISO/R 1101:1969制定的。经过五年的试行,于1980年转为正式标准,与GB/T 1183—1980(术语与定义)、GB/T 1184—1980(公差值标准)、GB/T 1958—1980(检测规定)一起构成了相对完整的标准体系。

1996年ISO将ISO/TC 3,ISO/TC 10/SC 5和ISO/TC 57合并,成立了ISO/TC 213全面负责产品几何技术规范的体系构建。考虑到国际标准的体系变化及我国标准实施的情况,对GB/T 1182—1980进行了修订,颁布了GB/T 1182—1996《形状和位置公差通则、定义、符号和图样表示法》。

随着新的GPS标准体系构建的不断推进,ISO/TC 213于2004年正式发布了ISO 1101:2004,代替ISO 1101:1983。在深入研究和广泛协调的基础上,我国等同采用ISO 1101:2004,全面修订了几何公差标注的国家标准,颁布了GB/T 1182—2008《产品几何技术规范(GPS) 几何公差 形状、方向、位置和跳动公差标注》。

GB/T 1182是在不断跟踪和研究ISO标准、不断总结国内实施经验的基础上发展起来的,它的制修订反映了三十几年来国际和国内几何公差理论、技术和方法的发展状况。GB/T 1182—2008全面反映了新的GPS产品几何描述和表达的基本要求和规定。

2. 新旧标准的主要差异

(1) 标准名称变化

标准名称改为《产品几何技术规范(GPS) 几何公差 形状、方向、位置和跳动公差标注》,标准名称的变化反映了标准体系的范围和内涵的变化。新标准的名称通常有三个层次的标题,第一层次指明该标准属于GPS标准的范畴,所有尺寸公差、形位公差和表面结构标准均冠以“产品几何技术规范(GPS)”这个主标题,“几何”的概念是广义的。副标题“几何公差”特指通常理解的形状和位置公差,“几何”的概念是狭义的。根据新的几何特征分类,第二层次标题则界定了GB/T 1182—2008的标准化对象和适用范围。因此,在实际应用中应注意“几何”有广义和狭义之分。

(2) 标注的内涵发生变化

从表面上看,新旧标准的标注方法变化不是太大,但标注的内涵,或者说几何定义的内涵有实质性的改变。新标准的标注不仅要给出满足功能要求的公差带,而且要按标准中给出的特定符号(修饰符)规定一系列的规范操作。几何公差标注既包含设计信息,也包含规范后续制造和检测的信息。标注过程是对几何要素的规范过程。有关规范的建立、规范单元及相关修饰的表达,如拟合操作修饰符、公差框格表示符等,ISO已经或正在进行标准化工作,这将使几何公差标注更准确、更完整地表达产品几何定义信息。我国GB/T 1182—2008也将根据ISO的进展情况,及时增补相关内容。

(3) 有关术语的变化

由于新的GPS标准将工件的要素分为组成要素和导出要素,理想要素和非理想的提取要素等,为使标准中的术语协调统一,将旧标准中的“轮廓要素”改为“组成要素”,“中心要素”改为“导出要素”,“测得要素”改为“提取要素”。此外,新标准中以“轴线”和“中心平面”

来表述理想的导出要素,以“中心线”和“中心面”表述非理想的导出要素。术语上一字之差,概念上则有本质区别,应用时应特别注意。

(4) 公差分类不同

旧标准将几何公差分为形状和位置公差两大类,其中位置公差包括方向、位置和跳动公差,统称为形位公差。而新标准将其划分为四类,即形状、方向、位置和跳动公差,统称为几何公差。分类有变化,但公差的含义没有改变。

§4.2 几何公差的标注方法

按 GB/T 1182—2008 规定,几何公差用公差框格标注。公差要求注写在由两格或多格组成的矩形框格内,框格中的内容从左到右按顺序填写几何特征符号、公差值、基准,如图4-4所示。

4.2.1 公差框格

1. 几何特征符号

根据零件功能要求,由设计者给定,参见表 4-1。

2. 公差值

公差值为线性尺寸值,以 mm 表示。如果公差带是圆形或圆柱形的,则在公差值前加注 ϕ;如果公差带是球形的,则在公差值前加注“Sϕ”。

3. 基准

(1) 基准的表示

为了不引起误解,字母 E,I,J,M,O,P,L,R,F 不予采用,其余字母可按顺序采用。

① 单一基准要素用大写字母表示,如图 4-4 b 所示。

② 由两个要素组成的公共基准,用由横线隔开的两个大写字母表示,如图 4-4 c 所示。

③ 由两个或两个以上要素组成的基准体系,如多基准的组合,表示基准的大写字母应按基准的优先次序从左至右分别置于各格中,如图 4-4 d 所示。

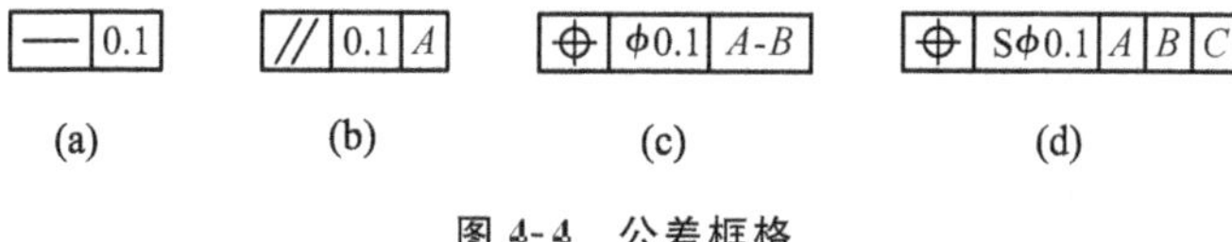

图 4-4 公差框格

(2) 基准符号在图样上的标注

GB/T 1182—2008 采用 ISO 的基准符号,即用一个大写字母标注在基准方格内,并与一个涂黑的或空白的三角形相连,以表示基准,如图 4-5 所示。同时在公差框格内注出表示基准的字母。涂黑的和空白的基准三角形含义相同,空白三角形是在满足识图要求情况下的简化注法。

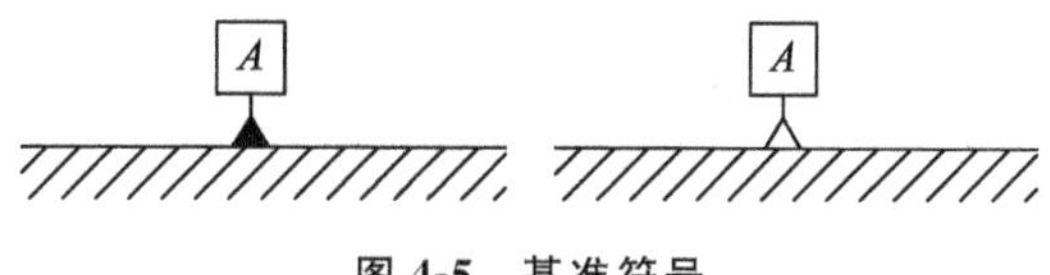

图 4-5 基准符号

① 当基准要素是轮廓线或表面时，基准符号可标注在要素的外轮廓或其延长线上（但应与尺寸线明显的错开），如图 4-6 所示，基准符号还可置于用圆点指向实际表面的参考线上，如图 4-7 所示。

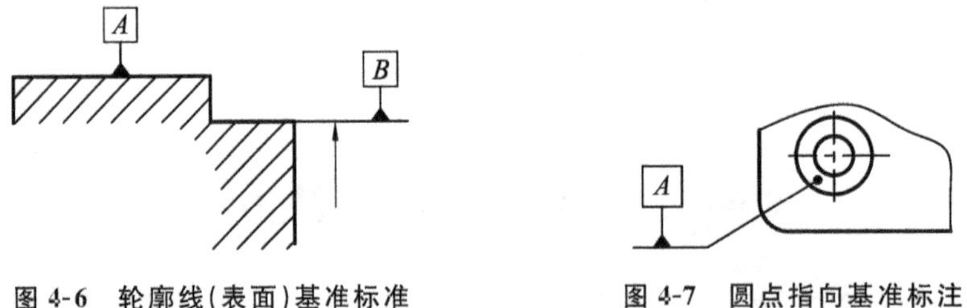

图 4-6　轮廓线（表面）基准标准　　　　图 4-7　圆点指向基准标注

② 当基准要素是轴线或中心平面或由带尺寸的要素确定的点时，则基准符号中的线与尺寸线一致，如图 4-8、图 4-9 和图 4-10 所示。如果尺寸线处安排不下两个箭头，则另一箭头可用基准三角形代替，如图 4-9 和图 4-10 所示。

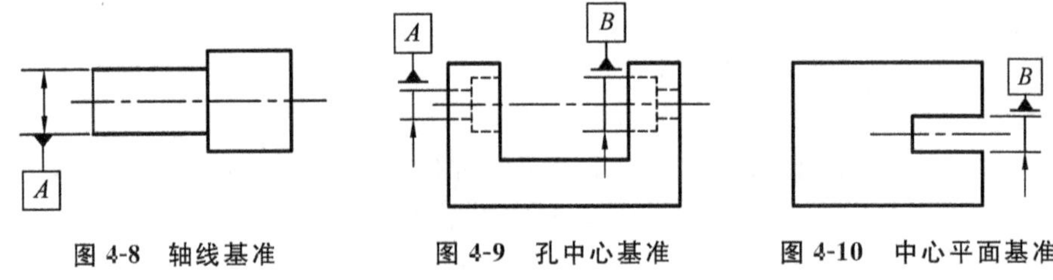

图 4-8　轴线基准　　　　图 4-9　孔中心基准　　　　图 4-10　中心平面基准

4. 指引线

指引线用细实线表示。一端与公差框格相连，可从框格左端或右端引出，指引线引出时必须垂直于公差框格，另一端带有箭头。方向公差公差带的宽度方向就是指引线箭头的方向，如图 4-11 所示。或者垂直于被测要素的方向，如图 4-12 所示。如有特殊要求，必须注明角度（包括 90°），如图 4-13 所示。对于圆度，公差带的宽度是形成两同心圆的半径方向。

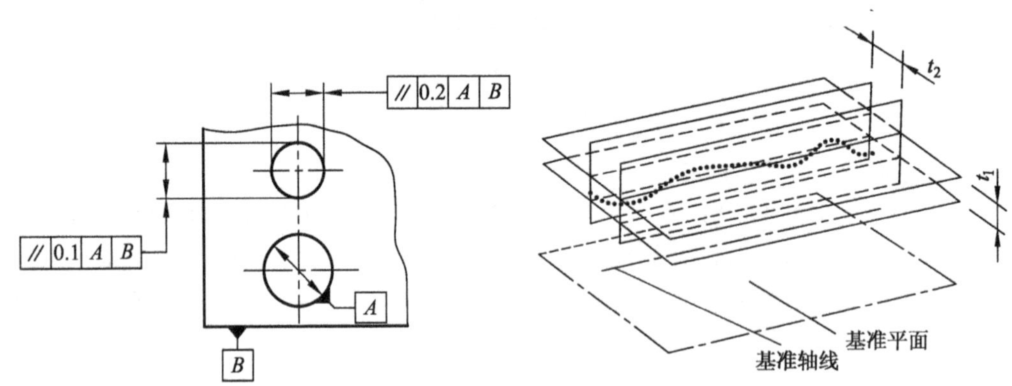

图 4-11　一般指引线

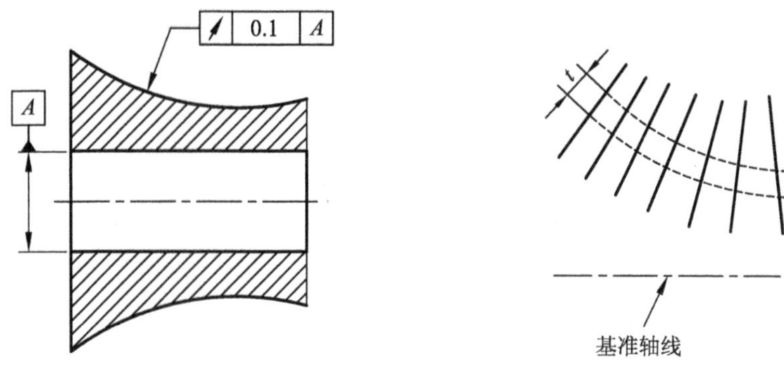

图 4-12　垂直于被测要素方向指引线

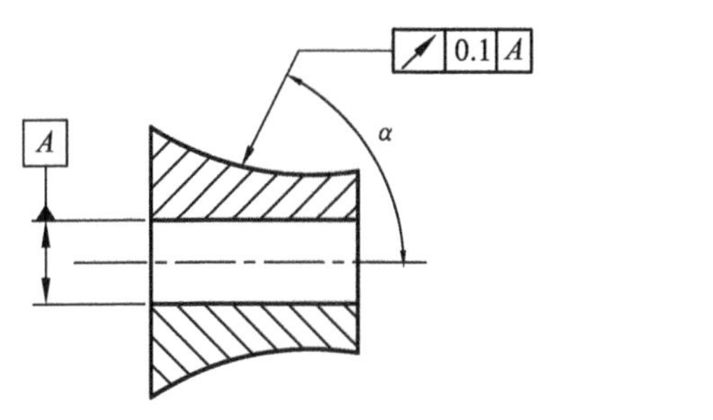

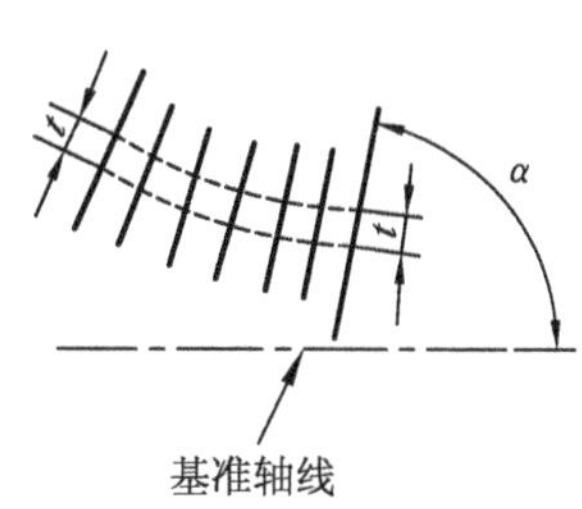

图 4-13　注明角度指引线

4.2.2　公差框格在图样上的标注

用带箭头的指引线将框格与被测要素相连，按以下方式标注。

(1) 当公差涉及轮廓线或表面时，将箭头置于要素的轮廓线或轮廓线的延长线，但必须与尺寸线明显地分开，如图 4-14 和图 4-15 所示。

(2) 当指向实际表面时，箭头可置于带点的参考线上，该点指在实际表面上，如图 4-16 所示。

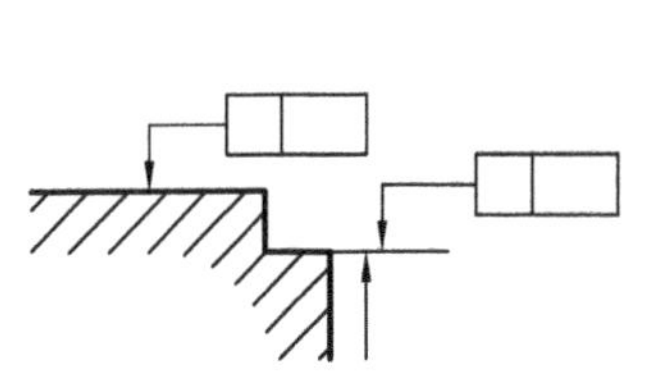

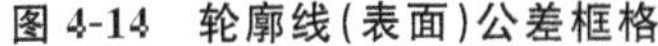

图 4-14　轮廓线(表面)公差框格

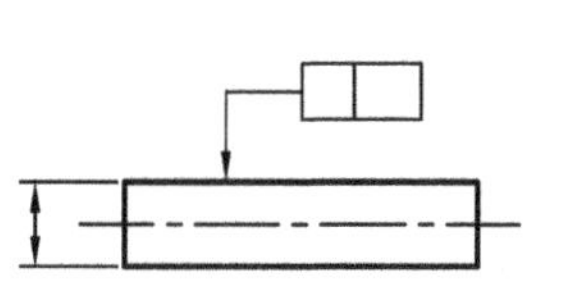

图 4-15　轴表面公差框格

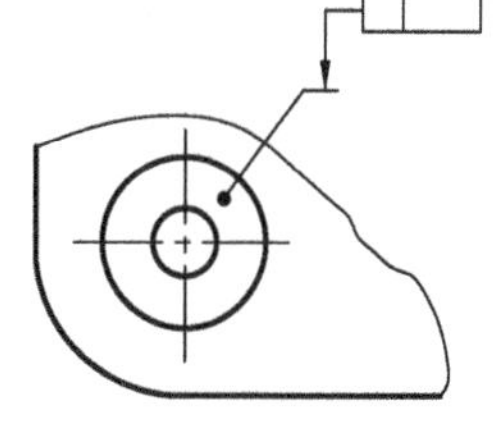

图 4-16　圆点指向公差框格

(3) 当公差涉及轴线、中心平面或带尺寸要素确定的点时，则带箭头的指引线应与尺寸线的延长线重合，如图 4-17、图 4-18 和图 4-19 所示。

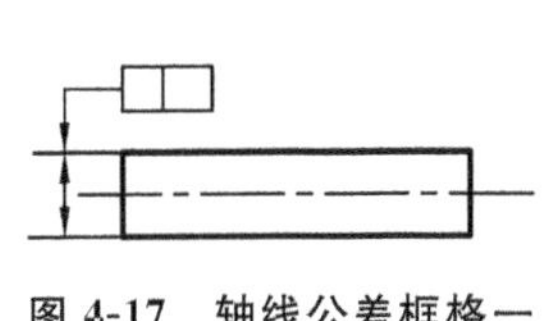

图 4-17　轴线公差框格一

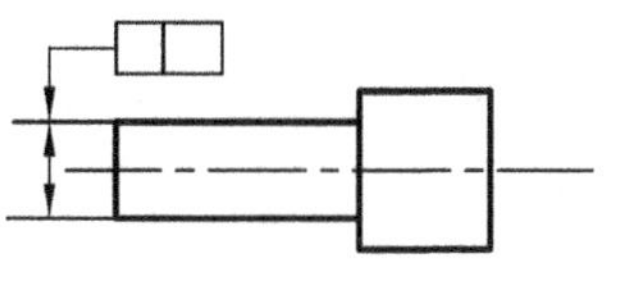

图 4-18　轴线公差框格二

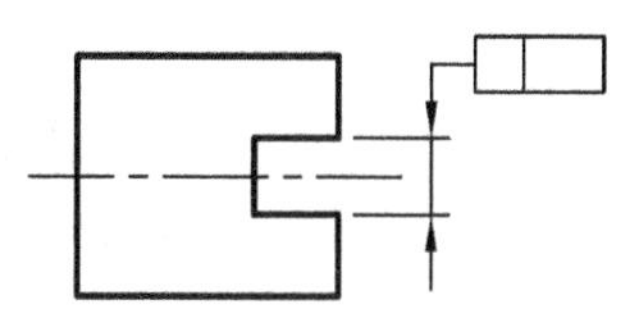

图 4-19　中心平面公差框格

(4) 当对同一要素有一个以上的公差特征项目要求时，为方便起见可将一个框格放在另一个框格的下方，如图 4-20 所示。

(5) 当一个以上要素作为被测要素，如 6 个要素，应在框格上方标明，如“6×”、“6 槽”，如图 4-21 所示。

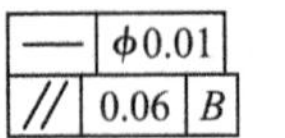

图 4-20　多公差特征项目标注

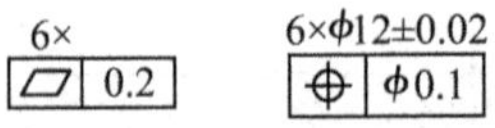

6×　0.2

6×φ12±0.02　φ0.1

图 4-21　多被测要素标注

(6) 有关附加符号在框格标注时的位置，一般按下列规定：

① 符号Ⓜ、Ⓛ、Ⓡ、Ⓟ、Ⓕ、CZ 注在框格之内；

② 符号 CZ 可与符号Ⓜ、Ⓛ、Ⓡ、Ⓟ、Ⓕ联合使用，CZ 位于前面；

③ 符号Ⓡ应与Ⓜ或Ⓛ联合使用，Ⓡ位于后面；

④ 符号 LD,MD,PD,LE,NC,ACS 等均标注在框格的下方。

旧标准中用于限制实际被测要素形状的符号见表 4-3。为保持与 ISO 标准一致，新标准不再对此做统一规定。其中符号(—)与新符号 NC 相当。

表 4-3　旧标注相关符号

符　号	标注示例	解　释
(+)	▱ | t(+)	只许实际要素向材料外凸起
(—)	▱ | t(—)	只许实际要素向材料内凹下
(◁)	⌭ | t(◁)	只许实际要素从右向左逐渐减小
(▷)	⌭ | t(▷)	只许实际要素从左向右逐渐减小

(7) 对几个表面有同一数值的公差带要求，其表示方法如图 4-22 所示。

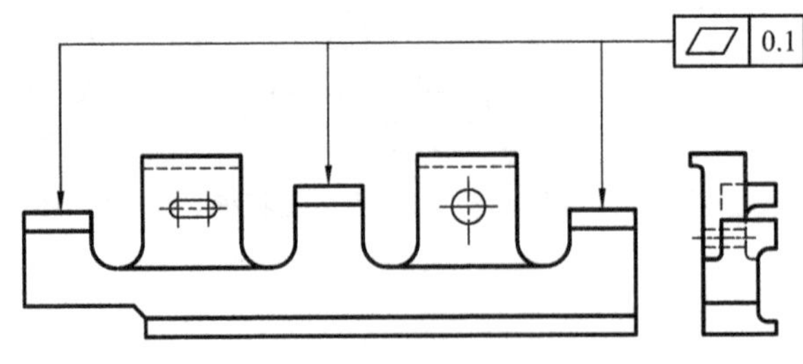

图 4-22　多表面同数值公差带标注

(8) 当对若干个分离要素要求给出单一公差带时，应在框格内公差值后加注公共公差带符号 CZ(如图 4-23 所示)，表示共面要求。

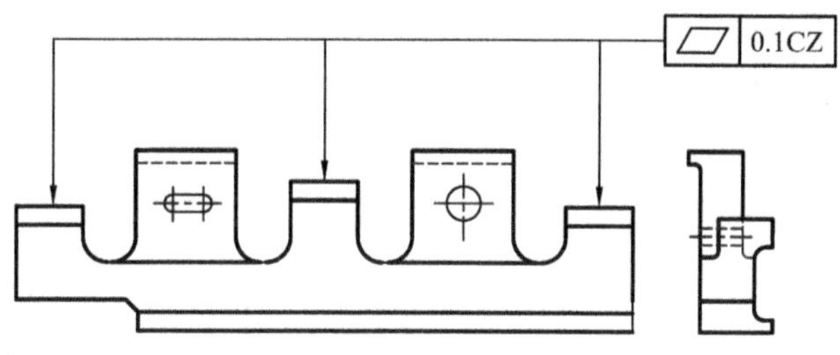

图 4-23　多分离要素有单一公差带标注

(9) 如对同一要素的公差值在全部被测要素内的任一部分有进一步限制时，该限制部分(长度或面积)的公差值要求应放在公差值的后面，用斜线相隔。这种限制要求可以直接放在表示全部被测要素公差要求的框格下面，如图 4-24 所示。

图 4-24　有限制的公差值标注

(10) 如仅要求要素某一部分的公差值，则用粗点画线表示其范围，并加注尺寸，如图 4-25和图 4-26 所示。

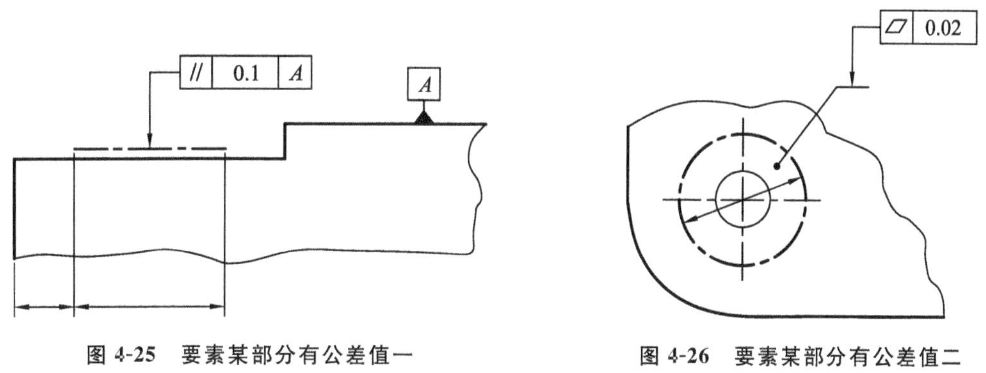

图 4-25　要素某部分有公差值一　　图 4-26　要素某部分有公差值二

(11) 如仅要求要素的某一部分作为基准，则该部分应用粗点画线表示并加注尺寸，如图 4-27 所示。

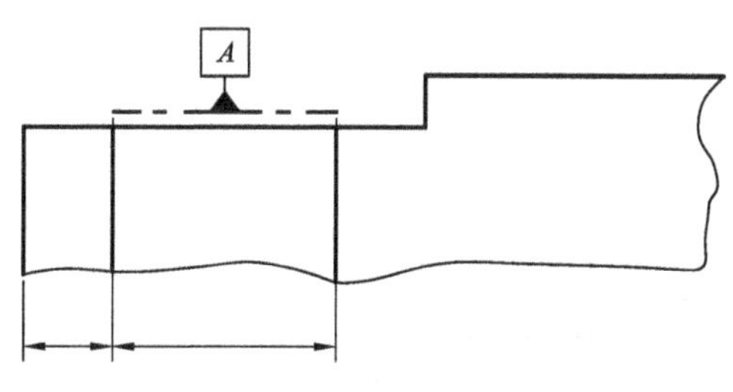

图 4-27　要素某部分作基准

(12) 理论正确尺寸标注

对于要素的位置度、轮廓度或倾斜度，其尺寸由不带公差的理论正确位置、轮廓或角度确定，这种尺寸称“理论正确尺寸”。

理论正确尺寸应围以框格，零件实际(组成)要素仅是由在公差框格中位置度、轮廓度或倾斜度公差来限定，如图 4-28 所示。

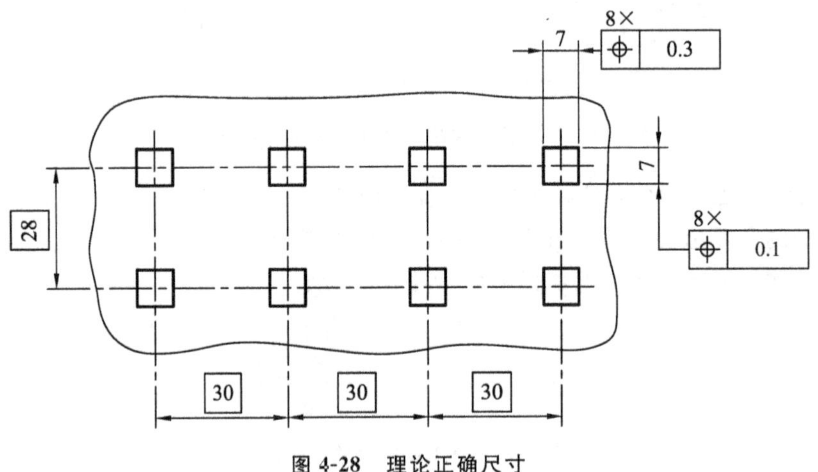

图 4-28　理论正确尺寸

(13) 最大实体要求用符号Ⓜ表示，此符号置于给出的公差值或基准字母的后面，或同时置于两者后面，如图 4-29 所示。

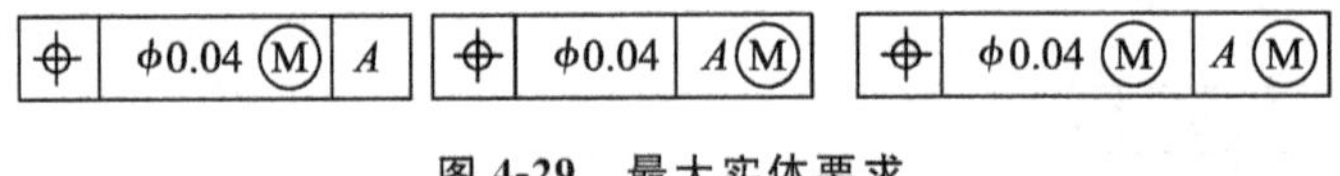

图 4-29　最大实体要求

(14) 最小实体要求用符号Ⓛ表示，此符号置于给出的公差值或基准字母的后面，或同时置于两者后面，如图 4-30 所示。

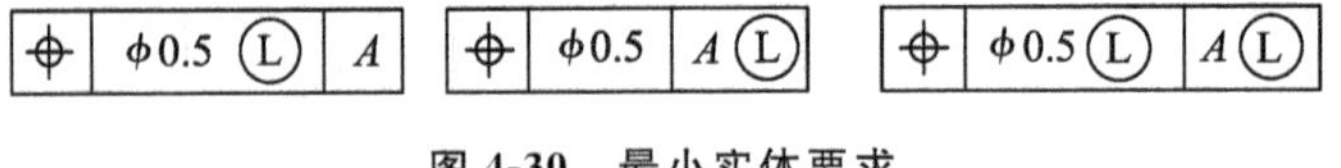

图 4-30　最小实体要求

(15) 全周符号

如果轮廓度特征适用于横截面的整个轮廓或由该轮廓所示的整周表面时，应采用“全周”符号表示，见图 4-31 和图 4-32。全周符号所示的被测要素只包括公差框格指引线箭头所指的整个轮廓或整个轮廓表面，并不包括工件的两个端面 a 和 b(见图 4-32)。

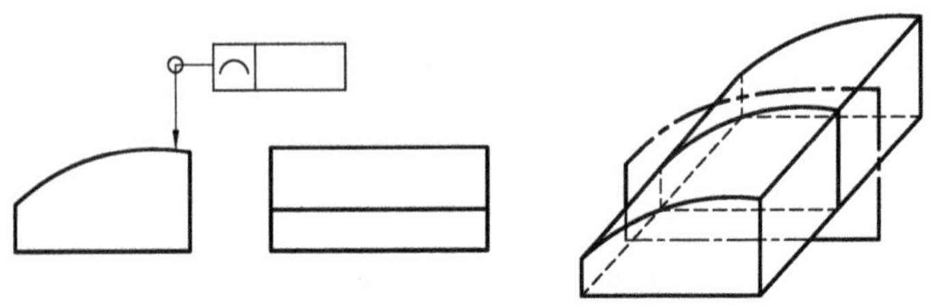

图 4-31　所指轮廓作被测要素

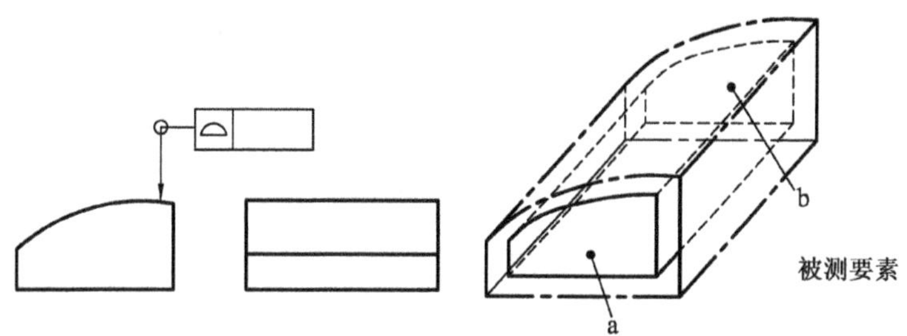

图 4-32　整体轮廓面作被测要素

全周符号是用来界定被测要素的范围的。如果此时未应用全周符号，则被测要素仅指箭头所指的轮廓线或轮廓面，不包括侧面和底面。

(16) 螺纹、齿轮、花键等结构要素的附加标记符号

以螺纹轴线为被测要素或基准要素时，默认的是螺纹中径圆柱面的轴线。尽管按照制图规定，内外螺纹均按大径标注，但被测或基准要素仍为“中径”(见图 4-33)。除非另有说明，例如在公差框格下面加注附加符号“MD”表示大径，“LD”表示小径(见图 4-34)。

以齿轮、花键轴线为被测要素或基准要素时，不存在默认规则，需要用附加符号“PD”(节径)、“MD”(大径)或“LD”(小径)明确标明被测或基准要素指的是哪个要素。

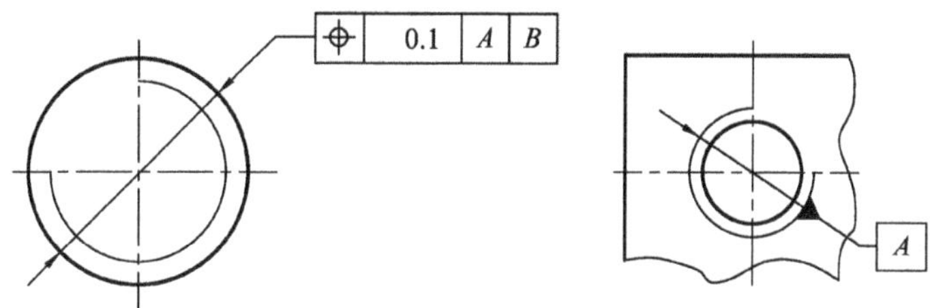

图 4-33　被测要素和基准为螺纹中径圆柱面的轴线

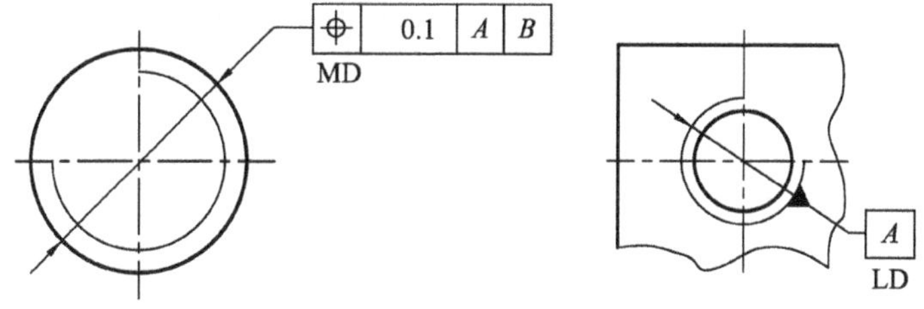

图 4-34　被测要素和基准分别为螺纹大径和小径圆柱面的轴线

§4.3　基　准

4.3.1　基准的含义和作用

基准是确定被测要素方向或位置的参照要素。图样上标出的基准要素都是理想的，不存在形状误差。否则，难以说明被测要素的方向或位置误差。如图 4-35 所示，上平面对基准平面 A 有平行度要求。又如图 4-36 所示，一孔相对于基准平面 A 和 B 有位置度要求，由于基准要素存在形状误差，两基准要素间还存在方向误差，因此孔的位置度误差也就无从评定

了。这说明基准要素的方向误差也会影响被测要素形位误差的评定。显然,基准是理想要素时,评定图 4-36 所示的平行度和位置度误差就明确了。

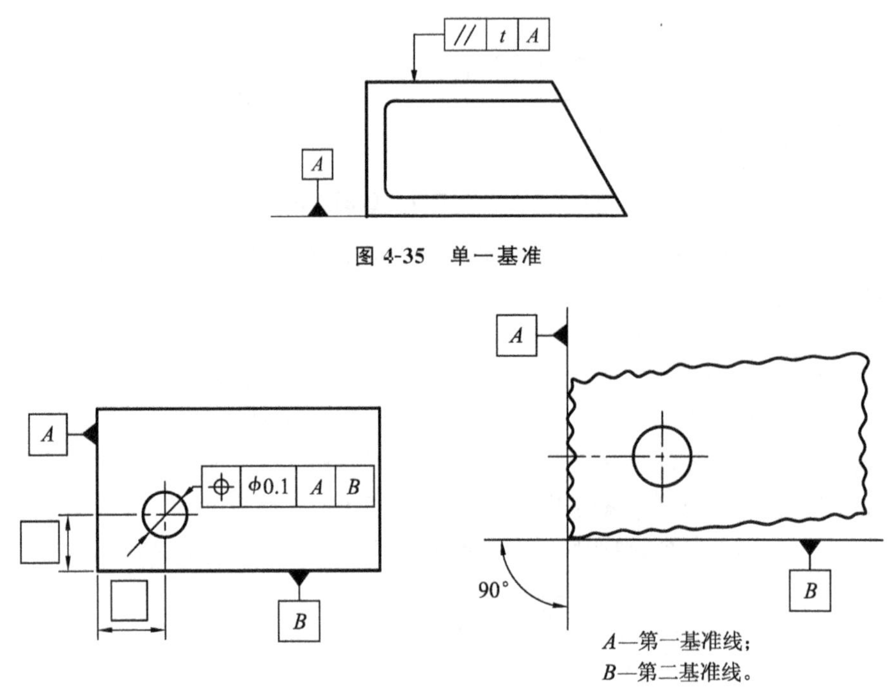

图 4-35　单一基准

图 4-36　多基准

4.3.2　基准的种类

设计时,在图样上标出的基准通常有以下三种。

1. 单一基准

由一个要素建立的基准称为单一基准。例如,图 4-35 为由一个平面要素建立的基准,该基准就是基准平面 A。

2. 组合基准(公共基准)

凡由两个或两个以上的要素建立一个独立的基准称为组合基准或公共基准。例如后文中图 4-72 c 中全跳动的要求,由两段轴线 A、B 建立起公共基准 A-B。在公差框格中标注时,将各个基准字母用短横线相连起来写在同一格内,以表示作为一个基准使用。

3. 基准体系(三基面体系)

确定某些被测要素的方向或位置,从功能要求出发,常常需要超过一个基准。为了与空间直角坐标一致,规定以三个互相垂直的平面构成一个基准体系——三基面体系,如图 4-37 所示。这三个互相垂直的平面都是基准平面(A 为第一基准平面;第二基准平面 B 垂直于 A;第三基准平面 C 垂直于 A,且垂直于 B)。每两个基准平面的交线构成基准轴线,三轴线的交点构成基准点。由此可见,上面提到的单一基准平面是三基面体系中的一个基准平面;基准轴线是三基面体系中的两个基准平面的交线。

应用三基面体系时,在图样上标注基准应特别注意基准顺序,如图 4-4 d 所示。

在加工和检验中,基准通常用形状足够精确的表面模拟,例如,基准平面可用平台、平板的工作面来模拟,孔的基准轴线可用与孔成无间隙配合的心轴、可胀式心轴的轴线来模拟,轴的基准轴线可用 V 型块来体现。

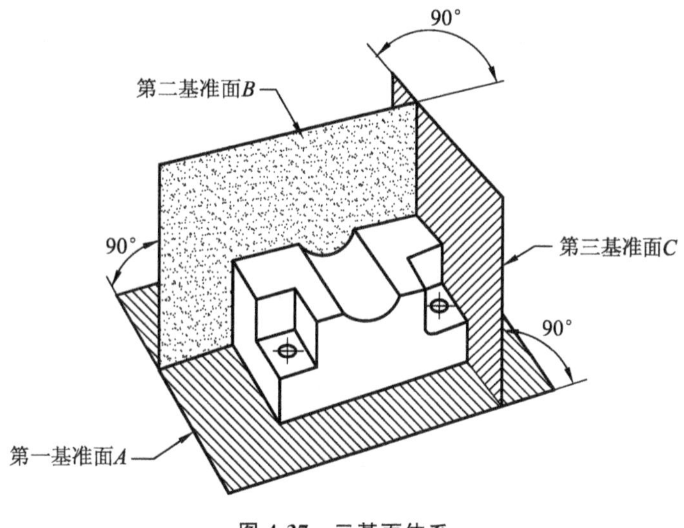

图 4-37　三基面体系

4.3.3　基准的选择

图样上标注位置公差时,都有一个正确选定基准的问题。基准的选定首先要满足零件功能要求,还应考虑所选基准应使加工方便,检测也方便。

图 4-38 所示的端盖,装配时要求端面贴合,M1 轴销与其他零件的孔配合有定位要求,当确定该零件上的三孔组的位置度公差时,就需要将端面 P 和 M1 轴销的轴线作为基准要素,建立一个基准体系。若以端面贴合为主,则以端面 P 为第一基准,M1 轴销的轴线为第二基准。如果以 M1 轴销与孔配合的定位要求为主,则应以 M1 轴销的轴线为第一基准,端面 P 为第二基准。

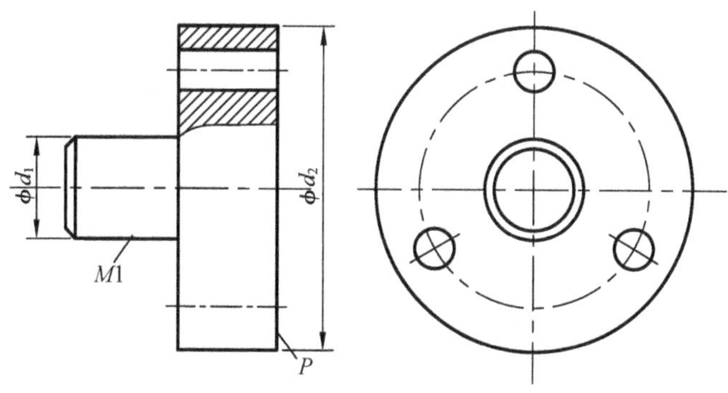

图 4-38　端盖

§4.4 几何公差带

GB/T 1182—2008以示例的形式给出了各类几何公差及其公差带的定义和解释，着重说明基本概念，不一定完全覆盖所有的应用情况，但掌握和运用这些基本概念有助于解决工程中遇到的各种问题。

4.4.1 直线度公差

直线度公差的控制对象有两类：① 给定平面内直线，其公差带形状为两平行直线限定的区域；② 空间线，其公差带的形状为两平行平面或一个圆柱面限定的区域。

直线度公差带的定义及标注如图4-39所示。

图4-39 a示出给定平面内直线的直线度公差。公差带为给定平面内和给定方向上，间距等于公差值 t 的两平行直线所限定的区域。标注示例表明，被测要素为被测平面上的一条素线，它是在平行于图示投影面的任一截面内（即给定平面内）得到的，该提取（实际）线应限定在间距等于0.1 mm的两平行直线之间。

需要指出，公差带定义中的"给定方向"指获取被测素线的截面方向（应与图示的投影面平行），与公差带的方向无关。从这个意义上讲，公差带定义中只强调在"给定平面内"就足够了。

图4-39 b示出空间线在给定方向上的直线度公差。公差带为间距等于公差值 t 的两平行平面所限定的区域。图例中被测要素为三棱尺的棱边，是一条空间线。为保证三棱尺的功能，主要应控制其测量方向（即给定方向）上直线度，需要用两平行平面来限定。该图例中提取（实际）棱边应限定在间距等于0.1 mm的两平行平面之间。

图4-39 c示出圆柱面轴线（空间线）在任意方向的直线度公差。公差带为直径等于公差值 ϕt 的圆柱面限定的区域。图例中圆柱面的提取（实际）要素的中心线应限定在直径等于 ϕ0.08 mm的圆柱面内。

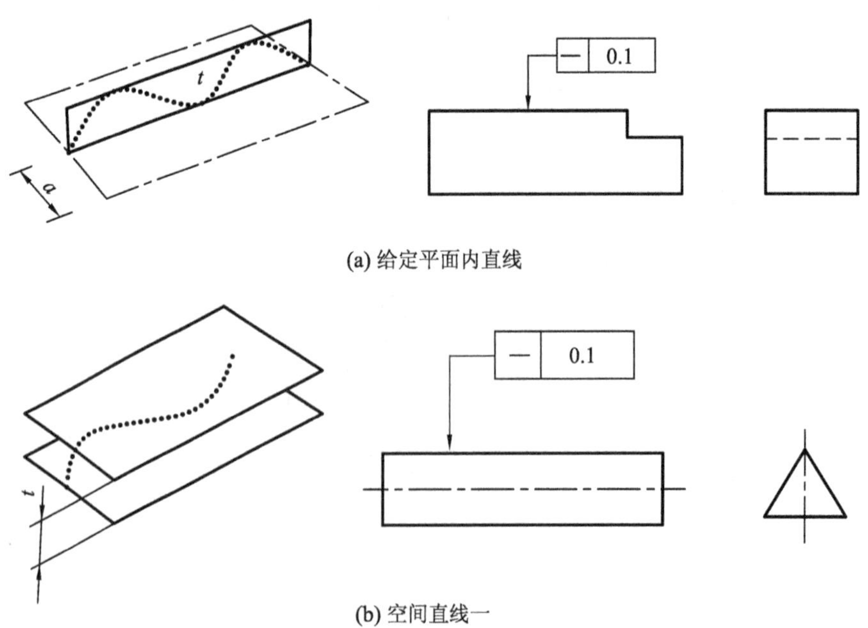

(a) 给定平面内直线

(b) 空间直线一

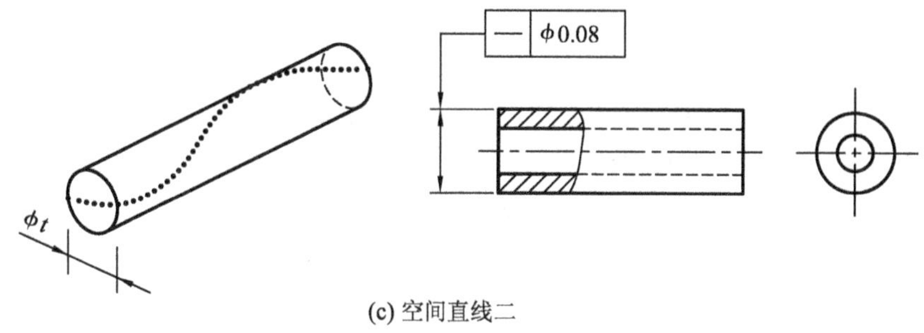

(c) 空间直线二

图 4-39　直线度公差

4.4.2　平面度公差

由于平面度公差控制的对象单一，仅限定平表面的变动，其公差带只有一种形状，即两平行平面限定的区域。

如图 4-40 所示，公差带为间距等于公差值 t 的两平行平面所限定的区域。图例中被测要素的提取（实际）表面应限定在间距等于 0.08 mm 的两平行平面之间。

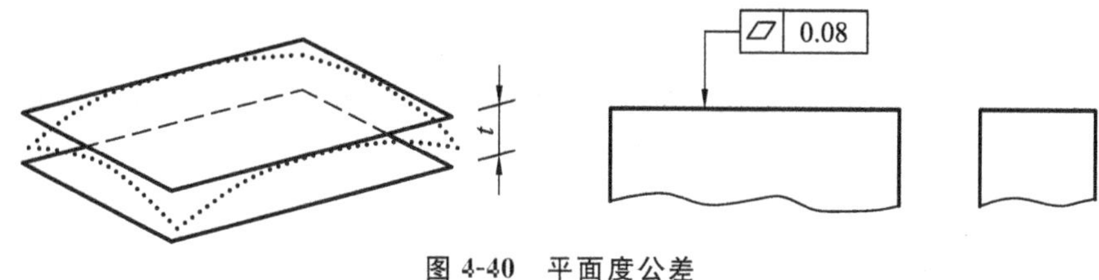

图 4-40　平面度公差

4.4.3　圆度公差

圆度公差是在垂直于圆柱面或圆锥面轴线的横截面内定义的，其公差带只有一种形状，即在定义的截面内两同心圆限定的区域。如图 4-41 所示，公差带为给定横截面内、半径是等于公差值 t 的两同心圆所限定的区域。图例中分别对圆柱面和圆锥面给定了圆度公差要求，此时在其任意横截面内，被测要素的提取（实际）圆周应限定在半径差为 0.03 mm 的两同心圆之间。需要指出，横截面如何剖切尚需通过进一步标准化予以规定。

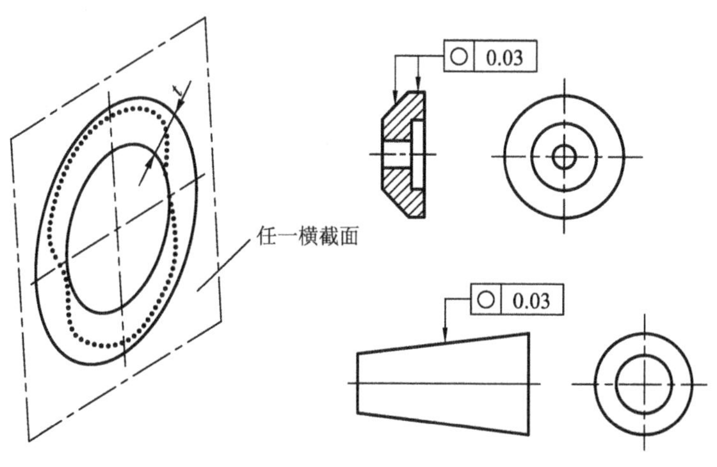

图 4-41　圆度公差

4.4.4 圆柱度公差

圆柱度公差是限定整个圆柱面(内表面或外表面)的,其公差带只有一种形状,即两同轴的圆柱面限定的区域。如图 4-42 所示,公差带为半径差等于公差值 t 的两同轴圆柱面所限定的区域。图例中被测要素的提取(实际)圆柱面应限定在半径差等于 0.1 mm 的两同轴圆柱面之间。

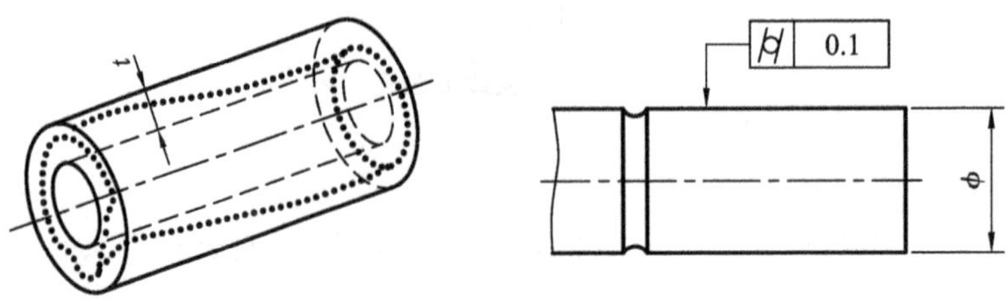

图 4-42 圆柱度公差

4.4.5 线轮廓度公差

线轮廓度公差分为两种:① 无基准的线轮廓度公差;② 相对于基准体系的线轮廓度公差。两种公差带的形状通常为等距的两条包络线限定的区域。不同的是,无基准的线轮廓度公差的公差带方向和位置是浮动的,要依据提取轮廓线的拟合要素来确定;而相对于基准体系的线轮廓度公差的公差带的方向和位置是固定的,相对基准体系确定。因此,无基准的线轮廓度公差属于形状公差,相对于基准体系的线轮廓度公差属于位置公差,如图 4-43 所示。

图 4-43 a 表示无基准的线轮廓度公差,其公差带为直径等于公差值 t、圆心位于具有理论正确形状的轮廓线上的一系列圆的两包络线所限定的区域。图例中被测要素是在平行于图示投影面的(任一)截面内定义的,其理论正确形状是通过理论正确尺寸给定的,提取(实际)轮廓线应限定在直径等于 ϕ 0.04 mm、圆心位于具有理论正确形状的轮廓线上的一系列圆的两包络线之间。同时,提取轮廓线在尺寸 22 ± 0.1 mm 的范围内变动。

图 4-43 b 表示相对于基准体系的线轮廓度公差,其公差带为直径等于公差值 t、圆心位于由基准平面 A 和基准平面 B 确定的被测要素理论正确形状上的一系列圆的两包络线所限定的区域。图例中被测要素是在平行于图示投影面的(任一)截面内,其理论正确形状是通过理论正确尺寸相对基准平面 A 和基准平面 B 构成的基准体系确定的,提取(实际)轮廓线应限定在直径等于 ϕ 0.04 mm、圆心位于被测要素理论正确形状上的一系列圆的两等距包络线之间。此时,公差带的位置相对基准体系是唯一确定且固定不动的。

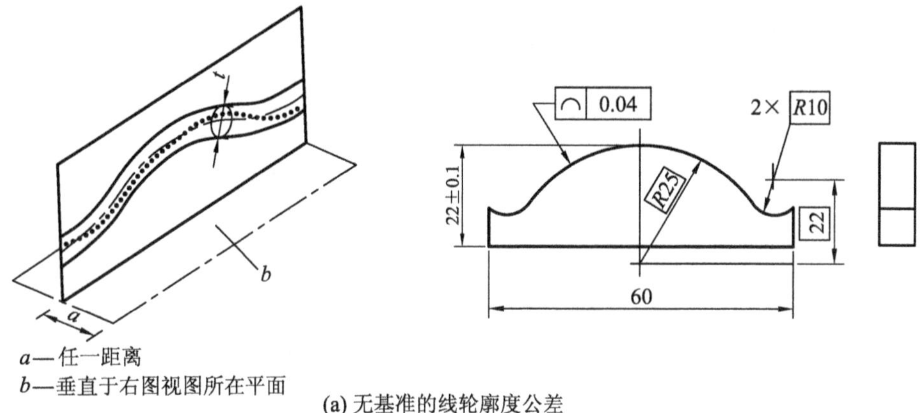

(a) 无基准的线轮廓度公差

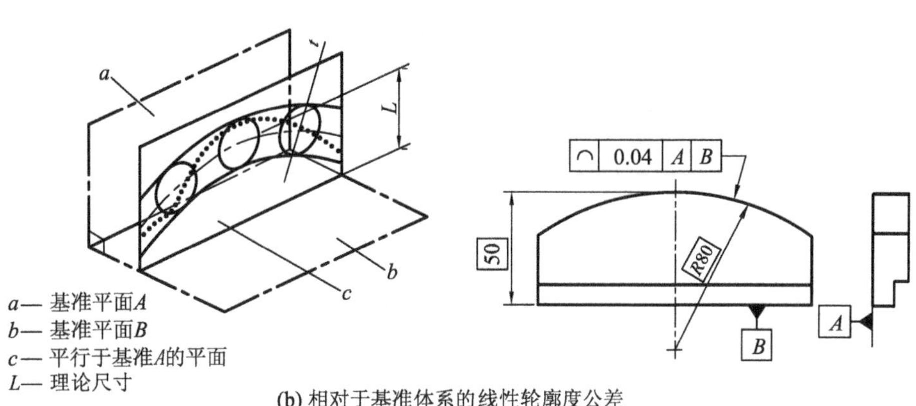

(b) 相对于基准体系的线性轮廓度公差

图 4-43　线轮廓度公差

4.4.6　面轮廓度公差

面轮廓度公差与线轮廓度公差类似，分为两种：① 无基准的面轮廓度公差；② 相对于基准体系的面轮廓度公差。其公差带的形状通常为等距的两包络面限定的区域。前者公差带的方向和位置是浮动的，后者公差带的位置是固定的，如图 4-44 所示。

图 4-44 a 表示无基准面轮廓度公差，其公差带为直径等于公差值 t、球心位于被测要素理论正确形状上的一系列圆球的两包络面所限定的区域。图中被测要素的理论正确形状是通过理论正确尺寸给定的，提取(实际)轮廓面应限定在直径等于 ϕ0.02 mm、球心位于理论正确轮廓面上的一系列圆球的两包络面之间。同时，提取轮廓面可在尺寸 40±0.2 mm 的范围内变动。

图 4-44 b 表示相对于基准的面轮廓度，其公差带为直径等于公差值 t、球心位于由基准平面 A 确定的被测要素理论正确形状上的一系列圆球的两包络面所限定的区域。图例中被测轮廓面是通过理论正确尺寸给定、并相对基准平面 A 确定的，固定不动，提取(实际)轮廓面应限定在直径等于 ϕ0.1 mm、球心位于理论正确轮廓面上的一系列圆球的两等距包络面之间。

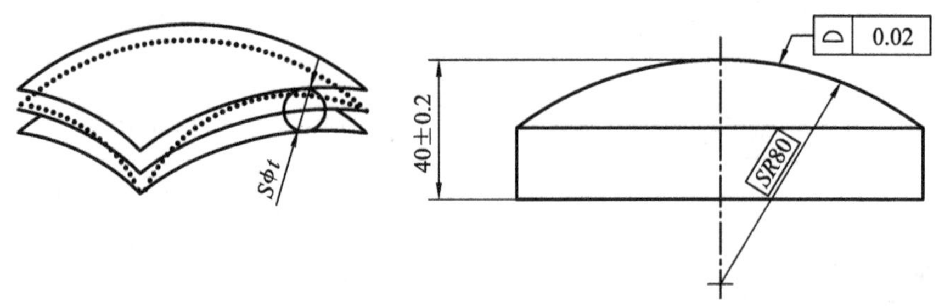

(a) 无基准面轮廓度公差

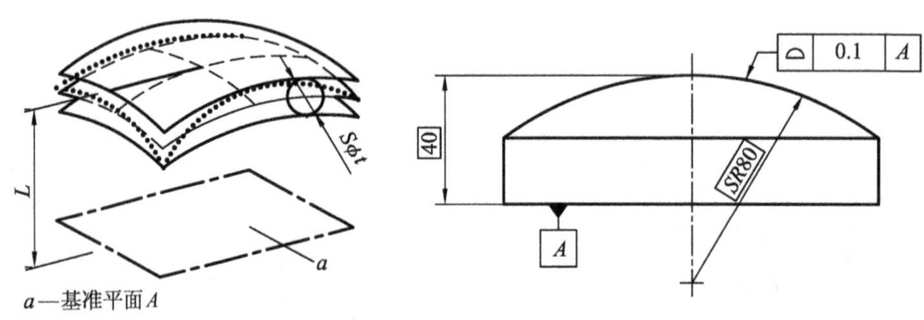

(b) 相对于基准的面轮廓度公差

图 4-44 面轮廓度公差

4.4.7 平行度公差

1. 线(被测要素)对线(基准要素)的平行度公差

(1) 给定一个方向。给定一个方向的线对线的平行度公差,其公差带形状为两平行平面所限定的区域,该两平行平面之间的距离为给定公差值 t。如图 4-45 所示,被测要素为孔的轴线,其提取(实际)中心线应限定在间距等于 0.1 mm 的两平行平面之间,该两平行平面应平行于基准孔的轴线 A 且平行于基准平面 B。基准平面 B 参与确定公差带的方向,起辅助定向作用。

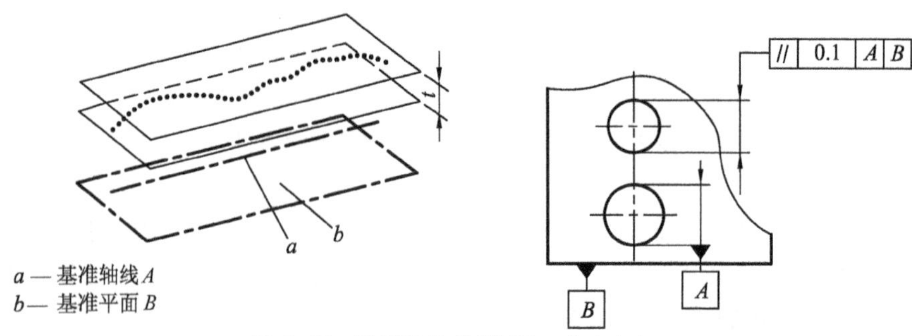

图 4-45 平行度公差(给定一个方向)一

图 4-46 所示为给定另一个方向的线对线的平行度公差。与图 4-46 所示不同的是,构成公差带的两平行平面应平行于基准轴线 A 且垂直于基准平面 B。

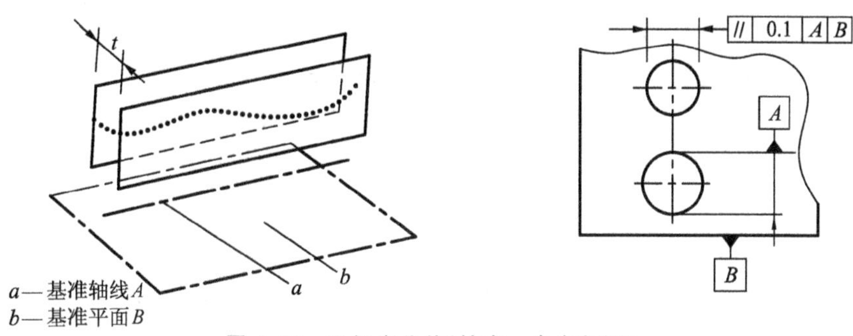

图 4-46　平行度公差（给定一个方向）二

(2) 给定两个方向。给定两个方向的线对线的平行度公差，其公差带为平行或垂直于基准、间距分别等于给定公差值 t_1 和 t_2 的两组相互垂直的平行平面所限定的公共区域，即公差带形状为边长分别等于 t_1 和 t_2 的一个四棱柱。如图 4-47 所示，被测要素为孔的轴线，其提取（实际）中心线应限定在间距分别等于 0.1 mm 和 0.2 mm 的两组平行平面之间，这两组平行平面应平行于基准孔的轴线 A 且平行或垂直于基准平面 B，两组平行平面的公共区域为一个边长分别为 0.1 mm 和 0.2 mm 的四棱柱。

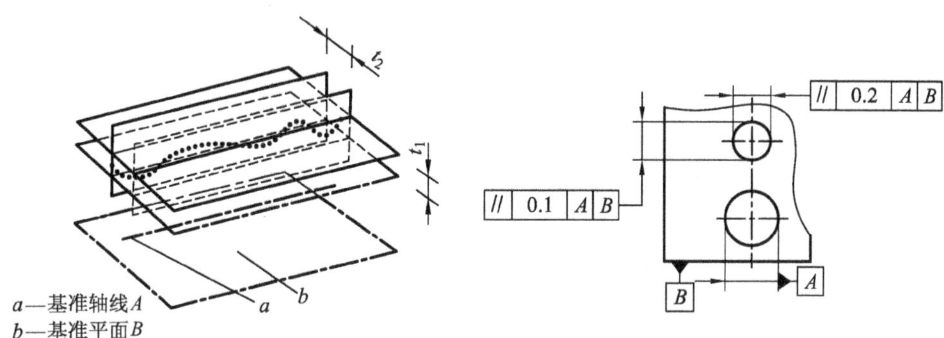

图 4-47　平行度公差（给定两个方向）

(3) 给定任意方向。给定任意方向的线对线的平行度公差，其公差带形状是一个直径为给定公差值 ϕt 的圆柱面所限定的区域，该圆柱面的轴线与基准要素平行。如图 4-48 所示，被测要素的提取（实际）中心线应限定在平行于基准轴线 A，直径等于 0.03 mm 的圆柱面内。此时，给定一个基准轴线就足够了，对任意方向的线对线的平行度公差，不需要辅助定向基准。

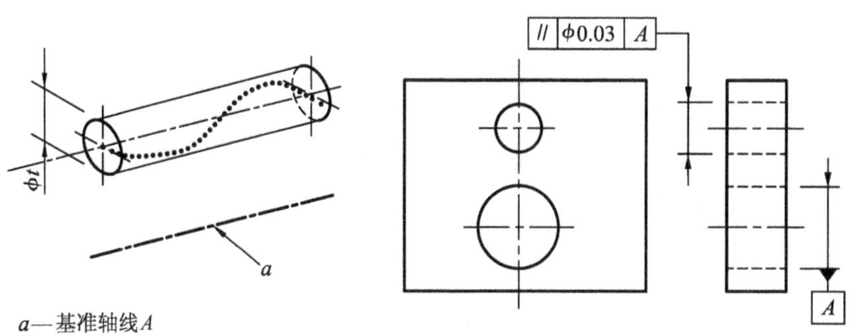

图 4-48　平行度公差（给定任意方向）

2. 线(被测要素)对面(基准要素)的平行度公差

图 4-49 所示为孔的轴线(空间直线)对基准平面 B 的平行度公差,其公差带为平行于基准平面 B,间距等于给定公差值 t 的两平行平面所限定的区域。被测孔的提取(实际)中心线应限定在平行于基准平面 B,间距等于 0.01 mm 的两平行平面之间。

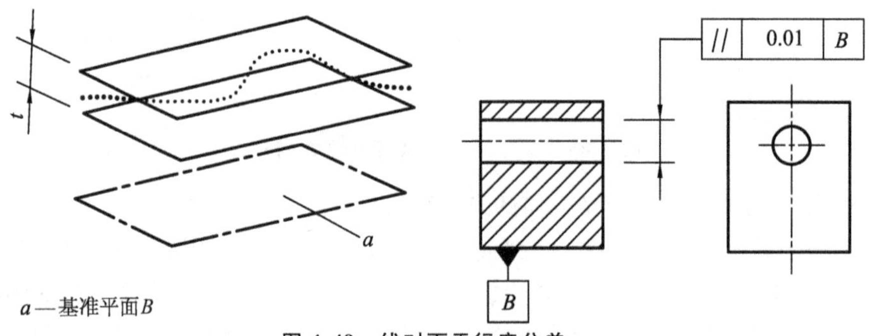

图 4-49　线对面平行度公差一

图 4-50 所示是素线对基准平面的平行度公差,其公差带为间距等于给定公差值 t 的两平行直线所限定的区域。被测表面的提取(实际)线应限定在间距等于 0.02 mm 的两平行直线之间,该两平行直线平行于基准平面 A 且处于平行于基准平面 B 的平面内。

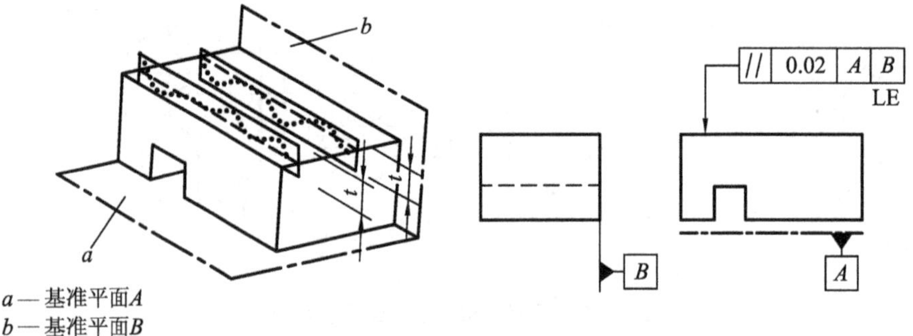

图 4-50　线对面平行度公差二

3. 面(被测要素)对线(基准要素)的平行度公差

图 4-51 所示为平面对轴线的平行度公差,其公差带为间距等于给定公差值 t,平行于基准轴线的两平行平面所限定的区域。被测平面的提取(实际)表面应限定在间距等于 0.1 mm,平行于基准轴线 C 的两平行平面之间。

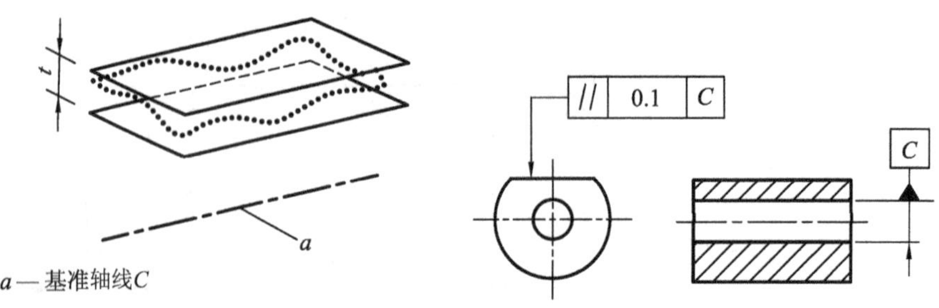

图 4-51　面对线平行度公差

4. 面(被测要素)对面(基准要素)的平行度公差

图 4-52 所示为平面对平面的平行度公差,其公差带为间距等于给定公差值 t,平行于基准平面的两平行平面所限定的区域。被测平面的提取(实际)表面应限定在间距等于 0.01 mm,平行于基准平面 D 的两平行平面之间。

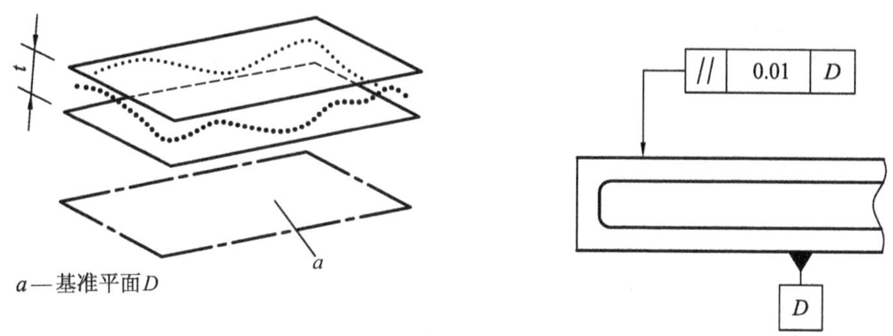

图 4-52 面对面平行度公差

4.4.8 垂直度公差

1. 线(被测要素)对线(基准要素)的垂直度公差

线对线的垂直度公差,其公差带为间距等于给定公差值 t,垂直于基准线的两平行平面所限定的区域。图 4-53 所示,斜孔的提取(实际)中心线应限定在间距等于 0.06 mm,垂直于基准轴线 A 的两平行平面之间。

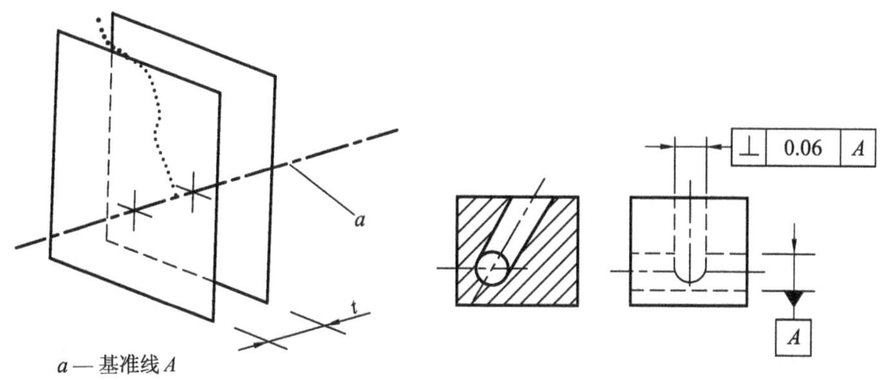

图 4-53 线对线垂直度公差

2. 线(被测要素)对面(基准要素)的垂直度公差

图 4-54 所示为给定一个方向的线对面的垂直度公差,其公差带为间距等于给定公差值 t 的两平行平面所限定的区域,该两平行平面垂直于基准平面 A 且平行于基准平面 B。圆柱面的提取(实际)中心线应限定在间距为 0.1 mm 的两平行平面之间,该两平行平面垂直于基准平面 A 且平行于基准平面 B。

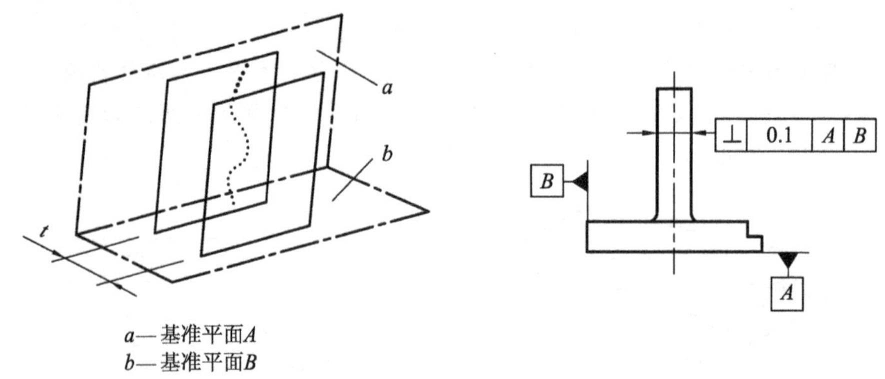

图 4-54　垂直度公差(线对面)一

图 4-55 所示为给定两个方向的线对面的垂直度公差，公差带为间距分别等于给定公差值 t_1 和 t_2，且互相垂直的两组平行平面所限定的区域。该两组平行平面都垂直于基准平面 A。其中一组平行平面垂直于基准平面 B，另一组平行平面平行于基准平面 B。图例中，圆柱的提取(实际)中心线应限定在间距分别等于 0.2 mm 和 0.1 mm，且相互垂直的两组平行平面内，该两组平行平面垂直于基准平面 A 且垂直或平行于基准平面 B。

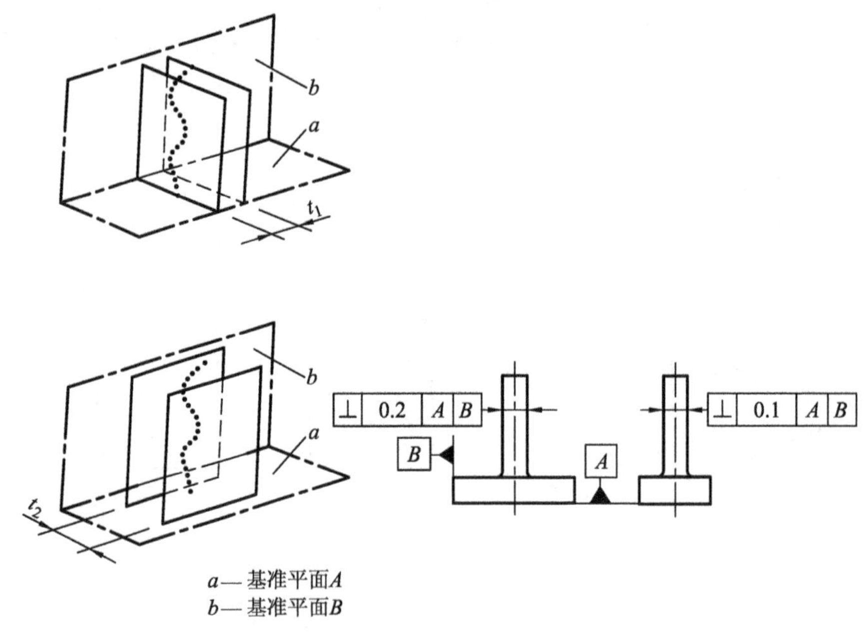

图 4-55　垂直度公差(线对面)二

图 4-56 所示为给定任意方向的线对面的垂直度公差，公差带为直径等于给定公差值 ϕt，轴线垂直于基准平面的圆柱面所限定的区域。图例中圆柱面的提取(实际)中心线应限定在直径等于 ϕ0.01 mm，垂直于基准平面 A 的圆柱面内。

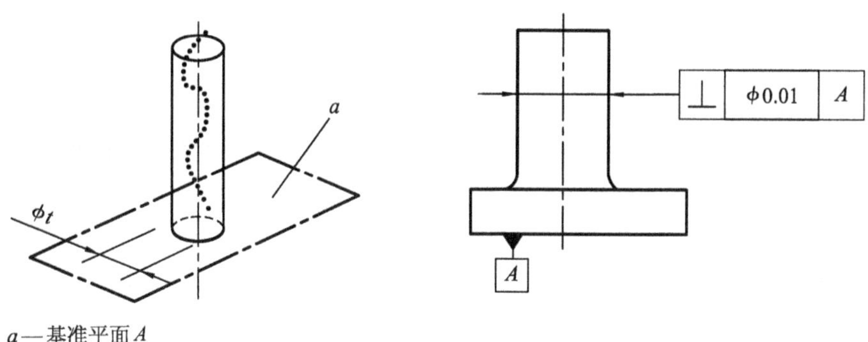

图 4-56　垂直度公差(线对面)三

3. 面(被测要素)对线(基准要素)的垂直度公差

图 4-57 所示为面对线的垂直度公差,其公差带为间距等于给定公差值 t 且垂直于基准轴线的两平行平面所限定的区域。图例中被测端面的提取(实际)表面应限定在间距等于 0.08 mm的两平行平面之间,该两平行平面垂直于基准轴线 A。

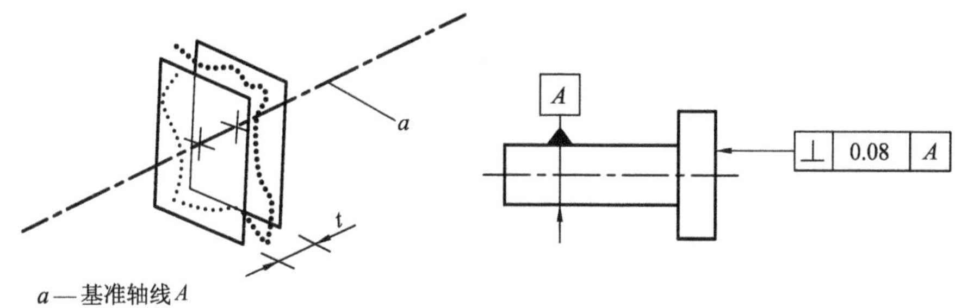

图 4-57　垂直度公差(面对线)

4. 面(被测要素)对面(基准要素)的垂直度公差

图 4-58 所示为面对面的垂直度公差,其公差带为间距等于给定公差值 t,垂直于基准平面的两平行平面所限定的区域。图例中被测平面的提取(实际)表面应限定在间距等于 0.08 mm,垂直于基准平面 A 的两平行平面之间。

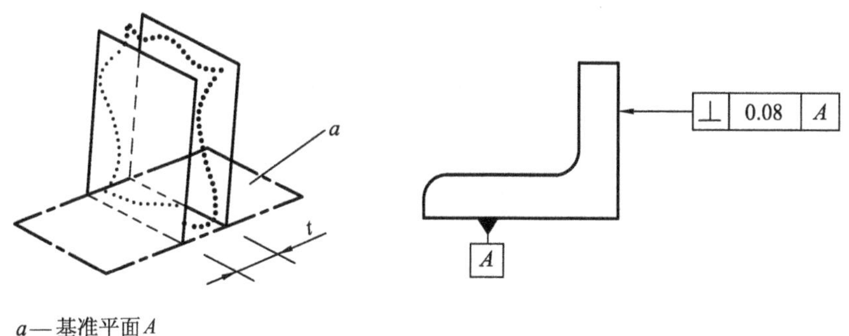

图 4-58　垂直度公差(面对面)

4.4.9 倾斜度公差

1. 线(被测要素)对线(基准要素)的倾斜度公差

图 4-59 所示,被测孔中心线与基准轴线在同一平面内的倾斜度公差,由于被测孔的轴线为一空间直线,因此其公差带为间距等于给定公差值 t 的两平行平面所限定的区域,该两平行平面按给定角度倾斜于基准轴线。图例中,被测要素的提取(实际)中心线应限定在间距等于 0.08 mm 的两平行平面之间,该两平行平面按理论正确角度 60°倾斜于公共基准轴线 A-B。

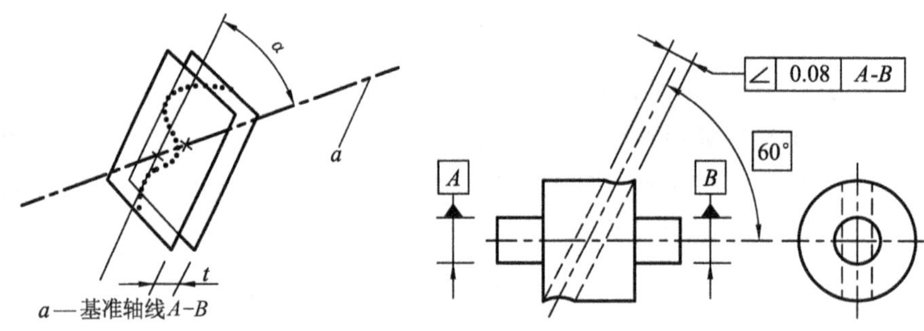

图 4-59 倾斜度公差(线对线)

2. 线(被测要素)对面(基准要素)的倾斜度公差

图 4-60 所示,为孔轴线对基准平面的倾斜度公差,其公差带为间距等于给定公差值 t 的两平行平面所限定的区域,这两平行平面按给定角度倾斜于基准平面。图例中被测孔提取(实际)中心线应限定在间距等于 0.08 mm 的两平行平面之间,该两平行平面按理论正确角度 60°倾斜于基准平面 A。

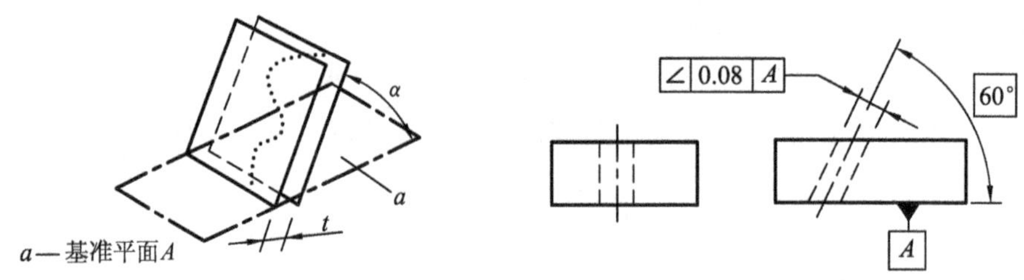

图 4-60 倾斜度公差(线对面)一

图 4-61 所示,为给定任意方向的线对面的倾斜度公差,给定公差值前加注了符号ϕ,其公差带为直径等于给定公差值ϕt 的圆柱面所限定的区域,该圆柱面公差带轴线按给定角度倾斜于基准平面 A 且平行于基准平面 B。图例中被测要素孔提取(实际)中心线应限定在直径等于ϕ0.1 mm 的圆柱面内,该圆柱面的中心线按理论正确角度 60°倾斜于基准平面 A 且平行于基准平面 B。

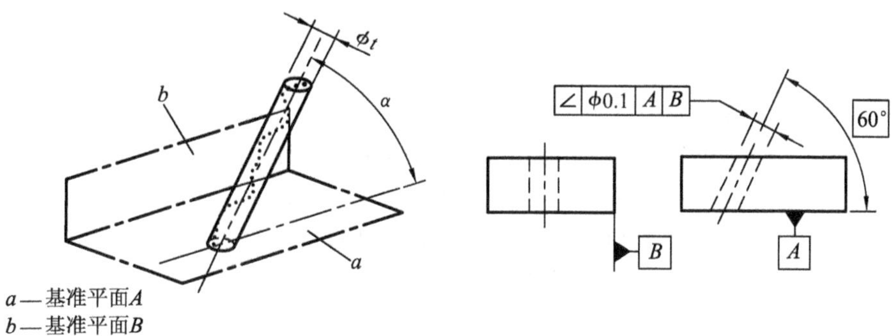

图 4-61　倾斜度公差(线对面)二

3. 面(被测要素)对线(基准要素)的倾斜度公差

图 4-62 所示，为面对基准轴线的倾斜度公差，其公差带为间距等于给定公差值 t 的两平行平面所限定的区域，该两平行平面按给定角度倾斜于基准轴线。图例中被测斜面的提取(实际)表面应限定在间距等于 0.1 mm 的两平行平面之间，该两平行平面按理论正确角度 75°倾斜于基准轴线 A。

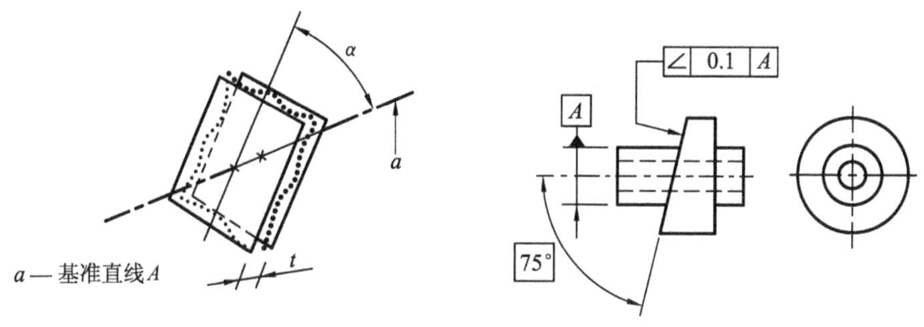

图 4-62　倾斜度公差(面对线)

4. 面(被测要素)对面(基准要素)的倾斜度公差

图 4-63 所示，为面对基准面的倾斜度公差，其公差带为间距等于给定公差值 t 的两平行平面所限定的区域，该两平行平面按给定角度倾斜于基准平面。图例中被测斜面的提取(实际)表面应限定在间距等于 0.08 mm 的两平行平面之间，该两平行平面按理论正确角度 40°倾斜于基准平面 A。

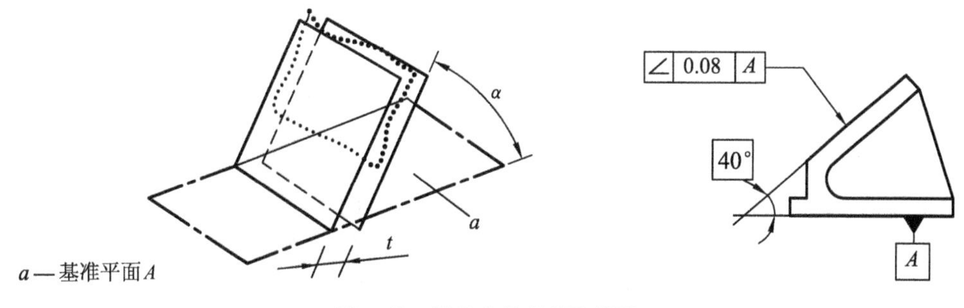

图 4-63　倾斜度公差(面对面)

4.4.10 位置度公差

1. 点的位置度公差

图 4-64 所示，为点的位置度公差，给定公差值前加注了符号 $S\phi$，其公差带为直径等于给定公差值 ϕt 的圆球面所限定的区域，该圆球面中心的理论正确位置由基准系 A,B,C 和理论正确尺寸确定。图例中被测球的提取(实际)球心应限定在直径 ϕ0.3 mm 的圆球面内，该圆球面的中心由基准平面 A,B,C 构成的基准系和理论正确尺寸 30 mm 和 25 mm 确定。

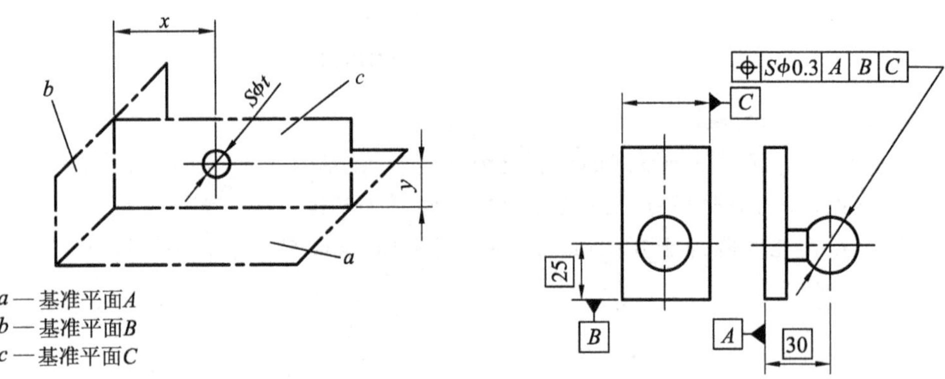

图 4-64 点的位置度公差

2. 线的位置度

图 4-65 所示，为线在给定一个方向上的位置度公差，其公差带为间距等于给定公差值 t、对称配置于线的理论正确位置的两平行平面所限定的区域，线的理论正确位置由基准平面 A,B 和理论正确尺寸确定。图例中各条刻线的提取(实际)线应限定在间距等于 0.1 mm，对称于由基准平面 A,B 和理论正确尺寸 25 mm，10 mm 确定的理论正确位置的两平行平面之间。

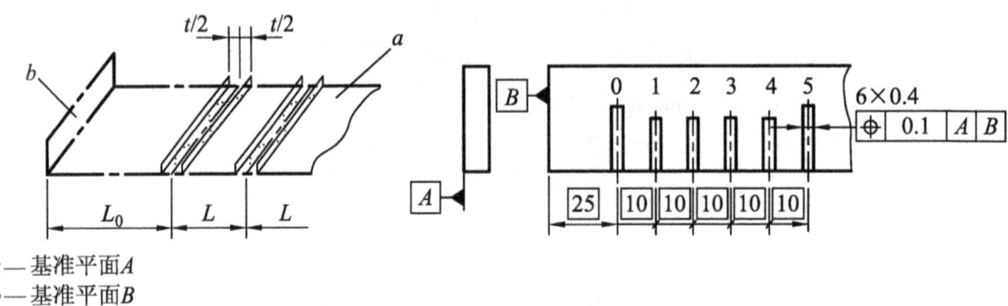

图 4-65 线的位置度公差(一个方向)

图 4-66 所示，为线在给定两个方向上的位置度公差，其公差带为间距分别等于给定公差值 t_1 和 t_2、对称配置于线的理论正确位置的两对相互垂直的平行平面所限定的区域。线的理论正确位置由基准平面 C,A,B 及理论正确尺寸确定。图例中 8 个孔的提取(实际)中心线在给定方向上应分别限定在间距分别等于 0.05 mm 和 0.2 mm 且相互垂直的两对平行平面内。每对平行平面对称配置于由基准平面 C,A,B 和理论正确尺寸 20 mm，15 mm，30 mm 确定的各孔轴线的理论正确位置。

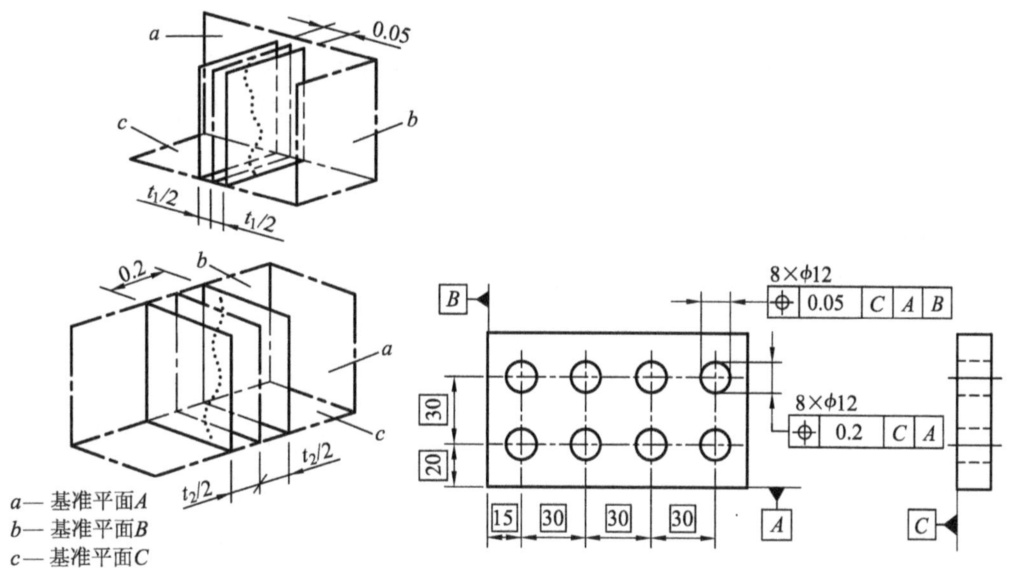

图 4-66　线的位置度公差(两个方向)

图 4-67 所示，为线在给定任意方向上的位置度公差，其公差带为直径等于给定公差值ϕt的圆柱面所限定的区域，该圆柱面的轴线的位置由基准平面 C,A,B 和理论正确尺寸确定。孔的提取(实际)中心线应限定在直径等于ϕ0.08 mm 的圆柱面内，该圆柱面轴线的位置应处于由基准平面 C,A,B 和理论正确尺寸 100 mm,68 mm 确定的理论正确位置上。

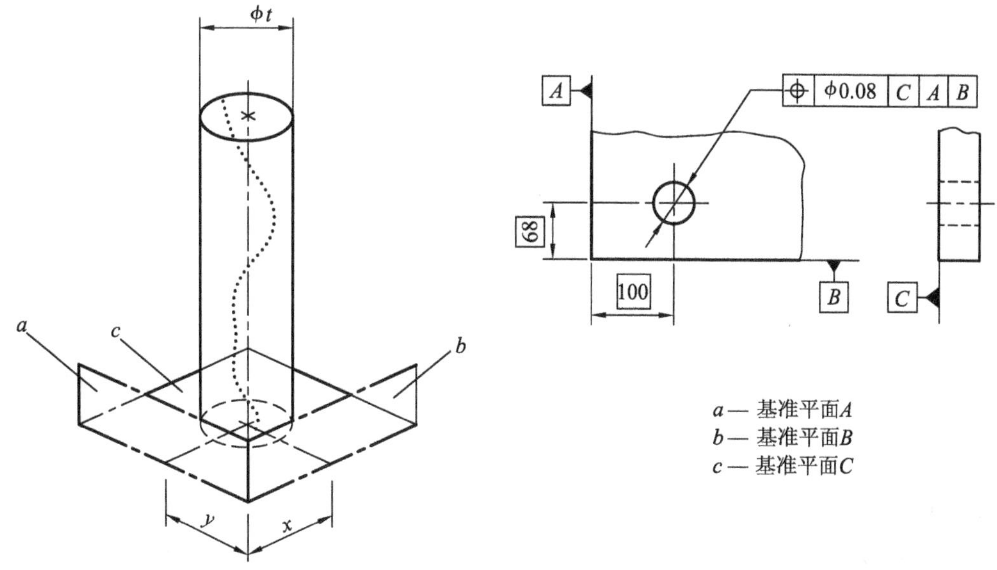

图 4-67　线的位置度公差(任意方向)

3. 轮廓平面或中心平面的位置度公差

轮廓平面或中心平面的位置度公差，其公差带为间距等于给定公差值，且对称配置于被测平面理论正确位置的两平行平面所限定的区域。被测平面的理论正确位置由相关基准要素和理论正确尺寸确定。

图 4-68 a 所示为轮廓平面的位置度公差，提取(实际)表面应限定在间距等于 0.05 mm 且对称配置于被测面的理论正确位置的两平行平面之间。该两平行平面对称配置于由基准平面 A、基准轴线 B 和理论正确尺寸 15 mm、理论正确角度 105°确定的被测面的理论正确位置，如图 4-67 b 所示。

图 4-68 c 所示为中心平面的位置度公差，8 条槽的提取(实际)中心面应限定在间距等于 0.05 mm 的两平行平面之间，该两平行平面对称配置于由基准轴线 A 和理论正确角度 45°(见 GB/T13319—2003 中的默认规定)确定的被测面的理论正确位置。

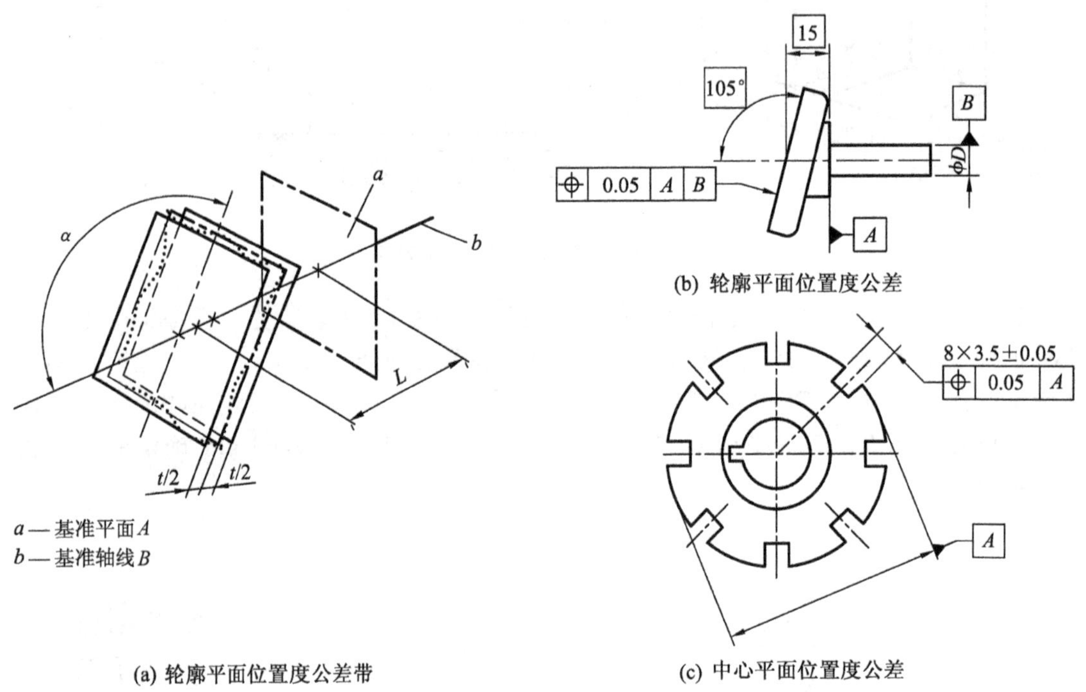

(a) 轮廓平面位置度公差带

(b) 轮廓平面位置度公差

(c) 中心平面位置度公差

图 4-68 轮廓平面或中心平面位置度公差

4.4.11 同心度和同轴度公差

1. 点的同心度公差

同心度公差是同轴度公差的特例。当轴的长度很短(如圆形垫圈)或等于零(在同轴要素的任意横截面内)时，同轴度公差则变为同心度公差。标注时，同心度公差与同轴度公差采用同一特征符号。

图 4-69 所示为点的同心度公差。其公差带为直径等于给定公差值 ϕt 的圆周所限定的区域。该圆周的圆心与基准点重合。在任意横截面内，内孔的提取(实际)中心应限定在直径等于 ϕ0.1 mm 并以基准点 A 为圆心的圆周内。

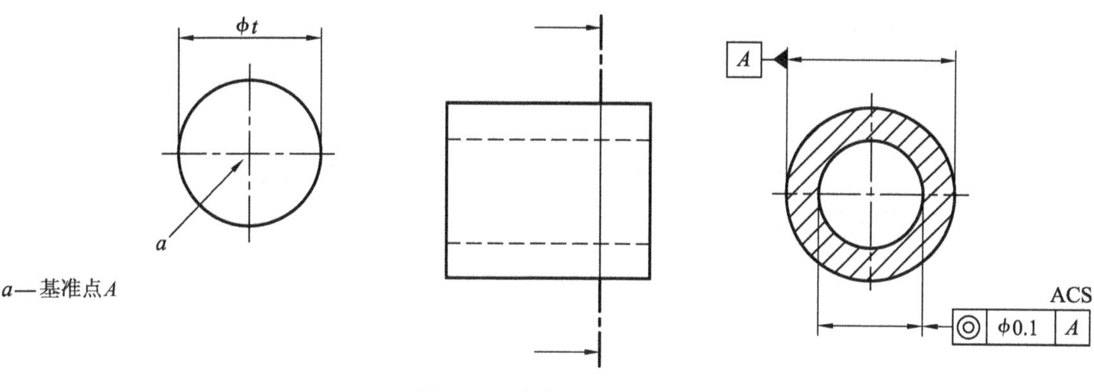

图 4-69　点的同心度公差

2. 轴线的同轴度公差

图 4-70 所示为轴线的同轴度公差。其公差带为直径等于给定公差值 ϕt 的圆柱面所限定的区域，该圆柱面的轴线与基准轴线重合。图 b 中，以两个要素（A，B 两个圆柱的轴线）建立公共基准；图 c 中，其公差带 ϕ 0.1 mm 圆柱体的轴线首先要保证与孔的轴线重合，在此前提下与第二基准 B（零件的左端面）垂直。

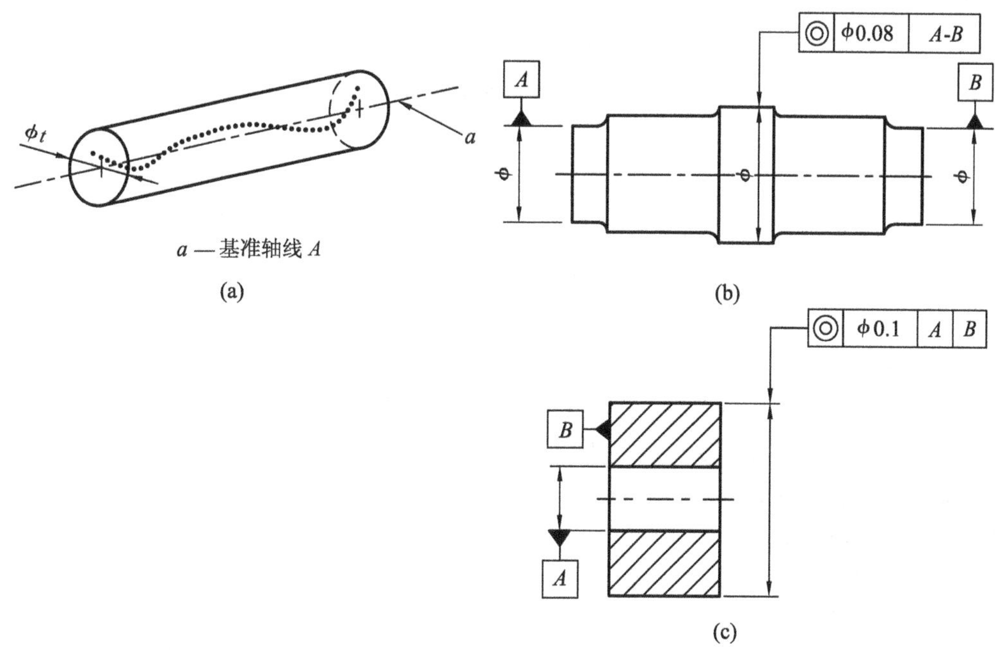

图 4-70　轴线的同轴度公差

4.4.12　对称度公差

对称度公差通常是针对导出的中心平面规定的公差要求，其公差带为间距等于给定公差值 t 并对称配置于基准中心平面的两平行平面所限定的区域。如图 4-71 b 所示，被测要素的提取（实际）中心面应限定在间距等于 0.08 mm 并对称配置于基准中心平面的两平行平面之间；如图 4-71 c 所示，被测要素的提取（实际）中心面应限定在间距等于 0.08 mm、对称于

公共基准中心平面 A-B 的两平行平面之间。

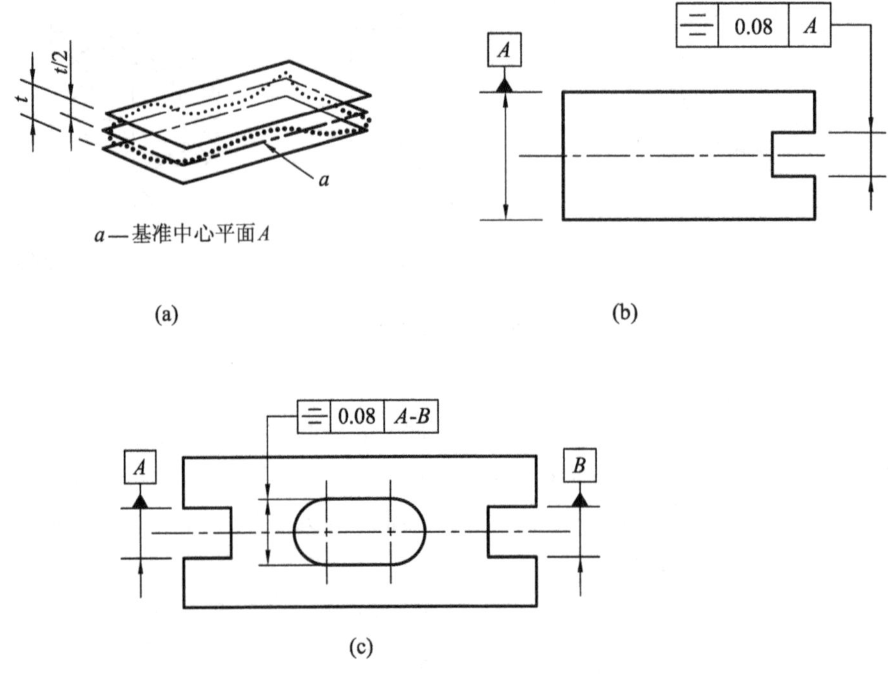

图 4-71 对称度公差

4.4.13 圆跳动公差

圆跳动公差按测量位置(测量方向)的不同,可分为径向圆跳动、轴向圆跳动和斜向圆跳动三种。

1. 径向圆跳动公差

径向圆跳动公差的公差带为在任一垂直于基准轴线的横截面内,半径差等于给定公差值 t,圆心位于基准轴线上的两同心圆所限定的区域。在图 4-72 a 和 4-72 c 中,圆跳动公差带所在的任一横截面应垂直于基准轴线 A 或公共基准 A-B,而在图 4-72 b 中,圆跳动公差带所在的横截面首先应与基准平面 B 平行,在此前提下与基准轴线 A 保持垂直。在任一横截面内,被测要素的提取(实际)圆应限定在半径差等于 0.1 mm 且圆心在基准轴线上的两同心圆之间。图 4-72 d 为图 4-72 a～c 的公差带形状。

圆跳动公差通常适用于整个要素,但也可规定只适用于局部要素或某一指定部分,如图 4-73 a 和 4-73 b,其公差带是任一垂直于基准轴线的平面内半径差为给定公差值、圆心在基准轴线上的两同心圆弧所限定的区域。在任一垂直于基准轴线的横截面内,提取(实际)圆弧应限定在半径差等于 0.2 mm,圆心在基准轴线上的两同心圆弧之间。

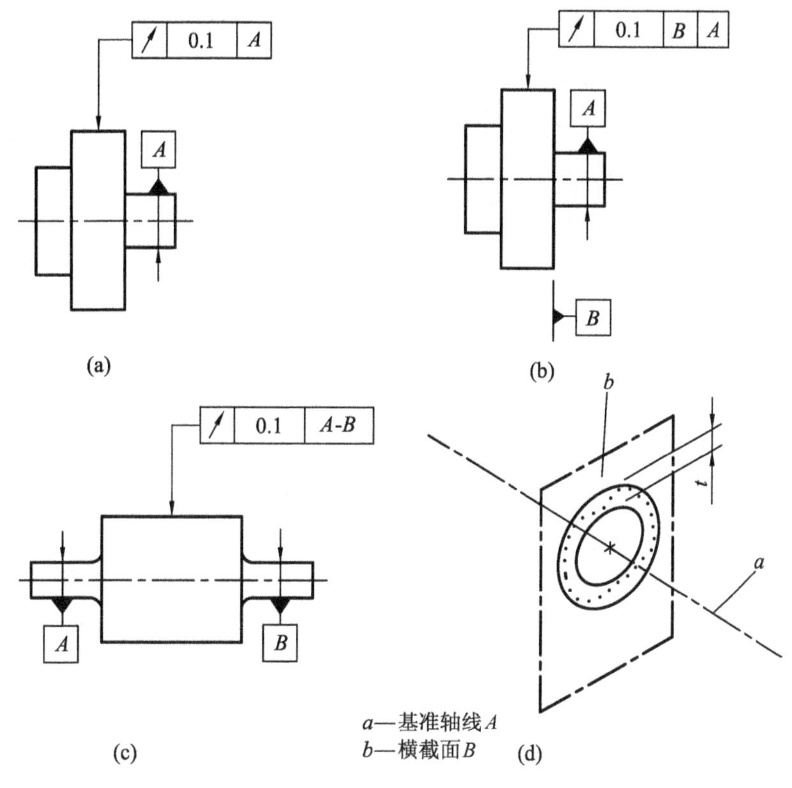

图 4-72　径向圆跳动公差一

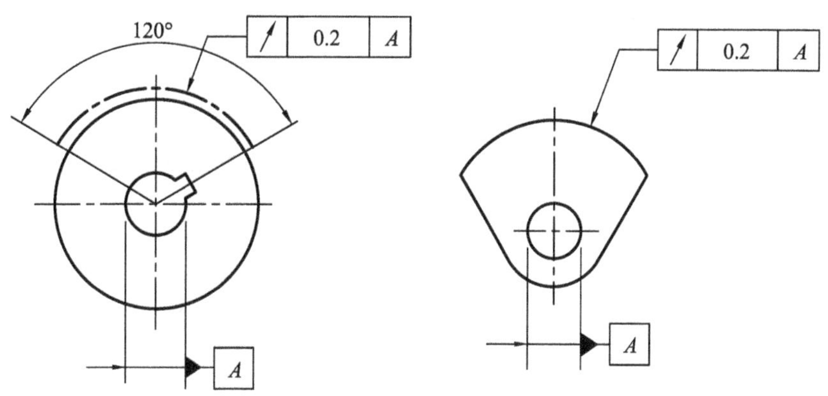

图 4-73　径向圆跳动公差二

2. 轴向圆跳动公差

轴向圆跳动公差以前也称端面圆跳动公差，它在一定程度上控制了端面的平面度误差及相对于基准轴线的垂直度误差。图 4-74 a 所示为轴向圆跳动公差，其公差带为在与基准轴线同轴的任一半径的圆柱面上，间距等于给定公差值 t 的两圆所限定的圆柱面区域。图 4-74 b 表示在与基准轴线同轴的任一圆柱形面上，提取(实际)圆应限定在轴向距离等于0.1 mm的两个等圆之间。

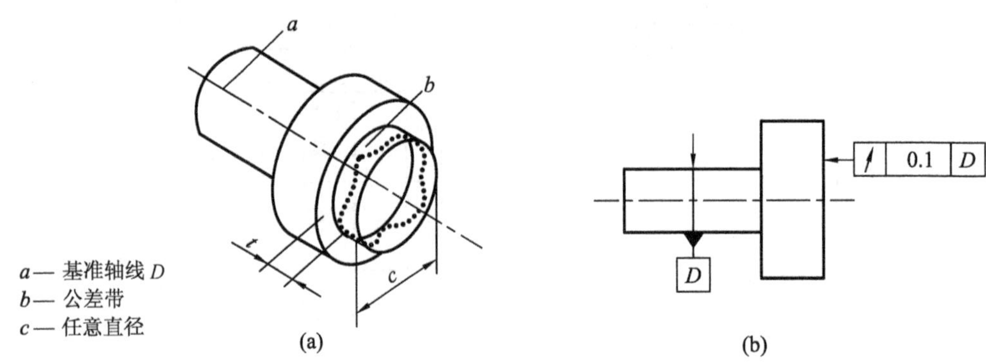

图 4-74 轴向圆跳动公差

3. 斜向圆跳动公差

图 4-75 所示为斜向圆跳动公差，其公差带为与基准轴线同轴的某一圆锥面上，间距等于给定公差值的两圆所限定的区域。除非另有规定，测量方向应沿被测表面的法向。在与基准轴线 C 同轴的任一圆锥面上，提取（实际）线应限定在素线的法线方向间距等于 0.1 mm 的两不等圆之间。当标注公差的素线不是直线时，其公差带圆锥面的锥角要随所测圆的实际位置而改变，始终保持测量位置的法线方向。

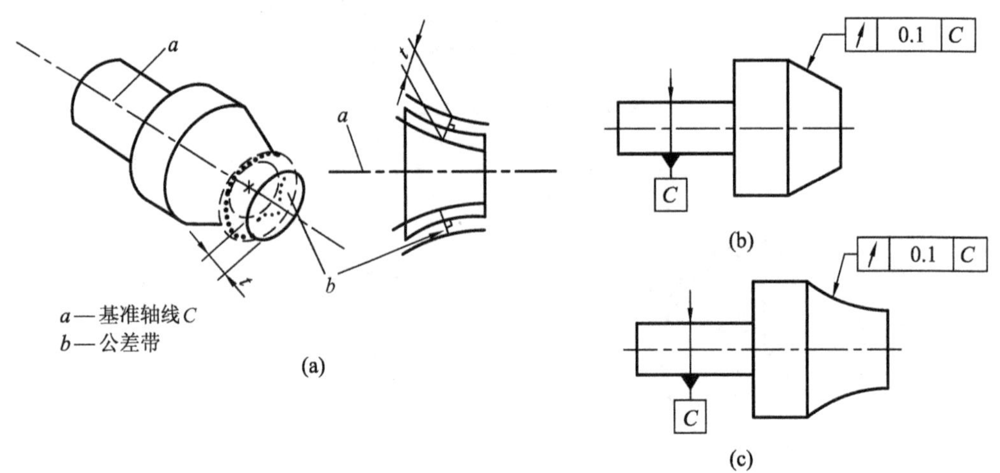

图 4-75 斜向圆跳动公差

4.4.14 全跳动公差

全跳动公差按测量位置的不同，可分为径向全跳动公差与轴向全跳动公差。

1. 径向全跳动公差

图 4-76 所示为径向全跳动公差，其公差带为半径差等于给定公差值 t 并与基准轴线同轴的两圆柱面所限定的区域。提取（实际）表面应限定在半径差等于 0.1 mm 且与公共基准轴线 A-B 同轴的两圆柱面之间。

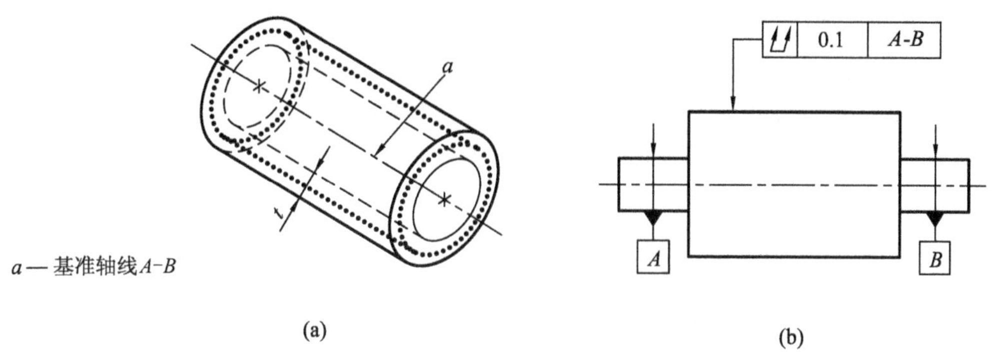

图 4-76　径向全跳动公差

径向全跳动公差控制了被测圆柱面的圆柱度误差及相对于基准轴线的同轴度误差，其控制效果与同轴度误差相当，但测量方法要简单得多。因此在很多场合下选用径向全跳动公差比选用同轴度公差更经济，它特别适用于新产品研发或单件、小批量生产的产品。

2. 轴向全跳动公差

图 4-77 所示为轴向全跳动公差，其公差带为间距等于给定公差值 t，垂直于基准轴线的两平行平面所限定的区域。提取(实际)表面应限定在间距等于 0.1 mm，垂直于基准轴线的两平行平面之间。

轴向全跳动公差综合控制了被测表面本身的平面度误差及相对于基准轴线的垂直度误差，其控制效果与垂直度误差相当。

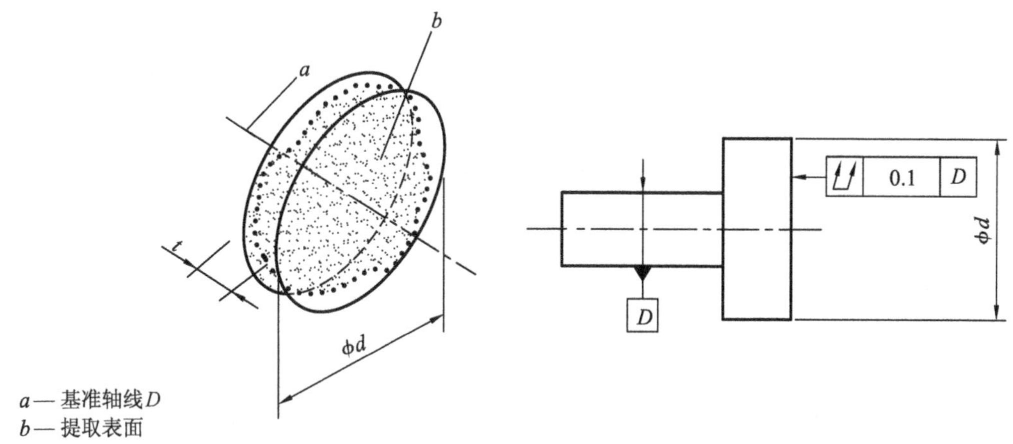

图 4-77　轴向全跳动公差

§ 4.5　公差原则

4.5.1　概述

机械零件几何特性的各个要素往往既有尺寸公差要求，又有形位公差要求。它们都是限制同一几何要素对其理想要素的变动。因此，必须研究形位公差与尺寸公差的关系，正确合理地判断实际被测要素的合格性。

GB/T 4249—2009 规定了确定尺寸公差和几何公差之间相互关系的原则，并称之为公差原则。尺寸公差与几何公差之间应该遵循的基本原则是独立原则。独立原则是指图样上给定的每一个尺寸和几何（形状、方向或位置）要求均是独立的，应分别满足要求。遵循独立原则的尺寸公差或几何公差在图样上不需任何附加标注，但应在图样或其他技术文件中注明：公差原则按 GB/T 4249—2009。如图 4-78 所示，表示尺寸公差与几何公差遵守独立原则，圆柱体的局部实际（组成）要素允许在 99.96～100 mm 之间变动，圆柱体提取（实际）中心线允许在一个直径为 ϕ0.01 mm 的圆柱面内变动，其尺寸公差与几何公差相互独立，彼此无关，各自在允许的公差范围内变动。

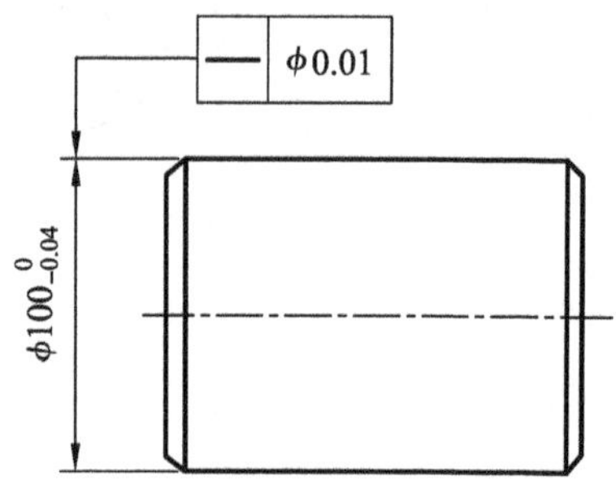

图 4-78　圆柱体的公差标注

如果有特定的需要，尺寸要素的尺寸公差与其导出要素的几何公差可以不遵循独立原则，而采用相关要求。相关要求有包容要求、最大实体要求和最小实体要求三种。其中，最大实体要求和最小实体要求还可以可逆要求或不可逆要求。公差原则的分类如图 4-79 所示。

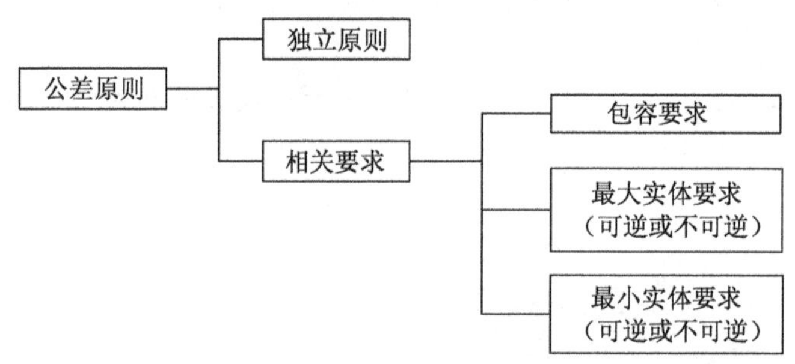

图 4-79　公差原则的分类

4.5.2　有关的术语与定义

1. 拟合要素和拟合尺寸

(1) 体外拟合要素和体外拟合尺寸

体外拟合要素(external associated feature)分为单一体外拟合要素和关联体外拟合要素。在给定长度上，与实际（提取）外尺寸要素（轴）体外相接的最小理想面，或与实际（提取）内尺寸要素（孔）体外相接的最大理想面，可称为单一体外拟合要素。对于给定方向或位置公差的导出要素，其相应尺寸要素的体外拟合要素还应具有确定的方向或位置，可称为关联体外拟合要素。

体外拟合尺寸(external associated size)是指体外拟合要素的尺寸（直径或距离）。外尺寸要素（轴）的单一体外拟合尺寸用 d_{ae} 表示，内尺寸要素（孔）的单一体外拟合尺寸用 D_{ae} 表示；给出方向公差的外尺寸要素（轴）的定向关联体外拟合尺寸用 d_{ae}' 表示，内尺寸要素（孔）的定向关联体外拟合尺寸用 D_{ae}' 表示；给出位置公差的外尺寸要素（轴）的定位关联体外拟合尺寸用 d_{ae}'' 表示，内尺寸要素（孔）的定位关联体外拟合尺寸用 D_{ae}'' 表示。

图 4-80 a 表示外尺寸要素（轴）的单一体外拟合要素及其体外拟合尺寸 d_{ae}，图 4-80 b 表

示内尺寸要素（孔）的单一体外拟合要素及其体外拟合尺寸 D_{ae}。图 4-81 a 表示给出了外尺寸要素（轴）ϕd 采用最大实体要求，其轴线对基准平面 A 的任意方向的垂直度公差为 ϕt，图 4-81 b表示其定向体外拟合要素及其关联体外拟合尺寸 d_{ae}'。

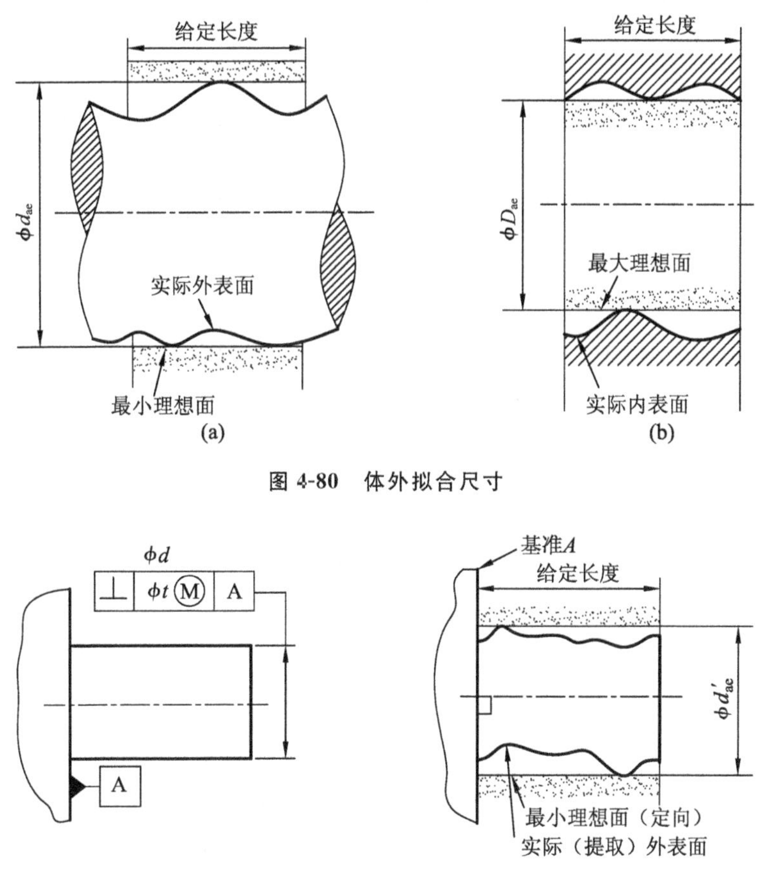

图 4-80　体外拟合尺寸

图 4-81　关联体外拟合尺寸

单一体外拟合要素没有方向和位置的要求，关联体外拟合要素则具有确定的方向或位置。

(2) 体内拟合要素和体内拟合尺寸

体内拟合要素（internal associated feature）是指在给定长度上，与实际（提取）外尺寸要素（轴）体内相接的最大理想面，或与实际（提取）内尺寸要素（孔）体内相接的最小理想面，可称为单一体内拟合要素。对于给出方向或位置公差的导出要素，其相应尺寸要素的体内拟合要素还应具有确定的方向或位置，可称为关联体内拟合要素。

体内拟合尺寸（internal associated size）是指体内拟合要素的尺寸（直径或距离）。外尺寸要素（轴）的单一体内拟合尺寸用 d_{ai} 表示，内尺寸要素（孔）的单一体内拟合尺寸用 D_{ai} 表示；给出方向公差的外尺寸要素（轴）的定向关联体内拟合尺寸用 d_{ai}' 表示，内尺寸要素（孔）的定向关联体内拟合尺寸用 D_{ai}' 表示；给出位置公差的外尺寸要素（轴）的定位关联体内拟合尺寸用 d_{ai}'' 表示，内尺寸要素（孔）的定位关联体内拟合尺寸用 D_{ai}'' 表示。

图 4-82 a 表示外尺寸要素(轴)的单一体内拟合要素及其体内拟合尺寸 d_{ai}，图 4-82 b 表示内尺寸要素(孔)的单一体内拟合要素及其体内拟合尺寸 D_{ai}。

图 4-83 a 表示采用最小实体要求的轴线对基准平面 A 的任意方向的垂直度公差 ϕt Ⓛ的外尺寸要素(轴) ϕd，图 4-83 b 表示其定向关联体内拟合要素及定向关联体内拟合尺寸 d_{ai}'。

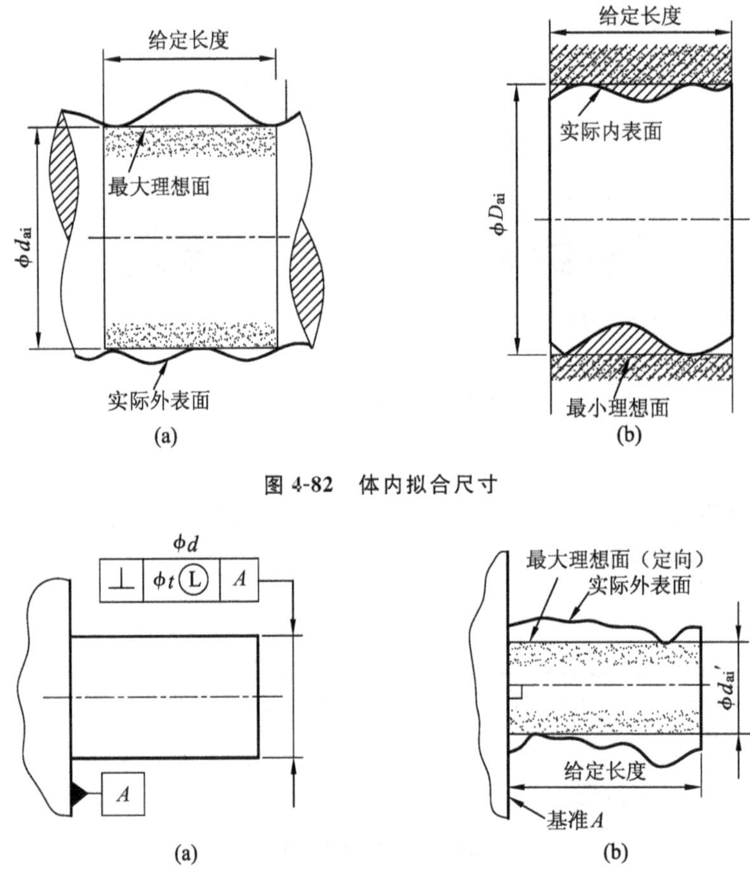

图 4-82　体内拟合尺寸

图 4-83　关联体内拟合尺寸

与体外拟合尺寸相似，单一体内拟合要素没有方向和位置的要求，关联体内拟合要素具有确定的方向和位置。

拟合尺寸是在实际(提取)要素上定义的。所以在一般情况下，不同实际(提取)要素的拟合尺寸是不同的，但任一实际(提取)要素的拟合尺寸则是唯一确定的。

2. 最大实体状态和最大实体尺寸

最大实体状态(maximum material condition)是指假定提取组成要素的局部尺寸处处位于极限尺寸，且使其具有实体最大时的状态。最大实体状态用“MMC”表示。只有尺寸要素才具有最大实体状态。最大实体状态就是尺寸要素处于允许材料量最多时的状态。由于最大实体状态只是从“实体最大”来定义的，所以它不要求最大实体状态下的尺寸要素具有理想形状。

最大实体尺寸(maximum material size)是指确定尺寸要素最大实体状态的尺寸。即外尺寸要素的上极限尺寸(d_U)、内尺寸要素的下极限尺寸(D_L)。最大实体尺寸用“*MMS*”表示。外尺寸要素(轴)的最大实体尺寸用 MMS_d 表示,内尺寸要素(孔)的最大实体尺寸用 MMS_D 表示。

图 4-84 为外尺寸要素(轴)的最大实体状态和最大实体尺寸的示例,图 4-85 为内尺寸要素(孔)的最大实体状态和最大实体尺寸的示例。两图中的图 a 均为图样标注,图 b 均为具有理想形状的最大实体状态,图 c 是具有某种非理想形状的最大实体状态的示例。

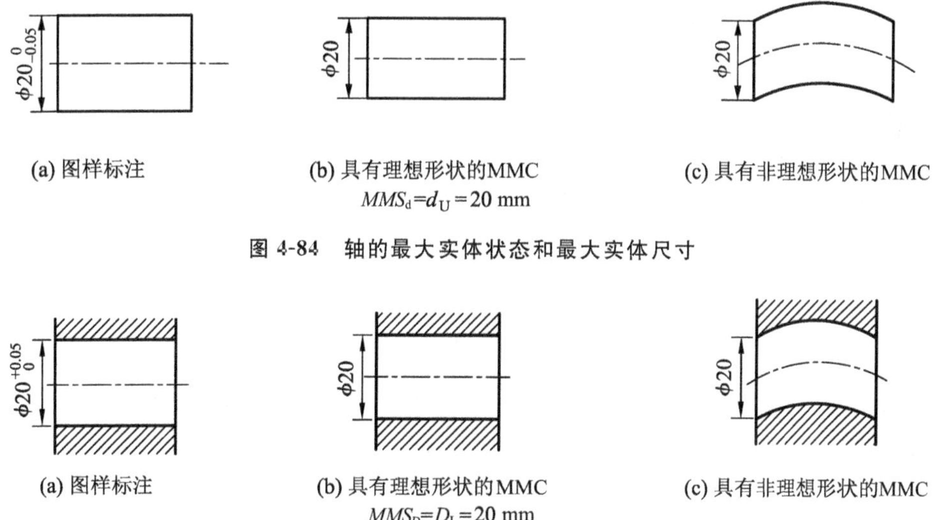

图 4-84　轴的最大实体状态和最大实体尺寸

图 4-85　孔的最大实体状态和最大实体尺寸

由图 4-84 和图 4-85 可见,导致尺寸要素形成非理想形状的最大实体状态 MMC 的一定是其导出要素(轴线)的形状误差(中心线直线度误差)。按照 GB/T 18780.1—2002 对局部尺寸的定义,当局部尺寸处处相等时,圆柱形尺寸要素(孔和轴)的横截面一定具有理想形状(圆形),即无圆度误差。最大实体状态是尺寸要素强度最高的状态,也是装配最紧的状态。

3. 最小实体状态和最小实体尺寸

最小实体状态(least material condition)是指假定提取组成要素的局部尺寸处处位于极限尺寸,且使其具有实体最小时的状态。最小实体状态用"LMC"表示。同样,也只有尺寸要素才具有最小实体状态。最小实体状态就是尺寸要素处于允许材料量最小时的状态。由于最小实体状态只是从"实体最小"来定义的,所以它也不要求最小实体状态的尺寸要素具有理想形状。

最小实体尺寸(least material size)是指确定尺寸要素最小实体状态的尺寸,即外尺寸要素的下极限尺寸(d_L)或内尺寸要素的上极限尺寸(D_U)。最小实体尺寸用"LMS"表示。外尺寸要素(轴)的最小实体尺寸用 LMS_d 表示,内尺寸要素(孔)的最小实体尺寸用 LMS_D 表示。

图 4-86 为外尺寸要素(轴)的最小实体状态和最小实体尺寸示例,图 4-87 为内尺寸要素(孔)的最小实体状态和最小实体尺寸的示例。两图中的图 a 均为图样标注,图 b 均为具有理想形状的最小实体状态,图 c 是具有某种非理想形状的最小实体状态的示例。

由图 4-86 和图 4-87 可见,导致尺寸要素形成非理想形状的 LMC 的一定是其导出要素(轴线)的形状误差(中心线直线度误差),而其横截面也一定具有理想形状(圆形),即无圆度误差。最小实体状态是尺寸要素强度最低的状态,也是装配最松的状态。

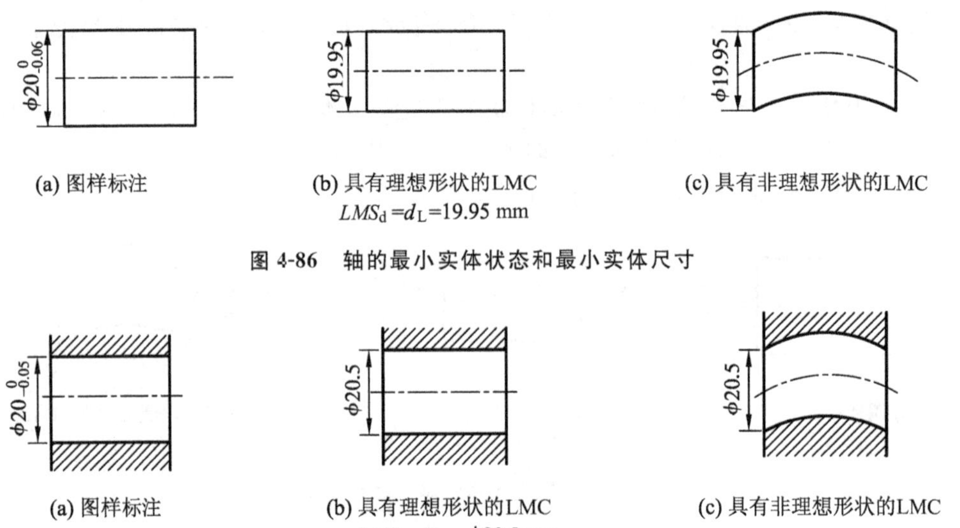

(a) 图样标注　(b) 具有理想形状的LMC $LMS_d=d_L=19.95$ mm　(c) 具有非理想形状的LMC

图 4-86　轴的最小实体状态和最小实体尺寸

(a) 图样标注　(b) 具有理想形状的LMC $LMS_D=D_U=\phi20.5$ mm　(c) 具有非理想形状的LMC

图 4-87　孔的最大实体状态和最小实体尺寸

应该指出，最大实体状态、最小实体状态及其相应的最大实体尺寸、最小实体尺寸是由设计给定的。当按功能要求由设计给定了尺寸要素的上、下极限尺寸时，其相应的最大实体状态、最小实体状态和最大实体尺寸、最小实体尺寸就已确定。但最大、最小实体状态的形状并不是唯一确定的。

最大实体状态和最小实体状态是对单一尺寸要素定义的。它们只有大小的特征而无形状、方向和位置特征。

4. 最大实体实效状态和最大实体实效尺寸

最大实体实效尺寸是指尺寸要素的最大实体尺寸与其导出要素的几何公差（形状、方向或位置公差）共同作用产生的尺寸。最大实体实效尺寸用 $MMVS$ 表示。外尺寸要素（轴）的最大实体实效尺寸用 $MMVS_d$ 表示，内尺寸要素（孔）的最大实体实效尺寸用 $MMVS_D$ 表示。对于外尺寸要素（轴），最大实体实效尺寸等于尺寸要素的最大实体尺寸加上其导出要素的几何公差 t；对于内尺寸要素（孔），最大实体实效尺寸等于尺寸要素的最大实体尺寸减去其导出要素的几何公差 t，即

对于外尺寸要素（轴）　　$MMVS_d=MMS_d+t=d_U+t$

对于内尺寸要素（孔）　　$MMVS_D=MMS_D-t=D_L-t$

最大实体实效状态（maximum material virtual condition）是指拟合要素的尺寸为其最大实体实效尺寸时的状态。

当尺寸要素处于最大实体状态且其导出要素具有几何误差时，该尺寸要素的体外拟合要素（对圆柱形的外尺寸要素为其最小外接圆柱面，对圆柱形的内尺寸要素为其最大内接圆柱面）的尺寸等于该要素的最大实体尺寸加上（对于外尺寸要素）或减去（对内尺寸要素）其导出要素的几何误差。若导出要素的几何误差正好等于图样给出的几何公差，则该体外拟合要素的尺寸正好等于尺寸要素的最大实体实效尺寸。尺寸要素的这种状态就称为最大实体实效状态（MMVC）。

当对尺寸要素的导出要素给出了形状公差时，其最大实体实效状态取决于该形状公差，并可称为单一最大实体实效状态；当对尺寸要素的导出要素给出了方向公差时，其最大实体

实效状态取决于该方向公差，并可称为定向最大实体实效状态；当对尺寸要素的导出要素给出了位置公差时，其最大实体实效状态取决于该位置公差，并可称为定位最大实体实效状态。

图4-88所示$\phi 30$ mm轴的轴线给出了采用最大实体要求的任意方向的直线度公差ϕtⓂ$=\phi 0.03$Ⓜ，则当轴的局部尺寸处处等于其最大实体尺寸$\phi 30$ mm（即轴处于最大实体状态MMC），且其轴线的直线度误差等于给出的公差值，即$\phi f=\phi t=\phi 0.03$ mm时，则该轴的体外拟合要素（最小外接圆柱面）的尺寸（体外拟合尺寸）ϕd_{ae}等于其最大实体实效尺寸$MMVS_d=d_U+t$Ⓜ$=30+0.03=\phi 30.03$ mm。

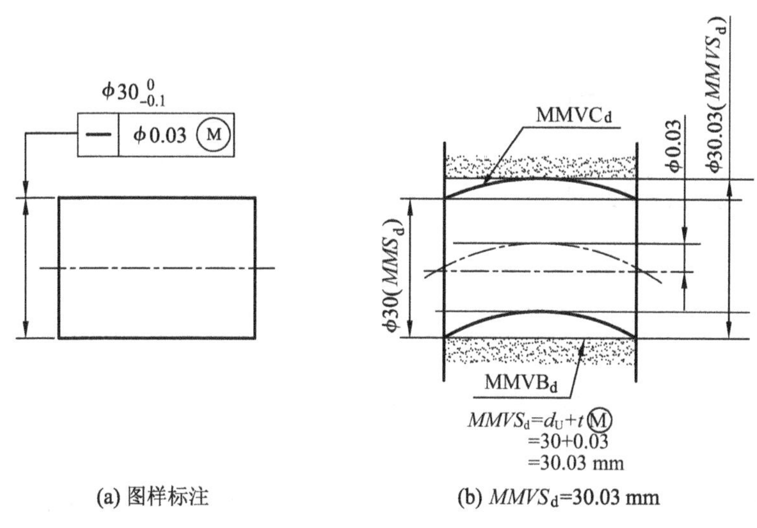

(a) 图样标注　　(b) $MMVS_d$=30.03 mm

图4-88　轴的最大实体实数状态和最大实体实效尺寸一

图4-89所示$\phi 30$ mm孔的轴线给出了采用最大实体要求的任意方向的直线度公差，则当孔的局部尺寸处处等于其最大实体尺寸$\phi 30$ mm（即孔处于最大实体状态MMC），且其轴线的直线度误差等于给出的公差值，即$\phi f=\phi t=\phi 0.03$ mm时，则该孔的体外拟合要素（最大内接圆柱面）的尺寸（体外拟合尺寸）D_{ae}等于其最大实体实效尺寸$MMVS_D=D_L-t$Ⓜ$=30-0.03=29.97$ mm。

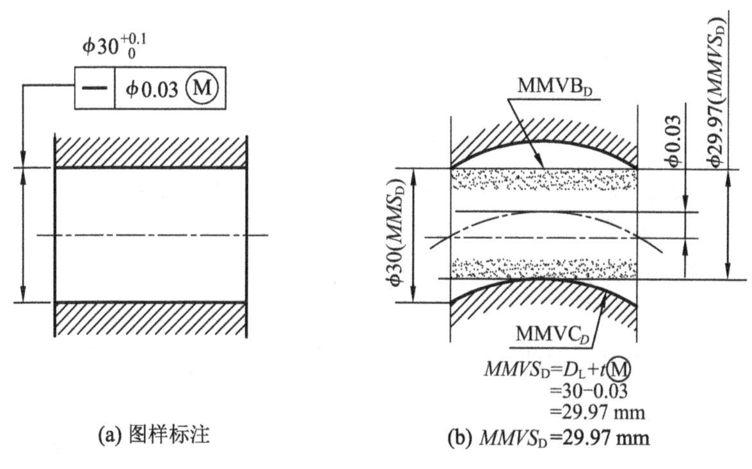

(a) 图样标注　　(b) $MMVS_D$=29.97 mm

图4-89　孔的最大实体实效状态和最大实体实效尺寸

又如图 4-90 所示ϕ30 mm 轴的轴线给出了采用最大实体要求的任意方向的垂直度公差$\phi t=\phi 0.08$ Ⓜ，则当轴的局部尺寸处处等于其最大实体尺寸 $MMS_d=d_U=\phi 30$ mm（即轴处于最大实体状态 MMC），且其轴线的垂直度误差等于其公差，即$\phi f=\phi t=\phi 0.08$ mm 时，则该轴的拟合要素（轴线垂直于基准平面 A 的最小外接圆柱面）的尺寸（定向体外拟合尺寸）d_{ae}'等于其最大实体实效尺寸 $MMVS_d=d_U+t$ Ⓜ$=30+0.08=30.08$ mm。

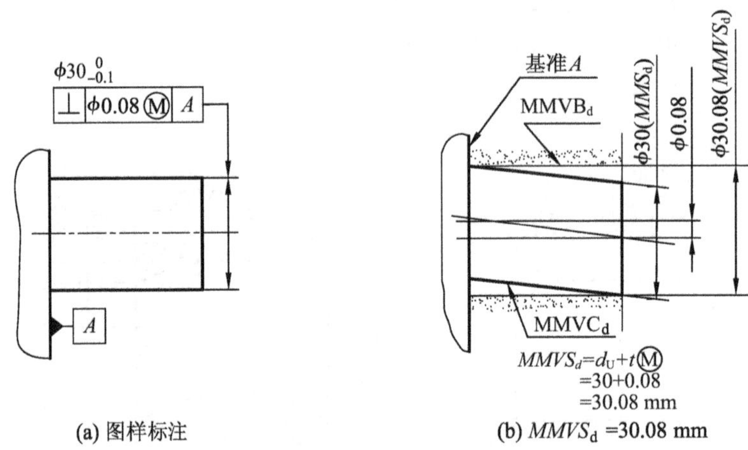

(a) 图样标注　　(b) $MMVS_d$ =30.08 mm

图 4-90　轴的最大实体实效状态和最大实体实效尺寸二

5．最小实体实效状态和最小实体实效尺寸

最小实体实效尺寸（minimum material virtual size）是指尺寸要素的最小实体尺寸与其导出要素的几何公差（形状、方向或位置）共同作用产生的尺寸。最小实体实效尺寸用 *LMVS* 表示。外尺寸要素（轴）的最小实体实效尺寸用 $LMVS_d$表示，内尺寸要素（孔）的最小实体实效尺寸用 $LMVS_D$表示。对于外尺寸要素（轴），最小实体实效尺寸等于尺寸要素的最小实体尺寸减去其导出要素的几何公差 t；对于内尺寸要素（孔），最小实体实效尺寸等于尺寸要素的最小实体尺寸加上其导出要素的几何公差 t，即

对于外尺寸要素（轴）　$LMVS_d=LMS_d-t=d_L-t$

对于内尺寸要素（孔）　$LMVS_D=LMS_D+t=D_U+t$

最小实体实效状态（minimum material virtual condition）是指拟合要素的尺寸为其最小实体实效尺寸时的状态。最小实体实效状态用 LMVC 表示。

当尺寸要素处于最小实体状态且其导出要素具有几何误差时，该尺寸要素的体内拟合要素（对圆柱形的外尺寸要素为其最大内接圆柱面，对圆柱形的内尺寸要素为其最小外接圆柱面）的尺寸等于该要素的最小实体尺寸减去（对外尺寸要素）或加上（对内尺寸要素）其导出要素的几何误差。若导出要素的几何误差正好等于图样给出的几何公差，则该体内拟合要素的尺寸正好等于尺寸要素的最小实体实效尺寸。尺寸要素的这种状态就称为最小实体实效状态（LMVC）。

当对尺寸要素的导出要素给出了形状公差时，其最小实体实效状态取决于该形状公差，并可称为单一最小实体实效状态；当对尺寸要素的导出要素给出了方向公差时，其最小实体实效状态取决于该方向公差，并可称为定向最小实体实效状态；当对尺寸要素的导出要素给出了位置公差时，其最小实体实效状态取决于该位置公差，并可称为定位最小实体实效状态。

图 4-91 所示 ϕ30 mm 轴的轴线给出了采用最小实体要求的任意方向的直线度公差，则当轴的局部尺寸处处等于其最小实体尺寸（即轴处于最小实体状态 LMC），且其轴线的直线度误差等于给出的公差值，即 $\phi f=\phi t=\phi 0.03$ mm 时，则该轴的体内拟合要素（最大内接圆柱面）的尺寸等于其最小实体实效尺寸。

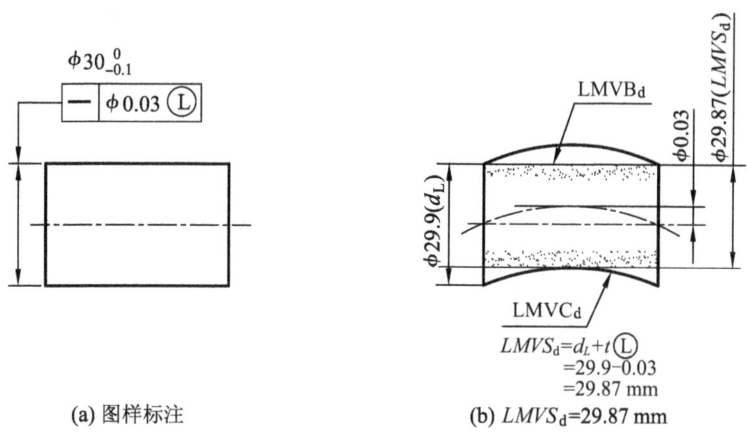

(a) 图样标注　　(b) $LMVS_d$=29.87 mm

图 4-91　轴的最小实体实效状态和最小实体实效尺寸一

图 4-92 a 所示 ϕ30 mm 孔的轴线给出了采用最小实体要求的任意方向的直线度公差，则当孔的局部尺寸处处等于其最小实体尺寸（即孔处于最小实体状态 LMC），且其轴线的直线度误差等于给出的公差值时，则该孔的体内拟合要素（最小外接圆柱面）的尺寸等于其最小实体实效尺寸，如图 4-92 b 所示。

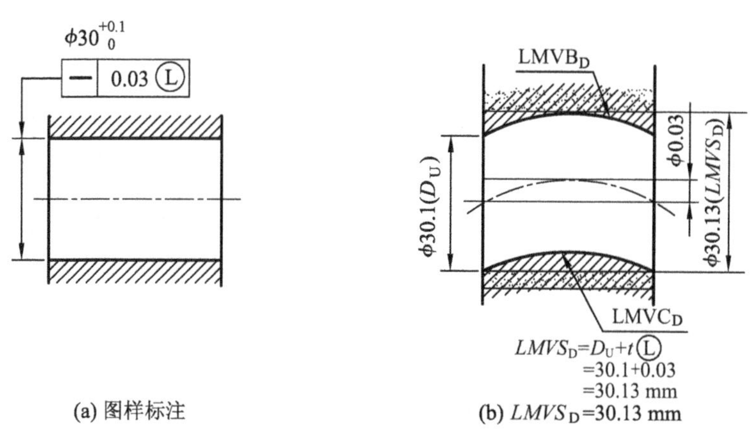

(a) 图样标注　　(b) $LMVS_D$=30.13 mm

图 4-92　孔的最小实体实效状态和最小实体实效尺寸

又图 4-93 a 所示 ϕ30 mm 轴的轴线给出了采用最小实体要求的任意方向的垂直度公差，则当轴的局部尺寸处处等于其最小实体尺寸（即轴处于最小实体状态 LMC）且其轴线的垂直度误差等于给出的公差值即 $\phi f=\phi t=\phi 0.08$ mm 时，则该轴的体内拟合要素（轴线垂直于基准平面 A 的最大内接圆柱面）的尺寸（定向体内拟合尺寸 d_{ai}'）等于其最小实体实效尺寸，如图 4-93 b 所示。

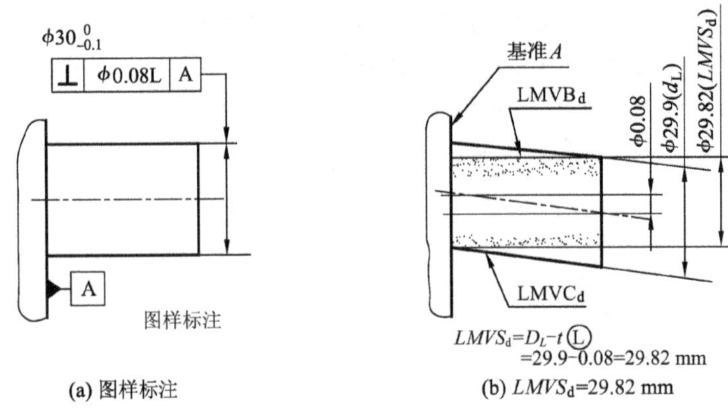

(a) 图样标注　　(b) $LMVS_d$=29.82 mm

图 4-93　轴的最小实体实效状态和最小实体实效尺寸二

6. 最大实体边界和最小实体边界

(1) 最大实体边界

最大实体边界(maximum material boundary)是指最大实体状态的理想形状的极限包容面。最大实体边界用 MMB 表示。外尺寸要素(轴)的最大实体边界用 MMB_d 表示，内尺寸要素(孔)的最大实体边界用 MMB_D 表示，最大实体边界的尺寸等于尺寸要素的最大实体尺寸。单一尺寸要素的最大实体边界具有确定的形状和大小，但其方向和位置是不确定的。

例如，图 4-94 a 所示采用包容要求的轴的最大实体边界如图 4-94 b 所示，它是直径等于轴的最大实体尺寸 φ 30 mm 的理想圆柱面；图 4-95 a 所示采用包容要求的孔的最大实体边界如图 4-94 b 所示，它是直径等于孔的最大实体尺寸 φ 30 mm 的理想圆柱面。

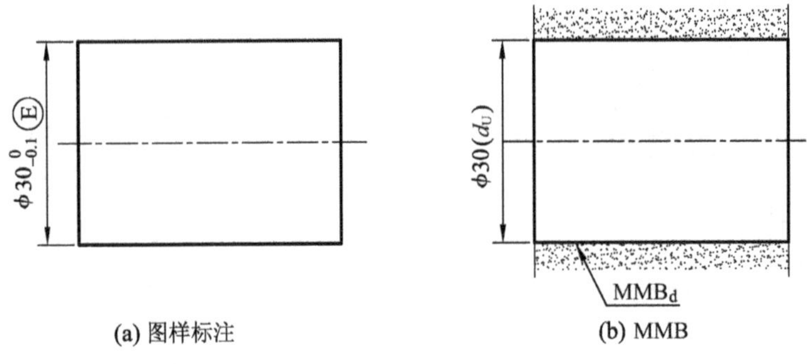

(a) 图样标注　　(b) MMB

图 4-94　轴的最大实体边界一

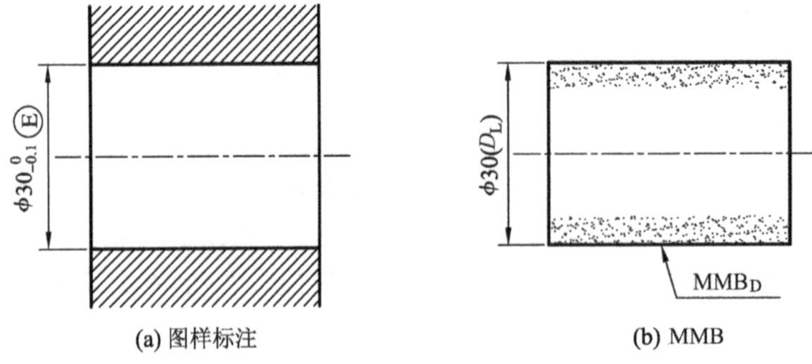

(a) 图样标注　　(b) MMB

图 4-95　孔的最大实体边界一

给出方向公差的关联尺寸要素的定向最大实体边界不仅具有确定的形状和大小，而且其导出的要素应对基准保持图样给定的方向关系。

例如，图 4-96 a 所示 ϕ 20 mm 孔的采用最大实体要求的轴线对基准平面 A 的零垂直度公差，其定向最大实体边界如图 4-96 b 所示，它是直径等于孔的最大实体尺寸 ϕ 20 mm、轴线垂直于基准平面 A 的理想圆柱面。

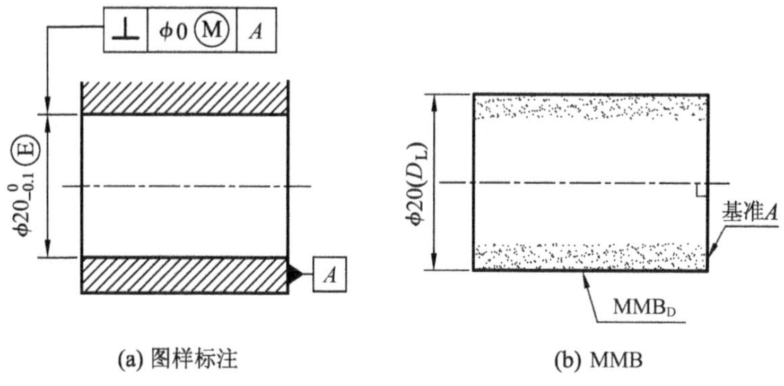

(a) 图样标注　　(b) MMB

图 4-96　孔的最大实体边界二

图 4-97 a 所示 ϕ 20 mm 轴的采用最大实体要求的轴线对基准轴线 A 的零同轴度公差，其定位最大实体边界如图 4-97 b 所示，它是直径等于轴的最大实体尺寸 ϕ 20 mm、轴线与基准轴线重合的理想圆柱面。

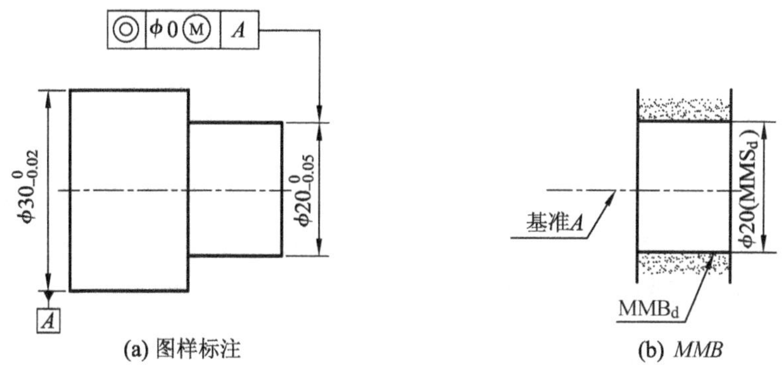

(a) 图样标注　　(b) *MMB*

图 4-97　轴的最大实体边界二

当设计要求被测尺寸要素遵守最大实体边界、分别按图 4-94 a 到图 4-97 a 标注时，被测尺寸要素的实际（提取）要素不得进入相应的图 b 中由点影限定的区域。

（2）最小实体边界

最小实体边界（minimum material boundary）是指最小实体状态的理想形状的极限包容面。最小实体边界用 LMB 表示。外尺寸要素（轴）的最小实体边界用 LMB_d 表示，内尺寸要素（孔）的最小实体边界用 LMB_D 表示，最小实体边界的尺寸等于尺寸要素的最小实体尺寸。单一尺寸要素的最小实体边界具有确定的形状和大小，但其方向和位置是不确定的。

例如，图 4-98 a 所示给出 ϕ 30 mm 轴的轴线采用最小实体要求的零直线度公差，其最小实体边界如图 4-98 b 所示，它是直径等于轴的最小实体尺寸 ϕ 29.9 mm 的理想圆柱面。

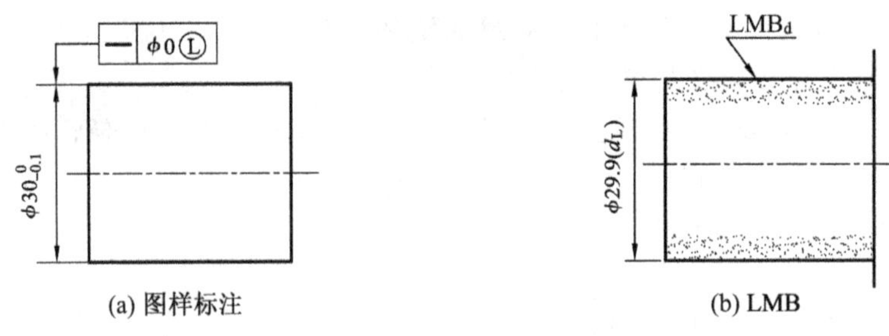

(a) 图样标注　　(b) LMB

图 4-98　轴的最小实体边界一

图 4-99 a 给出 ϕ 30 mm 孔的轴线采用最小实体要求的零直线度公差，其最小实体边界如图 4-99 b 所示，它是直径等于孔的最小实体尺寸 ϕ 30.1 mm 的理想圆柱面。

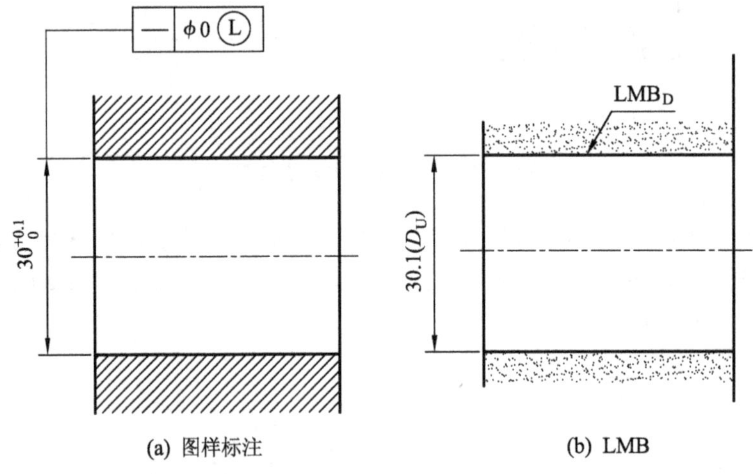

(a) 图样标注　　(b) LMB

图 4-99　孔的最小实体边界一

又如图 4-100 a 所示给出 ϕ 20 mm 轴的轴线对基准平面 A 采用最小实体要求的零垂直度公差，其定向最小实体边界如图 4-99 b 所示，它是直径等于轴的最小实体尺寸 ϕ 19.9 mm 的理想圆柱面，该圆柱面的轴线与基准平面 A 垂直。

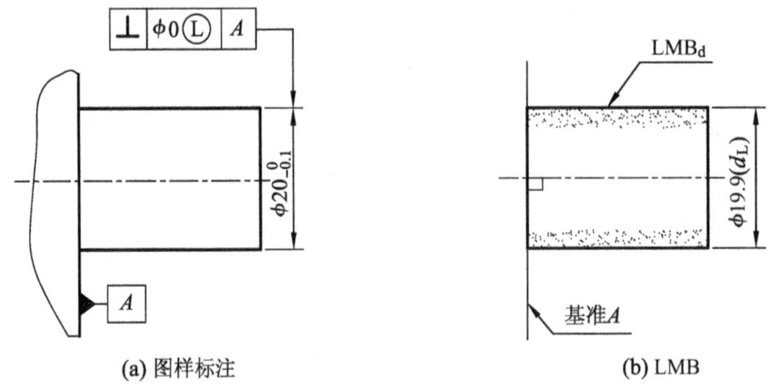

(a) 图样标注　　(b) LMB

图 4-100　轴的最小实体边界二

再如图 4-101 a 所示给出 ϕ 20 mm 孔的轴线对基准平面 A 采用最小实体要求的零位置

度公差，其定位最小实体边界如图 4-101 b 所示，它是直径等于孔的最小实体尺寸 ϕ20.1 mm，轴线平行于基准平面 A 且与之相距理论正确尺寸 24 mm 的理想圆柱面。

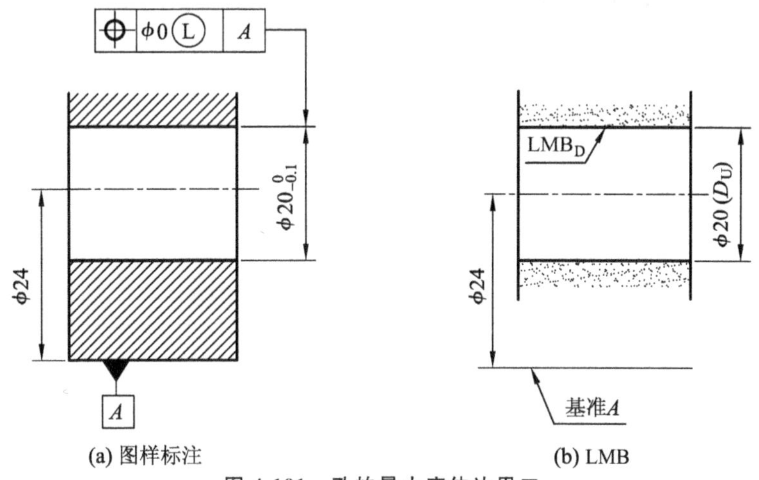

图 4-101　孔的最小实体边界二

当设计要求被测尺寸要素遵守最小实体边界、分别按图 4-98 a 至图 4-101 a 标注时，被测尺寸要素的实际(提取)要素不得进入相应的图 b 中由点影限定的区域。

7. 最大实体实效边界和最小实体实效边界

(1) 最大实体实效边界

最大实体实效尺寸的边界称为最大实体实效边界(maximum material virtual boundary)，即最大实体实效状态对应的极限包容面称为最大实体实效边界。最大实体实效边界用 MMVB 表示。外尺寸要素(轴)的最大实体实效边界用 $MMVB_d$ 表示，内尺寸要素(孔)的最大实体实效边界用 $MMVB_D$ 表示。

与最大实体边界相类似，给出了采用最大实体要求的形状公差的导出要素，其相应尺寸要素的最大实体实效边界具有确定的形状和大小，但其方向和位置是不确定的，如图 4-88 b 和图 4-89 b 所示；给出了采用最大实体要求的方向公差的导出要素，其相应尺寸要素的最大实体实效边界不仅具有确定的形状和大小，而且应对基准保持图样给定的方向关系，称为定向最大实体实效边界，如图 4-90 b 所示；给出了采用最大实体要求的位置公差的导出要素，其相应尺寸要素的最大实体实效边界不仅具有确定的形状和大小，而且应对基准保持图样给定的位置关系，称为定位最大实体实效边界。

当给出导出要素的采用最大实体要求的几何公差为零(0 Ⓜ)时，其相应尺寸要素的最大实体实效状态等于具有理想形状、方向和(或)位置的最大实体状态。此时最大实体实效尺寸等于最大实体尺寸，最大实体实效边界等于最大实体边界。

(2) 最小实体实效边界

最小实体实效尺寸的边界称为最小实体实效边界(minimum material virtual boundary)。最小实体实效边界用 LMVB 表示。外尺寸要素(轴)的最小实体边界用 $LMVB_d$ 表示，内尺寸要素(孔)的最小实体边界用 $LMVB_D$ 表示。

与最小实体边界类似，给出了采用最小实体要求的形状公差的导出要素，其相应尺寸要素的最小实体实效边界具有确定的形状和大小，但其方向和位置是不确定的，如图 4-91 b 和

图 4-92 b 所示。

给出了采用最小实体要求的方向公差的导出要素，其相应尺寸要素的最小实体实效边界不仅具有确定的形状和大小，而且应对基准保持图样给定的方向关系，称为定位最小实体实效边界。

当给出导出要素的采用最小实体要求的几何公差为零(0 Ⓛ)时，其相应尺寸要素的最小实体实效状态等于具有理想形状、方向和(或)位置的最小实体状态。此时最小实体实效尺寸等于最小实体尺寸，最小实体实效边界等于最小实体边界。

4.5.3 包容要求

包容要求是适用于单一尺寸要素的尺寸公差与几何公差相互有关的一种相关要求。

1. 图样标注

采用包容要求的尺寸要素，在图样上的标注方法是：在其尺寸极限偏差或公差带代号后加注符号Ⓔ。

2. 含义

采用包容要求的尺寸要素，其实际(提取)轮廓应遵守(不超越)最大实体边界(MMB)，即其体外拟合尺寸(d_{ae}，D_{ae})不超出最大实体尺寸(MMS_d，MMS_D)，且其局部尺寸(d'，D')不超出最小实体尺寸(LMS_d，LMS_D)，即

对于外尺寸要素(轴)　$d_{ae} \leqslant MMS_d = d_U$ 且 $d' \geqslant LMS_d = d_L$

对于内尺寸要素(孔)　$D_{ae} \geqslant MMS_D = D_L$ 且 $D' \leqslant LMS_D = D_U$

图 4-102 a 所示轴的直径尺寸标注为ϕ60Ⓔ，表示轴的尺寸公差采用包容要求，则该轴应满足下列要求：$d_{ae} \leqslant MMS_d = d_U = 60$ mm 且 $d' \geqslant LMS_d = d_L = 59.97$ mm

图 4-102 b，c，d 分别列出了该轴在满足上述条件下，轴向截面和横向截面内允许出现的几种典型的极限状况。

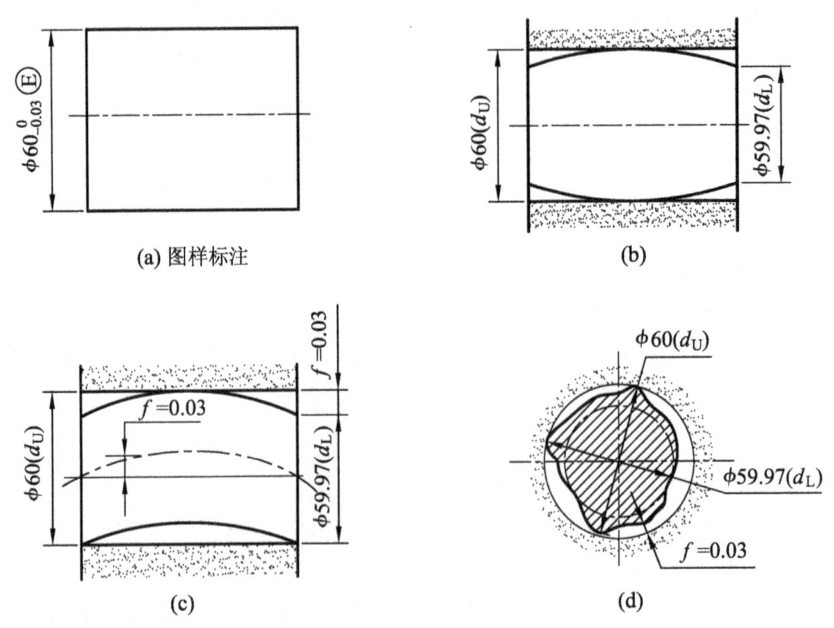

图 4-102　轴的包容要求

图 4-103 a 所示孔的直径尺寸 ϕ 60Ⓔ表示孔的尺寸公差采用包容要求，则该孔应满足下列要求：$D_{ae} \geqslant MMS_D = D_L = \phi 60$ mm 且 $D' \leqslant LMS_D = D_U = \phi 60.03$ mm

图 4-103 b，c，d 分别列出了该孔在满足上述条件下，轴向截面和横向截面内允许出现的几种典型的极限状况。

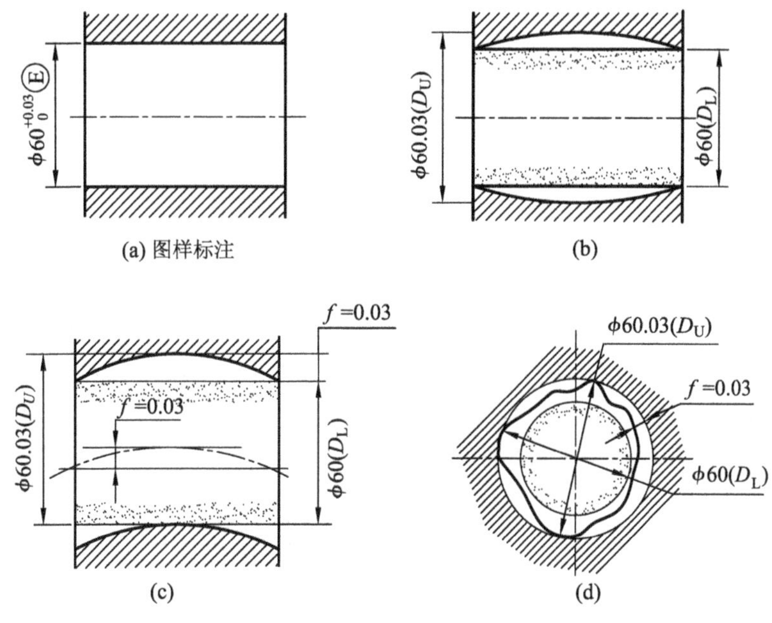

图 4-103　孔的包容要求

在上述两例中轴、孔的体外拟合尺寸不得超出最大实体尺寸，也就是轴、孔的实际（提取）轮廓不得进入图中的点影限定区域。

由此可见，当圆柱要素的直径尺寸公差采用包容要求时，其几何误差（如圆度误差、轴线直线度误差、素线直线度误差、相对素线的平行度误差和圆柱度误差等）都可由尺寸公差控制，即不得超出给出的尺寸公差值。

对于单一尺寸要素，尺寸公差采用包容要求时，相当于其导出要素（轴线或中心平面）的形状公差采用最大实体要求，且给出的公差值为零，即 ϕ 0 Ⓜ或 0 Ⓜ。所以，包容要求是最大实体要求的一种特例。

4.5.4　最大实体要求

最大实体要求（maximum material requirement）是一种导出要素的几何公差与相应的尺寸要素的尺寸公差相互有关的设计要求。最大实体要求既可以应用于被测要素，也可以应用于基准要素。

1. 图样标注

最大实体要求单独应用于被测要素时，在被测导出要素几何公差框格第 2 格的几何公差数值后加注符号Ⓜ，如图 4-104 a 所示。

最大实体要求单独应用于基准导出要素时，在被测导出要素的几何公差框格内相应基准字母代号后加注符号Ⓜ，如图 4-104 b 所示。

最大实体要求同时应用于被测要素和基准导出要素时，在被测导出要素的几何公差框格内的公差数值后和相应的基准字母代号后都加注符号Ⓜ，如图 4-104 c 所示。

可逆的最大实体要求应用于被测要素，在被测导出要素几何公差框格内的公差数值后加注Ⓜ Ⓡ，如图 4-104 d 所示。

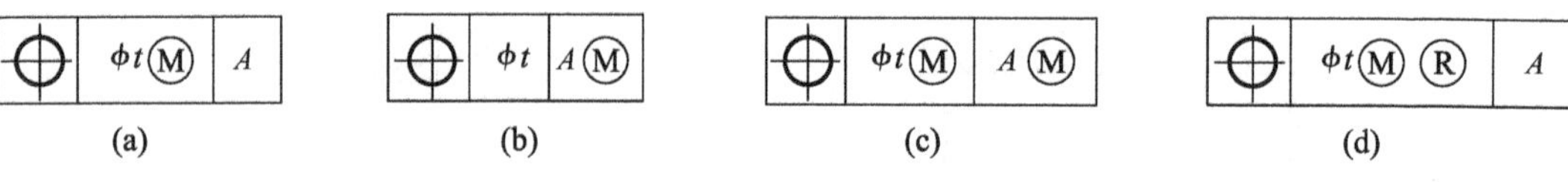

图 4-104 最大实体要求标注

2. 含义

(1) 最大实体要求应用于被测要素

最大实体要求应用于被测要素时，被测导出要素的几何公差与其相应的尺寸要素的尺寸公差相关。该尺寸要素的实际（提取）轮廓应遵守最大实体实效边界（MMVB），即其体外拟合尺寸（d_{ae}，D_{ae}）不得超出其最大实体实效尺寸（$MMVS_d$，$MMVS_D$）；同时，其局部尺寸（d'，D'）不得超出其最大实体尺寸（MMS_d，MMS_D）和最小实体尺寸（LMS_d，LMS_D）。

被测导出要素的几何误差及其相应的尺寸要素的尺寸误差的综合的合格条件可用如下表达式表达：

对于外尺寸要素（轴） $d_{ae} \leqslant MMVS_d$ 且 $MMS_d(d_U) \geqslant d' \geqslant LMS_d(d_L)$

对于内尺寸要素（孔） $D_{ae} \geqslant MMVS_D$ 且 $MMS_D(D_L) \leqslant D' \leqslant LMS_D(D_U)$

最大实体要求应用于被测要素时，其图样标注出的几何公差值是在其相应的尺寸要素处于最大实体状态时给出的。当该尺寸要素的实际（提取）轮廓向最小实体状态方向偏离最大实体状态时，即其局部尺寸向最小实体尺寸方向偏离最大实体尺寸时，其导出要素（中心线或中心面）的几何误差可以增大，增大量最大不得超出被测实际（提取）要素对其最大实体状态的偏离量。

① 最大实体要求应用于被测要素的形状公差

最大实体要求应用于被测导出要素的形状公差时，其相应尺寸要素实际（提取）轮廓应遵守最大实体实效边界，即其体外拟合尺寸不得超出最大实体实效尺寸，同时其局部尺寸不得超出最大和最小实体尺寸。用表达式表达为：

对于外尺寸要素（轴） $d_{ae} \leqslant MMVS_d$ 且 $MMS_d(d_U) \geqslant d' \geqslant LMS_d(d_L)$

对于内尺寸要素（孔） $D_{ae} \geqslant MMVS_D$ 且 $MMS_D(D_L) \leqslant D' \leqslant LMS_D(D_U)$

图 4-105 a 所示为一公称尺寸等于 ϕ35 mm 的圆柱配合。图 4-105 b 表示该配合的轴的轴线直线度公差采用最大实体要求（ϕ0.1 Ⓜ）。当轴处于最大实体状态（MMC）时，其轴线的直线度公差为 ϕt Ⓜ$=\phi$0.1 mm。若轴的局部尺寸向最小实体尺寸方向偏离最大实体尺寸，即小于最大实体尺寸 $MMS_d=\phi 35$ mm，则其轴线的直线度误差可以超出图样中给出的公差值，但是保证该轴的体外拟合尺寸 d_{ae} 不超出（不大于）最大实体实效尺寸 $MMVS_d=\phi 35.1$ mm，即其实际（提取）轮廓不得进入图 4-105 c 中点影区域。所以，当轴的局部尺寸处处等于其最小实体尺寸 $LMS_d=\phi 34.9$ mm，即处于最小实体状态（LMC）时，其直线度公差 t 可达到最大值，即等于给出的轴线直线度公差 ϕt Ⓜ和尺寸要素（轴）的尺寸公差 T_d 之和，$t_{max}=\phi t$ Ⓜ$+T_d=0.1+0.1=0.2$ mm。

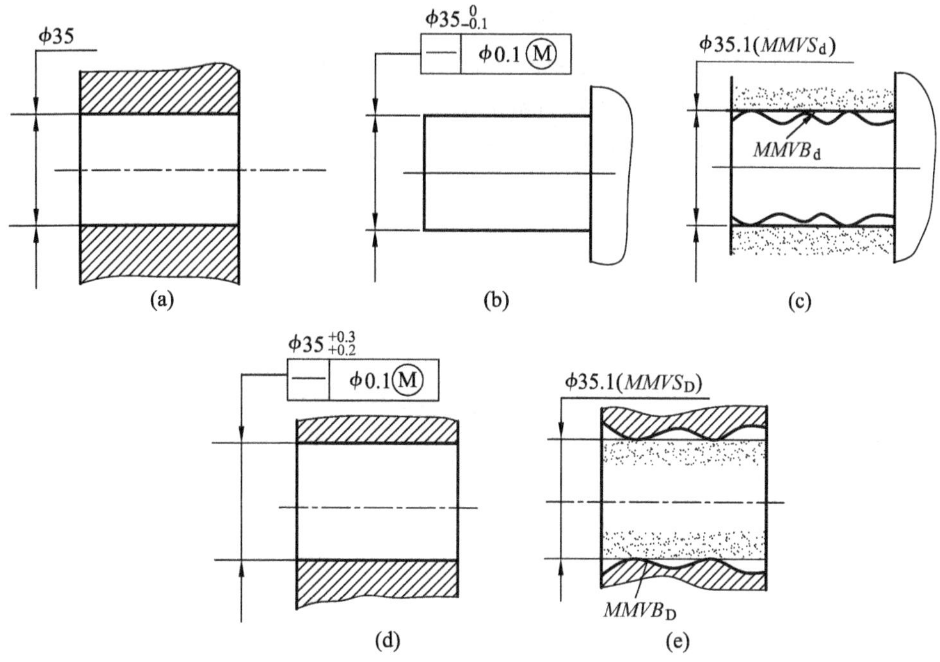

图 4-105　被测要素形状公差的最大实体要求

图 4-105 d 表示该配合的孔的轴线直线度公差采用最大实体要求（φ0.1 Ⓜ）。当该孔处于最大实体状态（MMC）时，其轴线的直线度公差为ϕt Ⓜ$=\phi 0.1$ mm。若孔的局部尺寸向最小实体尺寸方向偏离最大实体尺寸 MMS_D，即大于最大实体尺寸 $\phi 35.2$ mm，则其轴线直线度误差可以超出图样给出的公差值 $\phi 0.1$ mm，但是，必须保证该孔的体外拟合尺寸 D_{ae}不超出（不小于）孔的最大实体实效尺寸 $MMVS_D=\phi 35.1$ mm，如图 4-104（e）所示。所以，当孔的局部尺寸处处相等时，它对最大实体尺寸的偏离量就等于其轴线直线度公差的增加值。当孔的局部尺寸处处等于其最小实体尺寸，即处于最小实体状态（LMC）时，其直线度公差 t 可达到最大值，即等于给出的孔的直线度公差 ϕt Ⓜ和尺寸要素（孔）的尺寸公差 T_D之和，$t_{max}=\phi t$ Ⓜ$+T_D=0.1+0.1=0.2$ mm。

上述圆柱形孔、轴的导出要素（轴线）的直线度误差和相应尺寸要素的尺寸误差的综合合格条件是：其实际（提取）轮廓分别不得超出最大实体实效边界（$MMVB_D$，$MMVB_d$）而进入图 4-105 c，e 中的点影区域，且孔、轴的局部尺寸不超出其最大和最小实体尺寸，即

对于轴　$d_{ae}\leqslant MMVS_d=\phi 35.1$ mm

　　　且 $MMS_d(d_U)=\phi 35$ mm$\geqslant d'\geqslant LMS_d(d_L)=\phi 34.9$ mm

对于孔　$D_{ae}\geqslant MMVS_D=\phi 35.1$ mm

　　　且 $MMS_D(D_L)=\phi 35.2$ mm$\leqslant D'\leqslant LMS_D(D_U)=\phi 35.3$ mm

② 最大实体要求应用于被测要素的方向公差

最大实体要求应用于被测导出要素的方向公差时，其相应尺寸要素的实际（提取）轮廓应遵守其定向最大实体实效边界，即其定向体外拟合尺寸不得超出定向最大实体实效尺寸。同时，其局部尺寸不得超出最大和最小实体尺寸。用表达式表达为

对于外尺寸要素（轴）　$d_{ae}'\leqslant MMVS_d$且 $MMS_d(d_U)\geqslant d'\geqslant LMS_d(d_L)$

对于内尺寸要素(孔)　$D_{ae}{}' \geqslant MMVS_D$且 $MMS_D(D_L) \leqslant D' \leqslant LMS_D(D_U)$

图 4-106 a 所示为一公称尺寸等于ϕ35 mm,以右侧面定位的圆柱配合。

图 4-106 b 表示轴ϕ35 mm 的轴线对基准平面 A 的任意方向垂直度公差采用最大实体要求(ϕ0.1 Ⓜ),当该轴处于最大实体状态(MMC)时,其轴线对基准平面 A 的任意方向垂直度公差为ϕt Ⓜ$=\phi$0.1 mm。若轴的局部尺寸向最小实体尺寸方向偏离最大实体尺寸,即小于最大实体尺寸 $MMS_d=\phi 35$ mm,则其轴线对基准平面 A 的任意方向垂直度误差可以超出图样给出的公差值ϕ0.1 mm,但是,必须保证该轴的定向体外拟合尺寸 $d_{ae}{}'$不超出(不大于)轴的定向最大实体实效尺寸 $MMVS_d=MMS_d+\phi t$ Ⓜ$=\phi 35.1$ mm,即其实际(提取)轮廓不得进入图 4-106 c 中的圆柱面定向最大实体实效边界($MMVB_d$)外的点影区域。所以,当局部尺寸处处相等时,它对最大实体尺寸的偏离量就等于其轴线对基准平面 A 的任意方向垂直度公差的增加值。当轴的局部尺寸处处等于其最小实体尺寸,即处于最小实体状态(LMC)时,其轴线对基准平面 A 的任意方向垂直度公差可达最大值,即等于给出的轴线对基准平面 A 的任意方向垂直度公差ϕt Ⓜ和尺寸要素(轴)的尺寸公差 T_d之和,$t_{max}=\phi t$ Ⓜ$+T_d=0.1+0.1=0.2$ mm。

图 4-106 d 表示ϕ35 mm 孔的轴线对基准平面 A 的任意方向垂直度公差采用最大实体要求(ϕ0.1 Ⓜ)。当该孔处于最大实体状态(MMC)时,其轴线对基准平面 A 的任意方向垂直度公差为ϕt Ⓜ$=\phi$0.1 mm。若孔的局部尺寸向最小实体尺寸方向偏离最大实体尺寸,即

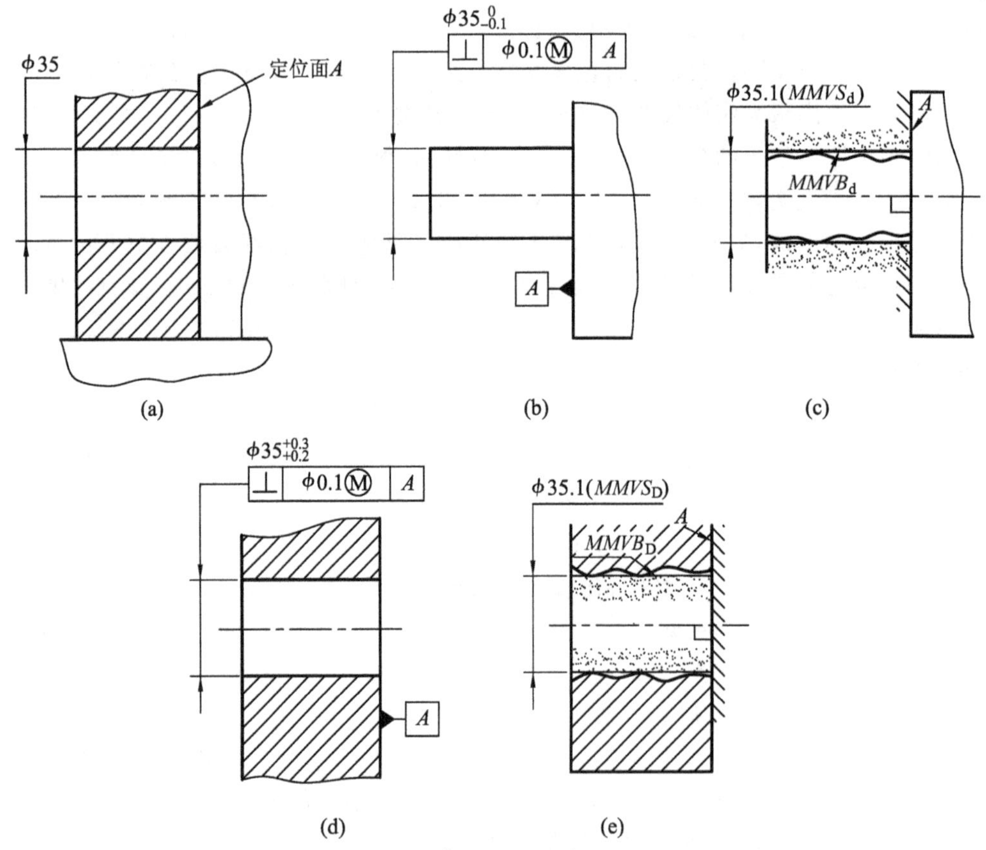

图 4-106　被测要素方向公差的最大实体要求

大于最大实体尺寸 $MMS_D=\phi 35.2$ mm，则其轴线对基准平面 A 的任意方向垂直度误差可以超出图样给出的公差值 $\phi 0.1$ mm，但是必须保证该孔的定向体外拟合尺寸 D_{ae}' 不超出(不小于)孔的定向最大实体实效尺寸 $MMVS_D=MMS_D-\phi t$ Ⓜ$=\phi 35.2-\phi 0.1=\phi 35.1$ mm，即其实际(提取)轮廓不得进入图 4-106 e 中圆柱面定向最大实体实效边界($MMVB_D$)内的点影区域。所以当孔的局部尺寸处处相等时，它对最大实体尺寸的偏离量就等于其轴线对基准平面 A 的任意方向垂直度公差的增加值。当孔的局部尺寸处处等于其最小实体尺寸，即处于最小实体状态(LMC)时，其轴线对基准平面 A 的任意方向垂直度公差可达最大值，即等于给出的轴线对基准平面 A 的任意方向垂直度公差 ϕt Ⓜ和尺寸要素(孔)的尺寸公差 T_D 之和，$t_{max}=\phi t$ Ⓜ$+T_D=0.1+0.1=0.2$ mm。

图 4-106 b，d 所示轴、孔的轴线对基准平面 A 的任意方向垂直度误差和尺寸误差的综合合格条件是其实际(提取)轮廓分别不得超出图 4-106 c，e 中的圆柱定向最大实体实效边界($MMBV_d$，$MMVB_D$)而进入点影区域，且轴、孔的局部尺寸不超出其上、下极限尺寸，即

对于轴　$d_{ae}'\leqslant MMVS_d=\phi 35.1$ mm

且 $MMS_d(d_U)=\phi 35$ mm $\geqslant d'\geqslant LMS_d(d_L)=\phi 34.9$ mm

对于孔　$D_{ae}'\geqslant MMVS_D=\phi 35.1$ mm

且 $MMS_D(D_L)=\phi 35.2$ mm $\leqslant D'\leqslant LMS_D(D_U)=\phi 35.3$ mm

③ 最大实体要求应用于被测要素的位置公差

最大实体要求应用于被测导出要素的位置公差时，其相应尺寸要素的实际(提取)轮廓应遵守其定位最大实体实效边界，即定位体外拟合尺寸不得超出定位最大实体实效尺寸，同时其局部尺寸不得超出最大和最小实体尺寸。其合格条件为

对于外尺寸要素(轴)　$d_{ae}''\leqslant MMVS_d$ 且 $MMS_d(d_U)\geqslant d'\geqslant LMS_d(d_L)$

对于内尺寸要素(孔)　$D_{ae}''\geqslant MMVS_D$ 且 $MMS_D(D_L)\leqslant D'\leqslant LMS_D(D_U)$

图 4-107 a 所示为一公称尺寸等于 $\phi 35$ mm、以右侧端面和底面定位的圆柱配合。图 4-107 b 表示轴 $\phi 35$ mm 的轴线对由两个基准平面 A，B 组成的基准体系的任意方向位置度公差采用最大实体要求($\phi 0.1$ Ⓜ)。当该轴处于最大实体状态(MMC)时，其轴线对基准平面 A，B 的任意方向位置度公差为 ϕt Ⓜ$=\phi 0.1$ mm。若轴的局部尺寸向最小实体尺寸方向偏离最大实体尺寸，即小于最大实体尺寸 $MMS_d=\phi 35$ mm，则其轴线对基准平面 A，B 的任意方向位置度误差可以超出图样给出的公差值 $\phi 0.1$ mm，但是，必须保证该轴的定位体外拟合尺寸 d_{ae}'' 不超出(不大于)轴的定位最大实体实效尺寸 $MMVS_d=MMS_d+\phi t$ Ⓜ$=\phi 35.1$ mm，所以，当轴的局部尺寸处处相等时，它对最大实体尺寸的偏离量就等于其轴线对基准平面 A，B 的任意方向位置度公差的增加值。当轴的局部尺寸处处等于其最小实体尺寸 $LMS_d=\phi 34.9$ mm，即处于最小实体状态(LMC)时，其轴线对基准平面 A，B 的任意方向位置度公差可达最大值，即等于图样给出的轴线对基准平面 A，B 的任意方向位置度公差 ϕt Ⓜ和尺寸要素(轴)的尺寸公差 T_d 之和，$t_{max}=\phi t$ Ⓜ$+T_d=0.1+0.1=0.2$ mm。

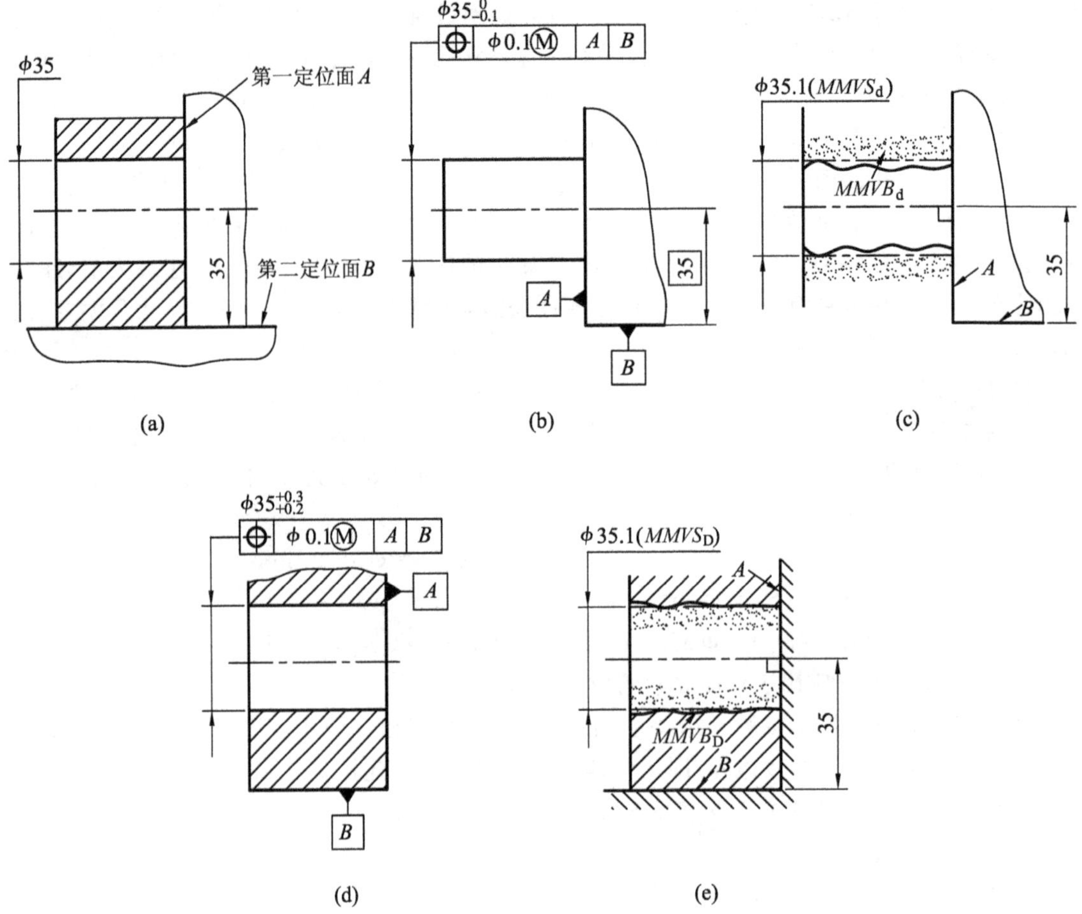

图 4-107　被测要素位置公差的最大实体要求

图 4-107 d 表示孔ϕ40 mm 的轴线对由两个基准平面 A、B 组成的基准体系的任意方向位置度公差采用最大实体要求(ϕ0.1 Ⓜ)。当该孔处于最大实体状态(MMC)时，其轴线对基准平面 A,B 的任意方向位置度公差为ϕt Ⓜ$=\phi$0.1 mm。若孔的局部尺寸向最小实体尺寸方向偏离最大实体尺寸，即大于最大实体尺寸 $MMS_D=\phi$35.2 mm，则其轴线对基准平面 A,B 的任意方向位置度误差可以超出图样给出的公差值ϕ0.1 mm。但是必须保证该孔的定位体外拟合尺寸 D_{ae}''不超出(不小于)孔的定位最大实体实效尺寸$MMVS_D=MMS_D-\phi t$ Ⓜ$=\phi$35.2$-\phi$0.1$=\phi$35.1 mm。所以，当孔的局部尺寸处处相等时，它对最大实体尺寸的偏离量就等于其轴线对基准平面 A,B 的任意方向位置公差的增加值，当孔的局部尺寸处处等于其最小实体尺寸，即处于最小实体状态(LMC)时，其轴线对基准平面 A,B 的任意方向位置度公差可达最大值，即等于图样给出的轴线对基准平面 A,B 的任意方向位置度公差ϕt 和尺寸要素(孔)的尺寸公差T_D之和，$t_{max}=\phi t$ Ⓜ$+T_D=0.1+0.1=0.2$ mm。

图 4-107 b,d 所示轴、孔的轴线对基准平面 A,B 的任意方向位置度误差和尺寸误差的综合合格条件是：其实际(提取)轮廓分别不得超出图 4-107 c,e 中圆柱定位最大实体实效边界($MMBV_d$或 $MMVB_D$)而进入点影限定的区域，且轴、孔的局部尺寸不超出其上、下极限尺寸，即

对于轴 $d_{ae}'' \leqslant MMVS_d = \phi 35.1$ mm

且 $MMS_d(d_U) = \phi 35$ mm $\geqslant d' \geqslant LMS_d(d_L) = \phi 34.9$ mm

对于孔 $D_{ae}'' \geqslant MMVS_D = \phi 35.1$ mm

且 $MMS_D(D_L) = \phi 35.2$ mm $\leqslant D' \leqslant LMS_D(D_U) = \phi 35.3$ mm

(2) 可逆的最大实体要求应用于被测要素

可逆要求(reciprocity requirement, RPR)是最大实体要求(MMR)或最小实体要求(LMR)的附加要求,表示被测提取要素的实际几何误差小于其几何公差时,被测要素的尺寸公差可以增大。

可逆的最大实体要求应用于被测要素时,被测导出要素相应尺寸要素的实际(提取)轮廓应遵守其最大实体实效边界。不仅当其局部尺寸向最小实体尺寸方向偏离最大实体尺寸时,允许其几何误差值超出图样给出的几何公差值,即几何公差值可以增大;而且当被测导出要素的几何误差值小于给出的几何公差值时,也允许其相应组成要素的局部尺寸超出最大实体尺寸,即相应的尺寸要素的尺寸公差也可以增大。若被测导出要素的几何误差为零,则其相应组成要素的局部尺寸可以获得最大的增加量,这个最大的增加量就等于被测导出要素图样上给出的几何公差。可逆的最大实体要求应用于被测要素时,被测导出要素的几何误差和其相应尺寸要素的尺寸误差的综合合格条件是:体外拟合尺寸(D_{ae},d_{ae})不超出最大实体实效尺寸($MMVS_D$,$MMVS_d$),且局部尺寸(D',d')不超出最小实体尺寸(LMS_D,LMS_d),即

对于外尺寸要素(轴) $d_{ae} \leqslant MMVS_d$ 且 $d' \geqslant LMS_d(d_L)$

对于内尺寸要素(孔) $D_{ae} \geqslant MMVS_D$ 且 $D' \leqslant LMS_D(D_U)$。

(3) 最大实体要求应用于基准要素

最大实体要求应用于基准要素时,基准导出要素的尺寸要素应遵守规定的边界。若该相应尺寸要素的实际(提取)轮廓偏离其规定的边界,即其体外拟合尺寸偏离其规定的边界尺寸,并不允许被测导出要素的几何公差增大,而只允许实际(提取)基准导出要素相对于理想基准导出要素在一定范围内浮动,其浮动范围等于实际基准导出要素的相应尺寸要素的体外拟合尺寸与其规定的边界尺寸之差。

由此可知,最大实体要求应用于基准导出要素的含义与最大实体要求应用于被测导出要素的含义是完全不同的。前者是当基准导出要素相应的尺寸要素的实际(提取)轮廓偏离规定的边界时,允许实际基准导出要素的浮动,从而允许基准尺寸要素的边界相对于实际基准中心要素在一定范围内浮动。由于这种允许浮动并不相应地改变被测导出要素相应的尺寸要素的边界尺寸,因此,基准导出要素的实际(提取)轮廓对其规定边界的偏离并不允许增大被测要素的方向或位置公差值,而只允许其方向或位置公差带产生浮动。而后者(最大实体要求应用于被测要素)是被测导出要素相应的尺寸要素的实际(提取)轮廓向最小实体状态方向对最大实体状态的偏离,将允许被测导出要素的几何公差值增大。

最大实体要求应用于基准导出要素时,其相应尺寸要素的实际(提取)轮廓应遵守的边界有两种情况:

① 基准导出要素本身没有标注几何公差,或虽已标注几何公差,但未采用最大实体要求(即未标注Ⓜ)时,其相应的尺寸要素应遵守最大实体边界(MMB)。此时,基准代号应标注在该尺寸要素的尺寸线处,基准代号的连线应与该尺寸线对齐。

② 基准导出要素本身的几何公差采用最大实体要求时，其相应尺寸要素应遵守最大实体实效边界(MMVB)。此时，基准代号应直接标注在形成该最大实体实效边界的基准要素的几何公差框格的正下方。

例如，图 4-108 a 表示 4×ϕ8 均布 4 孔孔组对基准轴线 A 的任意方向位置度公差采用最大实体要求 ϕ0.2 Ⓜ，且基准轴线 A 本身没有标注几何公差，所以基准轴线 A 相应的尺寸要素 ϕ20 mm 轴应遵守其最大实体边界 MMB_d，边界尺寸为其最大实体尺寸 MMS_d = ϕ20 mm，基准代号标注在 ϕ20 mm 轴的尺寸线上，其连线与该尺寸线对齐；图 4-108 b 表示 4×ϕ8 均布 4 孔孔组对基准轴线 A 的任意方向位置度公差采用最大实体要求 ϕ0.2 Ⓜ，且基准轴线 A 本身已标注不采用最大实体要求的直线度公差 ϕ0.05(遵守独立原则)，所以基准轴线 A 相应的尺寸要素 ϕ20 mm 轴应遵守其最大实体边界 MMB_d，边界尺寸为其最大实体尺寸 MMS_d = ϕ20 mm，基准代号也应标注在 ϕ20 mm 轴的尺寸线上，其连线与该尺寸线对齐；图 4-108 c 表示 4×ϕ8 均布 4 孔孔组对基准平面 A(第一基准)和基准轴线 B(第二基准)的任意方向位置度公差采用最大实体要求 ϕ0.2 Ⓜ，且基准轴线 B 本身已标注不采用最大实体要求的垂直度公差 ϕ0.05(遵守独立原则)，所以基准轴线 B 相应的尺寸要素 ϕ20 mm 轴应遵守其定向最大实体边界 MMB_d(轴线垂直于第一基准 A 的圆柱面)，边界尺寸为其最大实体尺寸 MMS_d = ϕ20 mm，基准代号也应标注在 ϕ20 mm 轴的尺寸线上，其连线与该尺寸线对齐。

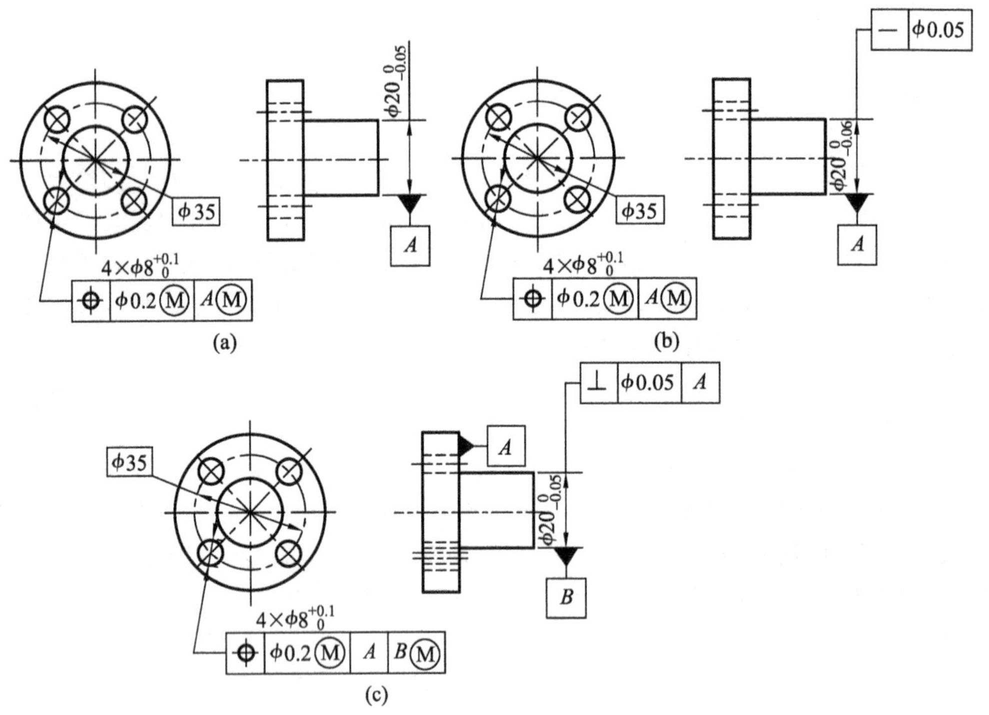

图 4-108 基准导出要素最大实体要求一

再如，图 4-109 a 表示 4×ϕ8 均布 4 孔孔组对基准轴线 A 的任意方向位置度公差采用最大实体要求 ϕ0.2 Ⓜ，且基准轴线 A 本身标有采用最大实体要求的直线度公差 ϕ0.05 Ⓜ，所以基准轴线 A 相应的尺寸要素 ϕ20 mm 轴应遵守其最大实体实效边界 $MMVB_d$，边界尺寸为其最大实体实效尺寸 $MMVS_d = \phi 20.05$ mm，基准代号标注在该直线度公差框格的下方；图 4-109 b 表示均布 4 孔孔组对基准平面 A（第一基准）和基准轴线 B（第二基准）的任意方向位置度公差采用最大实体要求 $\phi 0.2$ Ⓜ，且基准轴线 B 本身标注两项采用最大实体要求的几何公差：直线度公差 $\phi 0.05$ Ⓜ和对基准平面 A 的垂直度公差 $\phi 0.1$ Ⓜ，所以基准轴线 B 相应的尺寸要素轴应遵守其定向最大实体实效边界 $MMVB_d$，边界尺寸为其由轴线垂直度公差 $\phi 0.1$ Ⓜ 确定的最大实体实效尺寸 $MMVS_d = \phi 20.1$ mm，基准代号应标注在该垂直度公差框格的下方；图 4-109 c 表示 $4\times\phi 8$ 均布 4 孔孔组对基准平面 A（第一基准）和基准轴线 B（第二基准）的任意方向位置度公差采用最大实体要求 $\phi 0.2$ Ⓜ，且基准轴线 B 本身标注两项采用最大实体要求的几何公差：对基准平面 A 的垂直度公差 $\phi 0.08$ Ⓜ和对基准中心平面 D 的对称度公差 0.1 Ⓜ，由于该垂直度公差与被测要素的位置度公差属于同一基准体系，而对称度公差则属于另一基准体系，所以基准轴线 B 相应的尺寸要素 $\phi 20$ mm 轴应遵守其由垂直度公差 $\phi 0.08$ Ⓜ 确定的定向最大实体实效边界 $MMVB_d$，边界尺寸为其最大实体实效尺寸 $MMVS_d = \phi 20.08$ mm，基准代号也应标注在该垂直度公差框格的下方。

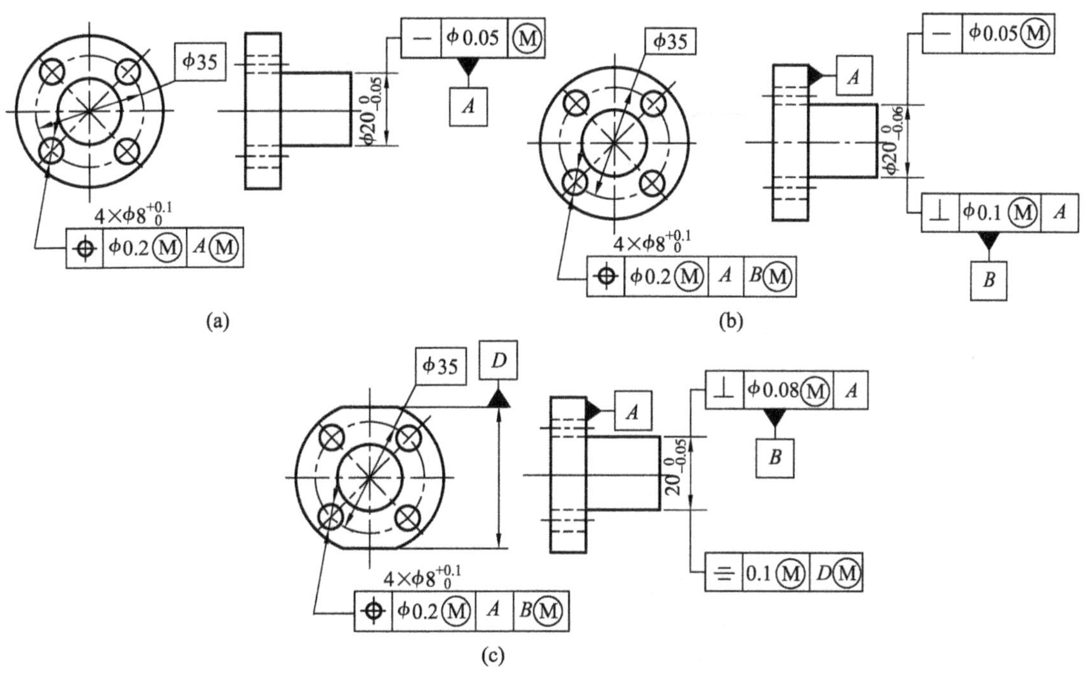

图 4-109　基准导出要素最大实体要求二

4.5.5　最小实体要求

最小实体要求（least material requirement，LMR）是另一种被测导出要素的几何公差与相应的尺寸要素的尺寸公差相互有关的设计要求。

最小实体要求既可应用于被测要素，也可应用于基准要素。

1. 图样标注

最小实体要求单独应用于被测要素时，在被测导出要素几何公差框格第 2 格的几何公差值后面加注符号Ⓛ，如图 4-110 a 所示。最小实体要求单独应用于基准导出要素时，在被测要素几何公差框格内相应基准字母代号后加注符号Ⓛ，如图 4-110 b 所示。最小实体要求同时应用于被测要素和基准导出要素时，在被测要素几何公差框格内公差数值后和相应基准字母代号后加注符号Ⓛ，如图 4-110 c 所示。

可逆的最小实体要求应用于被测要素，在被测导出要素的几何公差框格中的公差值后加注符号，如图 4-109 d 所示。

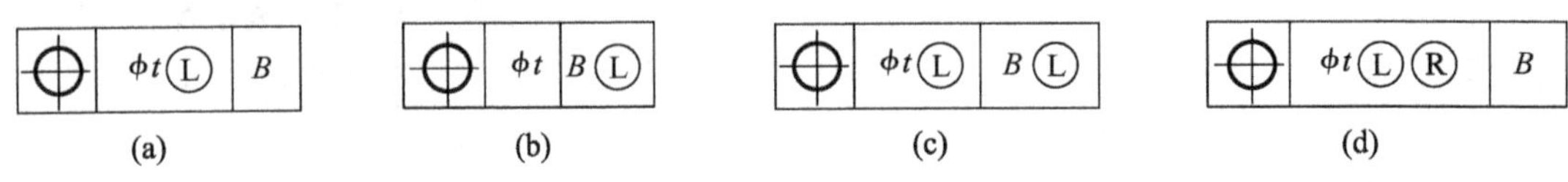

图 4-110　最小实体要求标注

2. 含义

(1) 最小实体要求应用于被测要素

最小实体要求应用于被测要素时，被测导出要素的几何公差与其相应的尺寸要素的尺寸公差相关。该尺寸要素的实际（提取）轮廓应遵守最小实体实效边界（LMVB），即其体内拟合尺寸（d_{ai}，D_{ai}）不得超出其最小实体实效尺寸（$LMVS_d$，$LMVS_D$）；同时，其局部尺寸（d'，D'）不得超出其最大实体尺寸（MMS_d，MMS_D）和最小实体尺寸（LMS_d，LMS_D）。

因此，最小实体要求应用于被测要素时，被测导出要素的几何误差及其相应的尺寸要素的尺寸误差的综合合格条件可以表达如下：

对于外尺寸要素（轴）　$d_{ai} \geqslant LMVS_d$ 且 $MMS_d(d_U) \geqslant d' \geqslant LMS_d(d_L)$

对于内尺寸要素（孔）　$D_{ai} \leqslant LMVS_D$ 且 $MMS_D(D_L) \leqslant D' \leqslant LMS_D(D_U)$

最小实体要求应用于被测导出要素时，其图样标注的几何公差值是在其相应的尺寸要素处于最小实体状态时给出的。当该尺寸要素的实际（提取）轮廓向最大实体状态偏离最小实体状态时，即其局部尺寸向最大实体尺寸方向偏离最小实体尺寸时，其导出要素（中心线或中心面）的几何误差允许增大，超出图样中给出的几何公差值 t Ⓛ。允许增大的量值，最大不得超过被测（提取）要素的尺寸要素对其最小实体状态的偏离量。

(2) 可逆的最小实体要求应用于被测要素

可逆的最小实体要求应用于被测要素时，被测导出要素相应尺寸要素的实际（提取）轮廓应遵守其最小实体实效边界。不仅当其局部尺寸向最大实体尺寸方向偏离最小实体尺寸时，允许其几何误差值超出在最小实体状态下给出的公差值，即几何公差值可以增大，而且，当被测导出要素的几何误差值小于给出的几何公差值时，也允许其相应组成要素的局部尺寸超出最小实体尺寸，即相应的尺寸要素的尺寸公差也可以增大。此时，被测导出要素的几何误差和其相应尺寸要素的尺寸误差的综合合格条件是：体内拟合尺寸（d_{ai}，D_{ai}）不超出最小实体实效尺寸（$LMVS_d$，$LMVS_D$），且局部尺寸（d'，D'）不超出最大实体尺寸（MMS_d，MMS_D），即

对于外尺寸要素（轴）　$d' \leqslant MMS_d(d_U)$ 且 $d_{ai} \geqslant LMVS_d(d_L)$

对于内尺寸要素（孔）　$D' \geqslant MMS_D(D_L)$ 且 $D_{ai} \leqslant LMVS_D(D_U)$

(3) 最小实体要求应用于基准要素

最小实体要求应用于基准要素时，基准导出要素的相应尺寸要素应遵守规定的边界。若该相应尺寸要素的实际（提取）轮廓偏离其规定的边界，即其体内拟合尺寸偏离其规定的

边界尺寸，并不允许被测导出要素的几何公差增大，而只允许实际（提取）基准导出要素相对于理想导出要素在一定范围内浮动，其浮动范围等于实际基准导出要素的相应尺寸要素的体内拟合尺寸与其规定的边界尺寸之差。

由此可知，最小实体要求应用于基准导出要素的含义与最小实体要求应用于被测导出要素的含义是完全不同的。前者是当基准导出要素相应尺寸要素的实际（提取）轮廓偏离规定的边界时，允许实际基准导出要素的浮动，从而允许基准尺寸要素的边界相对于实际基准中心要素在一定范围内浮动。由于这种允许浮动并不相应地改变被测导出要素相应尺寸要素规定的边界尺寸，因此基准导出要素的相应尺寸要素的实际（提取）轮廓对其规定边界的偏离并不允许增大被测导出要素的方向或位置公差值，而只允许其方向或位置公差带产生浮动。而后者（最小实体要求应用于被测要素）是被测导出要素相应的尺寸要素的实际（提取）组成要素由最小实体状态向最大实体状态的偏离，将允许被测导出要素的几何公差值增大。

最小实体要求应用于基准导出要素时，其相应尺寸要素的实际（提取）轮廓应遵守的边界有两种情况：

第一种情况：基准导出要素本身没有标注几何公差，或虽已标注几何公差，但未采用最小实体要求（即未标注Ⓛ）时，其相应的尺寸要素应遵守最小实体边界（LMB）。此时，基准代号应标注在该尺寸要素的尺寸线处，基准代号的连线应与该尺寸线对齐。

第二种情况：基准导出要素本身的几何公差采用最小实体要求时，其相应尺寸要素应遵守最小实体实效边界（LMVB）。此时，基准代号应直接标注在形成该最小实体实效边界的基准要素的几何公差框格的正下方。

最小实体要求的含义与最大实体要求是相似的，只要把最大实体要求的各项规定中的“最大”对应改为“最小”、“体外”对应改为“体内”即可。

§4.6　几何公差的选择及一般几何公差

4.6.1　几何公差的选择

几何公差的选择包括几何公差项目的确定、基准要素的选择、几何公差值的确定及采用何种公差原则四方面。

1. 几何公差项目的确定

根据零件在机器中所处的地位和作用，确定该零件必须控制的几何误差项目。特别是对装配后在机器中起传动、导向或定位等重要作用的，或对机器的各种动态性能如噪声、振动有重要影响的，在设计时必须逐一分析认真确定其几何公差项目。

当同样满足功能要求时，应该选用测量简便的项目代替测量较难的项目。例如，同轴度公差常常可以用径向圆跳动公差或径向全跳动公差代替，这样，对测量带来了方便。不过应注意，径向跳动是由同轴度误差与圆柱面形状误差综合作用的结果，故当同轴度由径向跳动代替时，给出的跳动公差值应略大于同轴度公差值，否则就会要求过严。用端面圆跳动代替端面垂直度有时并不可靠，而端面全跳动与端面垂直度因其公差带相同，故可以等价替换。

2. 基准要素的选择

基准要素的选择包括基准部位、基准数量和基准顺序的选择，力求使设计、工艺和检测三者基准一致，合理选择基准能提高零件的精度。

3. 几何公差值的确定

设计产品时，应按国家标准提供的统一数系选择几何公差值。国家标准对圆度、圆柱度、直线度、平面度、平行度、垂直度、倾斜度、同轴度、对称度、圆跳动、全跳动等划分为 12 个等级，数值见表 4-4～4-7 所示；对位置度没有划分等级，只提供了位置度数系，见表 4-8 所示。没有对线轮廓度和面轮廓度规定公差值。

在保证零件功能的前提下，尽可能选用最经济的公差值，通过类比或计算，并考虑加工的经济性和零件的结构、刚性等情况确定几何公差值。各种公差值之间要协调合理，比如同一要素上给出的形状公差值应小于位置公差值；圆柱形零件的形状公差值(轴线的直线度除外)一般情况下应小于其尺寸公差值；平行度公差值应小于被测要素和基准要素之间的距离公差值等。

至今，几何公差值给定的主要方法仍然是经验设计，尚无实用、有效的精确设计的方法。一般说来，几何公差在图样上的标注可以采用三种方法：

① 框格标注；

② 采用一般公差(未注公差)；

③ 用文字说明。

表 4-4　直线度、平面度(摘自 GB/T 1184—1996)

主参数 L/mm	公差等级											
	1	2	3	4	5	6	7	8	9	10	11	12
	公差值/μm											
≤10	0.2	0.4	0.8	1.2	2	3	5	8	12	20	30	60
>10～16	0.25	0.5	1	1.5	2.5	4	6	10	15	25	40	80
>16～25	0.3	0.6	1.2	2	3	5	8	12	20	30	50	100
>25～40	0.4	0.8	1.5	2.5	4	6	10	15	25	40	60	120
>40～63	0.5	1	2	3	5	8	12	20	30	50	80	150
>63～100	0.6	1.2	2.5	1	6	10	15	25	40	60	100	200
>100～160	0.8	1.5	3	5	8	12	20	30	50	80	120	250
>160～250	1	2	4	6	10	15	25	40	60	100	150	300
>250～400	1.2	2.5	5	8	12	20	30	50	80	120	200	400
>400～630	1.5	3	6	10	15	25	40	60	100	150	250	500
>630～1 000	2	4	8	12	20	30	50	80	120	200	300	600
>1 000～1 600	2.5	5	10	15	25	40	60	100	150	250	400	800
>1 600～2 500	3	6	12	20	30	50	80	120	200	300	500	1 000
>2 500～4 000	4	8	15	25	40	60	100	150	250	400	600	1 200
>4 000～6 300	5	10	20	30	50	80	120	200	300	500	800	1 500
>6 300～10 000	6	12	25	40	60	100	150	250	400	600	1 000	2 000

注：L 为被测要素的长度。

表 4-5　圆度、圆柱度(摘自 GB/T 1184—1996)

主参数 d(D)/mm	公差等级												
	0	1	2	3	4	5	6	7	8	9	10	11	12
	公差值/μm												
≤3	0.1	0.2	0.3	0.5	0.8	1.2	2	3	4	6	10	14	25
>3～6	0.1	0.2	0.4	0.6	1	1.5	2.5	4	5	8	12	18	30
>6～10	0.12	0.25	0.4	0.6	1	1.5	2.5	4	6	9	15	22	36
>10～18	0.15	0.25	0.5	0.8	1.2	2	3	5	8	11	18	27	43
>18～30	0.2	0.3	0.6	1	1.5	2.5	4	6	9	13	21	33	52
>30～50	0.25	0.4	0.6	1	1.5	2.5	4	7	11	16	25	39	62
>50～80	0.3	0.5	0.8	1.2	2	3	5	8	13	19	30	46	74
>80～120	0.4	0.6	1	1.5	2.5	4	6	10	15	22	35	54	87
>120～180	0.6	1	1.2	2	3.5	5	8	12	18	25	40	63	100
>180～250	0.8	1.2	2	3	4.5	7	10	14	20	29	46	72	115
>250～315	1.0	1.6	2.5	4	6	8	12	16	23	32	52	81	130
>315～400	1.2	2	3	5	7	9	13	18	25	36	57	89	140
>400～500	1.5	2.5	4	6	8	10	15	20	27	40	63	97	155

注：$d(D)$为被测要素的直径。

表 4-6　平行度、垂直度、倾斜度(摘自 GB/T 1184—1996)

主参数 L,d(D)/mm	公差等级											
	1	2	3	4	5	6	7	8	9	10	11	12
	公差值/μm											
≤10	0.4	0.8	1.5	3	5	8	12	20	30	50	80	120
>10～16	0.5	1	2	4	6	10	15	25	40	60	100	150
>16～25	0.6	1.2	2.5	5	8	12	20	30	50	80	120	200
>25～40	0.8	1.5	3	6	10	15	25	40	60	100	150	250
>40～63	1	2	4	8	12	20	30	50	80	120	200	300
>63～100	1.2	2.5	5	10	15	25	40	60	100	150	250	400
>100～160	1.5	3	6	12	20	30	50	80	120	200	300	500
>160～250	2	4	8	15	25	40	60	100	150	250	400	600
>250～400	2.5	5	10	20	30	50	80	120	200	300	500	800
>400～630	3	6	12	25	40	60	100	150	250	400	600	1 000
>630～1 000	4	8	15	30	50	80	120	200	300	500	800	1 200
>1 000～1 600	5	10	20	40	60	100	150	250	400	600	1 000	1 500
>1 600～2 500	6	12	25	50	80	120	200	300	500	800	1 200	2 000
>2 500～4 000	8	15	30	60	100	150	250	400	600	1 000	1 500	2 500
>4 000～6 300	10	20	40	80	120	200	300	500	800	1 200	2 000	3 000
>6 300～10 000	12	25	50	100	150	250	400	600	1 000	1 500	2 500	4 000

表 4-7 同轴度、对称度、圆跳动、全跳动(摘自 GB/T 1184—1996)

主参数 $d(D),B,L$ /mm	公差等级											
	1	2	3	4	5	6	7	8	9	10	11	12
	公差值/μm											
≤1	0.4	0.6	1.0	1.5	2.5	4	6	10	15	25	40	60
>1～3	0.4	0.6	1.0	1.5	2.5	4	6	10	20	40	60	120
>3～6	0.5	0.8	1.2	2	3	5	8	12	25	50	80	150
>6～10	0.6	1	1.5	2.5	4	6	10	15	30	60	100	200
>10～18	0.8	1.2	2	3	5	8	12	20	40	80	120	250
>18～30	1	1.5	2.5	4	6	10	15	25	50	100	150	300
>30～50	1.2	2	3	5	8	12	20	30	60	120	200	400
>50～120	1.5	2.5	4	6	10	15	25	40	80	150	250	500
>120～250	2	3	5	8	12	20	30	50	100	200	300	600
>250～500	2.5	4	6	10	15	25	40	60	120	250	400	800
>500～800	3	5	8	12	20	30	50	80	150	300	500	1 000
>800～1 250	4	6	10	15	25	40	60	100	200	400	600	1 200
>1 250～2 000	5	8	12	20	30	50	80	120	250	500	800	1 500
>2 000～3 150	6	10	15	25	40	60	100	150	300	600	1 000	2 000
>3 150～5 000	8	12	20	30	50	80	120	200	400	800	1 200	2 500
>5 000～8 000	10	15	25	40	60	100	150	250	500	1 000	1 500	3 000
>8 000～10 000	12	20	30	50	80	120	200	300	600	1 200	2 000	4 000

注：B 为被测要素的宽度。

表 4-8 位置度数系(摘自 GB/T 1184—1996)

μm

1	1.2	1.5	2	2.5	3	4	5	6	8
1×10^n	1.2×10^n	1.5×10^n	2×10^n	2.5×10^n	3×10^n	4×10^n	5×10^n	6×10^n	8×10^n

注：n 为正整数。

4. 公差原则的选择

选择公差原则时，应根据被测要素的功能要求，充分发挥给出公差的职能和采取该种公差原则的可行性、经济性。表 4-9 列出了三种公差原则的应用场合和示例，供选择公差原则时参考。

表 4-9　公差原则选择参考表

公差原则	应用场合	示　　例
独立原则	尺寸精度与几何精度需要分别满足要求	齿轮箱体孔的尺寸精度与两孔轴线的平行度；连杆活塞销孔的尺寸精度与圆柱度；滚动轴承内、外圈滚道的尺寸精度与形状精度
	尺寸精度与几何精度相差较大	滚筒类零件尺寸精度要求很低，形状精度要求很高；平板的尺寸精度要求不高，形状精度要求很高；冲模架的下模座尺寸精度要求不高，平行度要求较高；通油孔的尺寸精度有一定要求，形状精度无要求
	尺寸精度与几何精度无关系	滚子链条的套筒或滚子内、外圆柱面的轴线同轴度与尺寸精度；齿轮箱体孔的尺寸精度与孔轴线间的位置度；发动机连杆上的尺寸精度与孔轴线间的位置度
	保证运动精度	导轨的形状精度要求严格，尺寸精度要求次要
	保证密封性	气缸套的形状精度要求严格，尺寸精度要求次要
	未注公差	凡未注尺寸公差和未注几何公差都采用独立原则，如退刀槽倒角、圆角等
包容要求	保证规定的配合性质	ϕ20H7Ⓔ孔与 ϕ20h6Ⓔ轴的配合，可以保证配合的最小间隙等于零
	尺寸公差与形位公差间无严格比例关系要求	一般的孔与轴配合，只要求拟合尺寸不超越最大实体尺寸，局部实际(组成)要素不超越最小实体尺寸。
	保证关联拟合尺寸不超越最大实体尺寸	关联要素的孔与轴性质要求，标注 0 Ⓜ
最大实体要求	被测中心要素	保证自由装配，如轴承盖上用于穿过螺钉的通孔，法兰盘上用于穿过螺栓的通孔
	基准中心要素	基准轴线或中心平面相对于理想边界的中心允许偏离时，如同轴度的基准轴线。

4.6.2　一般几何公差

1．基本概念

凡是某种加工方法的常用精度能满足要素的功能要求的几何公差，不必在设计图样上用公差框格的形式标出，只需以适当的方式加以说明。这种几何公差称为“一般公差”。由于它不必在图样上用框格单独标出，在我国又称为“未注公差”。

高于一般公差的精度要求，应用框格单独标出，必要时也可用文字说明。

低于一般公差的精度要求，一般不需要单独标出，除非其较大的几何公差值对零件的加工具有显著的经济效益，才将大于一般公差的几何公差值在图样上单独标出。

规定和采用一般公差有图样简明、设计省时、检验方便、重点明确、减少争议等优点。

为了正确采用一般公差，企业必须：① 掌握设备能达到的常用精度；② 未注公差值应等于或大于设备能达到的常用精度；③ 应采用抽样检验的方法以保证设备经常保持常用精度。

2．一般几何公差的标准公差值

GB/T 1184—1996 对直线度、平面度、垂直度、对称度和圆跳动的未注公差值进行规定，见表 4-10～4-13。其他项目如线轮廓度、面轮廓度、位置度和全跳动均应由各要素的注出或未注的形位公差、线性尺寸公差或角度公差控制。

(1) 直线度和平面度

直线度和平面度的未注公差值见表 4-10。

表 4-10 直线度和平面度的未注公差值 mm

公差等级	基本长度范围					
	≤10	>10～30	>30～100	>100～300	>300～1 000	>1 000～3 000
H	0.02	0.05	0.1	0.2	0.3	0.4
K	0.05	0.1	0.2	0.4	0.6	0.8
L	0.1	0.2	0.4	0.8	1.2	1.6

(2) 垂直度

表 4-11 给出了垂直度的未注公差值。取形成直角的两边中较长的一边作为基准，较短的一边作为被测要素。若两边的长度相等则可取其中的任意一边作为基准。

表 4-11 垂直度来注公差值 mm

公差等级	基本长度范围			
	≤100	>100～300	>300～1 000	>1 000～3 000
H	0.2	0.3	0.4	0.5
K	0.4	0.6	0.8	1
L	0.6	1	1.5	2

(3) 对称度

表 4-12 给出了对称度的未注公差值，应取两要素中较长者作为基准，较短者作为被测要素；若两要素长度相等则可选任一要素为基准。

对称度的未注公差值用于至少两个要素中的一个是中心平面，或两个要素的轴线相互垂直。

表 4-12 对称度未注公差值 mm

<table>
<tr><td rowspan="2">公差等级</td><td colspan="4">基本长度范围</td></tr>
<tr><td>≤100</td><td>>100～300</td><td>>300～1 000</td><td>>1 000～3 000</td></tr>
<tr><td>H</td><td colspan="4">0.5</td></tr>
<tr><td>K</td><td colspan="2">0.6</td><td>0.8</td><td>1</td></tr>
<tr><td>L</td><td>0.6</td><td>1</td><td>1.5</td><td>2</td></tr>
</table>

(4) 圆跳动

表 4-13 给出了圆跳动(径向、端面和斜向)的未注公差值。

对于圆跳动的未注公差值，应以设计或工艺给出的支承面作为基准，否则应取两要素中较长的一个作为基准；若两要素的长度相等则可选任一要素为基准。

表 4-13　圆跳动的未注公差值　mm

公差等级	圆跳动公差值	公差等级	圆跳动公差值
H	0.1	L	0.5
K	0.2		

(5) 圆度

圆度的未注公差值等于标准的直径公差值，但不能大于表 4-13 中的径向圆跳动值。

(6) 圆柱度

圆柱度的未注公差值不做规定。

① 圆柱度误差由三个部分组成：圆度、直线度和相对素线的平行度误差，而其中每一项误差均由它们的注出公差或未注公差控制。

② 如因功能要求，圆柱度应小于圆度、直线度和平行度的未注公差的综合结果，应在被测要素上按 GB/T 1182—1996 的规定注出圆柱度公差值。

③ 采用包容要求。

(7) 平行度

平行度的未注公差值等于给出的尺寸公差值，或是直线度和平面度未注公差值中的相应公差值取大者。应取两要素中的较长者作为基准，若两要素的长度相等则可选任一要素。

(8) 同轴度

同轴度的未注公差值未作规定。

在极限状况下，同轴度的未注公差值可以和表 4-13 中规定的径向圆跳动的未注公差值相等。应选两要素中的较长者为基准，若两要素长度相等则可选任一要素为基准。

3. 未注公差值的图样表示法

若采用 GB/T 1184—1996 规定的未注公差值，应在标题栏附近或在技术要求、技术文件(如企业标准)中注出标准代号及公差等级代号。

4. 未注公差值的示例

图 4-111 表示某回转面的横截面轮廓，其最大局部尺寸正好等于上极限尺寸 d_U，最小局部尺寸正好等于下极限尺寸 d_L，则圆度误差 $f=d_U-d_L=T_d$，即最大圆度误差等于直径尺寸公差 T_d。同时，因为径向圆跳动是圆度误差和同轴度误差的综合，且一般不小于圆度误差，因此圆度公差应不大于径向圆跳动公差。

图 4-112 a 所示圆柱直径尺寸标注 $\phi 20_{-0.05}^{\ 0}$，则其未注圆度公差值为其尺寸公差0.05 mm；图 4-112 b 所示圆柱直径为 $\phi 40$，且按 m 级未注线性尺寸公差，则由 GB/T 1804 可得其极限偏差为±0.3 mm，即尺寸公差为0.6 mm。另按未注几何公差为 L 级，由表 4-13 可得其未注径向圆跳动公差值为 0.5 mm，则其未注圆度公差值取两者中较小者 0.5 mm。

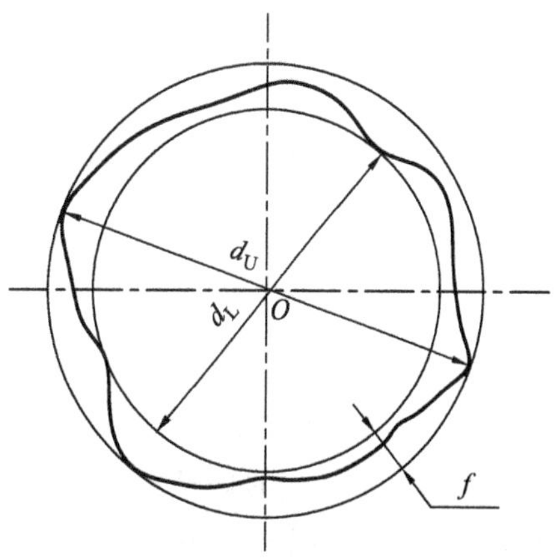

圆度误差等于直径的尺寸公差

图 4-111

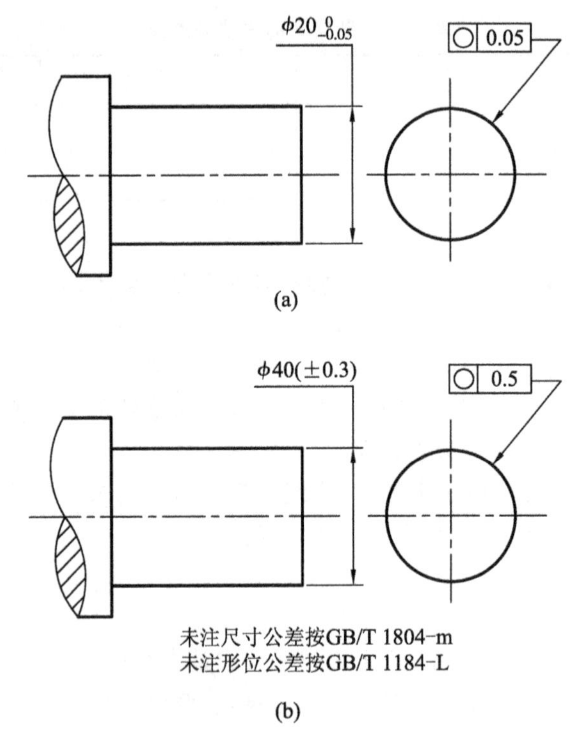

图 4-112 未注公差值的示例

§4.7 几何误差评定及其检测原则

几何误差为零件上被测提取要素对其拟合要素的变动量。工件在加工过程中受到各种因素的影响，如加工设备本身的误差；工件的安装、调整等人为因素的误差；加工过程中夹紧力、切削力使工件和加工装备产生弹性变形。温度变化、刀具磨损、切削时的振动，以及内应力、热处理变形等都会对工件几何特征产生影响。由于各种因素客观存在，因此在加工过程中产生几何误差不可避免。由于加工完成后的工件必然存在几何误差，因此必须对其进行验证。所谓验证是指对工件上的实际表面按照验证操作集进行有序操作，求得正确的测量结果。经与工件非理想表面模型的特征规范值比较，以判断其符合性，即通过几何误差检测进而评估工件的几何特征是否在允许极限的范围内。因此，几何误差检测是保证工件加工质量以满足产品设计要求的一个重要手段。

4.7.1 几何误差的评定

1. 形状误差的评定

（1）直线度误差评定

在给定平面内的直线度公差要求被测要素上各点相对其理想线的距离应等于或小于给定的公差值。理想线的方向由最小条件确定，即两平行直线包容被测线且其间距离为最小，如图 4-113 所示。

将被测实际要素与其理想要素比较时，理想要素与实际要素间的相对位置关系不同，则评定的形状误差值也不同。图 4-113，评定给定平面内的直线度误差，当理想要素分别处于 A_1-B_1，A_2-B_2，A_3-B_3 时，相应评定的直线误差值分别为 h_1，h_2，h_3。为了对评定的形状误差有一确定的数值，因此规定被测实际要素与其理想要素间的相对关系应符合最小条件，即被测实际要素对理想要素的最大距离为最小。从图 4-113 可以看出，理想线可能的方向为 A_1-B_1，A_2-B_2，A_3-B_3，相应的距离为 h_1，h_2，h_3。在图 4-113 中 $h_1<h_2<h_3$，因此理想线应选择符合最小条件的方向 A_1-B_1，h_1 必须小于或等于给定的公差值。

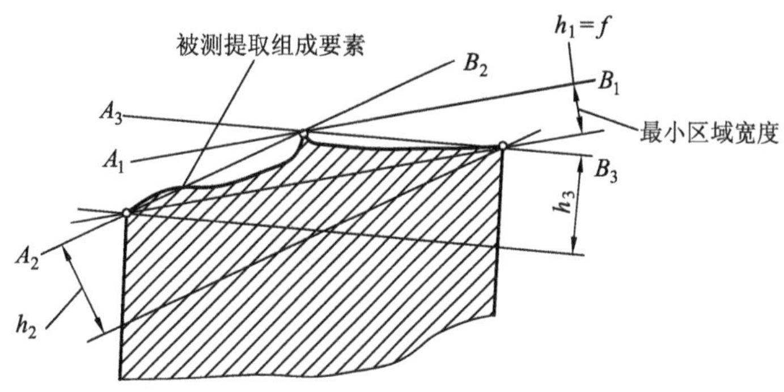

图 4-113　直线度误差评定

(2) 平面度误差评定

平面度公差要求被测要素上的各点相对其理想平面的距离等于或小于给定的公差值，理想平面的方向由最小条件确定，即两平行平面包容被测面且其间距离为最小，如图 4-114 所示。

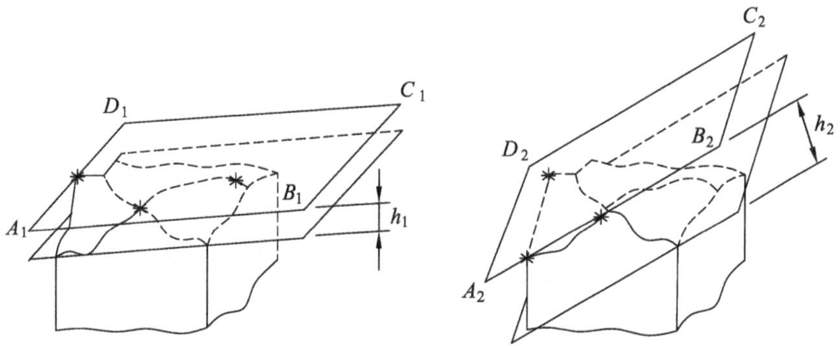

图 4-114　平面度误差评定

在图 4-114 中，平面可能的方向为 $A_1—B_1—C_1—D_1$，$A_2—B_2—C_2—D_2$，相应距离 h_1，h_2，从图中可知，$h_1<h_2$。

因此，理想平面应选择符合最小条件方向的 $A_1—B_1—C_1—D_1$，h_1 必须小于或等于给定的公差值。

(3) 圆度误差评定

圆度公差要求被测要素处于两个同心圆间的区域内，两圆的半径差应小于或等于给定的公差值。该两圆中心点的位置和半径差值的选择应符合最小条件，即必须使两圆间的半径差为最小，如图 4-115 所示。

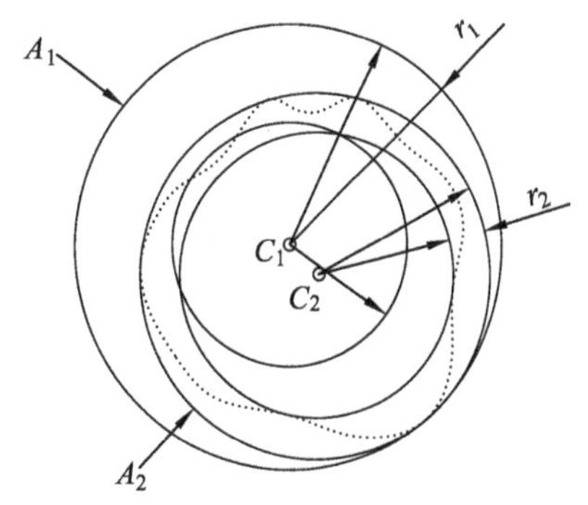

图 4-115　圆度误差评定

图 4-115 中，以 A_1 圆中心点 C_1 定位的两个同心圆的

半径差为 Δr_1；以 A_2 圆中心点 C_2 定位的两个同心圆的半径差为 Δr_2。由图可知 $\Delta r_2 < \Delta r_1$，因此两同心圆的正确位置是 A_2 组，半径差 Δr_2 必须小于或等于给定的公差值。

(4) 圆柱度误差评定

圆柱度公差要求被测要素处于两个同轴圆柱面之间的区域内，两圆柱面的半径差应小于或等于给定的公差值。该两圆柱面轴线的位置和半径差值的选择应符合最小条件，即必须使两同轴圆柱面间的半径差为最小，如图 4-116 所示。

图 4-116 中，以 A_1 圆柱面的轴线 Z_1 定位的两个同轴圆柱面的半径差为 Δr_1；以 A_2 圆柱面的轴线 Z_2 定位的两个同轴圆柱面的半径差为 Δr_2。由图可知 $\Delta r_2 < \Delta r_1$，因此两同轴圆柱面的正确位置是 A_2 组，半径差 Δr_2 必须小于或等于给定的公差值。

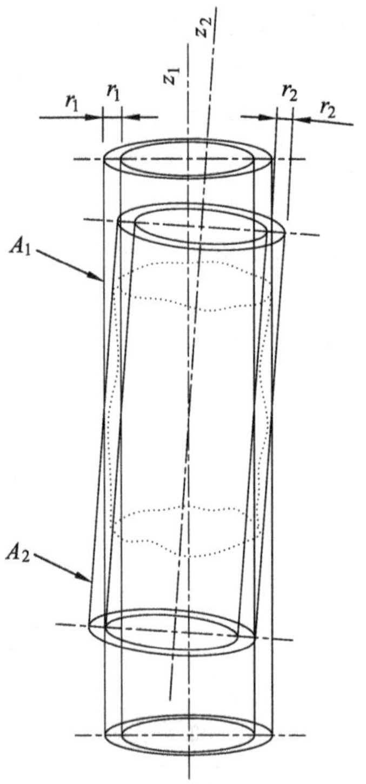

图 4-116　圆柱度误差评定

2. *方向误差的评定*

评定方向误差时，理想要素相对于基准保持零件图样所要求的方向关系。在理想要素方向确定的前提下，应使被测实际要素 F 至其理想要素的最大距离为最小，来评定定向误差（如图 4-117 所示）。

方向误差可以用对基准保持所要求方向的定向最小包容区域的宽度或直径来表示。定向最小区域的形状与定向公差带的形状相同。图 4-118 是由两条平行于基准 A 的直线构成的定向最小区域 S。定向最小区域的宽度为定向误差 f。

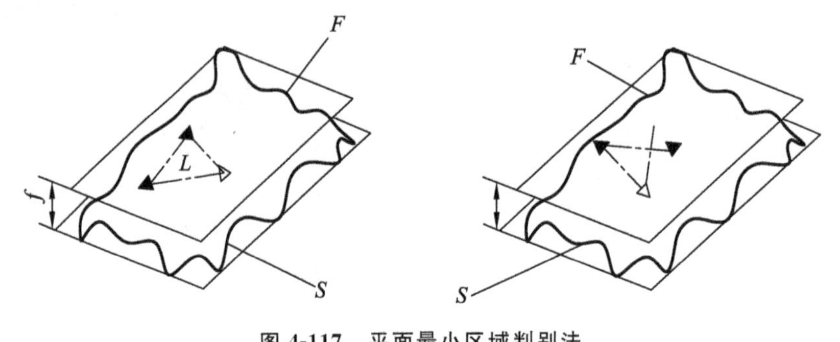

图 4-117　平面最小区域判别法

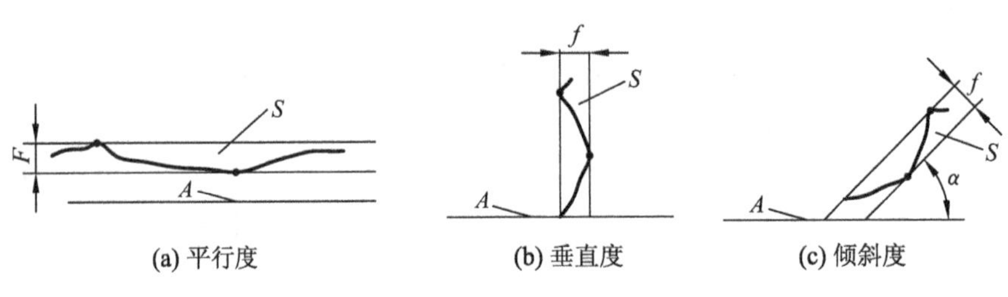

(a) 平行度　(b) 垂直度　(c) 倾斜度

图 4-118　定向最小区域

3．位置误差的评定

评定位置误差时，理想要素相对于基准的位置由理论正确尺寸来确定。在理想要素位置确定的前提下，应使实际要素至其理想要素的最大距离为最小，来确定定位最小包容区域。其宽度和直径表示定位误差的大小。定位最小区域的形状与定位公差带的形状相同。如图 4-119 a 所示，评定平面上一条线的位置度误差。定位最小区域 S 由两条平行直线构成，理想直线的位置由理论正确尺寸“$\boxed{L}$”决定，实际线 F 上至少有一点与该两平行直线之一接触，其宽度为定位误差 f。图 4-119 b 为评定平面上一个点 P 的位置度误差，定位最小区域 S 由一个圆构成。该圆的圆心（被测点的理想位置）由基准 A，B 和理论正确尺寸“$\boxed{L_x}$、$\boxed{L_y}$”确定，直径 f 由 OP 确定。$f=2\cdot OP$，即点 P 的位置度误差。测量形位误差时，被测轮廓要素可以在其上取一定数量的测点来代替。测量定向或定位误差时，被测轴线可以用心轴、V 形块来体现，被测中心平面可以用定位块或量块来体现。

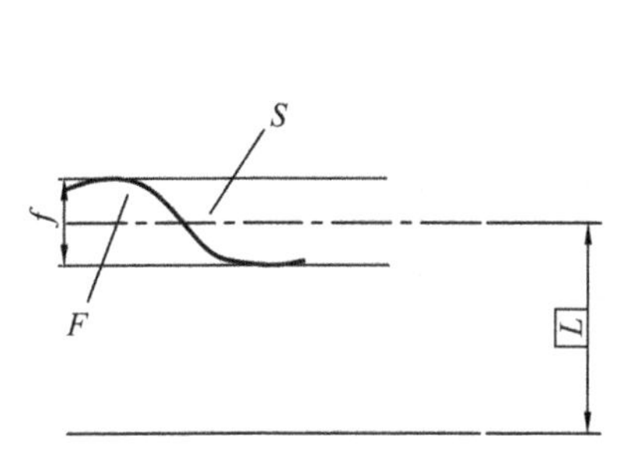

(a) 由两平行直线构成的定位最小区域；

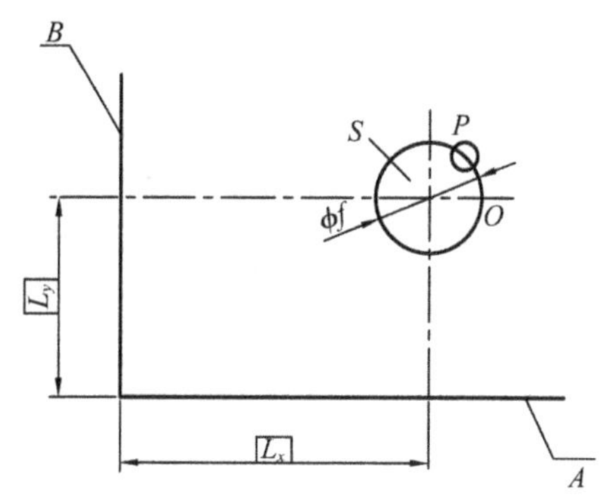

(b) 由圆构成的定位最小区域

图 4-119　定位最小区域

4.7.2　几何误差的检测原则

几何误差可以运用下列五种检测原则来检测。

1．与拟合要素比较原则

与拟合要素比较原则是指测量时将被测实际要素与相应的理想要素作比较，在比较过程中获得数据，按这些数据来评定形位误差。该检测原则在形位误差测量中的应用最为广泛。

运用该检测原则时，必须要有理想要素作为测量时的标准。理想要素可用不同的方法来体现，例如用实物来体现：刀口尺的刃口、平尺的工作面、一条拉紧的钢丝都可作为理想直线；平台和平板的工作面、样板的轮廓等也都可作为理想要素。图 4-120 a 所示用刀口尺测量直线度误差，就是以刃口作为理想直线，被测要素与之比较，根据光隙的大小来判断直线度误差。理想要素还可能用一束光线、水平面等体现，例如用自准直仪和水平仪测量直线度和平面度误差时就是应用这样的理想要素。理想要素也可用运动的轨迹来体现，例如纵向、横向导轨的移动构成了一个平面；一个点绕一轴线作等距回转运动构成了一个理想圆，如图 4-120 b 所示，由此形成了圆度误差的测量方案。

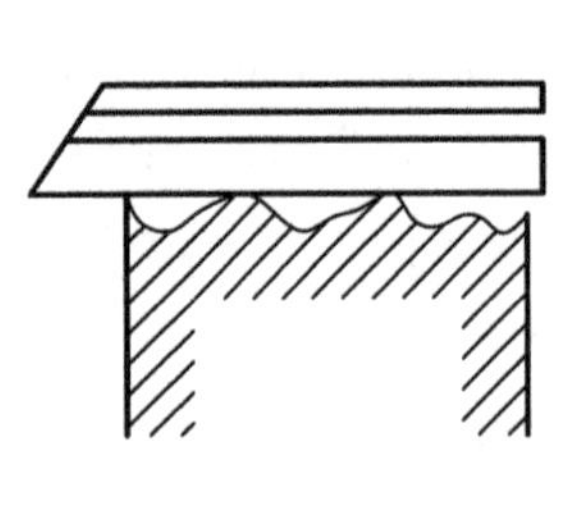

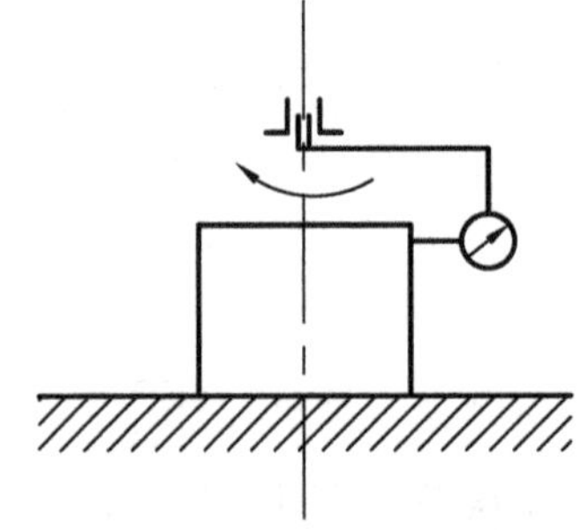

(a) 用刃口作理想要素　　(b) 用运动轨迹作理想要素

图 4-120　运用与理想要素比较原理测量

下面举一个运用该检测原则来测量一零件的平行度误差和直线度误差的例子。

图 4-121 所示，以平板为测量基准，对被测要素用指示表作等距布点测量。在各测点上指示表的示值见表 4-14。

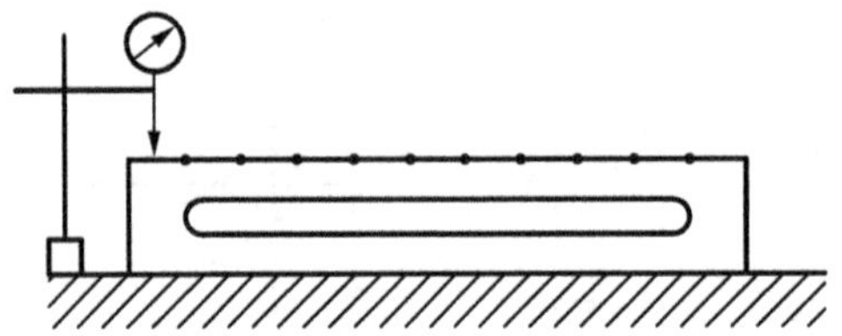

图 4-121　用指示表测量平行度和直线度误差

表 4-14　各测点的示值

测量点序号	0	1	2	3	4	5	6	7	8
指示表示值/μm	0	+2	+3	−1	−2	0	+2	+4	+2

根据表 4-14 所列的测量数据，按适当的比例作图求解误差值，如图 4-122 所示。在图上横坐标和纵坐标的比例不相同。纵坐标反映指示表的示值 M，在图上要表示清楚，必须采用放大的比例。而横坐标反映被测要素的长度，通常采用缩小的比例。

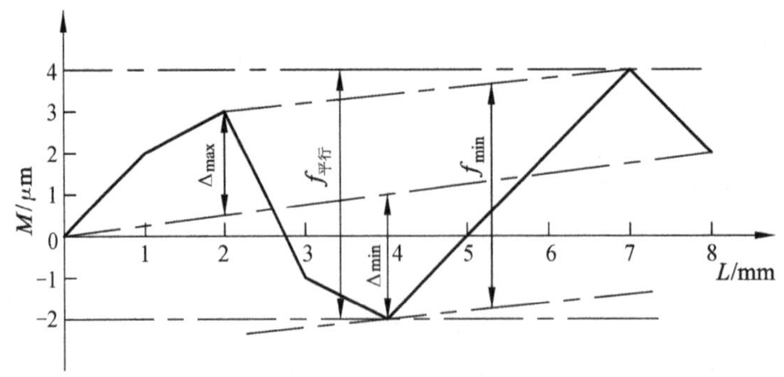

图 4-122　作图求解误差值

按图 4-121 的测量方法，测量基准与被测要素的基准重合。指示表在平板上移动时，其测头移动的轨迹就是理想要素，它应平行于基准。因此，指示表最大示值 M_{max} 与最小示值

M_{min}之差即为平行度误差值 $f_{平行}$。由图 4-122 或表 4-14 数据可知

$$f_{平行}=M_{max}-M_{min}=4-(-2)=6\ \mu m$$

在图 4-122 上，过坐标为(2，+3)和(7，+4)两个最高点作一条直线，再过坐标为(4，−2)的最低点作一条平行于该直线的平行线，这两条平行线间的纵坐标距离 f_{min}代表最小包容区域的宽度。从图上量得

$$f_{min}=5.4\ \mu m$$

f_{min}即为按最小条件评定的直线度误差值。

在图 4-122 上，过坐标为(0，0)和(8，+2)的两个端点连一条直线。可以用两端点连线作为评定基准。由图可知，最高点(2，+3)和最低点(4，−2)分别至评定基准的纵坐标距离的绝对值$|\Delta_{max}|$、$|\Delta_{min}|$之和，即为按两端点连线法评定的直线度误差值 $f_{端点}$。从图上量得：

$$f_{端点}=|\Delta_{max}|+|\Delta_{min}|=|+2.5|+|-3.2|=5.7\ \mu m$$

2. 测量坐标值原则

由于几何要素的特征总是可以在坐标系中反映出来，因此测得被测要素上各测点的坐标值后，就可以评定形位误差。测量坐标值原则是形位误差检测中的重要检测原则，尤其在轮廓度和位置度误差测量中的应用更为广泛。

图 4-123 为用测量坐标值原则测量位置度误差的示例。测量时，以零件的下侧面、左侧面为测量基准 A,B，测量出各孔实际位置的坐标值(x_1,y_1)、(x_2,y_2)、(x_3,y_3)和(x_4,y_4)，将实际坐标值减去确定孔理想位置的理论正确尺寸(X_i,Y_i)，得

$$\begin{cases}\Delta x_i=x_i-X_i\\ \Delta y_i=y_i-Y_i\end{cases}\quad(i=1,2,3,4)$$

于是，各孔的位置度误差可按下式求得

$$f_i=2\sqrt{(\Delta x_i)^2+(\Delta y_i)^2}$$

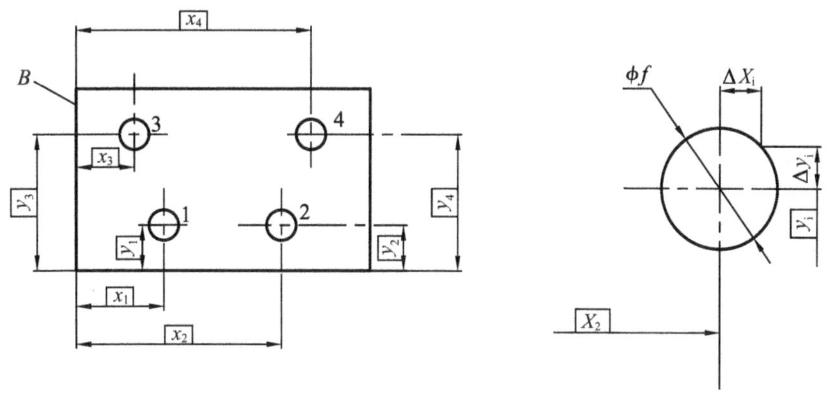

图 4-123 运用测量坐标值原理测量位置度误差

3. 测量特征参数原则

特征参数是指能近似反映形位误差的参数。应用测量特征参数原则测得的形位误差，与按定义确定的形位误差相比，只是一个近似值。例如用两点法测量圆度误差，在一个横截面内的几个方向上测量直径，取最大的直径差值的二分之一，作为该截面内的圆度误差。测量特征参数原则在生产中易于实现，是一种应用较为普遍的检测原则。

4. 测量跳动原则

测量跳动原则是针对测量圆跳动和全跳动的需要而提出的检测原则。例如，测量径向圆跳动量如图 4-124 所示，被测实际要素绕基准轴线回转一周的过程中，被测实际要素的形状和位置误差使位置固定的指示表的测头移动，指示表最大与最小示值之差，即为在该测量截面内的径向圆跳动。

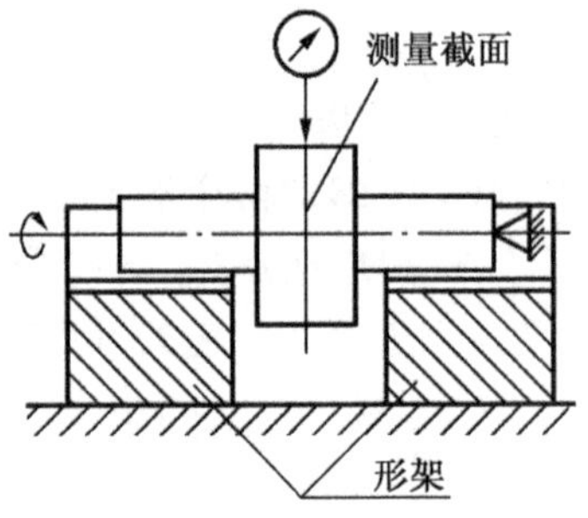

图 4-124　测量径向圆跳动

5. 控制实效边界原则

按最大实体要求给出形位公差时，意味着给出了一个理想边界——实效边界，要求被测实体不得超越该理想边界。判断被测实体是否超越实效边界的有效方法是综合量规检验法。综合量规是模拟实效边界的全形量规。若被测实体能被综合量规通过，则表示合格，否则不合格。图 4-125 是用综合量规检验零件的同轴度误差。

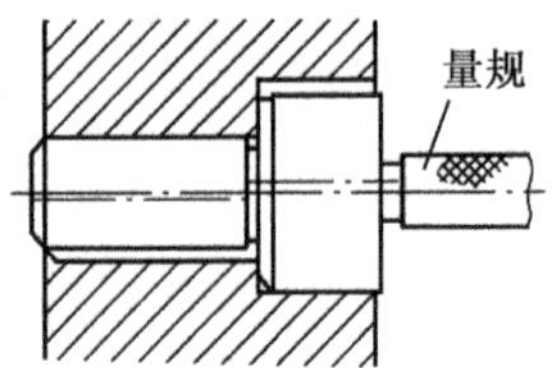

图 4-125　用综合量规检验同轴度误差

如图 4-126 所示，工件被测要素的实效尺寸为 ϕ 12.04 mm，故量规测量部分的定形尺寸也为 ϕ 12.04 mm。工件基准要素遵守包容要求，故该要素的拟合尺寸不允许超越最大实体尺寸，因此量规定位部分的定形尺寸即为最大实体尺寸 ϕ 25 mm。显然，当工件被测要素的实体未超越其实效边界，基准要素的实体未超越其最大实体边界时，工件就能被综合量规所通过。

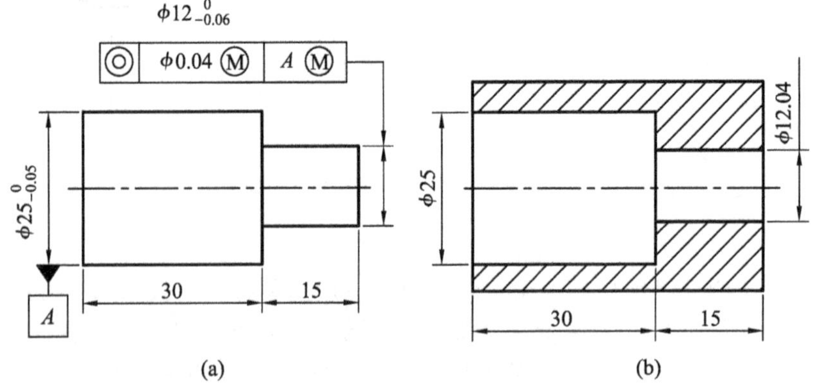

图 4-126

实训习题与思考题

1. 长零件的直线度必须加以限制，试按下列直线度要求画出被测要素的形位误差代号：

(1) 给定距离左端长度 20 mm 以外的 300 mm 的范围内直线度误差不大于 0.1 mm。

(2) 在全长范围内其误差不大于 0.13 mm。

(3) 任意 100 mm 长度内其误差不大于 0.13 mm。

2. 如图 4-127 所示销轴的三种形位公差标注，它们的公差带有何不同？

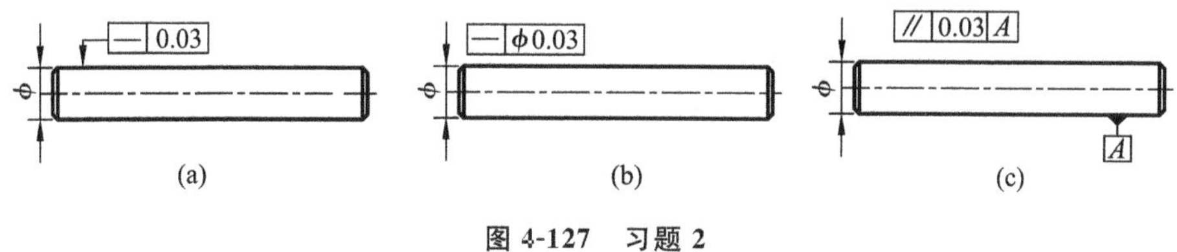

图 4-127　习题 2

3. 如图 4-128 所示的零件标注位置公差不同，它们所要控制的位置度误差有何区别？加以分析说明。

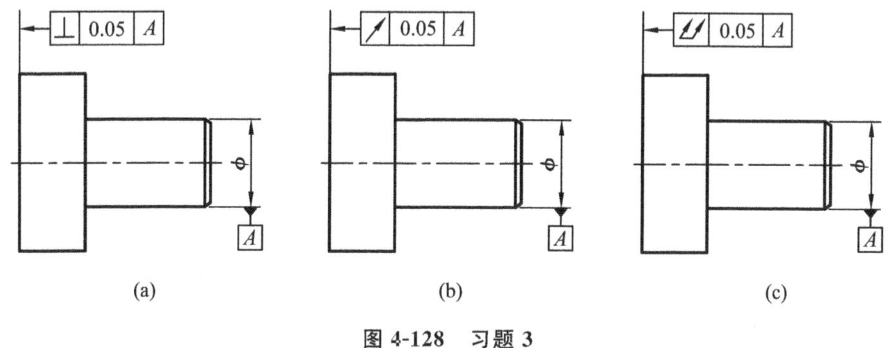

图 4-128　习题 3

4. 如图 4-129 所示的零件，要求两孔对公共轴线的同轴度公差为 ϕ0.005 mm，在图上标注出来。

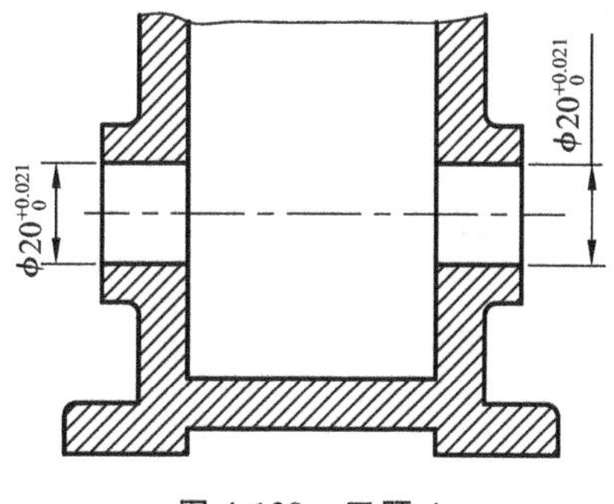

图 4-129　习题 4

5. 试指出图 4-130 中各图例标注的错误。

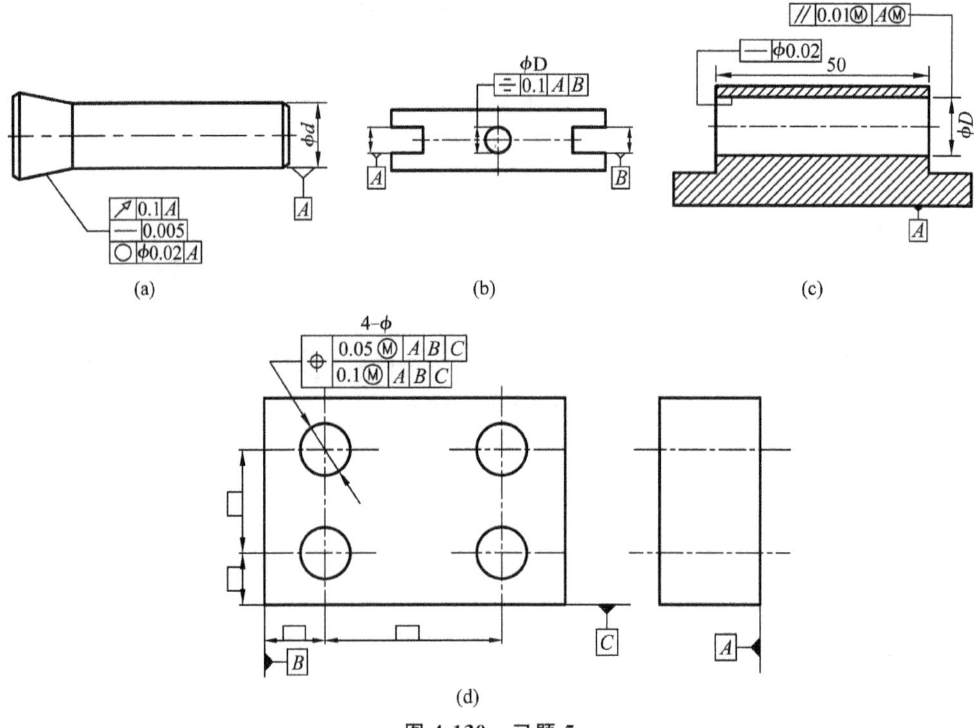

图 4-130　习题 5

6. 以表 4-15 中的序号 1 的形式说明图 4-131 所示的其余各框格的意义,并列于表 4-15 中。

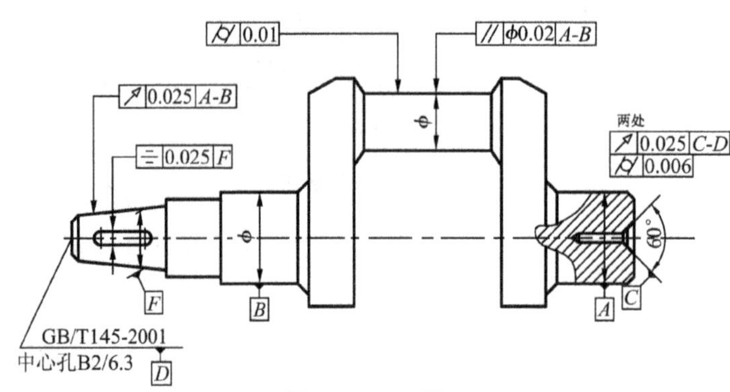

图 4-131　习题 6

表 4-15　习题 6

序号	代号	解释	公差带
1	↗ 0.025 A-B	圆锥表面对基准轴线 $A-B$ 的斜向圆跳动公差 0.025 mm	在与基准线同轴,且母线垂直被测圆锥母线的测量圆锥面上,沿母线方向宽度为 0.025 mm 的圆锥面区域
2			
3			
4			
5			
6			

7. 将下列各项公差值要求标注在图 4-132 上。

(1) 左端面的平面度公差 0.01 mm；

(2) 右端面对左端面的平行度公差 0.01 mm。

(3) ϕ70 mm 按 H7 遵守包容要求，但 ϕ210 mm 外圆按 h7 遵守独立原则；

(4) ϕ70 mm 孔的轴线对左端面的垂直度公差 0.02 mm；

(5) ϕ210 mm 外圆对 ϕ70 mm 的孔的同轴度公差 0.03 mm；

(6) 4-ϕ20H8 对左端面〈第一基准〉及 ϕ70 mm 孔的轴线位置度公差为 0.15 mm，被测要素均采用最大实体要求。

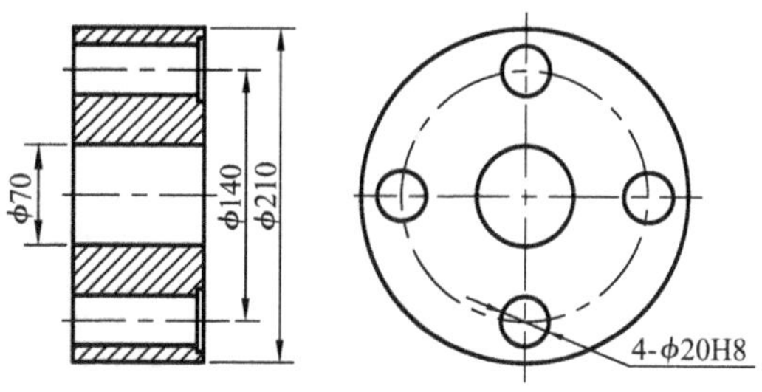

图 4-132　习题 7

8. 分析图 4-133 所示零件，计算其中心距变化范围。

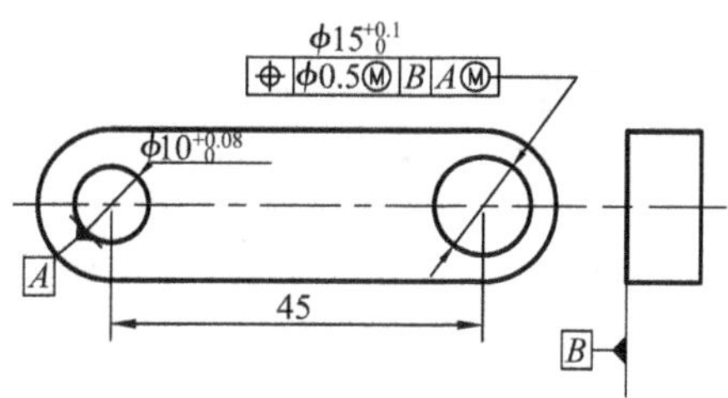

图 4-133　习题 8

9. 分析图 4-134 所示零件，计算其中心距变化范围。

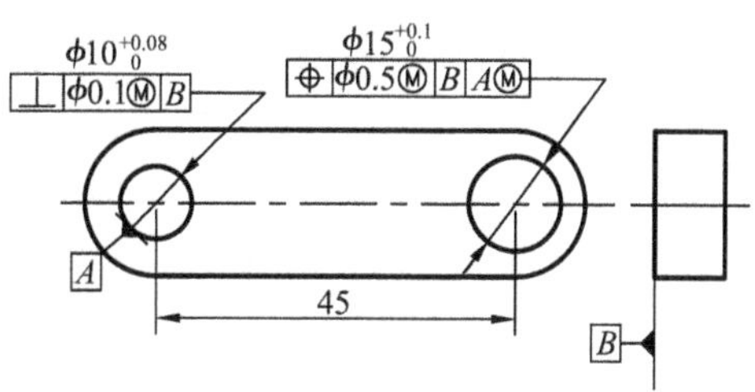

图 4-134　习题 9

10. 如图 4-135 所示为减速器的输出轴，分析其几何公差的选用。

(1) 两轴颈 ϕ55j6 与 PO 级滚动轴承的内圈相配合，为保证配合性质，采用了包容要求，为保证轴承的旋转精度，在遵循包容要求的前提下，又进一步提出圆柱度公差的要求，其公差值由 GB/T 275—1993 查得 0.005 mm 该两轴颈上安装滚动轴承后，将分别与减速器箱体的两孔配合，因此，需要限制两轴颈的同轴度误差，以保证轴承外圈和箱体孔的安装精度。为检测方便，实际给出了两轴颈的径向圆跳动公差 0.025 mm（跳动公差 7 级）。

(2) ϕ62 mm 处的两轴肩都是止推面，起一定的定位作用，为保证定位精度，提出了两轴肩相对于基准轴线的端面圆跳动公差要求，其公差值由 GB/T 275—1993 查得 0.015 mm。

(3) ϕ55r6 和 ϕ45m6 分别与齿轮和带轮配合，为保证配合性质，也采用了包容要求。

为保证齿轮的运动精度，对与齿轮配合的 ϕ55r6 圆柱又进一步提出了对基准轴线的径向圆跳动公差 0.025 mm（跳动公差 7 级）。

(4) 为保证键槽的安装精度和安装后的受力状态，对 ϕ55r6 和 ϕ45m6 轴颈上的键槽 16N9 和 12N9 都提出了对称度公差 0.02mm（对称度公差 8 级）。

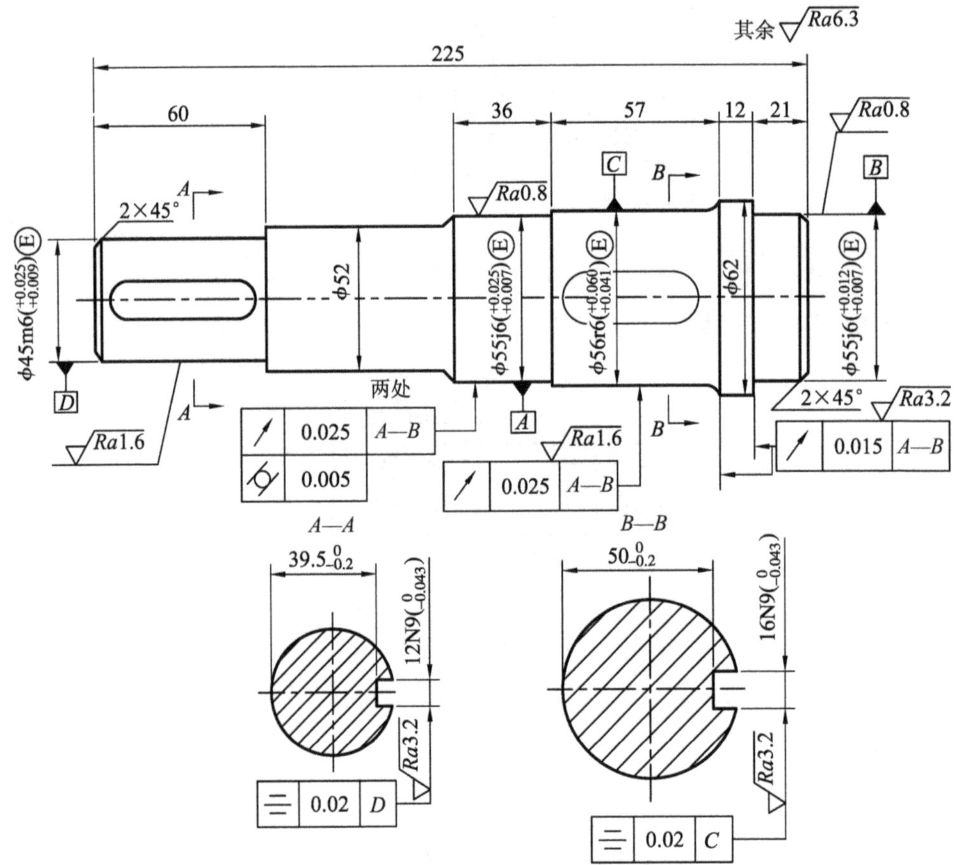

图 4-135 习题 10

第 5 章　表面粗糙度

产品精度设计除了保证尺寸、形状和位置等精度的同时，对表面结构也提出了相应的要求。表面粗糙度对机械零件的配合性质、使用性能和使用寿命等有着密切关系。相关国家标准有：GB/T 3505—2009《产品几何技术规范(GPS)　表面结构　轮廓法　术语、定义及表面结构参数》，GB/T 1031—2009《产品几何技术规范(GPS)　表面结构　轮廓法　表面粗糙度参数及其数值》，GB/T 10610—2009《产品几何技术规范(GPS)　表面结构　轮廓法　评定表面结构的规则和方法》，GB/T 16747—2009《产品几何技术规范(GPS)　表面结构　轮廓法　表面波纹度词汇》，GB/T 131—2006《产品几何技术规范(GPS)　技术产品文件中表面结构的表示方法》。

§5.1　概　述

零件被加工后，在其表面产生微小的峰谷。当波距小于 1 mm，属于表面粗糙度，即微观几何形状误差；波距在 1～10 mm的属于表面波度，即中间几何形状误差；波距大于 10 mm 的属于形状误差，即宏观几何形状误差。

对表面粗糙度、波度和形状误差的划分，现在尚无标准，只能按波距划分。

被加工零件表面产生微小峰谷的主要是由于在工件表面上留下的刀痕、积屑瘤的形成和脱落、切屑分离时的塑性变形、工艺系统的高频振动等引起的。

零件表面粗糙度，对机器零件的使用有重要影响：

(1) 对配合性质的影响

表面粗糙度的存在影响测量的准确性，使配合性质不稳定。

对于间隙配合，配合表面经跑合后，表面容易磨损，扩大了实际间隙，改变了配合性质；对于过盈配合，由于在压入装配时，把粗糙表面凸峰挤平，会减小实际有效过盈，降低了连接强度。

(2) 对摩擦和磨损的影响

在有峰谷的两个表面接触时，首先是凸峰接触，如图 5-1 所示。当两个表面产生相对运动时，凸峰之间的接触就会对运动产生摩擦阻力(凸峰的弹性、塑性变形、剪切)，增大摩擦系数。两配合表面越粗糙，其实际有效接触面积越小，单位面积压力就越大，越容易磨损。

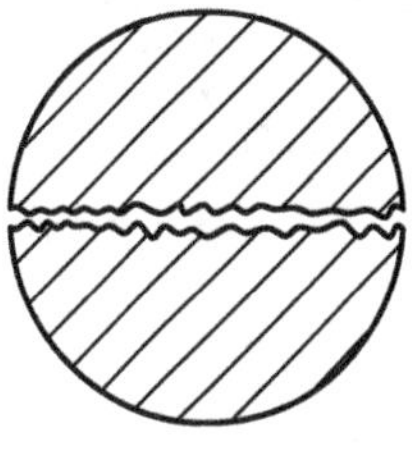

图 5-1　实际表面接触情况

(3) 对接触刚度的影响

表面粗糙度使两配合表面和实际接触面积减小，受力后局部变形增大，接触刚度降低，从而影响零件的工作精度和抗震性。

(4) 对疲劳强度的影响

零件表面粗糙度越大，表面微小不平度的凹痕就越深，底部曲率半径越小，对应力集中的敏感性越大。在交变载荷作用下，其疲劳强度会降低。因此降低表面粗糙度的允许值，可提高疲劳强度。不同材料对应力集中的敏感性影响不同，对钢件影响大，铸铁件次之，有色金属最小。

(5) 对抗腐蚀性的影响

零件表面越粗糙，则积累在其表面上的腐蚀性气体和液体也越多，这些腐蚀性物质通过微观凹谷向零件表层渗透，使腐蚀加剧。简单来说，粗糙度越大，零件的抗腐蚀性越弱。

(6) 对结合密封性的影响

由于粗糙度的存在，两个表面接触时，只在局部点上接触，中间缝隙影响密封性。降低表面粗糙度的允许值，可提高零件的密封性。

此外，表面粗糙度对零件外形的美观等也有影响。

§5.2 表面粗糙度的评定参数

5.2.1 基本术语

1. 实际轮廓(actual contour)

平面与实际表面相交所得的轮廓线称为实际轮廓，如图 5-2 所示。按相截方向不同，可分为横向实际轮廓(如图 5-3 所示)和纵向实际轮廓(如图 5-4 所示)。

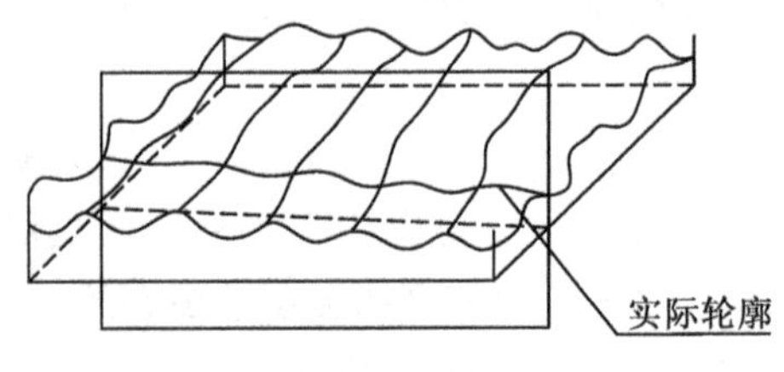

图 5-2 实际轮廓

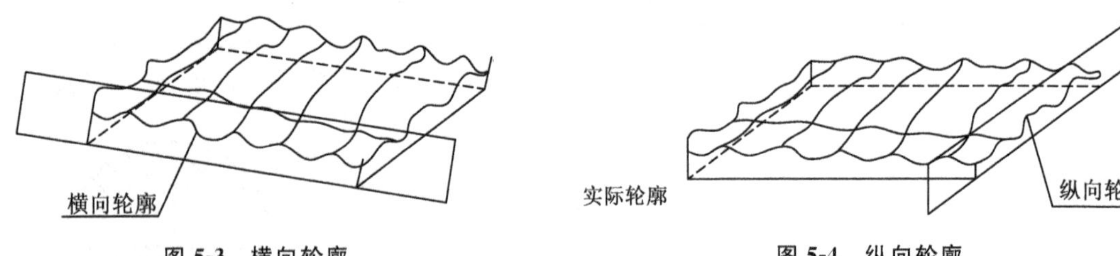

图 5-3 横向轮廓　　图 5-4 纵向轮廓

在评定或测量表面粗糙度时，一般均指横向实际轮廓，即与加工纹理方向垂直的截面上的轮廓。

2. 取样长度(sampling length)

用于判别具有表面粗糙度特征的一段基本长度 lr 的值见表 5-1。规定和选择这段长度是为了限制和减弱表面波纹度对表面粗糙度测量结果的影响。

表 5-1 取样长度标准值

粗糙度参数公称值 /μm	Ra										Rz	
	0.2	0.4	0.8	1.6	3.2	6.3	12.5	25	50	100	800	1 600
取样长度 lr/mm	0.25	0.8		2.5					8		25	

从表 5-1 中可看出，取样长度应与表面粗糙度的要求相适应。在取样长度范围内，一般不少于 5 个以上的轮廓峰和轮廓谷。

3. 评定长度(evaluation length)

评定长度是指评定轮廓所必须得一段长度，它可以包括一个或几个取样长度，如图 5-5 所示。一般取评定长度为 5 倍的取样长度，即

$$ln=5lr \tag{5-1}$$

式中：ln——评定长度；

lr——取样长度。

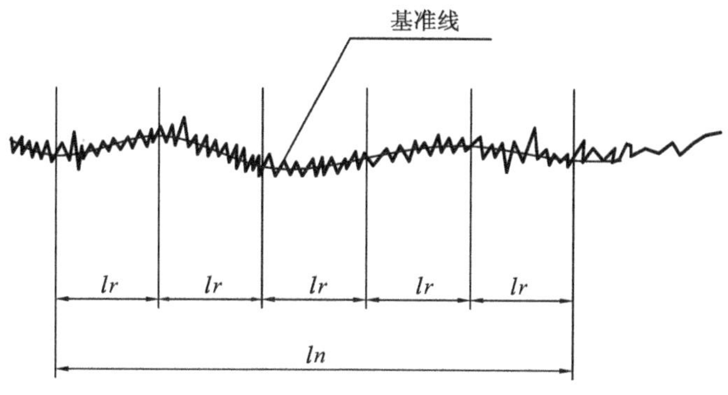

图 5-5 取样长度

4. 轮廓算术平均中线(outline of the arithmetic average line)

在取样长度范围内，将实际轮廓划分为上下两部分，且使上下两部分面积相等的线，称为轮廓算术平均中线，如图 5-6 所示，存在如下关系式：

$$F_1+F_3+\cdots+F_{2n-1}=F_2+F_4+\cdots+F_{2n}$$

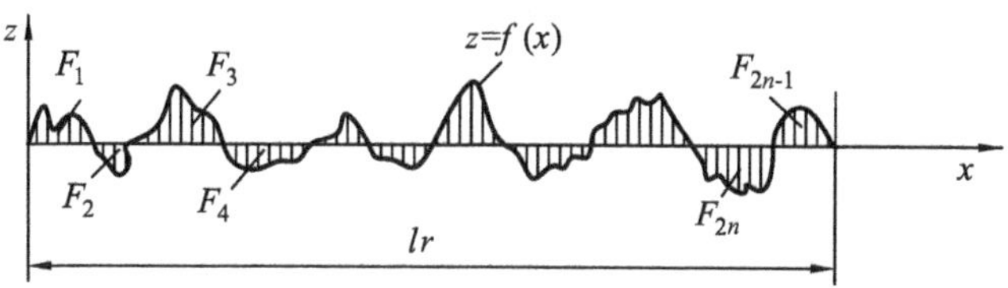

图 5-6 轮廓算术平均中线

5. 轮廓的最小二乘中线(least squares line)

轮廓最小二乘中线(简称中线)具有几何轮廓形状，是划分轮廓的基准线，在取样长度内，使轮廓线上各点的轮廓偏距的平方和最小，如图 5-7 所示。直线 m 即为轮廓最小二乘中线。

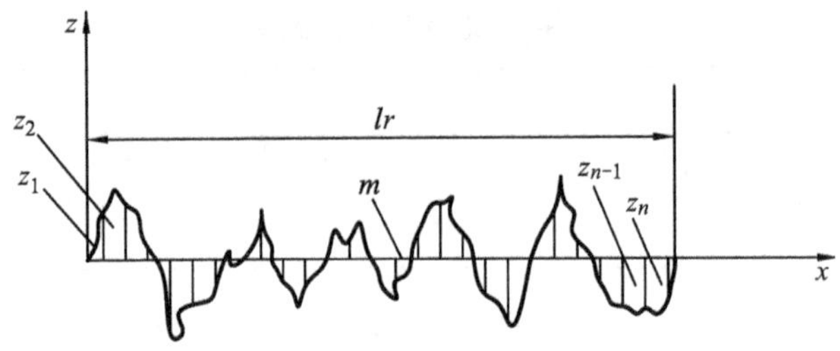

图 5-7 轮廓最小二乘中线

轮廓偏距是指轮廓线上各点与基准线之间的距离，如 $z_1, z_2, \cdots, z_n$，最小二乘中线的表达式为

$$\sum_{i=1}^{n} z_i^{\ 2} = \min \tag{5-2}$$

用最小二乘法确定的中线是唯一的，但比较复杂。用算术平均法确定的中线，是一种近似的图解方法，但很方便，得到了广泛应用。

当轮廓不具有明显的周期性时，其总方向在某一范围就不确定。因而其算术平均中心线就不是唯一的，有可能在该范围内作一簇上下面积相等的中线，但其中只有一条与最小二乘中线重合。实际工作中由于二者相差很小，一般用算术平均值代替最小二乘中线。

轮廓最小二乘中线和算术平均中线是测量或评定表面粗糙度的基准，因此称为基准线。

6. 轮廓峰(profile peak)

在取样长度内轮廓与中线相交，连接两相邻交点之间的轮廓外凸部分，称为轮廓峰，如图 5-8 所示。

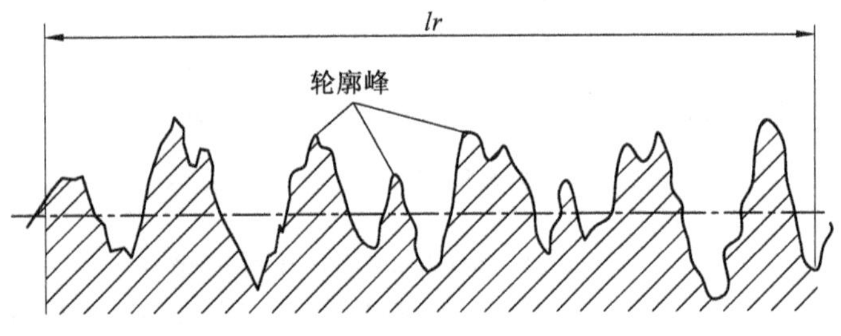

图 5-8 轮廓峰

7. 轮廓谷(profile valley)

在取样长度内轮廓与中线相交，连接两相邻交点之间的轮廓内凹部分，称为轮廓谷，如图 5-9 所示。

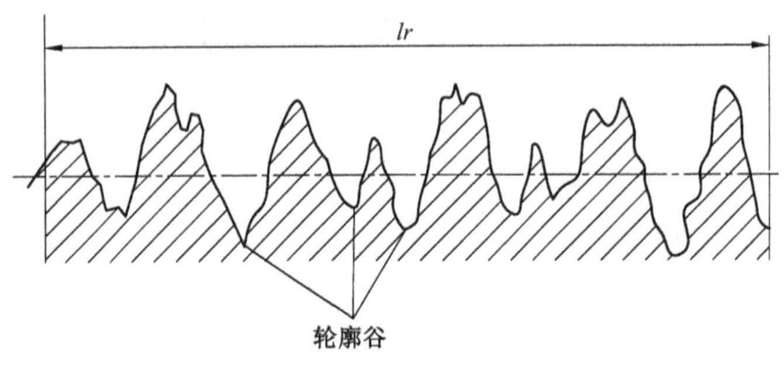

图 5-9 轮廓谷

5.2.2　表面粗糙度评定参数

1. 评定参数

GB/T 3505—2009 规定表面粗糙度的评定参数主要有幅度参数(Ra 和 Rz)、间距参数 Rsm 和混合参数 $Rmr(c)$。

(1) 轮廓算术平均偏差 Ra

在取样长度范围内,轮廓线上各点至轮廓中线的距离的算术平均值,称为轮廓算术平均偏差 Ra,如图 5-10 所示。用公式表示为

$$Ra = \frac{1}{lr}\int_0^{lr} |z(x)| \, dx \tag{5-3}$$

或近似为

$$Ra = \frac{1}{n}\sum_{i=1}^{n} |z_i| \tag{5-3}$$

测得的 Ra 值越大,则表面越粗糙。评定参数 Ra 能充分、客观地反映表面微观几何形状高度方向的特性,且测量方便,为标准推荐优先选用的评定参数。一般用电动轮廓仪进行测量。

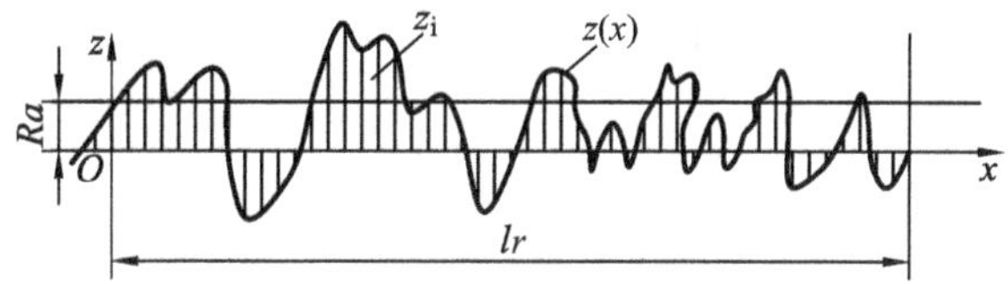

图 5-10　轮廓算术平均偏差 *Ra*

(2) 轮廓最大高度 Rz

在一个取样长度范围内,最大轮廓峰高与最大轮廓谷深之和称为轮廓最大高度 Rz,如图 5-11 所示。用公式表示为

$$Rz = Rp + Rv \tag{5-4}$$

轮廓峰高是指在一个取样长度范围内,被评定轮廓上各个轮廓峰的最高点至中线的距离,用符号 Zp 表示,其中最大的 Zp 叫作最大轮廓峰高 Rp(图中 $Rp = Zp_6$);轮廓谷深是指在一个取样长度范围内,被评定轮廓上各个轮廓谷的最低点至中线的距离,用符号 Zv 表示,其中最大的 Zv 称为最大轮廓谷深 Rv(图中 $Rv = Zv_2$)。旧标准中 Rz 为轮廓微观不平度十点高度,即 5 个最大的轮廓峰高的平均值与 5 个最大的轮廓谷深的平均值之和。

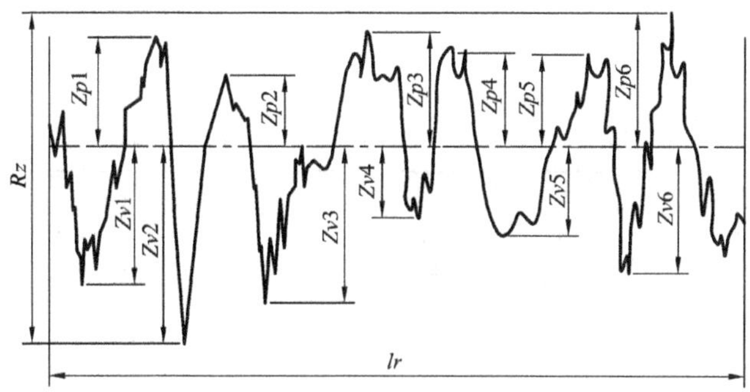

图 5-11　轮廓最大高度 *Rz*

评定参数 Rz 反映表面粗糙度高度方面的几何形状特性不如 Ra 充分。但可用于控制不允许出现较深加工痕迹的表面，常标注于容易产生应力集中作用的工作表面。此外，当被测表面很小(不足一个取样长度)，不适宜采用 Ra 评定时，也常采用 Rz 评定参数。

(3) 轮廓单元的平均宽度 Rsm

在一个取样长度范围内，所有轮廓单元的宽度 Xs_i 的平均值为轮廓单元的平均宽度 Rsm，如图 5-12 所示，即

$$Rsm = \frac{1}{m}\sum_{i=1}^{m} Xs_i \tag{5-5}$$

轮廓单元宽度是指在一个取样长度范围内，中线与各个轮廓单元相交线段的长度，用符号 Xs_i 表示。一个轮廓峰与相邻的轮廓谷组成轮廓单元。

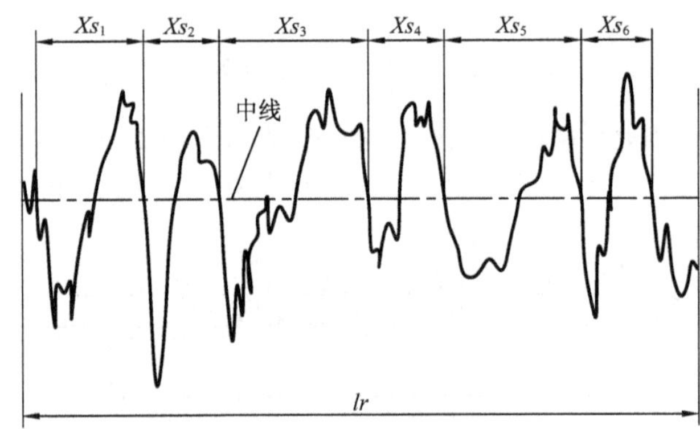

图 5-12　轮廓单元的宽度 Xs_i 与轮廓单元的平均宽度 Rsm

(4) 轮廓支承长度率 $Rmr(c)$

在评定长度 ln 内，一根平行于中线的平面与轮廓相截，所得轮廓的实体材料长度 $Ml(c)$ 与评定长度 ln 之比。此平行面与轮廓峰顶线之间的距离 c 称为轮廓截面高度(见图 5-13，图中为一个取样长度)。用公式表示为

$$Rmr(c) = \frac{Ml(c)}{ln} \tag{5-6}$$

轮廓支承长度率 $Rmr(c)$的值是对应于不同的轮廓截面高度(c)而给出的。它可用微米或 Rz 的百分数表示。当 c 一定时，$Rmr(c)$值越大，则表面的支承能力及耐磨性越好。

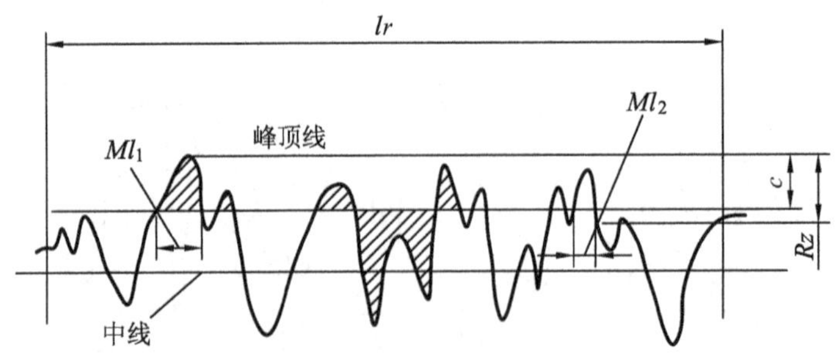

图 5-13　轮廓支撑长度率 $Rmr(c)$

2. 表面粗糙度的参数值

国标 GB/T 1031—2009 中规定了表面粗糙度的评定参数值，设计时按国标规定的参数值系列选取，见表 5-2～表 5-5。根据表面功能和生产的经济合理性，当选用表 5-2、表 5-3、表 5-4 系列值不能满足要求时，可选取 GB/T 1031—2009 的附录 A 补充系列值。

表 5-2　轮廓的算术平均偏差 *Ra* 的数值

μm

Ra	0.012 0.025 0.05 0.1	0.2 0.4 0.8 1.6	3.2 6.3 12.5 25	50 100

表 5-3　轮廓的最大高度 *Rz* 的数值

μm

Rz	0.02 5 0.05 0.1	0.2 0.4 0.8 1.6	3.2 6.3 12.5 25	50 100 200 400	800 1 600

表 5-4　轮廓单元的平均宽度 *Rsm* 的数值

μm

Rsm	0.006 0.012 5	0.025 0.05	0.1 0.2	0.4 0.8	1.6 3.2	6.3 12.5

表 5-5　轮廓的支承长度率 *Rmr*(*c*)的数值

μm

Rmr(*c*)	10	15	20	25	30	40	50	60	70	80	90

注：选用轮廓的支承长度率参数时，应同时给出轮廓截面高度 *c* 值，它可用微米或 *Rz* 的百分数表示；*Rz* 的百分数系列如下：5%，10%，15%，20%，25%，30%，40%，50%，60%，70%，80%，90%。

表面粗糙度新旧标准的参数符号比较见表 5-6。

表 5-6　表面粗糙度新旧标准的参数符号比较

基本术语	2009 版	1983 版	基本术语	2009 版	1983 版
取样长度	*lr*	*l*	轮廓的最大高度	*Rz*	R_y
纵坐标值	*Z*(*x*)	*y*	轮廓单元的平均宽度	*Rsm*	S_m
轮廓峰高	*Zp*	y_p	轮廓支承长度率	*Rmr*(*c*)	t_p
轮廓谷深	*Zv*	y_v	微观不平度十点高度		R_z
轮廓单元宽度	*Xs*	*S*			

§ 5.3　表面粗糙度的标注

5.3.1　表面粗糙度的符号

按 GB/T 131—2006，在图样上表示表面粗糙度的符号有五种，见表 5-7。

表 5-7 表面粗糙度符号及意义

符号	意义及说明
√	基本图形符号。表示用任何方法所获得的表面，仅用于简化代号标注，没有补充说明时不能单独使用
▽√	扩展图形符号。表示用去除材料的方法获得的表面。例如：车、铣、钻、磨、剪切、抛光、腐蚀、电火花加工等
○√	扩展图形符号。表示用不去除材料的方法获得的表面，例如：铸、锻、冲压变形、热轧、冷轧、粉末冶金等。或者是用于表示保持上道工序形成的表面
√ ▽√ ○√	完整图形符号。横线上用于标注有关参数和说明

5.3.2 表面粗糙度的代号

在表面粗糙度符号的基础上，注出表面粗糙度符号数值及其有关的规定项目后就形成了表面粗糙度代号。表面粗糙度数值及其有关的规定在符号中注写的位置如图 5-14 所示。

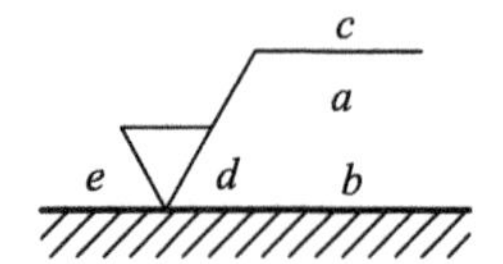

图 5-14 表面粗糙度代号

位置 *a*——标注粗糙度参数代号、极限值和传输带或取样长度。为避免误解，在参数代号与极限值之间插入空格，传输带或取样长度后应有一斜线“/”，之后为粗糙度参数代号及数值。传输带指两个定义的滤波器之间的波长范围。

位置 *b*——标注两个或多个粗糙度要求。

位置 *c*——标注加工方法、表面处理、涂层或其他加工要求。如车、磨、镀等。

位置 *d*——标注加工纹理方向符号。

位置 *e*——标注加工余量，mm。

1. 高度参数的标注

标注高度特征参数值分为上限值、下限值、最大值(max)和最小值(min)。当在图样上标注一个参数值时，表示只要求上限值。当图样上同时标注上限值和下限值时，表示所有测量值中超过规定值的个数应少于总数的 16%(即 16%规则，默认)。当在图样上同时标注最大值(max)和最小值(min)时，表示所有实测值不得超过规定值。当粗糙度参数后标注“max”，表示应满足最大规则，即不允许参数值超过规定值。标注示例见表 5-8。

表 5-8 表面粗糙度高度参数标注示例

a	√*Ra*3.2	用任何方法获得的表面粗糙度，*Ra* 上限值为 3.2 μm
b	○√*Rz*3.2	用不去材料的方法获得的表面粗糙度，*Rz* 上限值为 3.2 μm
c	车 ▽√*Rz*3.2	用车削的方法获得的表面粗糙度，*Rz* 上限值为 3.2 μm
d	铣 *Ra*0.8 ▽√⊥ *Rz*3.2	用铣削的方法获得的表面粗糙度，*Ra* 上限值为 0.8 μm，*Rz* 上限值为3.2μm，且要求该表面的加工纹理垂直于视图所在的投影面
e	▽√*U Rz*0.8 *L Ra*0.2	用去材料的方法获得的表粗糙度，*Rz* 上限值为 0.8 μm，*Ra* 下限值为 0.2 μm
f	▽√*Ra* max0.8 *Rz* max3.2	用去材料的方法获得的表面粗糙度，*Ra* 最大值为 0.8 μm，*Rz* 最大值为 3.2 μm

注：资料来源于 GB/T 131—2006。

2. 带补充注释的符号标注

带补充注释的符号标注示例，见表 5-9。

表 5-9　带补充注释的符号标注示例

符号	含　义	符号	含　义
铣	加工方法：铣削	M	表面纹理：纹理呈多方向
	对投影视图上封闭的轮廓线所表示的各表面有相同的表面结构要求	3	加工余量 3 mm

3. 加工纹理符号标注

表面加工纹理方向是指表面纹理结构的主要方向，有时需要作出规定。如密封表面，加工纹理需呈同心圆状；相互移动的表面，加工纹理按一定方向呈直线状比较合理。常见加工纹理方向的符号及标注如图 5-15 所示。

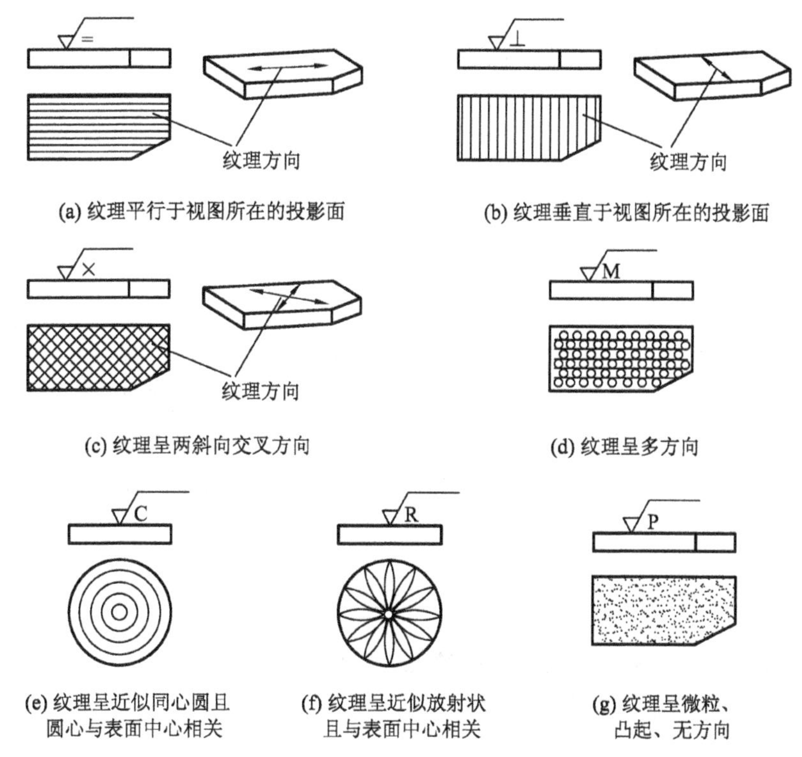

(a) 纹理平行于视图所在的投影面　(b) 纹理垂直于视图所在的投影面

(c) 纹理呈两斜向交叉方向　(d) 纹理呈多方向

(e) 纹理呈近似同心圆且圆心与表面中心相关　(f) 纹理呈近似放射状且与表面中心相关　(g) 纹理呈微粒、凸起、无方向

图 5-15　常见加工纹理方向的符号及标注

5.3.3　表面粗糙度在图样上的标注

在同一图样上，表面粗糙度的要求应尽量与其他技术要求(如尺寸精度、几何精度等)标注在同一视图中。一个表面一般只标注一次，并标注在可见轮廓线、尺寸界线、引出线或它们的延长线上。表面粗糙度的符号的尖端必须从材料外垂直指向被标注面，数字注写和读取方向与尺寸的注写和读取方向一致。标注示例如图 5-16～图 5-21 所示。

简化标注可以在某些特定的情况下使用。如图 5-20 表示出了 Rz 值为 1.6 m 和 3.2 μm 的表面外，其余表面粗糙度 Ra 值为 3.2 μm。相同粗糙度的符号应标注在标题栏附近。图 5-21 为空间受限制时的简化标注。

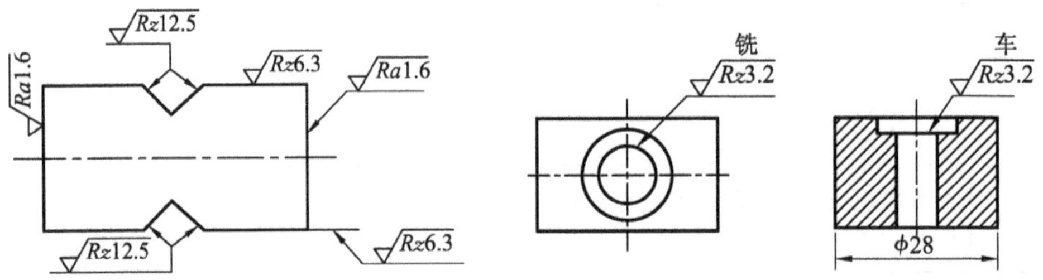

图 5-16　表面粗糙度在轮廓线上标注　　图 5-17　用引出线标出表面粗糙度

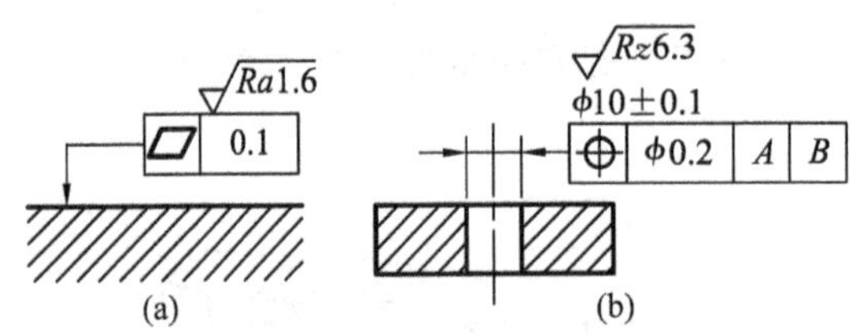

图 5-18　表面粗糙度标注在几何公差框格上方

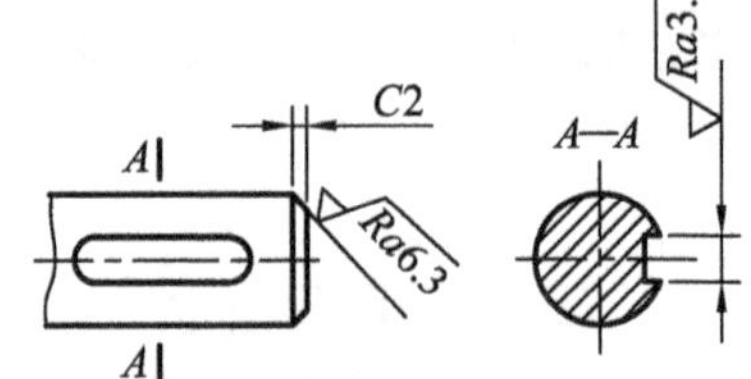

图 5-19　键槽的表面粗糙度标注

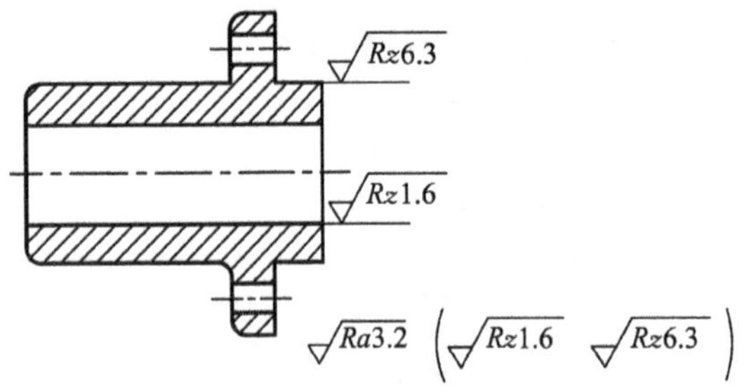

图 5-20　多数表面粗糙度相同的简化注法

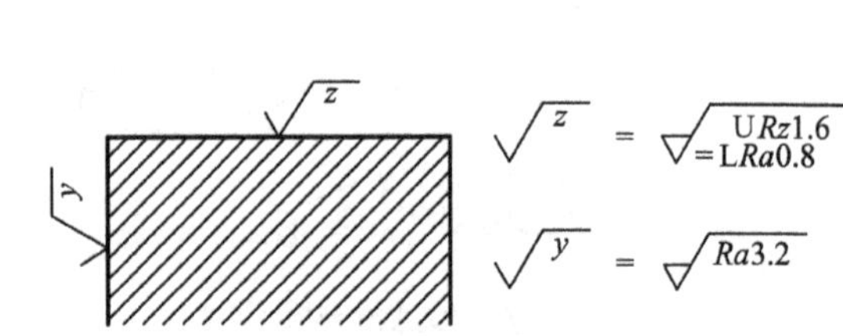

图 5-21　图样空间有限时的简化注法

§5.4　零件表面粗糙度参数值的选择

表面粗糙度轮廓的评定参数及参数值的大小应根据零件的功能要求和经济性要求来选择。表面粗糙度的选择主要包括评定参数的选择和参数值的选择。

5.4.1　评定参数的选择

在表面粗糙度的四个评定参数中，Ra，Rz 两个幅度参数为基本参数，Rsm，$Rmr(c)$ 为附加参数。这些参数分别从不同的角度反映了零件的表面轮廓特征，但都存在着不同程度的缺陷。因此，在具体选用时要根据零件的功能要求、材料性能、结构特点、测量的条件等选用适当的评定参数。

(1) 如无特殊要求，一般仅选用幅度参数。在幅度参数(峰和谷)常用的参数值范围内(Ra 为 0.05～6.3 μm，Rz 为 0.1～25 μm，推荐优先选用 Ra；当表面过于粗糙($Ra>6.3$ μm)

或太光滑（Ra<0.025 μm）或测量面积很小时，推荐选用 Rz；当表面不允许出现较深加工痕迹，防止应力过于集中，要求保证零件的抗疲劳强度和密封性时，可选择 Ra 与 Rz 联用。

（2）当表面有特殊功能要求时，为了保证表面功能要求，提高产品质量，除了选用高度参数同时还要选择附加参数综合控制表面质量。对有特殊要求的少数零件的重要表面（如要求喷涂均匀、涂层有较好的附着性和光泽表面）还需要控制 Rsm 数值；对于有较高支撑刚度和耐磨性的表面，应规定 $Rmr(c)$ 参数。

5.4.2　参数值的选择

表面粗糙度的评定参数值的选择合理与否，不仅与零件的使用性能有关，还与零件的制造及经济性有关。选用的原则：在满足零件表面功能的前提下，评定参数的允许值应尽可能得大（除 $Rmr(c)$ 外），以减小加工困难，降低生产成本。在实际工作中，通常采用类比法选择确定评定参数值的大小。首先参考经验统计资料（见表 5-10，表 5-11）选择评定参数值的大小，然后根据实际工作条件进行调整。

表 5-10　表面粗糙度 *Ra* 的推荐选用值　　μm

应用场合 \ 公称尺寸/mm			≤50		50～120		120～150	
经常装拆零件的配合表面		公差等级	轴	孔	轴	孔	轴	孔
		IT5	≤0.2	≤0.4	≤0.4	≤0.8	≤0.4	≤0.8
		IT6	≤0.4	≤0.8	≤0.8	≤1.6	≤0.8	≤1.6
		IT7	≤0.8		≤1.6		≤1.6	
		IT8	≤0.8	≤1.6	≤1.6	≤3.2	≤1.6	≤3.2
过盈配合	压入装配	IT5	≤0.2	≤0.4	≤0.4	≤0.8	≤0.4	≤0.8
		IT6，IT7	≤0.4	≤0.8	≤0.8	≤1.6	≤1.6	
		IT8	≤0.8	≤1.6	≤1.6	≤3.2	≤3.2	
	热装		≤0.8	≤1.6	≤1.6	≤3.2	≤1.6	≤3.2
滑动轴承的配合表面		公差等级	轴			孔		
		IT6～IT9	≤0.8			≤1.6		
		IT10～IT12	≤1.6			≤3.2		
		液体湿摩擦条件	≤0.4			≤0.8		
圆锥结合的工作面			密封结合		对中结合		其他	
			≤0.4		≤1.6		≤6.3	
密封材料处的孔、轴表面		密封形式	速度/(m/s)					
			≤3		3～5		≥5	
		橡胶密封圈	0.8～1.6（抛光）		0.4～0.8（抛光）		0.2～0.4（抛光）	
		毛毡密封	0.8～1.6（抛光）					
		迷宫式	3.2～6.3					
		涂油槽式	3.2～6.3					

续表

公称尺寸/mm 应用场合		≤50			50～120		120～150	
精密定心零件的配合表面	IT5～IT8	径向跳动	2.5	4	6	10	16	25
		轴	≤0.05	≤0.1	≤0.1	≤0.2	≤0.4	≤0.8
		孔	≤0.1	≤0.2	≤0.2	≤0.4	≤0.8	≤1.6
V带和平带轮工作表面		带轮直径/mm						
		≤120			120～315		>315	
		1.6			3.2		6.3	
箱体分界面（减速箱）	类型	有垫圈				无垫圈		
	需要密封	3.2～6.3				0.8～1.6		
	不需要密封	6.3～12.5						

表 5-11　表面粗糙度的表面特征、经济加工方法及应用举例

表面微观特征		$Ra/\mu m$	$Rz/\mu m$	加工方法	应用举例
粗糙表面	可见刀痕	>20～40	>80～160	粗车、粗刨、粗铣、钻、锯断	半成品粗加工过的表面，非配合加工表面，如轴的端面、倒角、齿轮及带轮的侧面、键槽的底面，垫圈接触面等
	微见刀痕	>10～20	>40～80		
半光表面	微见加工痕迹	>5～10	>20～40	车、刨、铣、钻、镗、粗铰	轴上不安装轴承及齿轮处的表面，紧固件的自由装配表面，轴和孔的退刀槽等
	微见加工痕迹	>2.5～5	>10～20	车、刨、铣、镗、磨、拉、粗刮、滚压	半精加工表面，箱体、支架、盖面、套筒等和其他零件结合而无配合要求的表面，需发蓝的表面
	看不清加工痕迹	>1.25～2.5	6.3～10	车、刨、铣、镗、磨、拉、刮、滚压、铣齿	接近于精加工表面，箱体上安装轴承的内孔表面，齿轮的工作面
光表面	可辨加工痕迹的方向	>0.63～1.25	>3.2～6.3	车、镗、拉、磨、刮、精铰、磨齿滚压	圆柱销、圆锥销，轴上与滚动轴承配合的表面，普通车床导轨面，内外花键定位表面，齿面
	微辨加工痕迹的方向	>0.32～0.63	>1.6～3.2	精铰、磨、精镗、刮、滚压	要求配合性质稳定的配合表面，工作时承受交变应力的重要表面，较高精度的车床导轨面，高精度齿轮齿面
	不可辨加工痕迹的方向	>0.16～0.32	>0.8～1.6	精磨、研磨、珩磨、超精加工	精密机床主轴锥孔、顶尖圆锥面，发动机曲轴的轴颈表面，凸轮轴的凸轮工作面，高精度齿面
极光表面	暗光泽面	>0.08～0.16	>0.4～0.8	精磨、研磨、普通抛光	精密机床主轴轴颈表面，一般量规工作表面，气缸套内表面，活塞销表面
	亮光泽面	>0.04～0.08	>0.2～0.4	超精磨、精抛光、镜面磨削	精密机床主轴轴颈表面，滚动轴承的滚珠表面，高压油泵中柱塞和柱塞孔的配合面
	镜状光泽面	>0.01～0.04	>0.05～0.2		
	镜面	<0.01	<0.05	镜面磨削、超精研	高精度量仪、量块的工作面，光学仪器中的金属镜面

调整时应考虑以下几点：

(1) 在同一零件上，工作表面比非工作表面的粗糙度值小。

(2) 摩擦表面的粗糙度值比非摩擦表面小，滚动摩擦表面的粗糙度值比滑动摩擦表面小。

(3) 运动速度高、单位面积压力大的摩擦表面比运动速度低、压力小的摩擦表面的表面粗糙度参数值小。

(4) 受交变载荷的零件表面，以及最易产生应力集中的部位(如沟槽、圆角、台肩等)，表面粗糙度值要小。

(5) 配合性质相同时，在一般情况下，零件尺寸越小，粗糙度值应越小；同一精度等级时，小尺寸比大尺寸、轴比孔的粗糙度数值要小。

(6) 通常在尺寸公差、表面形状公差小时，粗糙度数值要小。

(7) 配合精度要求高的结合表面、配合间隙小的配合表面及要求连接可靠且承受重载的过盈配合表面，均应取较小的粗糙度值。

(8) 凡有关标准已对表面粗糙度作出规定的标准件或常用典型零件(如与滚动轴承配合的轴颈和基座孔的工作面等)，应按相应的标准确定其表面粗糙度值。

(9) 耐蚀性、密封性要求高，外表美观的表面，粗糙度值应小。

通常尺寸公差、表面形状公差小时，表面粗糙度参数值也小。其一般的对应关系见表 5-12。当机器零件尺寸、形位公差确定以后，可参照表 5-12 选取合适的表面粗糙度。当然，在一些特殊的场合，如机器、仪器的手柄等，其尺寸公差要求和形位公差要求均不高，但对表面粗糙度的要求却比较高。

表 5-12 表面粗糙度与尺寸公差、形状公差的对应关系

尺寸公差等级		IT5			IT6			IT7			IT8		
相应的形状公差		Ⅰ	Ⅱ	Ⅲ	Ⅰ	Ⅱ	Ⅲ	Ⅰ	Ⅱ	Ⅲ	Ⅰ	Ⅱ	Ⅲ
公称尺寸/mm	表面粗糙度参数值/μm												
≤18	*Ra*	0.20	0.10	0.05	0.40	0.20	0.10	0.80	0.40	0.20	0.80	0.40	0.20
	Rz	1.00	0.50	0.25	2.00	1.00	0.50	4.00	2.00	1.00	4.00	2.00	1.00
>18～50	*Ra*	0.40	0.20	0.10	0.80	0.40	0.20	1.60	0.80	0.40	1.60	0.80	0.40
	Rz	2.00	1.00	0.50	4.00	2.00	1.00	6.30	4.00	2.00	6.30	4.00	2.00
>50～120	*Ra*	0.80	0.40	0.20	0.80	0.40	0.20	1.60	0.80	0.40	1.60	1.60	0.80
	Rz	4.00	2.00	1.00	4.00	2.00	1.00	6.30	4.00	2.00	6.30	6.30	4.00
>120～500	*Ra*	0.80	0.40	0.20	1.60	0.80	0.40	1.60	1.60	0.80	1.60	1.60	0.80
	Rz	4.00	2.00	1.00	6.30	4.00	2.00	6.30	6.30	4.00	6.30	6.30	4.00

续表

尺寸公差等级		IT9			IT10			IT11			IT12 IT13		IT14 IT15	
相应的形状公差		Ⅰ,Ⅱ	Ⅲ	Ⅳ	Ⅰ,Ⅱ	Ⅲ	Ⅳ	Ⅰ,Ⅱ	Ⅲ	Ⅳ	Ⅰ,Ⅱ	Ⅲ	Ⅰ,Ⅱ	Ⅲ
公称尺寸/mm	表面粗糙度参数值/μm													
至 18	*Ra*	1.60	0.80	0.40	1.60	0.80	0.40	3.20	1.60	0.80	6.30	3.20	6.30	6.30
	Rz	6.30	4.00	2.00	6.30	4.00	2.00	12.5	6.30	4.00	25.0	12.5	25.0	25.0
>18～50	*Ra*	1.60	1.60	0.80	3.20	1.60	0.80	3.20	1.60	0.80	6.30	3.20	12.5	6.30
	Rz	6.30	6.30	4.00	12.5	6.30	4.00	12.5	6.30	4.00	25.0	21.5	50.0	25.0
>50～120	*Ra*	3.20	1.60	0.80	3.20	1.60	0.80	6.30	3.20	1.60	12.5	6.30	25.0	12.5
	Rz	12.5	6.30	4.00	12.5	6.30	4.00	25.0	12.5	6.30	50.0	25.0	100.0	50.0
>120～500	*Ra*	3.20	3.20	1.60	3.20	3.20	1.60	6.30	3.20	1.60	12.5	6.30	25.0	12.5
	Rz	12.5	12.5	6.30	12.5	12.5	6.30	25.0	12.5	6.30	50.0	25.0	100.0	50.0

注：Ⅰ为形状公差在尺寸极限之内；Ⅱ为形状公差相当于尺寸公差的 60%；Ⅲ为形状公差相当于尺寸公差的 40%；Ⅳ为形状公差相当于尺寸公差的 25%。

§5.5 表面粗糙度的测量

测量表面粗糙度参数值时，应注意不要将零件的表面缺陷（如气孔、划痕和沟槽等）包括进去。当图样上注明了表面粗糙度参数值的测量方向时，应按规定的方向测量。若图样上无特别注明测量方向时，则应该按测量数值最大的方向进行测量。常用的表面粗糙度测量的方法有比较法、光切法、干涉法、针描法和印模法。

1. 比较法

比较法是将被测表面与表面粗糙度标准样板进行比较，从而估计出被测表面粗糙度的一种测量方法。使用时，所用粗糙度样板的材料、表面形状、加工方法和加工纹理方向等应尽可能与被测表面一致，以减小测量误差。该方法多用于车间检验，适用于评定表面粗糙度要求不高的零件表面，且评定的准确性在很大程度上取决于检验人员的经验。

2. 光切法

光切法是利用光切原理来测量表面粗糙度的一种测量方法。常用的仪器是光切显微镜（又称双管显微镜），该种仪器适宜于测量车、铣、刨及其他类似加工方法所加工的金属零件表面。该方法主要用于测量 *Rz* 值，其测量的范围一般为 0.5～80 μm。

3. 干涉法

干涉法是利用光波干涉原理来测量表面粗糙度的一种测量方法，常用的仪器是干涉显微镜，该种仪器适宜于测量表面粗糙度要求较高的零件表面。该方法主要用于测量 *Rz* 值，其测量范围一般为可用于干涉显微镜的测量范围为 0.05～0.8 μm。

4. 针描法

针描法也称轮廓法，是指利用触针滑过被测表面，把表面结构放大描绘出来，经过计算处理装置直接测出表面粗糙度的一种测量方法。常用的仪器是电动轮廓仪，图 5-22 所示为电动轮廓仪的工作原理框图。测量时，仪器的触针针尖与被测量表面接触，以一定速度在被测表面上移动，被测表面上的微小峰谷使触针在移动的同时，还沿轮廓的垂直方向作上、下运动。触针的运动情况实际反映了被测表面的轮廓情况，通过传感器转换成电信号，再通过滤波、放大和计算处理，直接显示出 Ra 值的大小。

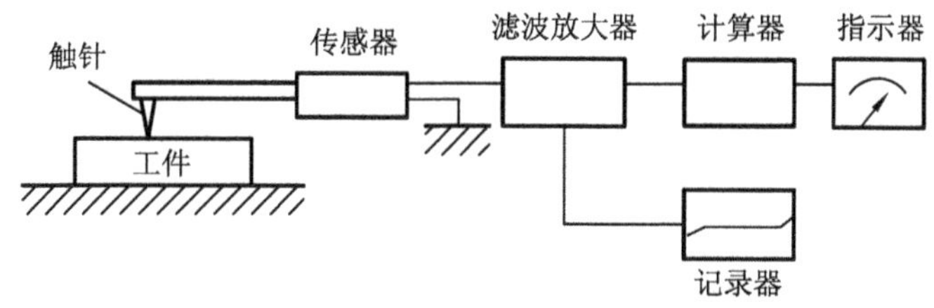

图 5-22　电动轮廓仪的工作原理示意图

针描法的特点：显示数值直观，可测量多种形状的被测表面，如轴类、锥体、球类、沟槽类工件，测量时间少，方便快捷。该方法不适于测量过于粗糙和过于光滑的表面，若测量表面过于粗糙，则会损伤触针；若测量表面过于光滑，则由于表面凹谷细小，针尖难以触到凹谷底部，因而测不出轮廓的真实状况。所以该方法的测量范围一般为 $Ra=0.025\sim6.3\ \mu m$。

5. 印模法

印模法是利用印模材料（如石蜡、低熔点合金等）将被测表面的轮廓复制成模，再使用非接触测量方法测量印模，从而间接测定被测量表面的粗糙度的一种方法。印模法适用于笨重零件及内表面，如大型梁、深孔、凹槽等。

实训习题与思考题

1. 评定表面粗糙度时，为什么要规定取样长度？有了取样长度为什么还要规定评定长度？

2. 表面粗糙度的含义是什么？对零件使用性能有哪些要求？

3. 表面粗糙度的评定参数有哪些？各自含义是什么？

第6章　滚动轴承的公差与配合

滚动轴承的公差与配合是滚动轴承的生产、选择、装配中的重要依据，合理的选取滚动轴承自身零件的公差带进行配合不仅提高了滚动轴承的寿命而且还提高了滚动轴承自身的精度。本章主要从滚动轴承的公差等级及其应用、内外圈公差带、配合及其选择三个方面对滚动轴承的公差与配合进行讲述，本章引用的相关国家标准主要有：GB/T 307.1—2005《滚动轴承向心轴承公差》，GB/T 307.3—2005《滚动轴承通用技术规则》，GB/T 1800.2—2009《产品几何技术规范(GPS) 极限与配合 第2部分：标准公差等级和孔、轴极限偏差表》，GB/T 1801—2009《产品几何技术规范(GPS) 极限与配合 公差带和配合的选择》，GB/T 275—1993《滚动轴承与轴和外壳的配合》。

§6.1　概　述

滚动轴承是现代机器中广泛应用的零件之一，它是依靠主要元件间的滚动接触来支承转动零件的。常用的滚动轴承绝大多数已经标准化，由专业工厂大量制造并供应各种规格常用的轴承。滚动轴承的类型很多，按滚动体可分为球轴承、滚子轴承及滚针轴承；按承受载荷形式又可分为向心轴承、推力轴承及向心推力轴承等。向心球轴承的结构如图6-1所示，包括内圈、外圈、滚动体、保持架。其内圈内径 d 用来和轴颈装配，外圈外径 D 用来和轴承座孔装配。通常是内圈随轴颈回转，外圈固定，但也可以用于外圈回转而内圈不动，或是内、外圈同时回转的场合。当内、外圈相对转动时，滚动体即在内、外圈的滚道内滚动。保持架的作用主要是均匀地隔开滚动体。

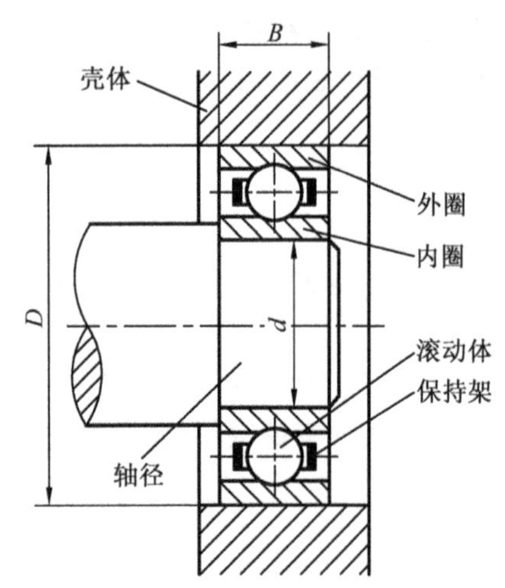

图6-1　向心球轴承

轴承外径 D 与内径 d 为轴承的公称尺寸，分别与外壳孔及轴颈配合。其配合尺寸应是完全互换，滚动体和两套圈之间的配合采用分组装配法，通常为不完全互换。轴承的工作性能和使用寿命不仅取决于轴承本身的制造精度，还与和轴承相配合的轴颈和外壳孔的尺寸公差、形位公差和表面粗糙度以及安装正确与否等因素有关。

§ 6.2　滚动轴承的公差等级及其应用

6.2.1　滚动轴承公差等级

国家标准 GB/T 307.3—2005 规定，向心轴承（圆锥滚子轴承除外）分为 0，6，5，4，2 五级，圆锥滚子轴承分为 0，6x，5，4，2 五级，推力轴承分为 0，6，5，4 四级。公差等级依次由低到高排列，0 级最低，2 级最高。

6.2.2　滚动轴承精度

滚动轴承的公称尺寸精度是指轴承内径 d，外径 D 和轴承宽度 B 的制造精度（图 6-2）及圆锥滚子轴承的装配高度 T（图 6-3）的精度。

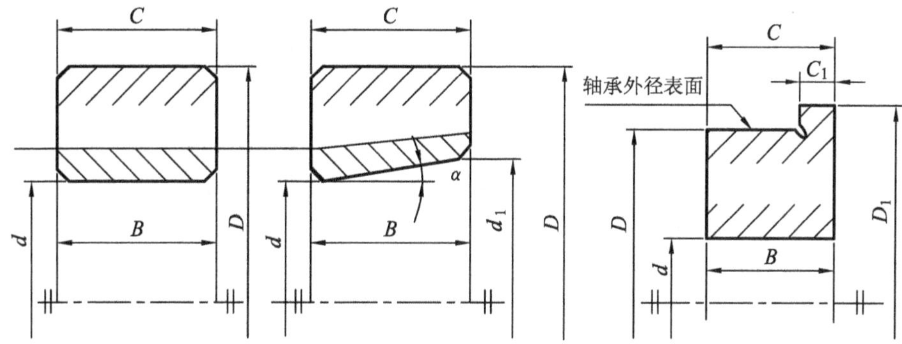

图 6-2　滚动轴承外形尺寸符号

滚动轴承旋转精度是指轴承内、外圈径向跳动；轴承内、外圈的端面对滚道的跳动；轴承内圈端面对内孔的跳动；轴承外径母线对基准端面的倾斜度等。

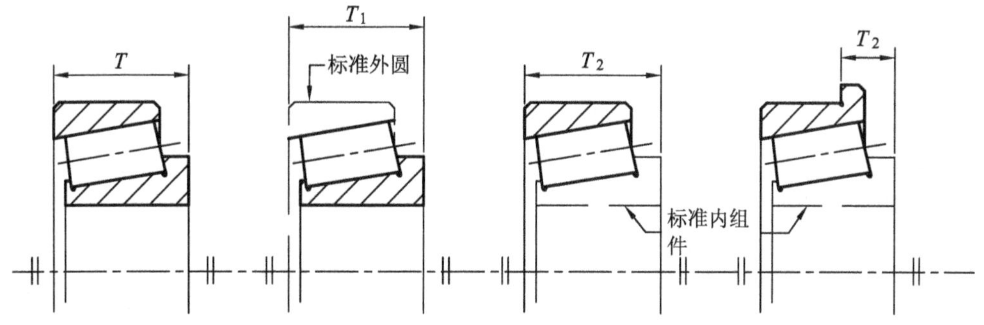

图 6-3　圆锥滚子轴承外形尺寸符号

6.2.3　滚动轴承的应用

0 级轴承通常称为普通级轴承，应用在中等负荷、中等转速和对旋转精度要求不高的一般机械中。如普通车床的变速、进给机构，汽车、拖拉机的变速机构，普通电机、水泵、压缩机、汽轮机中的旋转机构等。

6 级轴承应用于旋转精度和转速较高的旋转机构中。如普通机床的主轴轴承、精密机床传动轴所用的轴承等。

5 级和 4 级轴承应用于旋转精度高的机构中，如精密机床的主轴轴承、精密仪器中所用轴承等。

2 级轴承应用于旋转精度和转速均很高的旋转机构中。如精密坐标镗床的主轴轴承、高精度仪器和高转速机构中使用的轴承。

§6.3 滚动轴承内、外圈的公差带

6.3.1 滚动轴承内、外径公差带

为了便于互换和大量生产，轴承内圈与轴颈配合按基孔制。一般要求具有过盈，以保证内圈和轴一起旋转，但过盈量不能太大，否则不便装配并会使内圈材料产生过大的应力。因此，GB/T 307.1—2005 中规定：轴承内圈内径公差带移至零线下方。轴承外径与外壳配合采用基轴制，其公差带与一般基准轴公差带的位置相同，在零线下方，如图 6-4 所示。

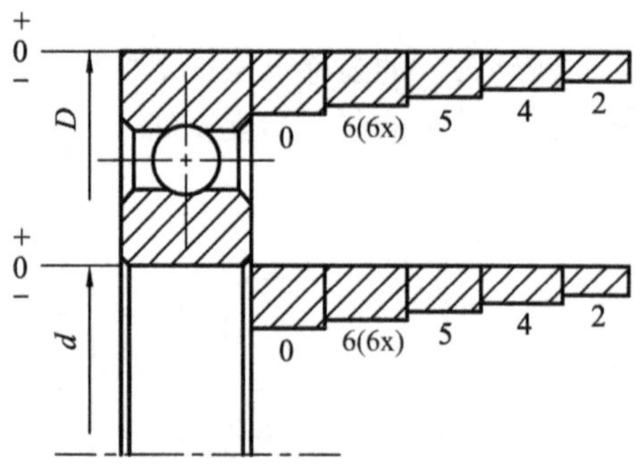

图 6-4 滚动轴承内、外径公差带分布图

另外，滚动轴承的内圈和外圈都是薄壁零件，在制造和保管过程中容易产生变形。当轴承内圈与轴、外圈与壳体装配后，这种变形容易矫正。在一般情况下不影响工作性能。

GB/T 307.1—2005 中，对轴承内径和外径尺寸公差做了两种规定：一是规定了内、外径尺寸的最大值和最小值所允许的偏差，即单一内、外径偏差，其主要目的是为了限制变形量；二是规定了内、外径实际(组成)要素的最大值和最小值的平均值偏差，即单一平面平均内、外径偏差，目的是用于轴承配合。

6.3.2 滚动轴承内、外径公差带的特点

轴承内、外径公差带的特点是所有公差等级的公差带都单向偏置在零线之下，即上偏差为零，下偏差为负。GB/T 1800.2—2009《产品几何技术规范(GPS)极限与配合　第 2 部分：标准公差等级和孔、轴极限偏差表》中规定基准孔的公差带在零线上，而轴承内孔与轴的配合也是基孔制，但其所有公差等级的公差带都在零线之下。其原因主要是轴承配合的特殊需要。在大多数情况下，轴承内孔要随轴一起转动，两者之间的配合必须有一定的过盈。由于内圈是薄壁件，易变形，使用一段时间后轴承往往要拆换，因此过盈的数值又不能太大。如果轴承内孔的公差带与一般基准孔的公差带一样，单向偏差置在零线上，与 GB/T 1801—2009《产品几何技术规范(GPS)　极限与配合　公差带和配合的选择》推荐的常用或优先的过盈配合相比，所取得的过盈太大，如改用过渡配合，又担心孔、轴结合的不可靠；采用非标准设计又不符合互换性原则，为此轴承标准将内径的公差带偏置在零线下方。再与 GB/T 1801—2009 中推荐的常用或优先过渡配合中某些轴的公差带结合时，完全能满足轴承内孔与轴的配合性能要求，即得到过盈量较大的过渡配合或过盈量较小的过盈配合。

轴承外径与外壳配合采用基轴制，轴承孔外径的公差带与 GB/T 1800.2—2009 基轴制的基准轴的公差带虽然都在零线下方，即上偏差为零，下偏差为负值。但是轴承外径的公差值是特殊规定的。因此，轴承外圈与外壳的配合与 GB/T 1800.2—2009 基轴制同名配合相比，配合性质也不相同。

§ 6.4　滚动轴承配合及其选择

6.4.1　轴颈和外壳的公差带

GB/T 275—1993《滚动轴承与轴和外壳的配合》对与轴承配合的钢制和铸铁制的实体轴，厚壁空心轴的轴颈规定 17 种常用公差带；对钢制、铸铁制的外壳规定 16 种常用公差带，其公差带如图 6-5 和图 6-6 所示。

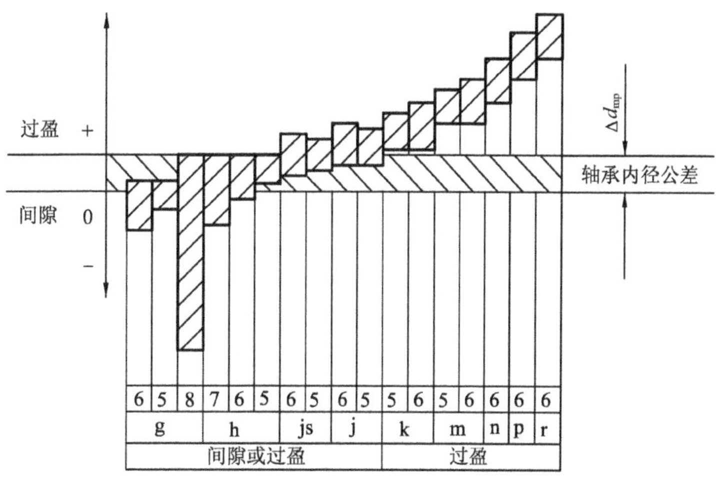

注：Δd_{mp}为内圈单一平均内径的偏差

图 6-5　轴承与轴配合的常用公差带关系图

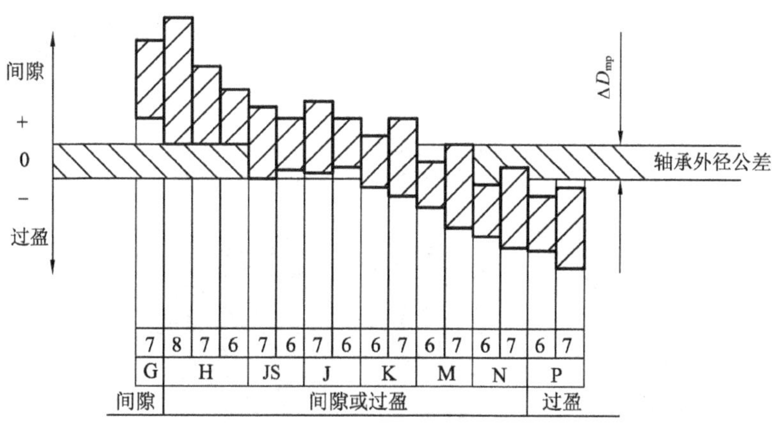

注：ΔD_{mp}为轴承外圈单一平面平均外径的偏差

图 6-6　轴承与外壳配合的常用公差带关系图

6.4.2 滚动轴承的配合选择

滚动轴承的选择，实际上就是确定轴颈和外壳的公差带。在选择配合时，原则上轴承的内、外圈应选择紧密配合，包括最小间隙或过盈等于零的配合在内。但轴承配合又不能太紧，因内圈的弹性胀大和外圈的收缩会使轴内部间隙减小，甚至完全消除，并产生过盈，不仅影响正常运转，还会使套圈的材料产生较大的应力，以致降低其使用寿命。因此必须恰当的选取轴颈与外壳的公差带。

配合选择的基本原则：要考虑轴承套圈相对于负荷的状况；负荷类型和大小；轴承尺寸的大小；轴承游隙及其他因素的影响。

1. 负荷类型

根据作用于轴承的合成径向负荷对套圈相对运动情况，将套圈的负荷分为三类：

(1) 局部负荷

轴承运转时，作用于轴承上的合成径向负荷始终作用于套圈滚道局部区域，这种负荷称为局部负荷，如图 6-7 a 和图 6-7 b 所示。轴承受一个方向不变的径向负荷 R_g 作用，固定不转的套圈所受的负荷就是局部负荷。

当套圈受局部负荷时，配合应稍松，可以有不大的间隙，以便在滚动体摩擦力带动下，使套圈相对于轴颈或外壳体孔有偶尔周期游动的可能，从而消除局部滚道磨损，便于装拆。一般可选用过渡配合或间隙配合。

(2) 循环负荷

轴承运转时，作用于轴承上的径向负荷顺次地作用于套圈滚道整个圆周上，这种负荷称为循环负荷，如图 6-7 a 和图 6-7 b 动圈上所承受的负荷，其特点是负荷与套圈相对转动。

当套圈受循环负荷时，不会导致滚道局部磨损。此时要防止套圈相对于轴颈或外壳体孔引起配合面的磨损、发热。套圈与轴颈配合应较紧，一般选用过渡配合或过盈配合。

(3) 摆动负荷

在轴承上，同时作用一个方向不变的径向负荷与一个数值较小的旋转负荷，这两种负荷合成就称为摆动负荷，如图 6-7 c 和图 6-7 d 所示。R_x 是不变的径向负荷，R_g 是旋转的径向负荷，$R_g > R_x$，其合成的径向负荷 R 仅在 180°范围内的滚道上摆动，如图 6-8 所示。$\overset{\frown}{AB}$为摆动负荷的作用区。

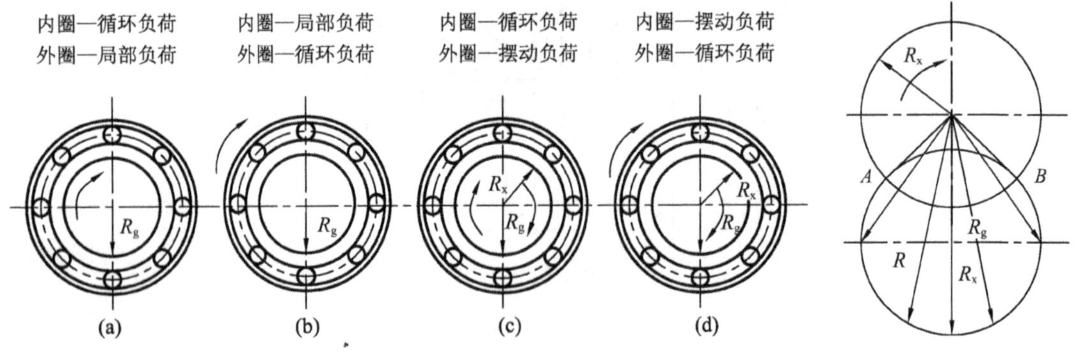

图 6-7 轴承承受的负荷类型

图 6-8 摆动负荷的作用区域

2. 负荷大小

滚动轴承套圈与轴或壳配合的最小过盈取决于负荷大小。一般根据径向动负荷 P_r 与额定负荷 C_r 之比可分为轻负荷、正常负荷和重负荷三类，见表 6-1。

表 6-1 当量径向动负荷 P_r 的类型

负荷类型	P_r 值的大小		
	球轴承	滚子轴承(圆锥轴承除外)	圆锥滚子轴承
轻负荷	$P_r \leqslant 0.07C_r$	$P_r \leqslant 0.08C_r$	$P_r \leqslant 0.13C_r$
正常负荷	$0.07C_r < P_r \leqslant 0.15C_r$	$0.08C_r < P_r \leqslant 0.18C_r$	$0.13C_r < P_r \leqslant 0.26C_r$
重负荷	$P_r > 0.15C_r$	$P_r > 0.18C_r$	$P_r > 0.26C_r$

当套圈承受较重负荷或冲击负荷时，将引起轴承较大的变形，使结合面间实际过盈减小和轴承内部实际间隙增大。为了使轴承正常运转，应选较大的过盈。

3. 工作温度

轴承运转时，由于摩擦发热和其他热源影响，使轴承套圈的温度经常高于与其相结合零件的温度。因此，轴承内圈因热膨胀而与轴的配合可能松动，外圈因热膨胀而与外壳的配合可能变紧，从而影响轴承游动。所以在选择配合时必须考虑温度影响。

4. 轴承游隙

采用过盈配合会导致轴承游隙的减小；应检验安装后轴承的游隙是否满足使用要求，以便正确选择配合及轴承游隙。

5. 轴承尺寸大小

随着轴承尺寸增大，选择的过盈配合过盈越大，间隙配合间隙越大。

6. 旋转精度和速度

当机器要求有较高的旋转精度时，要选用较高等级轴承。与轴承相配合的轴和外壳也要具有较高的精度等级。

对负荷较大、旋转精度要求较高的轴承，为消除弹性变形和振动的影响，应避免采用间隙配合。而对精密机床的轻负荷轴承，为避免孔与轴的形状误差对轴承精度影响，常采用间隙配合。

7. 其他因素

(1) 外壳和轴的结构和材料

开式外壳与轴承外圈配合时，宜采用较松的配合，但也不应使外圈在外壳内转动，以防止由于外壳或轴的形状误差引起的轴承内、外圈的不正常变形。当轴承装于薄壁外壳，轻合金外壳或空心轴上时，应采用比厚壁外壳、铸体外壳或实心轴更紧的配合，以保证轴承有足够的连接强度。

(2) 安装与拆卸

为了安装和拆卸方便，对重型机械采用较松的配合；若拆卸方便而又要用紧配合，可采用分离式轴承或内圈带锥孔和紧定套或退卸套的轴承。

(3) 轴向位移要求

当轴承一个套圈(外圈或内圈)在运转中能沿轴向游动时，该套圈与轴和外壳的配合应较松。

滚动轴承与轴和外壳的配合，要综合考虑上述因素，采用类比的方法选取公差带。

向心轴承和轴的配合，轴公差带代号据表 6-2 选择；向心轴承和外壳的配合，孔的公差带代号据表 6-3 选择；推力轴承和轴的配合，轴公差带代号据表 6-4 选择；推力轴承与外壳的配合，孔的公差带代号按表 6-5 选择。

表 6-2　安装向心轴承的轴颈(圆柱形)公差带

内圈工作条件		应用举例	深沟球轴承、调心球轴承和角接触球轴承	圆柱滚子轴承和圆锥滚子轴承	调心滚子轴承	公差带
运转状态	负荷类型		轴承公称内径/mm			
内圈相对于负荷方向旋转或摆动	轻负荷	仪器仪表、精密机械、机床主轴、通风机传送带等	≤18 >18～100 >100～200	≤40 >40～140 >140～200	≤40 >40～100 >100～200	h5 j6① k6① m6①
	正常负荷	一般通用机械、电动机、涡轮机、泵、内燃机、变速箱、木工机械等	≤18 >18～100 >100～140 >140～200 >200～280	≤40 >40～100 >100～140 >140～200 >200～400	≤40 >40～65 >65～100 >100～140 >140～280 >280～500	j5、js5 k5② m5② m6 n6 p6 r6
	重负荷	铁路机车车辆和电车的轴箱、牵引电动机、轧机、破碎机等重型机械		>50～140 >140～20 >200	>50～100 >100～140 >140～200 >200	n6③ p6③ r6③ r7③
内圈相对于负荷方向静止	各类负荷：内圈必须在轴向容易移动	静止轴上的各种轮子	所有尺寸			g6①
	各类负荷：内圈不需要在轴向移动	张紧滑轮、绳索轮	所有尺寸			h6①
纯轴向负荷		所有应用场合	所有尺寸			j6
圆锥孔轴承(带锥形套)	所有负荷	火车和电车的轴箱	装在推卸套上的所有尺寸			h8(IT5)④
		一般机械或传动轴	装在紧定套上的所有尺寸			h9(IT7)⑤

注：① 对精度有较高要求的场合，应选用 j5，k5，…分别代替 j6，k6，…

② 单列圆锥滚子轴承和单列角接触球轴承的配合对内部游隙影响不大，可用 k6，m6 分别代替 k5，m5。

③ 重负荷下轴承径向游隙应选用大于 0 组。

④ 凡有较高的精度或转速要求的场合，应选用 h7(轴颈形状公差 IT5)代替 h8(IT6)。

⑤ 尺寸≥500 mm，轴颈形状公差为 IT7。

表 6-3　安装向心轴承的外壳孔公差带

<table>
<tr><th colspan="4">外圈工作条件</th><th rowspan="2">应用举例</th><th rowspan="2" colspan="2">外壳孔公差带[①]</th></tr>
<tr><th>运动状态</th><th>负荷类型</th><th>轴向位移的限度</th><th>其他情况</th></tr>
<tr><td rowspan="3">外圈相对于负荷方向静止</td><td rowspan="2">轻、正常和重负荷</td><td rowspan="2">轴向容易移动</td><td>轴处于高温场合</td><td>烘干筒、有调心滚子轴承的大电动机</td><td rowspan="2" colspan="2">G7</td></tr>
<tr><td>采用剖分式外壳</td><td>一般机械、铁路车辆轴箱</td></tr>
<tr><td>冲击负荷</td><td rowspan="2">轴向能移动</td><td rowspan="2">整体式或剖分式外壳</td><td>铁路车辆轴箱轴承</td><td colspan="2"></td></tr>
<tr><td rowspan="2">外圈相对于负荷方向摆动</td><td>轻和正常负荷</td><td>电动机、泵、曲轴主轴承</td><td colspan="2">H7</td></tr>
<tr><td>正常和重负荷</td><td>轴向不移动</td><td>整体式外壳</td><td>电动机、泵、曲轴主轴承</td><td colspan="2">K7</td></tr>
<tr><td rowspan="4">外圈相对于负荷方向旋转</td><td>重冲击负荷</td><td rowspan="4"></td><td rowspan="3"></td><td>牵引电动机</td><td colspan="2">M7</td></tr>
<tr><td>轻负荷</td><td>张紧滑轮</td><td>J7</td><td>K7</td></tr>
<tr><td>正常和重负荷</td><td>装有球轴承的轮毂</td><td>K7,M7</td><td>M7,N7</td></tr>
<tr><td>重冲击负荷</td><td>薄壁或整体式外壳</td><td>装有滚子轴承的轮毂</td><td></td><td>N7,P7</td></tr>
</table>

注：并列公差带随尺寸的增大，从左至右选择；对旋转精度要求较高时，可相应提高一个标准公差等级，并同时选用整体式外壳；对轻合金外壳应选择比钢或铸铁外壳较紧的配合。

表 6-4　推力轴承和轴的配合(轴公差带代号)

<table>
<tr><th rowspan="2">运转状态</th><th rowspan="2">负荷状态</th><th>推力球轴承和推力滚子轴承</th><th>推力调心滚子轴承[②]</th><th>公差带</th></tr>
<tr><th colspan="2">轴承公称内径/mm</th><th></th></tr>
<tr><td colspan="2">仅有轴向负荷</td><td colspan="2">所有尺寸</td><td>j6,js6</td></tr>
<tr><td rowspan="2">固定的轴圈负荷</td><td rowspan="5">径向和轴向联合负荷</td><td>—</td><td>≤250</td><td>j6</td></tr>
<tr><td>—</td><td>>250</td><td>js6</td></tr>
<tr><td rowspan="3">旋转的轴圈负荷或摆动负荷</td><td>—</td><td>≤200</td><td>k6[①]</td></tr>
<tr><td>—</td><td>>200～400</td><td>m6</td></tr>
<tr><td>—</td><td>>400</td><td>m5</td></tr>
</table>

注：① 要求较小过盈时，可分别用 j6，k6，m6 代替 k6，m6，n6；

② 也包括推力圆锥滚子轴承，推力角接触球轴承。

表 6-5　推力轴承和外壳孔的配合(孔公差带代号)

<table>
<tr><th>运转状态</th><th>负荷状态</th><th>轴承类型</th><th>公差带</th><th>备　注</th></tr>
<tr><td colspan="2" rowspan="3">仅有轴向负荷</td><td>推力球轴承</td><td>H8</td><td></td></tr>
<tr><td>推力圆柱、圆锥滚子轴承</td><td>H7</td><td></td></tr>
<tr><td>推力调心滚子轴承</td><td></td><td>外壳孔与座圈间间隙为 0.001D(D 为轴承公称外径)</td></tr>
<tr><td>固定的座圈负荷</td><td rowspan="3">径向和轴联合负荷</td><td rowspan="3">推力角接触球轴承、推力调心滚子轴承、推力圆锥滚子轴承</td><td>H7</td><td></td></tr>
<tr><td rowspan="2">旋转的座圈负荷或摆动负荷</td><td>K7</td><td>普通使用条件</td></tr>
<tr><td>M7</td><td>有较大径向负荷时</td></tr>
</table>

6.4.3 配合面及端面的形状和位置公差

轴颈和外壳孔表面的圆柱度公差，轴肩及外壳孔肩的端面圆跳动如图 6-9 和图 6-10 所示。

当轴颈和外壳孔存在较大的形状误差时，轴承安装后将引起薄壁套圈的滚动变形；轴肩和外壳孔肩端面是安装轴承的轴向定位面，若存在较大的端面跳动，轴承安装后产生歪斜，导致滚动体与滚道接触不良，轴承旋转时引起噪声和振动，影响运动精度，造成局部磨损。因此，对轴颈和外壳孔及轴肩和外壳孔肩的端面，要相应规定其圆柱度公差和端面跳动公差，其值见表 6-6。

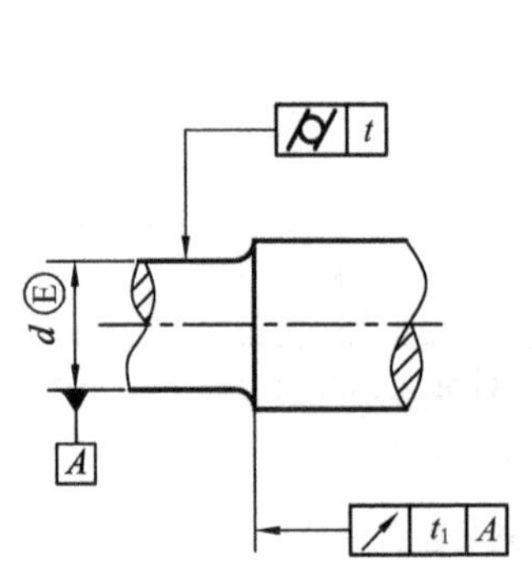

图 6-9　轴颈形位公差标注

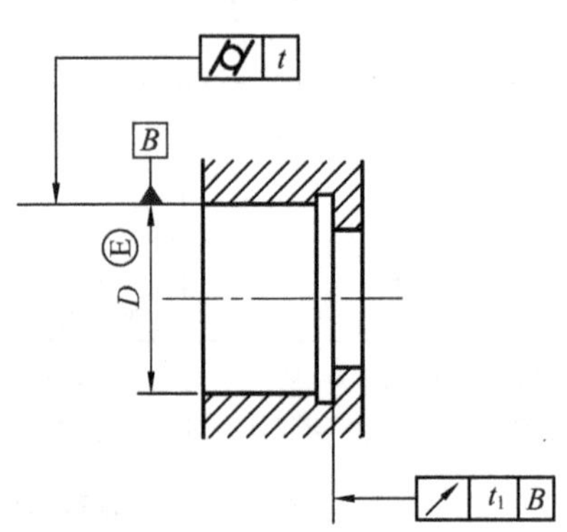

图 6-10　外壳孔形位公差标注

表 6-6　轴和外壳的形位公差

公称尺寸/mm	圆柱度				端面圆跳动			
	轴颈		外壳孔		轴肩		外壳孔肩	
	轴承精度等级							
	0	6(6x)	0	6(6x)	0	6(6x)	0	6(6x)
	公差值/μm							
≤6	2.5	1.5	4	2.5	5	3	8	5
>6～10	2.5	1.5	4	2.5	6	4	10	6
>10～18	3.0	2.0	5	3.0	8	5	12	8
>18～30	4.0	2.5	6	4.0	10	6	15	10
>30～50	4.0	2.5	7	4.0	12	8	20	12
>50～80	5.0	3.0	8	5.0	15	10	25	15
>80～120	6.0	4.0	40	6.0	15	10	25	15
>120～180	8.0	5.0	12	8.0	20	12	30	20
>180～250	10.0	7.0	14	10.0	20	12	30	20
>250～315	12.0	8.0	16	12.0	25	15	40	25
>315～400	13.0	9.0	18	13.0	25	15	40	25
>400～500	15.0	10.0	20	15.0	25	15	40	25

6.4.4　配合面的表面粗糙度

轴颈和外壳孔的表面粗糙度将会影响轴承配合的可靠性，其参数值见表 6-7。

表 6-7　轴和壳体孔的粗糙度允许值

<table>
<tr><td colspan="2" rowspan="3">轴或轴承/mm</td><td colspan="9">轴或外壳配合表面直径公差等级</td></tr>
<tr><td colspan="3">IT7</td><td colspan="3">IT6</td><td colspan="3">IT5</td></tr>
<tr><td colspan="9">表面粗糙度/μm</td></tr>
<tr><td rowspan="2">大于</td><td rowspan="2">至</td><td rowspan="2">Rz</td><td colspan="2">Ra</td><td rowspan="2">Rz</td><td colspan="2">Ra</td><td rowspan="2">Rz</td><td colspan="2">Ra</td></tr>
<tr><td>磨</td><td>车</td><td>磨</td><td>车</td><td>磨</td><td>车</td></tr>
<tr><td></td><td>80</td><td>10</td><td>1.6</td><td>3.2</td><td>6.3</td><td>0.8</td><td>1.6</td><td>4</td><td>0.4</td><td>0.8</td></tr>
<tr><td>80</td><td>500</td><td>16</td><td>1.6</td><td>3.2</td><td>10</td><td>1.6</td><td>3.2</td><td>6.3</td><td>0.8</td><td>1.6</td></tr>
<tr><td colspan="2">端面</td><td>25</td><td>3.2</td><td>6.3</td><td>25</td><td>3.2</td><td>6.3</td><td>10</td><td>1.6</td><td>3.2</td></tr>
</table>

6.4.5　滚动轴承的配合、轴颈及外壳孔的图样标注

由于滚动轴承是标准件，所以装配图上滚动轴承的配合部位不标注其内、外径的代号，而标注与之相配的轴颈和外壳孔的尺寸及公差代号，如图 6-11 所示。

粗糙度及形位公差标注如图 6-11 所示。

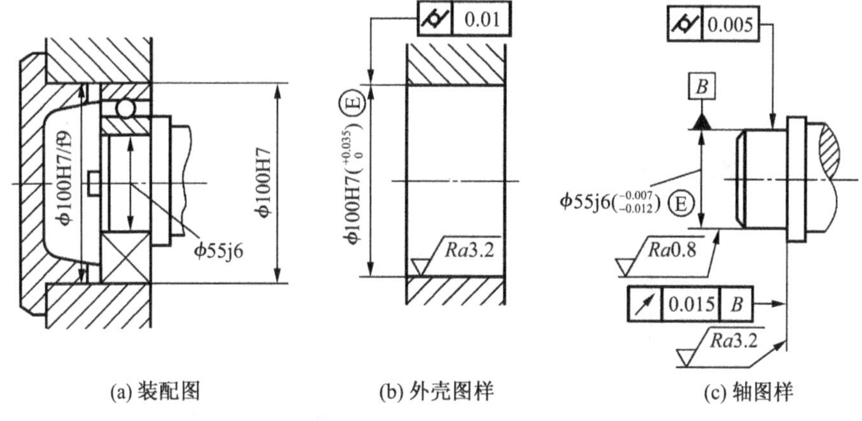

(a) 装配图　(b) 外壳图样　(c) 轴图样

图 6-11　图样标注示例

【例 6-1】　在 C616 车床主轴后支承上，装有两个单列向心球轴承，其外形尺寸 $d \times D \times B = 50\ \text{mm} \times 90\ \text{mm} \times 20\ \text{mm}$。试选用轴承的精度等级、轴承与轴和壳体孔的配合，并标注在图样上。

解　(1) 确定轴承的公差等级

① C616 车床属于轻载普通车床，主轴承受轻载荷；

② C616 车床的旋转精度和转速较高，选择 6 级精度的滚动轴承。

(2) 根据 C616 车床的工况特点，确定轴承与轴、轴承与壳体孔的配合

① 轴承内圈与主轴配合一起旋转，外圈装在壳体孔中不运动；

② 主轴后支承主要承受齿轮传递力，故轴承内圈承受旋转负荷，配合应选紧些；外圈承受局部旋转负荷，配合略松；

③ 参考表 6-2、表 6-3 选出轴公差带为 ϕ 50j5，壳体孔公差带为 ϕ 90J6；

④ 机床主轴前轴承已轴向定位，若后轴承外圈与壳体孔配合无间隙，则不能补偿主轴由于温度变化引起的主轴的伸缩性，若外圈与壳体孔配合有间隙，会引起主轴跳动，影响车床的加工精度。为了满足使用要求，将壳体公差带提高一档，改用 ϕ 90K6；

⑤ 根据公差与配合国标查得，轴为 ϕ $50j5^{+0.06}_{-0.05}$ mm，壳体孔为 ϕ $90K6^{+0.04}_{-0.018}$ mm；

⑥ 绘出 C616 车床主轴后轴承的公差与配合图解，如图 6-12 所示，并将所选择的配合正确地标注在装配图上，如图 6-13 所示。注意在滚动轴承与轴、壳体孔的配合处只标注轴或壳体孔的公差带代号。

(3) 按表 6-7 查出轴和壳体孔的形位公差和表面粗糙度允许值，标注在零件图上，如图 6-8 所示。

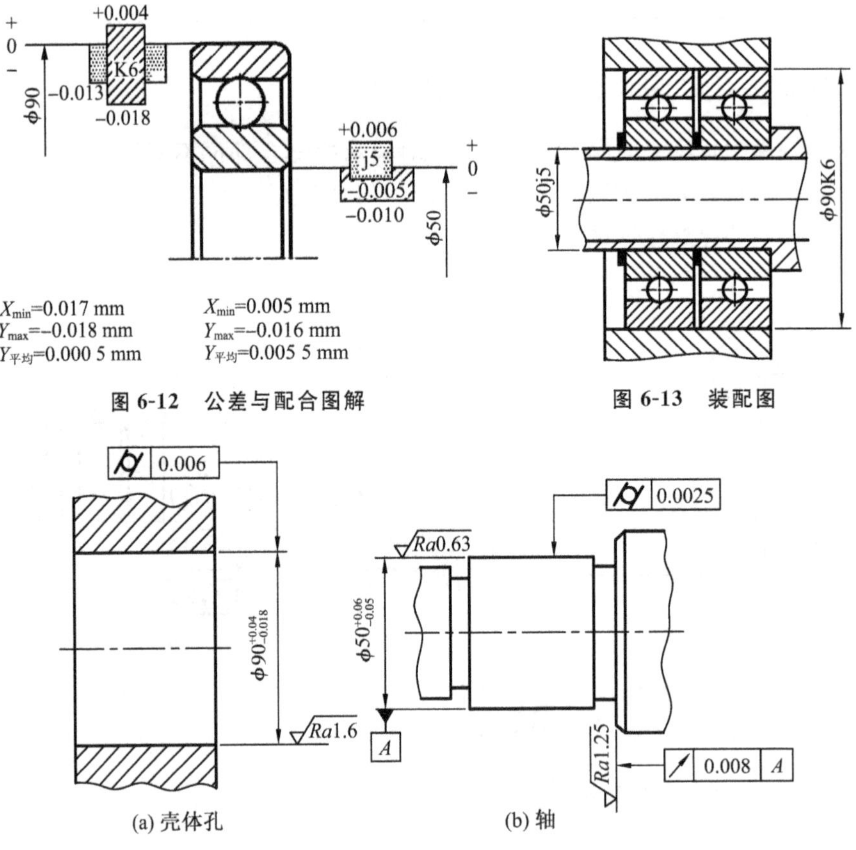

图 6-12　公差与配合图解

图 6-13　装配图

图 6-14　轴和壳体孔零件图

实训习题与思考题

1. 滚动轴承是如何分类的？
2. 滚动轴承各公差等级的适用范围如何？

3. 滚动轴承所承受的三种负荷是如何定义的?

4. 某机床转轴上安装 6 级深沟球轴承，其内径为 40 mm，外径为 90 mm，该轴承受一个 4 kN 的定向径向负荷，轴承的额定动负荷为 30 kN，内圈随轴一起转动，外圈固定。试确定：

(1) 与轴承配合的轴颈、外壳孔的公差带代号。

(2) 画出公差带图，计算出内圈与轴、外圈与外壳孔配合的极限间隙和极限过盈。

(3) 把所选的公差带代号、几何公差和表面粗糙度标注在零件图 6-15 上。

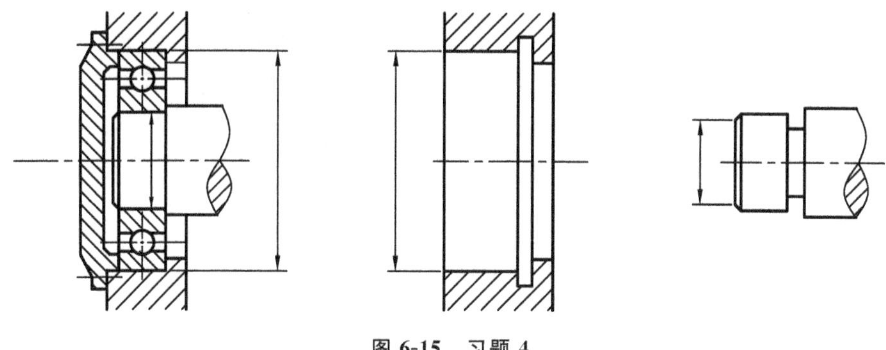

图 6-15　习题 4

第7章　键、花键的公差与配合

键、花键公差与配合是键、花键在选择、使用中参照的重要依据，不同的联结方式需要选择适当的公差带来进行配合，同时键和花键的形位公差应该遵循相关国家标准并能通过量规等测量工具及方法的检测。本章主要从键和键槽公差带的选择与配合、键和花键的检测两个方面来进行讲述，引用的相关国家标准主要有：GB/T 1801—2009《产品几何技术规范（GPS）极限与配合　公差带和配合的选择》，GB/T 1095—2003《平键　键槽的剖面尺寸》，GB/T 1184—1996《形状和位置公差未注公差值》，GB/T 1144—2001《矩形花键尺寸、公差和检验》。

§7.1　概　述

键和花键联结在机械工程中应用广泛，通常用于联结轴与齿轮、皮带轮、飞轮和联轴器等各种可拆卸结合件，用以传递扭矩和运动，有时也作轴向滑动的导向，特殊场合还能起到定位和保证安全的作用。

7.1.1. 键联结的种类、特点及应用场合

键联结分平键、半圆键和楔键三大类型，其中平键包括普通平键、导向平键和薄型平键；楔键包括普通楔键、钩头楔键和切向键。键联结如图7-1所示。

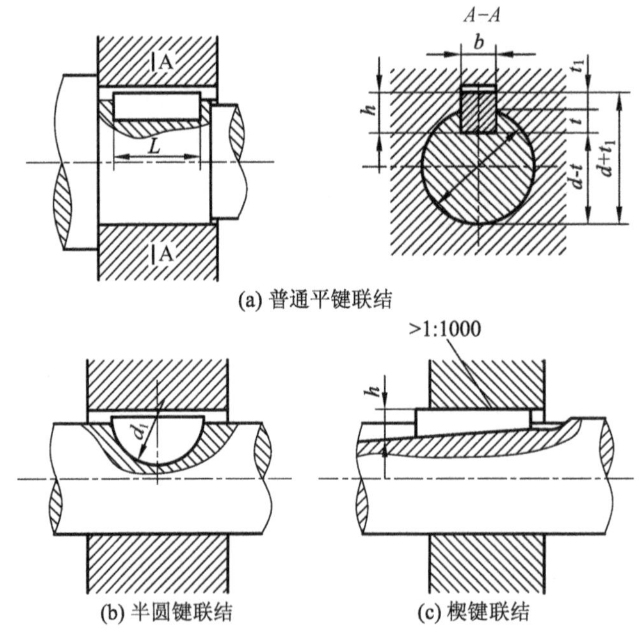

图7-1　平键、半圆键、楔键联结

平键是靠键侧传递扭矩，其对中良好、装拆方便，普通平键在各种机器上应用最广泛。

半圆键靠两侧面传递扭矩，装配方便，适用于轻载和锥形轴端。

楔键以其上、下两面作为工作面，装配时打入轮毂，靠楔紧作用传递扭矩，适用于低速重载、低精度场合。

7.1.2　花键联结的种类、特点及应用场合

花键联结是机器设备中使用较多的零件联结方式。它是同轴连成整体的几个固定键，与轮毂上切出的凹型键槽相配合。与平键联结相比，具有传递扭矩大、定心精度高，导向性好等优点。

花键有内花键（花键孔）和外花键（花键轴）之分，按其齿形不同，花键又可分为矩形花键、渐开线花键和三角形花键，如图 7-2 所示。其中矩形花键应用最为广泛。

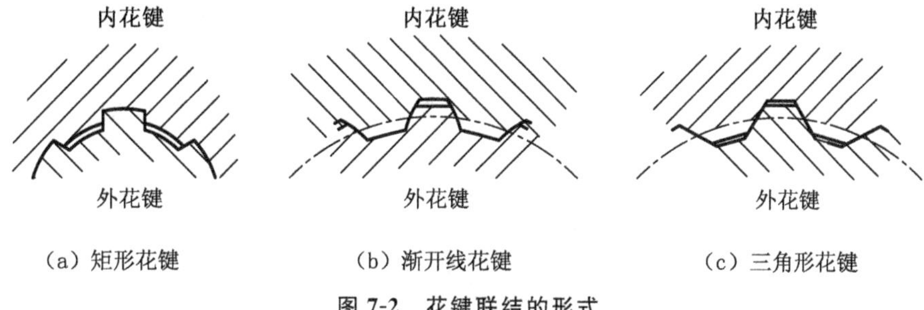

（a）矩形花键　（b）渐开线花键　（c）三角形花键

图 7-2　花键联结的形式

矩形花键键数少，键槽剖面简单，只有 6 键、8 键和 10 键三种键数。各键齿均匀分布，轴与轮毂受力对称。适用于精度高、传递中等载荷的场合，被广泛应用于机床、汽车、拖拉机、工程机械、重型机械、通用机械和兵器等行业。

§7.2　平键联结的公差与配合

平键联结是通过键的侧面与键槽的侧面相互接触来传递扭矩(平键和键槽的剖面尺寸见图 7-1 a,因此它们的宽度尺寸 b 是主要配合尺寸，其公差带如图 7-3 所示。

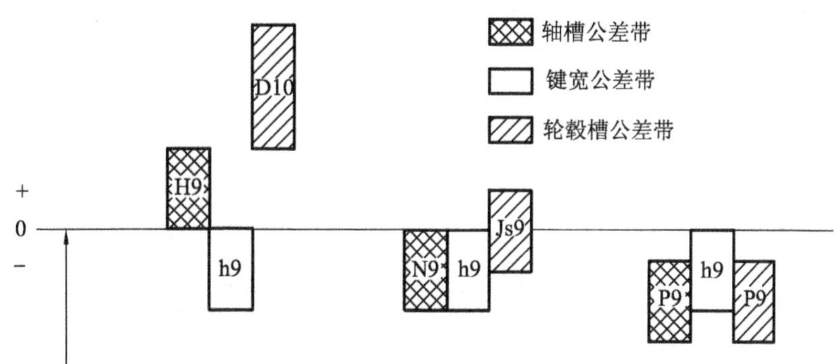

图 7-3　键宽与键槽宽 b 的公差带

键由型钢制成，是标准件。在平键联结中，键相当于“轴”，键槽相当于孔，考虑到工艺上的特点，为尽量使不同配合所用键的规格统一起来，便于采用精拔型钢来制作，因此，平键联结采用基轴制配合，通过规定键槽不同的公差带来满足不同的配合性能要求。国家标准 GB/T 1095—2003《平键 键槽的剖面尺寸》对轴键槽和轮毂键槽各规定了三组公差带，构成

三组配合，即一般键联结，较松键联结和较紧键联结，其公差带值从 GB/T 1801—2009 中选取。三组配合的应用场合见表 7-1。

表 7-1　平键联结的配合种类及应用

配合种类	尺寸 b 的公差			配合性质及应用
	键	轴槽	轮毂槽	
较松联结	h9	H9	D10	主要用于导向平键，轮毂可在轴上做轴向移动
一般联结	h9	N9	JS9	键在轴上及轮毂中均固定，用于载荷不大的场合
较紧联结	h9	P9	P9	键在轴上及轮毂中均固定，且比上一种配合更紧。主要用于载荷较大，或载荷具有冲击性及双向传递扭矩的场合

轴键槽深 t_1 和轮毂键槽深 t_2 的公差带由 GB/T 1095—2003 专门规定，平键、键槽剖面尺寸及键槽公差，见表 7-2。平键的公差见表 7-3。平键联结的非配合尺寸中，键高 h 的公差带采用 h11，键长 L 的公差带采用 h14，轴键槽长度的公差带采用 H14，见表 7-4。

表 7-2　平键、键槽剖面尺寸及键槽公差　　mm

轴	键	键槽										
公称直径 d	公称尺寸 $b\times h$	宽度 b						深度				
		公称尺寸 b	极限偏差					轴 t_1		毂 t_2		
			较松键联结		一般键联结		较紧键联结					
			轴 H9	毂 D10	轴 N9	毂 JS9	轴和毂 P9	公称尺寸	极限偏差	公称尺寸	极限偏差	
>22～30	8×7	8	+0.036 0	+0.098 +0.040	0 −0.036	±0.018	−0.015 −0.051	4.0	+0.2 0	3.3	+0.2 0	
>30～38	10×8	10						5.0		3.3		
>38～44	12×8	12	+0.043 0	+0.120 +0.050	0 −0.043	±0.021 5	−0.018 −0.061	5.0		3.3		
>44～50	14×9	14						5.5		3.8		
>50～58	16×10	16						6.0		4.3		
>58～65	18×11	18						7.0		4.4		

表 7-3　平键公差　　mm

b	公称尺寸	8	10	12	14	16	18	20	22	25	28
	偏差 h9	0 −0.036		0 −0.043				0 −0.052			
h	公称尺寸	7	8	8	9	10	11	12	14	14	16
	偏差 h11	0 −0.090					0 −0.110				

表 7-4　平键联结中非配合尺寸的公差带

各部分尺寸	键高 h	键长 L	轴槽长
公差带代号	h11(h9)	h14	H14

注：(h9)用于 B 型键

此外，为了保证键宽和键槽宽之间具有足够的接触面积，同时避免装配困难，国家标准还规定了轴键槽对轴的轴线和轮毂键槽对孔的轴线的对称度公差和键的两个配合侧面的平行度公差。轴键槽和轮毂键槽的对称度公差按 GB/T 1184—1996《形状和位置公差未注公差值》中附录 B 注出的对称度公差 7～9 级选取。当键长 L 与键宽 b 之比大于或等于 8 时，键的两侧面的平行度应符合 GB/T 1184—1996 的规定，当 $b \leqslant 6$ mm 时按 7 级；$b \geqslant 8 \sim 36$ mm 按 6 级；$b \geqslant 40$ mm 按 5 级。

同时，还规定轴键槽、轮毂键槽宽 b 的两侧面的表面粗糙度参数 Ra 的最大值为 1.6～3.2 μm，轴键槽底面、轮毂键槽底面的表面粗糙度参数 Ra 的最大值为 6.3 μm。

§7.3　矩形花键联结的公差与配合

7.3.1　矩形花键的定心方式

矩形花键是圆柱形轴或孔上制成多个等距分布的键齿或键槽，键的两侧为平行平面且与轴线平行。其主要尺寸有小径 d、大径 D、键宽和键槽宽 B，如图 7-4 所示。

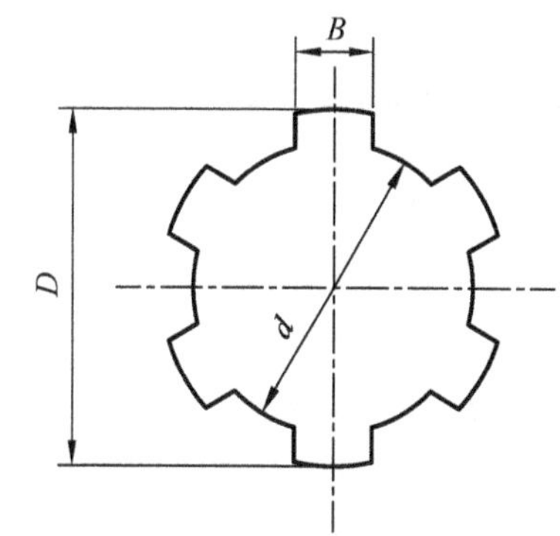

图 7-4　矩形花键主要尺寸

GB/T 1144—2001《矩形花键尺寸、公差和检验》中规定矩形花键联结采用小径定心。这是因为随着科学技术的发展，现代工业对机械零件的质量要求不断提高，对花键联结的机械强度、硬度、耐磨性和几何精度的要求也不断提高。例如，工作时每小时相对滑动 15 次以上的内、外花键，要求硬度在 40 HRC 以上；相对滑动频繁的内、外花键，则要求硬度为 56～60 HRC。因此，在内、外花键制造过程中，需要进行热处理（淬硬）来提高硬度和耐磨性。淬硬后，应采用磨削来修正热处理变形，以保证定心表面的精度要求。如果采用大径定心，则内花键大径表面很难磨削。采用小径定心，磨削内花键小径表面就很容易，磨削外花键小径表面也比较方便。此外，内花键尺寸精度要求高时，如 IT5 级和 IT6 级精度齿轮的花键孔，定心表面尺寸的标准公差等级分别为 IT5 和 IT6。采用大径定心则拉削内花键不能达到高精度大径要求，而采用小径定心就可以通过磨削达到高精度小径要求。所以，矩形花键联结采用小径定心可以获得更高的定心精度，并能保证和提高花键的表面质量。

7.3.2　矩形花键的公差与配合

国家标准 GB/T 1144—2001 规定，矩形花键的尺寸公差采用基孔制，不同的配合性质或装配形式通过改变外花键的小径和键宽的尺寸公差带达到。按用途分为一般用途的矩形花键和精密传动用矩形花键，其公差带见表 7-5。

表 7-5　矩形内、外花键的尺寸公差带

内花键				外花键			装配形式
d	D	B					
		拉削后不热处理	拉削后热处理	d	D	B	
一般用							
H7	H10	H9	H11	f7	a11	d10	滑动
				g7		f9	紧滑动
				h7		h10	固定

续表

内花键				外花键			装配形式
d	D	B					
		拉削后不热处理	拉削后热处理	d	D	B	
精密传动用							
H5	H10	H7，H9		f5	a11	d8	滑动
				g5		f7	紧滑动
				h5		h8	固定
H6				f6		d8	滑动
				g6		f7	紧滑动
				h6		h8	固定

7.3.3 矩形花键形位公差

内、外花键加工时，不可避免地会产生形位误差。为在花键联结中避免装配困难，并使键侧和键槽侧受力均匀，国家标准对矩形花键规定了形位公差，包括小径 d 的形状公差和花键的位置度公差等。当花键较长时，还可根据产品性能自行规定键侧对轴线的平行度公差。

（1）小径 d 的极限尺寸遵守包容要求Ⓔ

小径 d 是花键联结中的定心配合尺寸，保证花键的配合性能，其定心表面的形状公差和尺寸公差的关系遵守包容要求 E②，即当小径 d 的实际（组成）要素处于最大实体状态时，它必须具有理想形状，只有当小径 d 的实际（组成）要素偏离最大实体状态时，才允许有形状误差。

（2）花键的位置度公差遵守最大实体要求Ⓜ

花键的位置度公差综合控制花键各键之间的角位置、各键对轴线的对称度误差及各键对轴线的平行度误差等。在大批量生产条件下，一般用花键综合量规检验。因此，位置度公差遵守最大实体要求，其图样标注如图 7-5 所示。

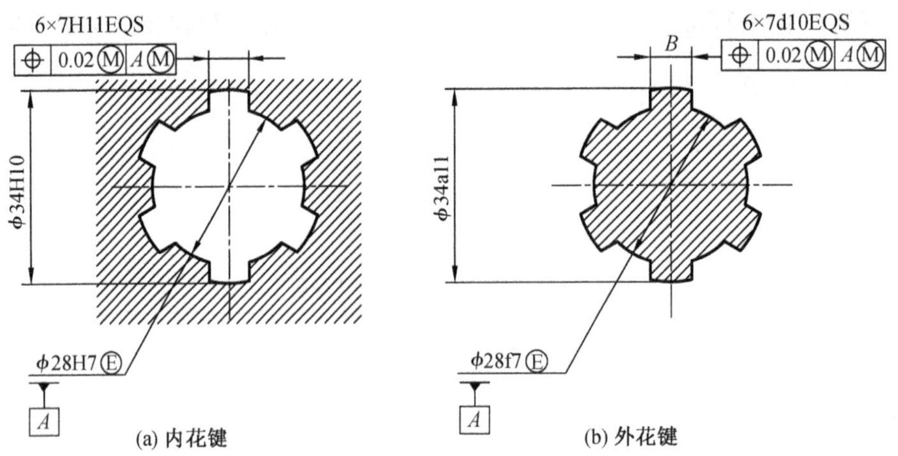

图 7-5 花键位置度公差标注

国家标准对键和键槽规定的位置度公差见表 7-6。

表 7-6　矩形花键位置度公差(摘自 GB/T 1144—2001)　　mm

键槽宽或键宽 B			3	3.5～6	7～10	12～18
t_1	键槽宽		0.010	0.015	0.020	0.025
	键宽	滑动、固定	0.010	0.015	0.020	0.025
		紧滑动	0.006	0.010	0.013	0.016

(3) 键和键槽的对称度公差和等分度公差遵守独立原则

为了保证内、外花键装配，并能传递转矩或运动，一般应使用综合花键量规检验，控制其形位误差。但当在单件、少量生产条件下，或当产品试生产时，没有综合量规，这时，为了控制花键形位误差，一般应在图样上分别规定花键的对称度和等分度公差。其对称度公差图样上标注如图 7-6 所示。

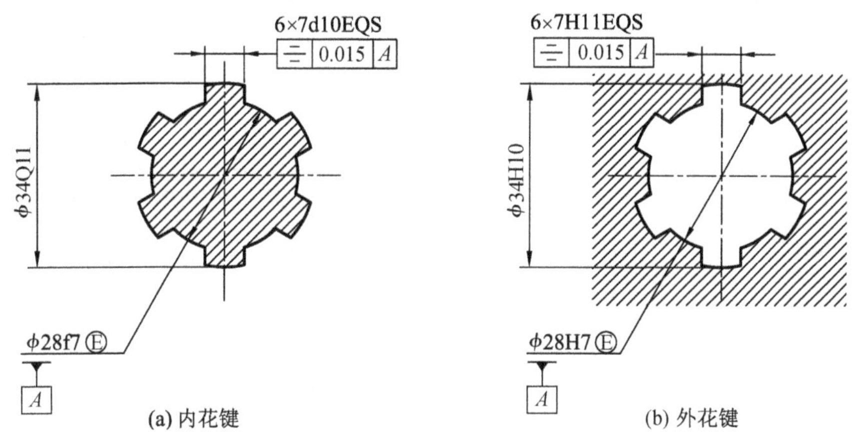

(a) 内花键　　(b) 外花键

图 7-6　花键对称度公差标注

花键的对称度公差、等分度公差均遵守独立原则，国家标准规定，花键的等分度公差等于花键的对称度公差值。表 7-7 为花键的对称度公差。

表 7-7　对称度公差(摘自 GB/T 1144—2001)　　mm

键槽宽或键宽 B		3	3.5～6	7～10	12～18
t_2	一般用	0.010	0.012	0.015	0.018
	精密传动用	0.006	0.008	0.009	0.011

7.3.4　矩形花键的图样标注

国家标准规定图样上矩形花键的配合代号和尺寸公差带代号应按花键规格所规定的次序标注，依次为键数 N、小径 d、大径 D、键宽 B 及花键的公差代号。

例如，矩形花键数 N 为 8，小径 d 为 42H7/f7，大径 D 为 46H10/a11，键宽(键槽宽)B 为 8H11/d10 的标注为

花键规格：$N\times d\times D\times B$　$8\times 42\times 46\times 8$

花键副：$8\times 42\,\dfrac{\mathrm{H7}}{\mathrm{f7}}\times 46\,\dfrac{\mathrm{H10}}{\mathrm{a11}}\times 8\,\dfrac{\mathrm{H11}}{\mathrm{d10}}$

内花键：8×42H7×46H10×8H11

外花键：8×42f7×46a11×8d10

§7.4　键、花键的检测

7.4.1　平键的测量

键和键槽的尺寸可以用千分尺、游标卡尺等普通计量器具测量，键槽宽度可以用量块或极限量规检验。如图 7-7 a 所示，轴键槽对基准轴线的对称度公差采用独立原则。这时键槽对称度误差可按图 7-7 b 所示的方法测量。被测零件（轴）以其基准部位放置在 V 形支承座上，以平板作为测量基准，用 V 形支承座体现轴的基准轴线，它平行于平板。用定位块（或量块）模拟体现键槽中心平面。将置于平板上的指示器的测头与定位块的顶面接触，沿定位块的一个横截面移动，并稍微转动被测零件来调整定位块的位置，使指示器沿定位块这个横截面移动的过程中示值始终稳定，此时确定定位块的这个横截面内的素线平行于平板。

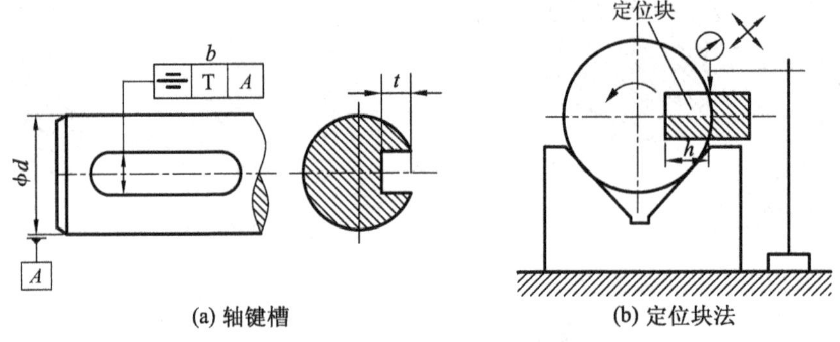

(a) 轴键槽　　(b) 定位块法

图 7-7　轴键槽对称度检测（定位块法）

如图 7-8 a 所示，轴键槽对称度公差与键槽宽度的尺寸公差的关系采用最大实体要求，而该对称度公差与轴径的尺寸公差的关系采用独立原则。这时，键槽对称误差可用图 7-8 b 所示的量规检验。该量规以其 V 形表面作为定心表面体现基准轴线，来检验键槽对称度误差，若 V 形表面与轴表面接触，且量杆能够进入被测键槽，则合格。

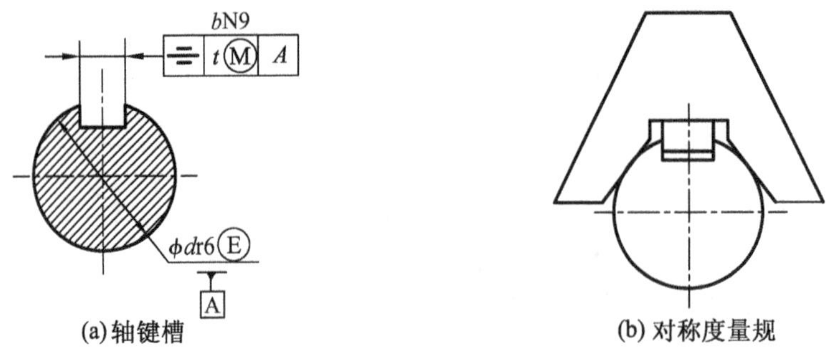

(a) 轴键槽　　(b) 对称度量规

图 7-8　轴键槽对称度检测（量规法）

如图 7-9 a 所示，轮毂键槽对称度公差与键槽宽度的尺寸公差及基准孔孔径的尺寸公差的关系皆采用最大实体要求。这时，键槽对称度误差可用图 7-9 b 所示的键槽对称度量规检验。该量规以圆柱面作为定位表面模拟体现基准轴线，来检验键槽对称度误差，若它能够同时自由通过轮毂的基准孔和被测键槽，则合格。

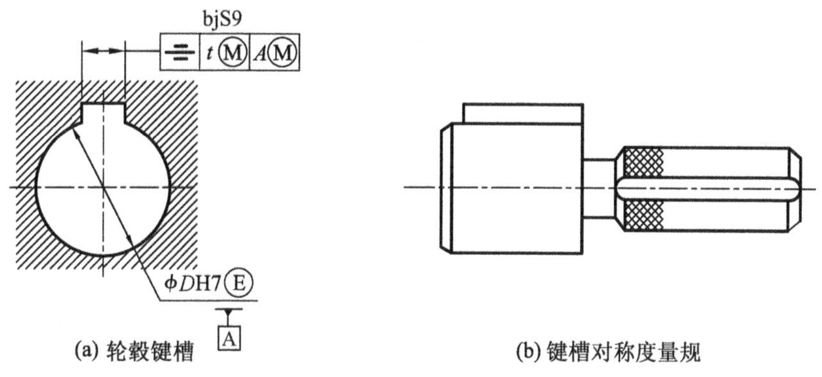

(a) 轮毂键槽　　(b) 键槽对称度量规

图 7-9　轮毂键槽对称度检测(量规法)

7.4.2　花键的测量

图 7-10 a 所示为花键塞规，其前端的圆柱面用来引导塞规进入内花键，其后端的花键则用来检验内花键各部位。图 7-10 b 所示为花键环规，其前端的圆孔用来引导环规进入外花键，其后端的花键则用来检验外花键各部位。

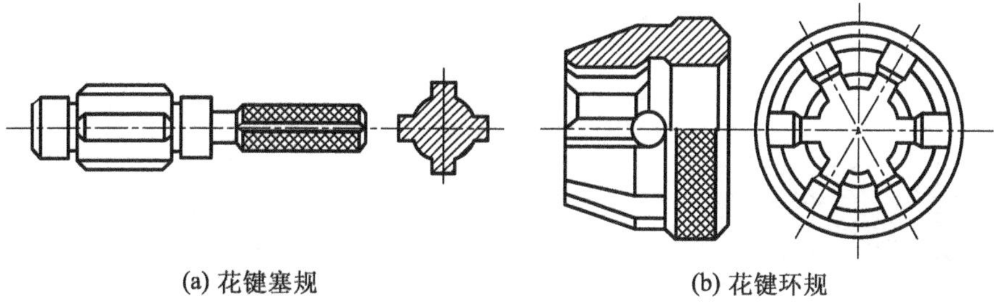

(a) 花键塞规　　(b) 花键环规

图 7-10　花键综合量规

如图 7-11 所示，当花键小径定心表面采用包容要求，各键(各键槽)位置度公差与键宽(键槽宽)的尺寸公差的关系采用最大实体要求，且该位置度公差与小径定心表面尺寸公差的关系也采用最大实体要求时，为了满足花键装配形式的要求，验收内、外花键应该首先使用花键塞规和花键环规(均系全形通规)分别检验内、外花键的实际(组成)要素和形位误差的综合结果，即同时检验花键的小径、大径、键宽(键槽宽)表面的实际(组成)要素和形状误差、各键(各键槽)的位置度误差，以及大径表面轴线对小径表面轴线的同轴度误差等的综合结果。花键量规能自由通过被测花键，花键才合格。

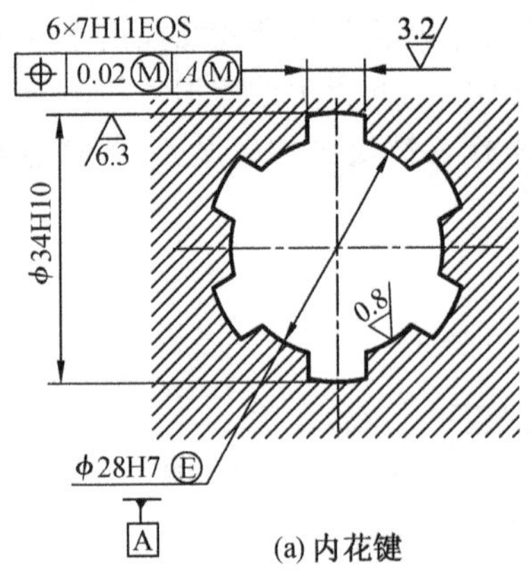

(a) 内花键

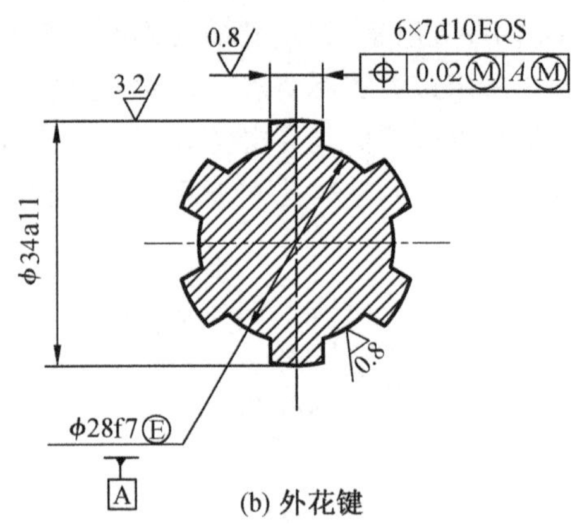

(b) 外花键

图 7-11　矩形花键位置度公差标注

被测花键用花键量规检验合格后，还要分别检验其小径、大径和键宽（键槽宽）的实际（组成）要素是否超出各自的最小实体尺寸。按内花键小径、大径及键槽宽的最大极限尺寸和外花键小径、大径及键宽的最小极限尺寸，分别选用单项止端塞规和单项止端卡规检验它们的实际（组成）要素，或者使用普通计量器具测量它们的实际（组成）要素，单项止端量规不能通过才合格。如果被测花键不能被花键量规通过，或者能够被单项止端量规通过，则表示被测花键不合格。

如图 7-12 所示，当花键小径定心表面采用包容要求，各键（各键槽）的对称度公差，以及花键各部位的公差皆遵守独立原则时，花键小径、大径和各键（各键槽）应分别测量或检验。小径定心表面应该用光滑极限量规检验，大径和键宽（键槽宽）用两点法测量，键（键槽）的对称度误差和大径表面轴线对小径表面轴线的同轴度误差都使用普通计量器具来测量。

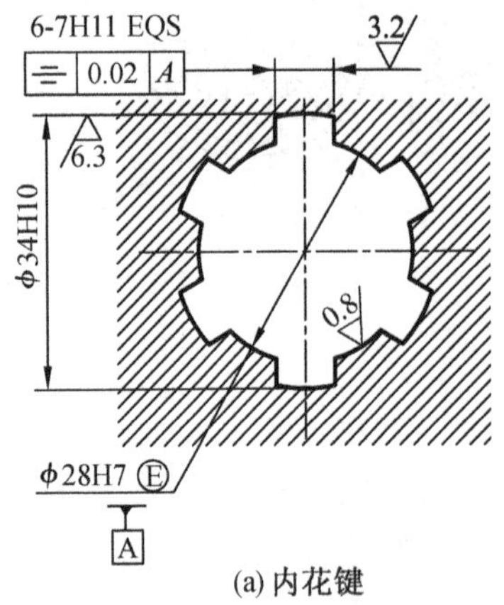

(a) 内花键

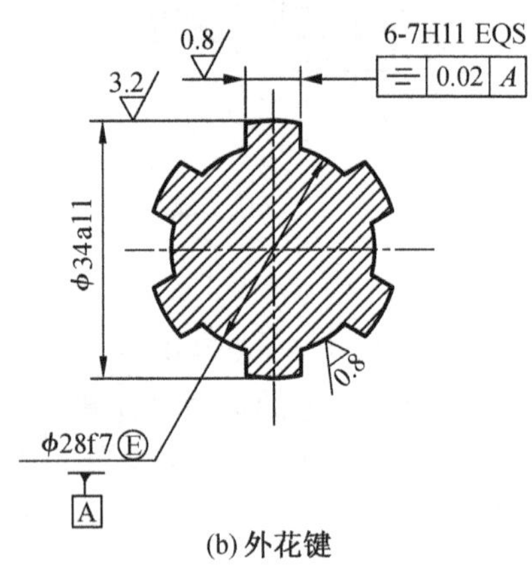

(b) 外花键

图 7-12　矩形花键对称度公差标注

实训习题与思考题

1. 写出各种键联结的特点及其主要应用场合。

2. 写出花键联结的特点及其主要应用场合。

3. 为什么矩形花键只规定小径定心这一种定心方式，其优点何在？

4. 试按 GB/T 1144—2001 确定矩形花键 $6\times 23\,\frac{H7}{g7}\times 26\,\frac{H10}{a11}\times 6\,\frac{H11}{f9}$中内外花键的小径、大径、键宽、键槽宽的极限偏差和位置度公差，并指出各自应遵守的公差原则。

第 8 章 圆锥的公差与检测

圆锥的公差与检测是圆锥配合使用和保证其互换性的重要依据，不同的配合方式需要根据其使用环境来对圆锥的几何参数和公差带进行选择，并且可以通过相应检测仪器的检测满足圆锥互换性的要求。本章主要从圆锥的特点及种类、圆锥几何参数误差对圆锥配合互换性的影响、圆锥公差与配合、圆锥的检测四个方面进行讲述。本章引用的相关国家标准主要有：GB/T 157—2001《产品几何量技术规范(GPS) 圆锥的锥度与锥角系列》，GB/T 11334—2005《产品几何量技术规范(GPS) 圆锥公差》，GB/T 1801—2009《产品几何技术规范(GPS) 极限与配合 公差带和配合的选择》，GB/T 1800.1—2009《产品几何技术规范(GPS) 极限与配合 第 1 部分：公差、偏差和配合的基础》。

§8.1 圆锥配合的特点及种类

8.1.1 圆锥配合的特点

圆锥配合是机械产品中常见的典型结构，如图 8-1 所示，它与圆柱配合相比，具有如下特点。

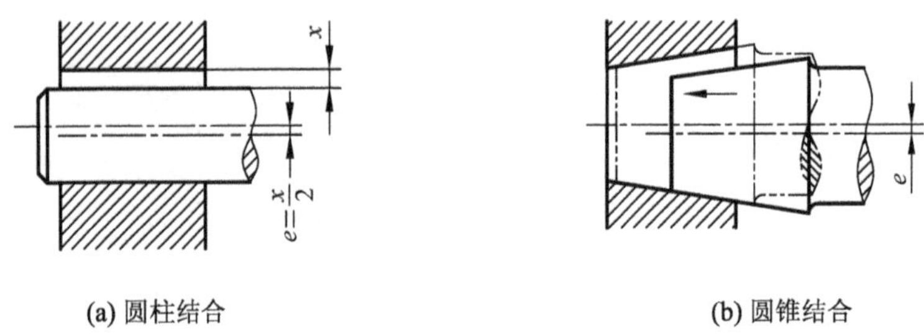

(a) 圆柱结合　　(b) 圆锥结合

图 8-1 圆柱配合与圆锥配合

(1) 内、外配合圆锥的轴线易于对中，能保证有较高的同轴度精度，且装拆方便，同时经多次装拆仍能保持其同轴度。

(2) 配合性质可以调整，即间隙或过盈量可通过内、外圆锥的轴向相对移动来调整，以满足不同的工作要求。

(3) 配合紧密，内、外圆锥表面经过配对研磨后配合起来具有良好的自锁性和密封性。

(4) 能以较小的过盈量传递较大的扭矩。

圆锥配合虽然有以上优点，但与圆柱配合相比，圆锥结合的结构较为复杂，加工和检测也较为困难，故不如圆柱配合应用广泛。

8.1.2　圆锥配合的种类

根据内、外圆锥直径之间配合的不同，可分为以下三种。

1. 紧密配合

这类配合的内、外圆锥接触很紧密，可防止漏气、漏水和漏油。为了保证良好的密封性，通常需要将内、外圆锥配对研磨。故这种配合的零件一般没有互换性。如各种气密或水密装置。

2. 间隙配合

这类配合是指具有一定间隙的配合。在装配和使用过程中，间隙大小可借助内、外圆锥的相对轴向位移进行调整。一般用于有相对转动的机构中，如车床主轴圆锥轴颈与圆锥轴承衬套的配合。

3. 过盈配合

这类配合是指具有一定过盈量的配合，过盈大小可借助内、外圆锥的轴向移动来调整。在承载情况下能借助于内、外圆锥间的摩擦力自锁，可传递较大的扭矩。如带柄铰刀、扩孔钻的锥柄与机床主轴锥孔的配合。

§8.2　圆锥几何参数误差对圆锥配合互换性的影响

8.2.1　圆锥配合的基本参数及其代号

与轴线成一定角度且相交于轴线的一条直线（母线），围绕该轴线旋转一周所形成的回转面称为圆锥，圆锥分内圆锥和外圆锥两种。内、外圆锥配合的基本参数及其代号，如图 8-2 所示。

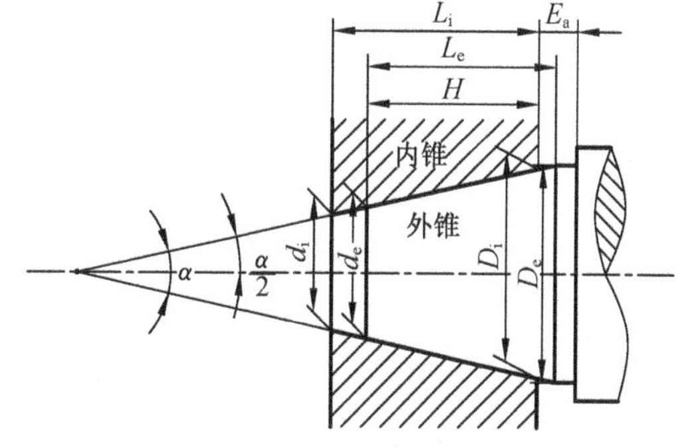

图 8-2　圆锥配合的基本参数

1. 圆锥直径 D，d

圆锥直径是指圆锥在垂直轴线截面上的直径，包括圆锥大端直径 D（内圆锥 D_i，外圆锥 D_e）、圆锥小端直径 d（内圆锥 d_i，外圆锥 d_e）、给定截面圆锥直径 d_x。

2. 圆锥长度 L

圆锥长度指圆锥大端平面与圆锥小端平面之间的轴向距离。内圆锥长度为 L_i，外圆锥长度为 L_e。

3. 圆锥配合长度 H

圆锥配合长度指内、外圆锥配合部分的轴向距离。

4. 圆锥角 α

圆锥角简称锥角，指在通过圆锥轴线的截面内，两条素线（母线）间的夹角。一条圆锥素线（母线）与轴线的夹角为圆锥角半角（$\alpha/2$），也称为圆锥素线角（或斜角）。

5. 锥度 C

锥度指两个垂直圆锥轴线截面的圆锥直径差与该两截面间的轴向距离之比。

锥度 C 为最大圆锥直径 D 与最小圆锥直径 d 之差对圆锥长度 L 之比，即

$$C=\frac{D-d}{L}$$

锥度 C 与圆锥角 α 的关系式为

$$C=2\tan\frac{\alpha}{2}=1:\frac{1}{2}\cot\frac{\alpha}{2}$$

锥度 C 一般用比例或分式形式表示，例如 1∶100 或 1/100。

6. 基面距 E_a

基面距 E_a 指相互配合的内、外圆锥的基准平面之间的距离。在圆锥配合中，基面距用来确定内、外圆锥之间的轴向相对位置，如图 8-3 所示。

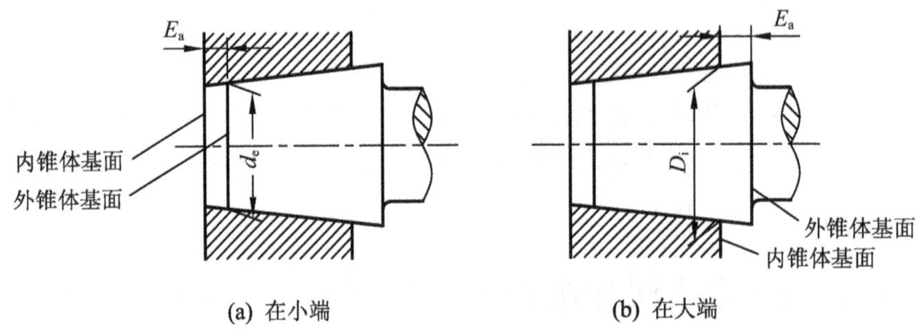

图 8-3　圆锥基面距的位置

基面距的位置取决于所选的圆锥结合的基本直径，即内圆锥的大端直径 D_i 或外圆锥的小端直径 d_e，若以 D_i 为基本直径，基面距的位置在圆锥的大端，若以 d_e 为基本直径，则基面距的位置在圆锥的小端。

8.2.2　圆锥各参数误差对互换性的影响

圆锥在加工过程中，由于直径、圆锥角和长度都可能有误差，从而在圆锥配合中将会造成基面距偏差和影响配合表面的接触质量。

1. 圆锥直径误差对互换性的影响

如内、外圆锥的锥角均无误差，仅有直径误差，并以内锥大端直径 D_i 为基本直径，即基面距位于大端，如图 8-4 所示。显然，圆锥直径误差对相互配合的圆锥面间接触均匀性没有影响，只对基面距有影响。假设其内锥大端直径极限偏差为 ΔD_i，外锥大端直径极限偏差为 ΔD_e，则基面距变动量为

$$\Delta E_a=\frac{\Delta D_e-\Delta D_i}{2\tan\frac{\alpha}{2}}=\frac{1}{C}(\Delta D_e-\Delta D_i) \tag{8-1}$$

由图 8-4 a 可知，当 $\Delta D_e<\Delta D_i$ 时，$(\Delta D_e-\Delta D_i)$ 的差值为负，则 ΔE_a 为负，基面距减小；同理由图 8-4 b 可知，当 $\Delta D_e>\Delta D_i$ 时，$(\Delta D_e-\Delta D_i)$ 的差值为正，则 ΔE_a 为正，基面距增大。

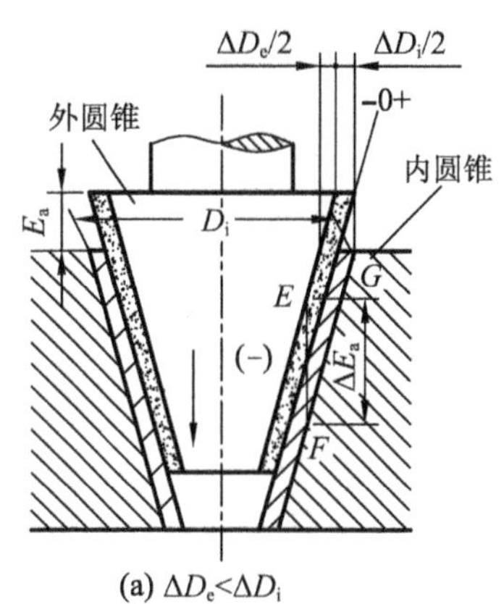

(a) $\Delta D_e<\Delta D_i$

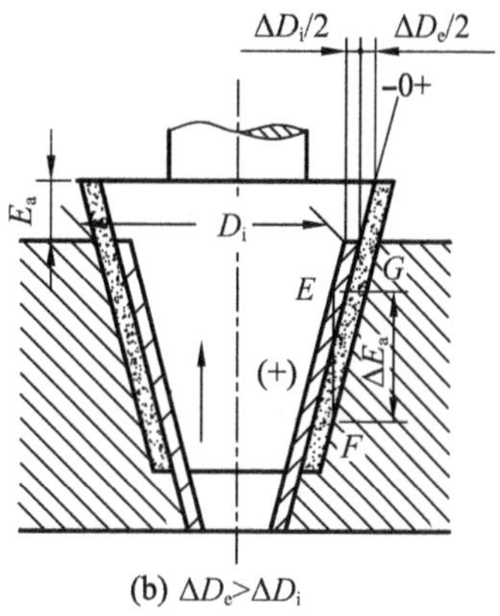

(b) $\Delta D_e>\Delta D_i$

图 8-4　圆锥直径偏差对基面距的影响

2. 圆锥角误差对互换性的影响

设基面距位置仍在大端，内锥大端直径 D_i 为基本直径，且内、外圆锥大端直径均无误差，仅圆锥角有误差。此时分两种情况，如图 8-5 所示。

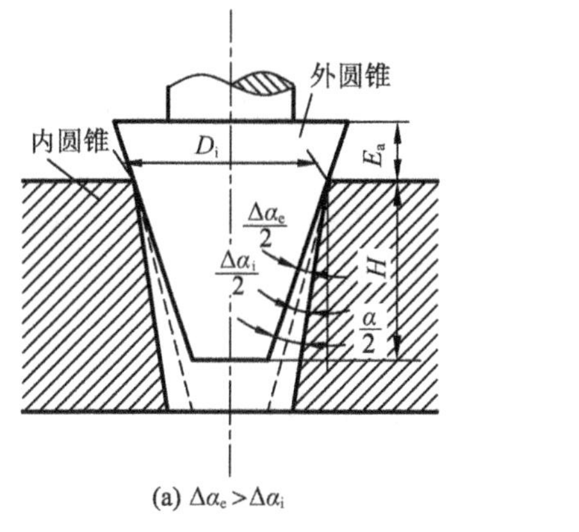

(a) $\Delta\alpha_e>\Delta\alpha_i$

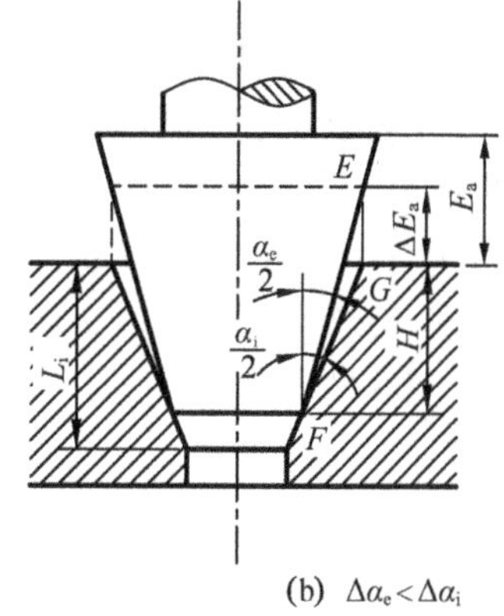

(b) $\Delta\alpha_e<\Delta\alpha_i$

图 8-5　圆锥角偏差对基面距的影响

(1) 外圆锥角偏差 $\Delta\alpha_e$ 大于内圆锥角偏差 $\Delta\alpha_i$，即 $\alpha_e/2>\alpha_i/2$(图 8-5 a)

此时，内、外圆锥在大端接触，圆锥角偏差对基面距的影响很小，可忽略不计。但由于内、外圆锥在大端局部接触，接触面积小，将使磨损加剧，且可能导致内、外圆锥相对倾斜，影响其使用性能。

(2) 外圆锥角偏差 $\Delta\alpha_e$ 小于内圆锥角偏差 $\Delta\alpha_i$，即 $\alpha_e/2<\alpha_i/2$(图 8-5 b)。

此时，内、外圆锥将在小端接触，不但影响接触均匀性，而且对基面距有影响。设基面距变动量为 ΔE_a，由图 8-5 b 中 EFG 可知

$$\Delta E_a=\overline{EG}=\frac{\overline{FG}\sin\left(\frac{\alpha_i}{2}-\frac{\alpha_e}{2}\right)}{\sin\frac{\alpha_e}{2}}=\frac{H\sin\left(\frac{\alpha_i}{2}-\frac{\alpha_e}{2}\right)}{\cos\frac{\alpha_i}{2}\sin\frac{\alpha_e}{2}}$$

一般圆锥角偏差很小，故 $\cos\frac{\alpha_i}{2}\approx\cos\frac{\alpha}{2}$，$\sin\frac{\alpha_i}{2}\approx\sin\frac{\alpha}{2}$，$\sin\left(\frac{\alpha_i}{2}-\frac{\alpha_e}{2}\right)\approx\frac{\alpha_i}{2}-\frac{\alpha_e}{2}$，代入上式得

$$\Delta E_a=\frac{2H\left(\frac{\alpha_i}{2}-\frac{\alpha_e}{2}\right)}{\sin\alpha}$$

当圆锥角较小时，可认为 $C=2\tan\frac{\alpha}{2}\approx\sin\alpha$，则

$$\Delta E_a=\frac{0.6\times10^{-3}\left(\frac{\alpha_i}{2}-\frac{\alpha_e}{2}\right)}{C} \tag{8-2}$$

式中，ΔE_a 和 H 的单位为 mm，α_i 和 α_e 的单位为(′)(1′=0.000 3 rad)。

实际上，一般情况下直径误差和圆锥角误差同时存在，故在 $\alpha_i/2>\alpha_e/2$ 时，基面距的最大可能变动量为

$$\Delta E_a=\frac{(\Delta D_e-\Delta D_i)+0.6\times10^{-3}\cdot\left(\frac{\alpha_i}{2}-\frac{\alpha_e}{2}\right)}{C} \tag{8-3}$$

式(8-3)为圆锥配合中基面距变动量与内、外锥直径偏差及锥角偏差之间的一般关系式，通常可按工艺条件确定其中两个参数的公差，再由式(8-3)计算出第三个参数的公差。基面距允许的变动量可根据圆锥配合的具体功能确定。

3. 圆锥形状误差对互换性的影响

圆锥形状误差是指在任一轴向截面内圆锥素线直线度误差和任一横向截面内的圆度误差，它们主要影响配合表面的接触精度。对间隙配合，使其配合间隙大小不均匀；对过盈配合，由于接触面积减少，使传递扭矩减小，联结不可靠；对紧密配合，影响其密封。

综上所述，圆锥直径、锥角和形状误差将影响轴向位移或配合性质，为此，在设计时对其应规定适当的公差或极限偏差。

§8.3 圆锥公差与配合

8.3.1 锥度与锥角系列

为了减少加工圆锥零件所用的定值刀具、量具的种类和规格，标准规定了锥度和锥角的系列，设计时应采用标准系列中列出的标准锥度 C 和标准锥角 α。国标给出了一般用途的锥度和锥角系列，以及特殊用途圆锥的锥度和锥角系列。

1. 一般用途圆锥的锥度与锥角

GB/T 157—2001 标准中对一般用途圆锥的锥度与锥角规定了 21 个基本值系列，见表 8-1。

表 8-1 一般用途圆锥的锥度与锥角系列

基本值		推算值			应用举例
系列 1	系列 2	圆锥角 α		锥度 C	
120°				1∶0.288 675	节气阀、汽车、拖拉机阀门
90°				1∶0.500 000	重型顶尖，重型中心孔，阀的阀销锥体
	75°			1∶0.651 613	埋头螺钉，小于 10 的螺锥
60°				1∶0.866 025	顶尖，中心孔，弹簧夹头，埋头钻

续表

基本值		推算值			应用举例
系列 1	系列 2	圆锥角 α		锥度 C	
45°				1∶1.207 107	埋头、半埋头铆钉
30°				1∶1.866 025	摩擦轴节，弹簧卡头，平衡块
1∶3		18°55′28.7″	18.924 644°		受力方向垂直于轴线易拆开的联结
	1∶4	14°15′0.1″	14.250 033°		
1∶5		11°25′16.3″	11.421 186°		受力方向垂直于轴线的联结，锥形摩擦离合器、磨床主轴
	1∶6	9°31′38.2″	9.527 283°		
	1∶7	8°10′16.4″	8.171 234°		
	1∶8	7°9′9.6″	7.152 669°		重型机床主轴
1∶10		5°43′29.3″	5.724 810°		受轴向力和扭转力的联结处，主轴承受轴向力
	1∶12	4°46′18.8″	4.771 888°		
	1∶15	3°49′15.9″	3.818 305°		承受轴向力的机件，如机车十字头轴
1∶20		2°51′51.1″	2.864 192°		机床主轴，刀具刀杆尾部，锥形铰刀，心轴
1∶30		1°54′34.9″	1.909 683°		锥形铰刀，套式绞刀，扩孔钻的刀杆，主轴颈
1∶50		1°8′45.2″	1.145 877°		锥销，手柄端部，锥形绞刀，量具尾部
1∶100		34′22.6″	0.572 953°		受静变负载不拆开的连接件，如心轴等
1∶120		17′11.3″	0.286 478°		导轨镶条，受震及冲击负载不拆开的连接件
1∶500		6′52.5″	0.114 592°		

注：① 资料来源于 GB/T 157—2001。

② 设计时优先选用第一系列，不满足要求时选用第二系列。

2. 特殊用途圆锥的锥度与锥角

GB/T 157—2001 标准中对特殊用途圆锥的锥度与锥角规定了 24 个基本值系列。它主要用于表中最后一栏所指定的用途，见表 8-2。

表 8-2　特殊用途圆锥的锥度与锥角系列

基本值	推算值				标准号 GB/T (ISO)	用途
	圆锥角 α			锥度 C		
	(°)(′)(″)	(°)	rad			
11°54′			0.207 694 18	1∶4.797 451 1	(5237) (8489-5)	纺织机械和附件
8°40′			0.151 261 87	1∶6.598 441 5	(8489-3) (8489-4) (324.575)	纺织机械和附件
7°			0.122 175 05	1∶8.174 927 7	(8489-2)	纺织机械和附件
1∶38	1°30′27.708 0″	1.507 696 67°	0.026 314 27		(368)	纺织机械和附件
1∶64	0°53′42.822 0″	0.895 228 34°	0.015 624 68		(368)	纺织机械和附件
7∶24	16°35′39.444 3″	16.594 290 08°	0.289 625 00	1∶3.428 571 4	3837.3 (297)	机床主轴工具配合
1∶12.262	4°40′12.1514°	4.670 042 05°	0.081 507 61		(239)	贾各锥度 No.2
1∶12.972	4°24′52.903 9″	4.414 695 52°	0.077 050 97		(239)	贾各锥度 No.1
1∶15.748	3°38′13.442 9″	3.637 067 47°	0.063 478 80		(239)	贾各锥度 No.33
6∶100	3°26′12.177 6″	3.436 716 00°	0.059 982 01	1∶16.666 666 7	1962 (594-1) (595-1) (595-2)	医疗设备

续表

基本值	推算值			锥度 C	标准号 GB/T (ISO)	用途
	圆锥角 α					
	(°)(′)(″)	(°)	rad			
1∶18.779	3°3′1.207 0″	3.050 335 27°	0.053 238 39		(239)	贾各锥度 No.3
1∶19.002	3°0′52.395 6″	3.014 554 34°	0.052 613 90		1443(296)	莫氏锥度 No.5
1∶19.180	2°59′11.725 8″	2.986 590 50°	0.052 125 84		1443(296)	莫氏锥度 No.6
1∶19.212	2°58′53.528 8″	2.981 618 20°	0.052 039 05		1443(296)	莫氏锥度 No.0
1∶19.254	2°58′30.421 7″	2.975 117 13°	0.051 925 59		1443(296)	莫氏锥度 No.4
1∶19.264	2°58′24.864 4″	2.973 573 43°	0.051 898 65		(239)	贾各锥度 No.6
1∶19.922	2°52′31.446 3″	2.875 401 76°	0.050 185 23		1443(296)	莫氏锥度 No.3
1∶20.020	2°51′40.796 0″	2.861 332 23°	0.049 939 67		1443(296)	莫氏锥度 No.2
1∶20.047	2°51′26.928 3″	2.857 480 08°	0.049 872 44		1443(296)	莫氏锥度 No.1
1∶20.288	2°49′24.780 2″	2.823 550 06°	0.049 280 25		(239)	贾各锥度 No.0
1∶23.904	2°23′47.624 4″	2.396 562 32°	0.041 827 90		1443(296)	布朗夏普锥度 No.1 至 No.3
1∶28	2°2′45.817 4″	2.046 060 38°	0.035 710 49		(8382)	复苏器(医用)
1∶36	1°35′29.209 6″	1.591 447 11°	0.027 775 99		(5356-1)	麻醉器具
1∶40	1°25′56.351 6″	1.432 319 89°	0.024 998 70			

8.3.2 圆锥公差标准

国家标准 GB/T 11334—2005《产品几何量技术规范(GPS) 圆锥公差》适用于锥度 C 为1∶3～1∶500、圆锥长度 L 为 6～630 mm 的光滑圆锥。

1. 圆锥公差的项目

圆锥是一个多参数零件，为了满足功能要求，国家标准 GB/T 11334—2005 规定了以下四项圆锥公差的项目。

(1) 圆锥直径公差 T_D

圆锥直径公差 T_D 是指圆锥直径的允许变动量，如图 8-6 所示。其公差值是以基本圆锥直径作为公称尺寸，按 GB/T 1800.1—2009 规定的标准公差选用，适用于圆锥长度 L 范围内的所有圆锥直径。

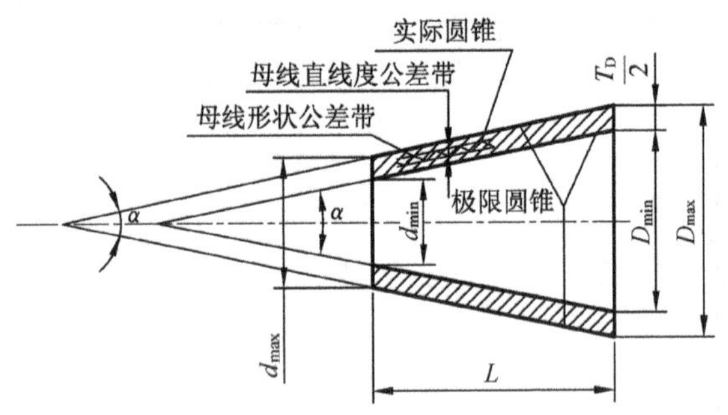

图 8-6 圆锥直径公差带

(2) 圆锥角公差 AT

圆锥角公差 AT 是指圆锥角的允许变动量，如图 8-7 所示，以角度值 AT_α 或线值 AT_D 给定。AT_α 是以角度单位微弧度(μrad)或以度、分、秒表示圆锥角公差值。AT_D 是以长度单位微米(μm)表示圆锥公差值。

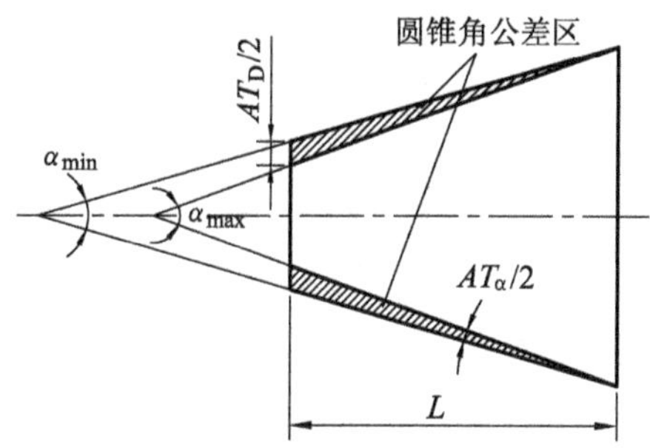

图 8-7 圆锥角公差带

圆锥角公差 AT 共分 12 个公差等级，用 $AT1$，$AT2$，$AT3$，…，$AT12$ 表示，其中 $AT1$ 为最高公差等级，$AT12$ 为最低公差等级，各等级的公差数值见表 8-3。

表 8-3 圆锥角公差数值(部分)

公称圆锥长度 L/mm	圆锥角公差等级								
	$AT4$			$AT5$			$AT6$		
	AT_α		AT_D	AT_α		AT_D	AT_α		AT_D
	μrad	(°)(′)(″)	μm	μrad	(°)(′)(″)	μm	μrad	(°)(′)(″)	μm
6~10	200	41″	>1.3~2	315	1′05″	>2~3.2	500	1′43″	>3.2~5
10~16	160	33″	>1.6~2.5	250	52″	>2.5~4.0	400	1′22″	>4.0~6.3
16~25	125	26″	>2.0~3.2	200	41″	>3.2~5.0	315	1′05″	>5.0~8.0
25~40	100	21″	>2.5~4.0	160	33″	>4.0~6.3	250	52″	>6.3~10.0
40~63	80	16″	>3.2~5.0	125	26″	>5.0~8.0	200	41″	>8.0~12.5
63~100	63	13″	>4.0~6.3	100	20″	>6.3~10.0	160	33″	>10.0~16
100~160	50	10″	>5.0~8.0	80	16″	>8.0~12.5	125	26″	>12.5~20
160~250	40	8″	>6.3~10.0	63	13″	>10.0~16	100	20″	>16.0~25
250~400	31.5	6″	>8.0~12.5	50	10″	>12.5~20	80	16″	>20.0~32

公称圆锥长度 L/mm	圆锥角公差等级								
	$AT7$			$AT8$			$AT9$		
	AT_α		AT_D	AT_α		AT_D	AT_α		AT_D
	μrad	(°)(′)(″)	μm	μrad	(°)(′)(″)	μm	μrad	(°)(′)(″)	μm
6~10	800	2′45″	>5.0~8.0	1.250	4′18″	>8.0~12.5	2 000	1′43″	>12.5~20
10~16	630	2′10″	>6.3~10.0	1 000	3′26″	>10.0~16	1 600	1′22″	>16.0~25
16~25	500	1′43″	>8.0~12.5	800	2′45″	>12.5~20	1 250	1′05″	>20.0~32
25~40	400	1′22″	>10.0~16	630	2′10″	>16.0~25	1 000	52″	>25.0~40
40~63	315	1′05″	>12.5~20	500	1′43″	>20~32	800	41″	>32~50
63~100	250	52″	>16.0~25	400	1′22″	>25~40	630	33″	>40~63
100~160	200	41″	>20~32	315	1′05″	>32~50	500	26″	>50~80
160~250	160	33″	>32~50	250	52″	>40~63	400	20″	>63~100
250~400	125	26″	>40~63	200	41″	>50~80	315	16″	>80~125
400~630	100	20″	>10.0~16	160	33″	>63~100	250	13″	>100~160

注：1 μrad 等于半径为 1 m、弧长为 1 μm 所对应的圆心角。5 μrad≈1″，300 μrad≈1′。

AT_α 与 AT_D 的关系为

$$AT_D = AT_\alpha \times L \times 10^{-3}$$

式中，AT_D 单位为 μm，AT_α 单位为 μrad，L 单位为 mm。

表 8-4 中 AT_D 取值示例如下：

① L 为 63 mm，选用 $AT7$，查表得 AT_α 为 315μrad 或 1′05″，AT_D 为 20 μm。

② L 为 50 mm，选用 $AT7$，查表得 AT_α 为 315μrad 或 1′05″，$AT_D = AT_\alpha \times L \times 10^{-3} = 315 \times 50 \times 10^{-3} = 15.75$ μm，取 AT_D 为 15.8 μm。

$AT4 \sim AT6$ 用于高精度的圆锥量规和角度样板，$AT7 \sim AT9$ 用于工具圆锥、圆锥销、传递大扭矩的摩擦圆锥，$AT10 \sim AT11$ 用于圆锥套、圆锥齿轮等中等精度零件，$AT12$ 用于低精度零件。

圆锥角公差选取后，依功能要求，其极限偏差可按单向或双向（对称或不对称）取值，如图 8-8 所示。

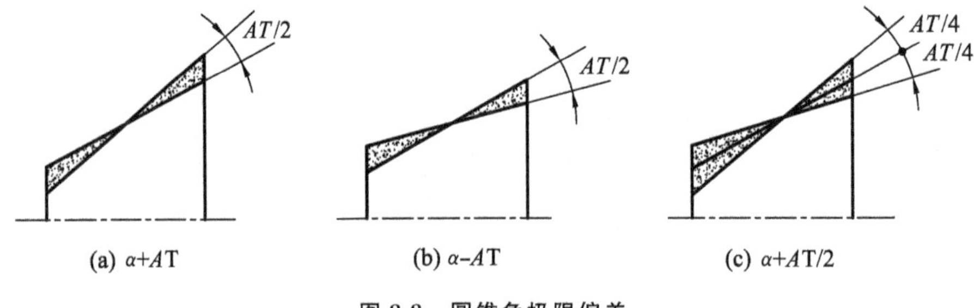

图 8-8　圆锥角极限偏差

（3）圆锥的形状公差 T_F

圆锥的形状公差包括素线直线度公差和截面圆度公差。

① 素线直线度公差。指在圆锥的任一轴向截面内，允许实际素线形状的最大变动量，其公差带是在给定截面上，距离为公差值 T_F 的两条平行直线间的区域，如图 8-9 a 所示。

② 截面圆度公差。指在垂直圆锥轴线的任一截面上，允许截面实际形状的最大变动量，其公差带是半径差为公差值 T_F 的两同心圆间的区域，如图 8-9 b 所示。

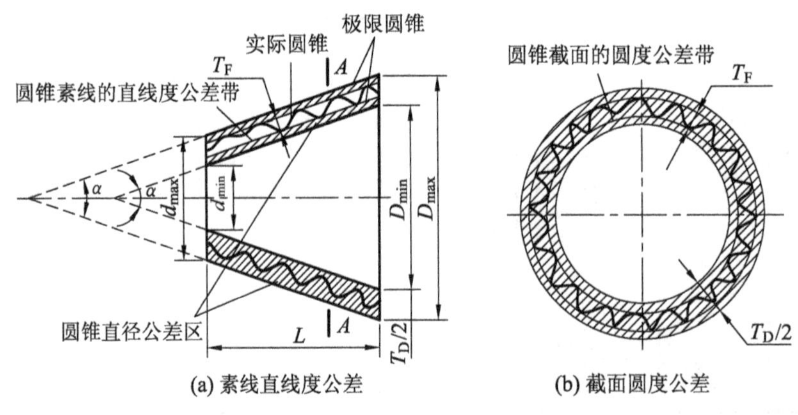

图 8-9　圆锥的形状公差

圆锥的形位公差一般不单独给出，而是由对应的圆锥直径公差带限制。只有为满足某一功能需要，对圆锥的形状公差有更高的要求时，再给出圆锥的形状公差。一般形状公差值小于圆锥直径公差 T_D 的一半。

圆锥素线直线度公差和圆锥截面圆度公差的数值推荐按 GB/T 1184—1996 中的规定选取。

(4) 给定截面圆锥直径公差 T_{DS}

给定截面圆锥直径公差指在垂直圆锥轴线的给定截面内，圆锥直径的允许变动量。它仅适用于该给定截面的圆锥直径，如图 8-10 所示。其公差数值 T_{DS} 是以给定截面圆锥直径 d_x 为公称尺寸，按 GB/T 1800.1—2009 规定的标准公差选取。

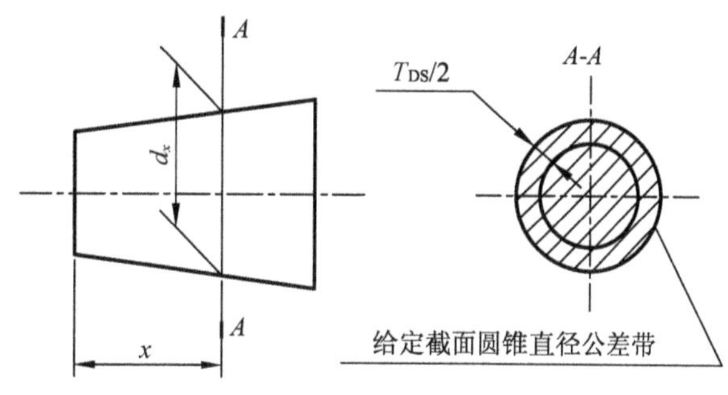

图 8-10　给定截面圆锥直径公差带

2. 圆锥公差的给定方法

对于一个具体的圆锥零件来说，并不是都需要给定上述四项公差，而是根据具体功能要求和工艺特点给出公差项目。因此国家标准根据实际使用情况、参照国际标准，对圆锥公差规定了两种给定方法。

(1) 给出圆锥的理论正确圆锥角 α(或锥度 C)和圆锥直径公差 T_D

由于 T_D 确定两个极限圆锥。此时，圆锥角误差和圆锥的形状误差均应在极限圆锥所限定的区域内。

当对圆锥角公差、圆锥的形状误差有更高的要求时，可再给出圆锥角公差 AT、圆锥的形状公差 T_F. 此时，AT 和 T_F 仅占 T_D 的一部分。

这种给定方法与包容原则类同，通常适用于有配合要求的内、外圆锥。

(2) 给出给定截面圆锥直径公差 T_{DS}和圆锥角公差 AT

此时，由于是同时给出圆锥给定截面直径公差 T_{DS}和圆锥角公差 AT，因此 T_{DS}和 AT 两者独立，应分别满足这两项公差的要求，其公差带不能相互叠加。T_{DS}和 AT 的关系如图 8-11 所示。

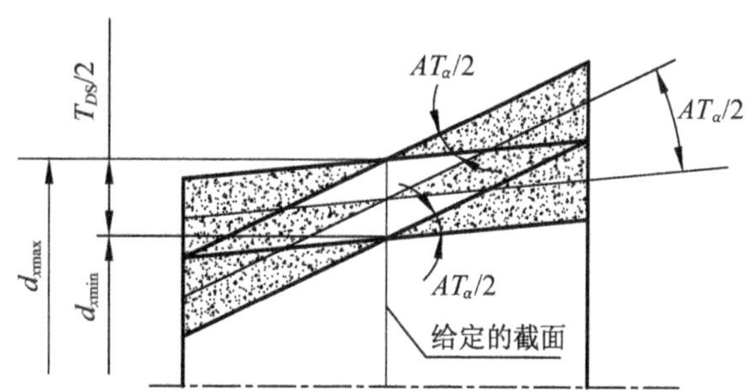

图 8-11　给定截面圆锥直径公差 T_{DS}和圆锥角公差 AT

这种给定方法与独立原则类同，通常适用于对给定圆锥截面直径有较高要求的情况。如某些阀类零件中，两个相互结合的圆锥在规定截面上要求接触良好，以保证密封性。

8.3.3　圆锥配合标准

圆锥配合是以基本圆锥相同的内、外圆锥直径之间，由于结合不同所形成的相互关系。

在标准中规定了两种类型的圆锥配合，即结构型圆锥配合和位移型圆锥配合。

1. 结构型圆锥配合

结构型圆锥配合是指由内、外圆锥本身的结构或基面距来确定装配后的最终轴向相对位置而获得的配合。这种配合方式可以得到间隙配合、过渡配合和过盈配合。

图 8-12 a 是由内、外圆锥的结构（外圆锥的轴肩与内圆锥大端端面接触）来确定装配后的最终轴向相对位置，以获得指定的圆锥间隙配合。

图 8-12 b 是由内、外圆锥基准平面之间的结构尺寸 a（内圆锥基准平面与外圆锥基准平面之间的距离，即基面距 a）来确定装配后的最终轴向相对位置，以获得指定的圆锥过盈配合。

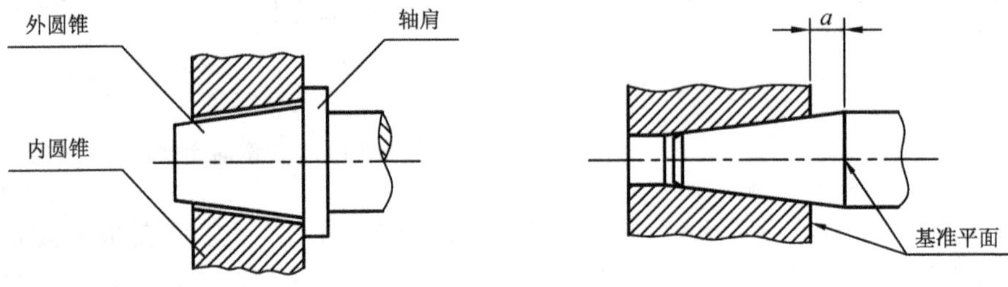

(a) 由内、外圆锥结构确定装配的最终位置而获得的配合

(b) 由内、外圆锥基准平面之间的尺寸确定装配的最终位置而获得的配合

图 8-12　结构型圆锥配合

2. 位移型圆锥配合

位移型圆锥配合是指由内、外圆锥的相对轴向位移或产生轴向位移的装配力（轴向力）的大小来确定最终轴向相对位置而获得的配合。这种方式是通过控制轴向位移 E_a 获得配合，可得到间隙配合和过盈配合。

图 8-13 a 是由内、外圆锥装配时的实际初始位置 P_a 起，沿轴向作一定量的相对轴向位移 E_a 达到终止位置 P_f 而获得间隙配合情况。

图 8-13 b 是由内、外圆锥实际初始位置 P_a 开始，施加一定的装配力 $\boldsymbol{F}_s$ 产生轴向位移达到终止位置 P_f 而获得过盈配合情况。

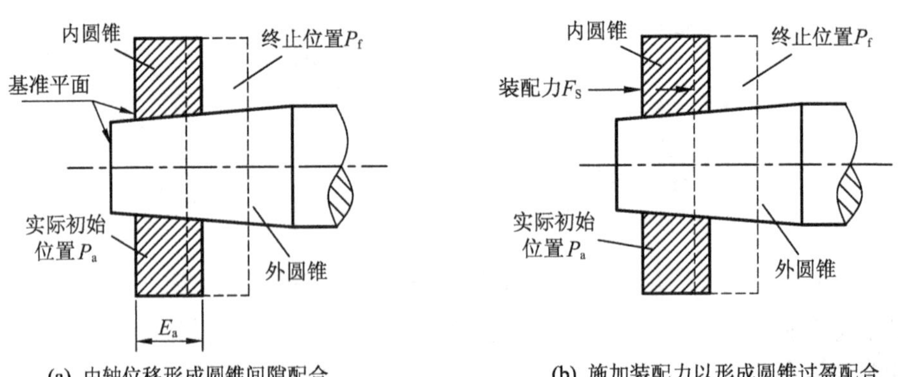

(a) 由轴位移形成圆锥间隙配合

(b) 施加装配力以形成圆锥过盈配合

图 8-13　位移型圆锥配合

对位移型圆锥配合，其配合性质取决于内、外圆锥相对轴向位移 E_a。轴向位移 E_a 的极

限值(E_{amax},E_{amin})和轴向位移公差 T_E,按以下公式计算：

① 对于间隙配合

$$E_{amax}=\frac{1}{C}\times S_{max};E_{amin}=\frac{1}{C}\times S_{min}$$

$$T_E=E_{amax}-E_{amin}=\frac{1}{C}(S_{max}-S_{min})$$

② 对于过盈配合

$$E_{amax}=\frac{1}{C}\times \delta_{max};E_{amin}=\frac{1}{C}\times \delta_{min}$$

$$T_E=E_{amax}-E_{amin}=\frac{1}{C}(\delta_{max}-\delta_{min})$$

式中：S_{max},S_{min}——配合的最大、最小间隙量；

δ_{max},δ_{min}——配合的最大、最小过盈量；

C——锥度值。

对结构型圆锥配合和位移型圆锥配合，在确定相结合内、外圆锥轴向位置的方式上有各自的特点，因而在进行圆锥配合的计算和给定圆锥公差带时要区别对待，它们的主要不同之处列于表 8-4 中。

表 8-4　结构型圆锥配合和位移型圆锥配合的特点

特征	结构型圆锥配合	位移型圆锥配合
装配的终止位置	固定	不定
配合性质的确定	圆锥直径公差带	轴向位移方向及大小
配合精度	圆锥直径公差带(T_{De},T_{Di})	轴向位移公差(T_E)
圆锥直径公差带	影响配合性质、接触质量	影响初始位置、接触质量
圆锥直径配合公差	$T_{De}+T_{Di}$	$T_E\times C$

结构型圆锥配合推荐优先选用基孔制，即内圆锥直径基本偏差用 H，根据不同配合的要求，外圆锥直径基本偏差在 a～zc 选择。同时要注意给出内、外圆锥直径公差带的基本圆锥直径应一致。其配合按 GB/T 1801—2009 选取。另外，由于结构型圆锥配合的圆锥直径公差的大小直接影响配合精度，因此推荐内、外圆锥直径公差不低于 IT9。如果对接触精度有更高的要求，可进一步给出圆锥角公差和圆锥的形状公差。

8.3.4　圆锥的公差标注

圆锥的公差标注，应根据圆锥的功能要求和工艺特点选择公差项目。在图样上标注相配合的内、外圆锥的尺寸和公差时，内、外圆锥必须具有相同的公称圆锥角(或公称锥度)，标注直径公差的圆锥直径必须具有相同的公称尺寸。圆锥公差通常可以采用面轮廓度法，如图 8-14 所示；有配合要求的结构型内、外圆锥，也可采用基本锥度法如图 8-15 所示，当无配合要求时可采用公差锥度法标注，如图 8-16 所示。

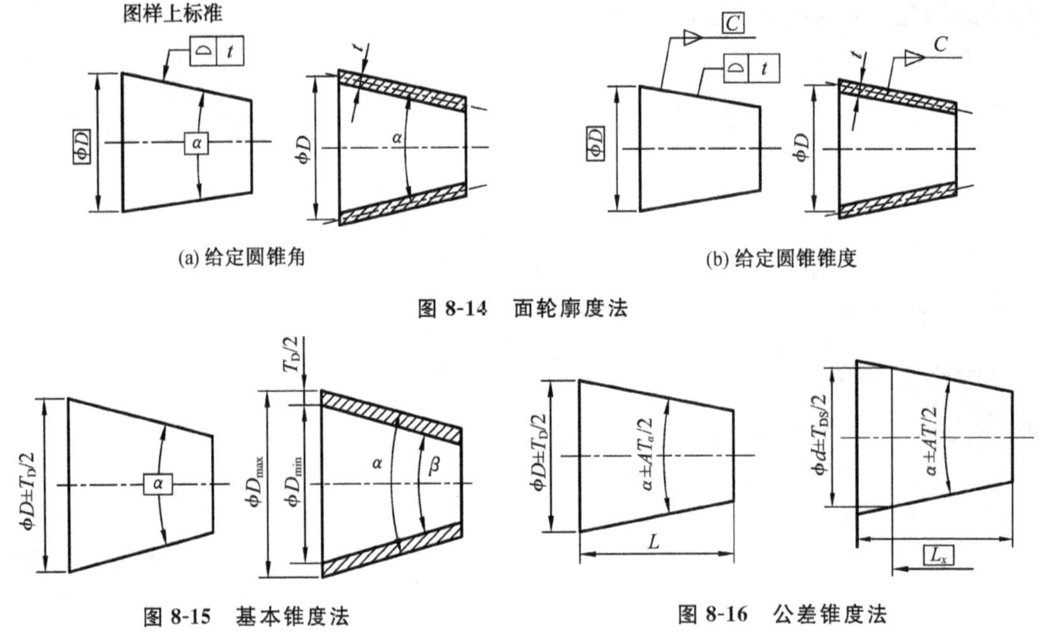

(a) 给定圆锥角

(b) 给定圆锥锥度

图 8-14　面轮廓度法

图 8-15　基本锥度法

图 8-16　公差锥度法

§ 8.4　圆锥的检测

圆锥的测量方法和检测器具有很多种,下面介绍几种常用的测量方法及相应的检测器具。

8.4.1　圆锥量规

圆锥量规用于检验成批生产的内、外圆锥的锥度和基面距偏差,分为圆锥塞规和套规,有莫氏和公制两种,结构如图 8-17 a 所示。由于圆锥配合时一般的锥角公差比直径公差要求高,所以用量规检验时,首先检验锥度。在量规上沿母线方向薄薄涂上两三条显示剂(红丹或兰油),然后轻轻地和工件对研转动,根据着色情况判断锥角偏差。对于圆锥塞规,若显示剂均匀地被擦去,说明圆锥角合格。然后,用圆锥量规检验锥面距偏差。当基面处于圆锥量规相距 Z 的两条刻线之间时,即为合格,如图 8-17 b 所示。

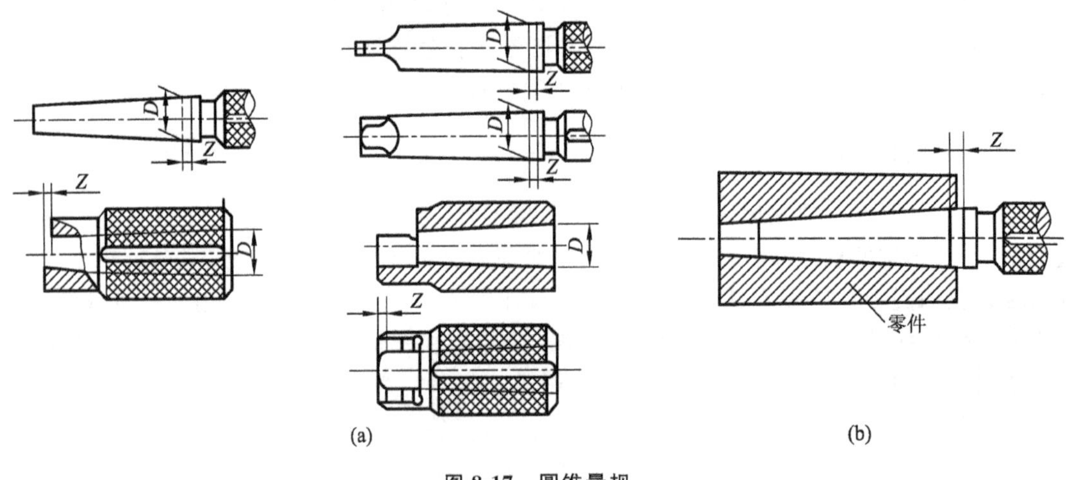

图 8-17　圆锥量规

8.4.2　用通用量仪、量具间接测量

间接测量法是指用圆球、圆柱、平板或正弦规等量具，测量与被测角度或锥度有一定函数关系的线性尺寸，然后通过函数关系计算出被测角度或锥度值。

1. 用正弦规测量

正弦规是锥度测量常用的器具，分宽型和窄型，即两圆柱中心距离为 100 mm 和 200 mm 两种，适用于测量圆锥角小于 30°的锥度。测量前，首先按公式 $h=L\sin\alpha$ 计算量块组的高度 h（α 为公称圆锥角，L 为正弦规两圆柱的中心距离），然后按图 8-18 所示进行测量。如果被测角度有偏差，则 a，b 两点的示值必有 Δh，则锥度偏差 $\Delta C=\Delta h/L$。

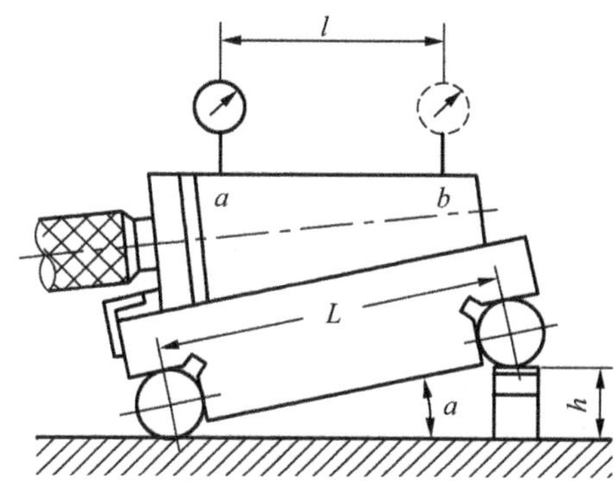

图 8-18　正弦规测外锥体

2. 用圆球和圆柱测量

用精密钢球和精密量柱（滚柱）也可以间接测量圆锥角度。

（1）内圆锥的测量

图 8-19 所示为用两钢球测量内锥角的例子。已知大、小球的直径分别为 D_0 和 d_0，测量时，先将小球放入，测出 H，再将大球放入，测出 h，则内圆锥锥角 α 可按下式求得，即

$$\sin\frac{\alpha}{2}=(D_0-d_0)/[2(H-h)+d_0-D_0]$$

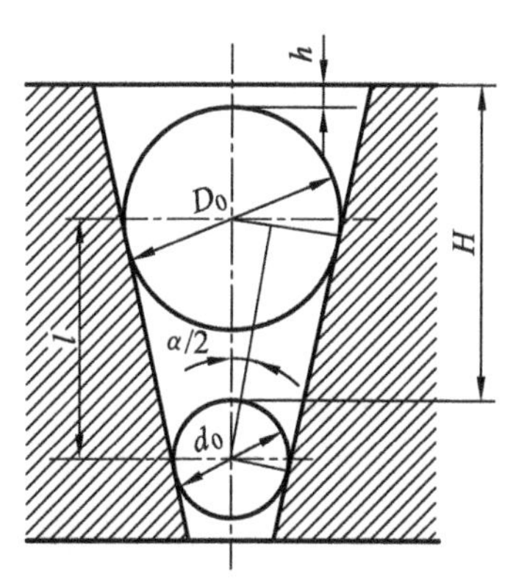

图 8-19　用钢球测量内锥角

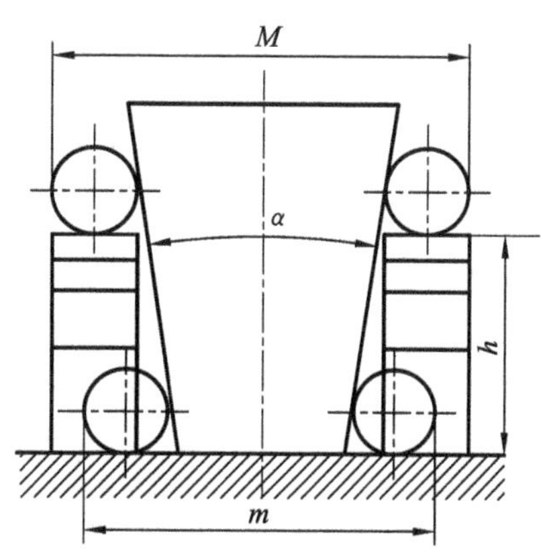

图 8-20　用滚柱测量外圆锥角

（2）外圆锥的测量

如图 8-20 所示，可用滚柱量块组测量外圆锥。先将两尺寸相同的滚柱夹在圆锥的小端处测得 m 值，再将这两个滚柱放在尺寸组合相同的量块上测得 M 值，则外圆锥角 α 可按下式算出，即

$$\tan\frac{\alpha}{2}=(M-m)/2h$$

实训习题与思考题

1. 圆锥配合与圆柱配合相比有何特点？试举几个具体实例加以说明。

2. 确定圆锥公差的方法有哪几种？有何区别？

3. 结构型圆锥配合与位移型圆锥配合有何区别？各适用于何种场合？

4. 设有一外圆锥，圆锥最大直径为 100 mm，圆锥最小直径为 80 mm，圆锥长度为 100 mm，试求圆锥角、圆锥素线角和圆锥锥度。

5. 有一圆锥配合，其锥度 $C=1:10$，配合长度 $H=100$ mm，内、外锥的公差等级均为 $AT8$，试按下列情况确定内、外圆锥直径的极限偏差。

（1）内、外圆锥直径公差带均按单向分布，设内圆锥直径 EI=0，外圆锥直径 es=0。

（2）内、外圆锥直径公差带均对称于零线分布。

6. 分析用正弦规检测锥度偏差存在的误差因素。

7. 测量 20°的圆锥角，如何组合量块尺寸？

第 9 章　螺纹的公差与检测

螺纹的公差与检测是螺纹连接性能和保证螺纹互换性需要参照的重要依据，根据实际需求和螺纹公称直径、螺距、公差等参数，对螺纹公差的合理选择有利于高其旋合性和连接强度。本章主要针对应用广泛的普通螺纹来进行讲述，对螺纹中径的合格性判断准则进行了较细致的讲解同时还介绍了两种普通螺纹的检测方法。本章主要引用的相关国家标准主要有：GB/T 192—2003《普通螺纹基本牙型》，GB/T 193—2003《普通螺纹　直径与螺距系列》，GB/T 196—2003《普通螺纹　公称尺寸》，GB/T 197—2003《普通螺纹公差》。

§9.1　概　述

9.1.1　螺纹的分类和使用要求

螺纹的种类繁多，按用途一般可分为紧固螺纹、传动螺纹和管螺纹三类。

1. 紧固螺纹

这类螺纹的作用是用于连接和紧固零部件，如公制普通螺纹、英制螺纹等。它要求连接可靠和有良好的旋合性。

2. 传动螺纹

这类螺纹的作用是用于传递精确的位移和传递动力，如机床传动丝杠和螺母，千斤顶的起重螺杆等。其主要要求是传动比恒定，传递动力可靠。

3. 管螺纹

这类螺纹的作用是用于机械设备中对气体或液体的密封，如圆柱管螺纹、圆锥管螺纹等。其主要要求是具有良好的密封性。

根据螺纹的不同使用要求，其牙型有三角形、梯形、矩形、锯齿形等。本章重点介绍使用最多的公制普通螺纹的公差与配合，并对普通螺纹的检测作一简单介绍。

9.1.2　普通螺纹的基本牙型和主要几何参数

按 GB/T 192—2003《普通螺纹 基本牙型》规定，公制普通螺纹的基本牙型如图 9-1 所示(图中粗实线)。普通螺纹的基本牙型是在高为 H 的正三角形(即原始三角形)上截去顶部和底部而形成的。该牙型具有螺纹的公称尺寸，图中小写字母表示外螺纹，大写字母表示内螺纹。

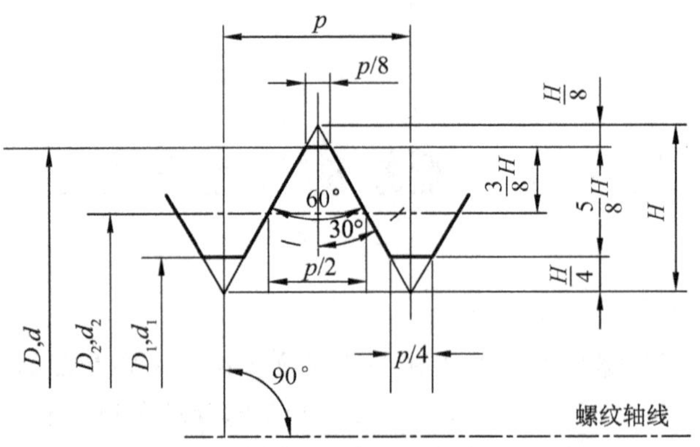

图 9-1　普通螺纹基本牙型

公制普通螺纹的主要几何参数有大径、小径、中径、螺距等。

1. 大径(D,d)

大径是与外螺纹牙顶或内螺纹牙底相重合的假想圆柱的直径。即对外螺纹而言，大径为顶径；对内螺纹而言，大径为底径。标准规定，普通螺纹大径为螺纹的公称直径($D=d$)。应按 GB/T 193—2003《普通螺纹　直径与螺距系列》或 GB/T 196—2003《普通螺纹　公称尺寸》中的有关标准选取，见表 9-1。

表 9-1　普通螺纹公称尺寸(摘自 GB/T 196—2003)　　mm

公称直径(大径) D,d	螺距 P	中径 D_2,d_2	小径 D_1,d_1	公称直径(大径) D,d	螺距 P	中径 D_2,d_2	小径 D_1,d_1
4.5	0.75 0.5	4.013 4.175	3.688 3.959	14	2 1.5 1.25 1	12.701 13.026 13.188 13.350	11.835 12.376 12.647 12.917
5	0.8 0.5	4.480 4.675	4.134 4.459	15	1.5 1	14.026 14.350	13.376 13.917
6	1 0.75	5.350 5.513	4.917 5.188	16	2 1.5 1	14.701 15.026 15.350	13.835 14.376 14.917
7	1 0.75	6.350 6.513	5.917 6.188	17	1.5 1	16.026 16.350	15.376 15.917
8	1.25 1 0.75	7.188 7.350 7.513	6.647 6.917 7.188	18	2.5 2 1.5 1	16.376 16.701 17.026 17.350	15.294 15.835 16.376 16.917
9	1.25 1 0.75	8.188 8.350 8.513	7.647 7.917 8.188	20	2.5 2 1.5 1	18.376 18.701 19.026 19.350	17.294 17.835 18.376 18.917

续表

公称直径（大径）D,d	螺距 P	中径 D_2,d_2	小径 D_1,d_1	公称直径（大径）D,d	螺距 P	中径 D_2,d_2	小径 D_1,d_1
10	1.5 1.25 1 0.75	9.026 9.188 9.350 9.513	8.376 8.647 8.917 9.188	22	2.5 2 1.5 1	20.376 20.701 21.026 21.350	19.294 19.835 20.376 20.917
11	1.5 1 0.75	10.026 10.350 10.513	9.376 9.917 10.188	24	3 2 1.5 1	22.051 22.701 23.026 23.350	20.752 21.835 22.376 22.917
12	1.75 1.5 1.25 1	10.863 11.026 11.188 11.350	10.106 10.376 10.647 10.917	25	2 1.5 1	23.701 24.026 24.350	22.835 23.376 23.917

2. 小径（D_1,d_1）

小径是与外螺纹的牙底或内螺纹的牙顶相切的假想圆柱的直径。对外螺纹而言，小径为底径；对内螺纹而言，小径为顶径（$D_1=d_1$）。

3. 中径（D_2,d_2）

中径是一个假想圆柱的直径，该圆柱的母线通过螺纹牙型上沟槽和凸起宽度相等的地方，此假想圆柱称为中径圆柱。中径圆柱的轴线即螺纹的轴线，其母线称为“中径线”。中径在螺纹公差与配合中是一个重要的参数。

4. 单一中径

单一中径也是一个假想圆柱直径，该圆柱的母线通过牙型上沟槽宽度等于1/2基本螺距的地方。

当螺距无误差时，单一中径和实际中径相等。当螺距有误差时，则两者不相等，如图9-2所示。

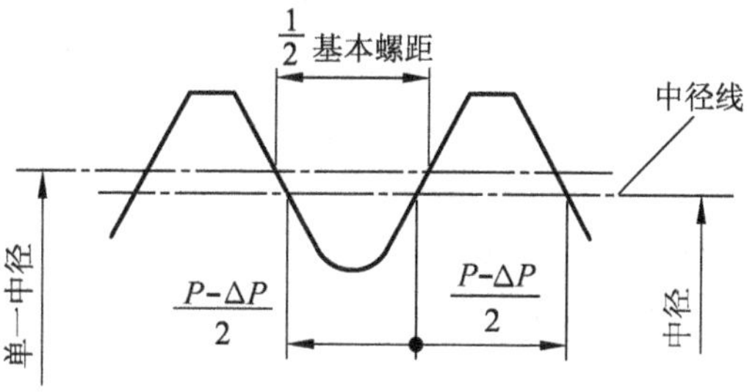

图 9-2　单一中径

5. 螺距 P

螺距是相邻两牙在中径线上对应两点间的轴向距离。

螺距的大小决定了螺纹牙侧的轴向位置，螺距误差直接影响螺纹的旋合性和传动精度。因此，螺距是螺纹公差与配合的主要参数之一。螺距有粗牙和细牙之分，应按GB/T 196—2003选取。

6. 导程 L

导程是指同一螺旋线上的相邻两牙在中径线上对应两点间的轴向距离。对单线螺纹，导程与螺距同值。对多线螺纹，导程等于螺距 P 与螺纹线数 n 的乘积，即 $L=P\times n$。

7. 牙型角 α 和牙型半角 $\alpha/2$

牙型角 α 是螺纹牙型上相邻两牙侧间的夹角。公制普通螺纹的牙型角 $\alpha=60°$。牙型半角是螺纹牙型上牙侧与螺纹轴线的垂线间的夹角，是牙型角的一半。

在螺纹结合中，牙型半角误差会直接影响螺纹的旋合性和接触性。因此，牙型半角也是螺纹公差与配合中的主要参数之一。

8. 螺纹旋合长度

螺纹的旋合长度是指两个相互配合的螺纹，沿螺纹轴线方向相互旋合部分的长度。

§9.2 普通螺纹几何参数误差对螺纹互换性的影响

对于普通螺纹结合，其互换性要求是必须保证良好的旋合性和一定的连接强度。影响结合互换性的基本几何参数误差有螺纹的大径、小径、中径、螺距和牙型半角。其中中径偏差、螺距误差和牙型半角误差是影响结合互换性的主要几何参数误差。

1. 中径偏差对螺纹互换性的影响

螺纹中径偏差是指中径实际(组成)要素与中径公称尺寸的代数差。螺纹中径偏差对螺纹的旋合性影响较大。若仅考虑中径对互换性的影响，只要外螺纹中径小于内螺纹中径，就能保证内外螺纹的旋合性。但是，若外螺纹中径过小，内螺纹中径过大，则其连接强度受到削弱。因此，为保证螺纹的互换性和连接强度，必须对中径偏差加以限制。

2. 螺距误差对螺纹互换性的影响

螺距误差分局部误差和累积误差两种，前者与旋合长度无关，指单个螺距的实际(组成)要素与其公称尺寸的最大差值。后者与旋合长度有关，指在规定的旋合长度内螺距误差的累积值。

对紧固螺纹而言，螺距误差主要影响螺纹的可旋合性和连接的可靠性；对传动螺纹而言，螺距误差直接影响传动精度和螺牙上载荷分布的均匀性。

为便于讨论，假设内螺纹具有理想牙型，外螺纹中径及牙型半角与内螺纹相同，但外螺纹的螺距略大于内螺纹的，如图 9-3 所示。假定在 n 个螺牙长度上，外螺纹有螺距累积误差 ΔP_Σ。显然，这对螺纹将发生干涉使之无法旋合。为了使有螺距误差的外螺纹可旋入标准的内螺纹，在实际生产中，可把外螺纹中径减去一个数值 f_p，f_p 称为螺距误差的中径补偿值。

由图 9-3 中△ABC 可得

$$f_p = \Delta P_\Sigma \cot\frac{\alpha}{2};$$

对普通公制螺纹，牙型角 $\alpha=60°$，则

$$f_p = 1.732\,|\Delta P_\Sigma| \tag{9-1}$$

同理，当内螺纹螺距有误差时，为了保证旋合性，可把内螺纹的中径加大一个数值 f_p。由上可知，螺距误差可通过相应的中径补偿值 f_p 来加以控制，故国家标准中不专门规定螺距公差。

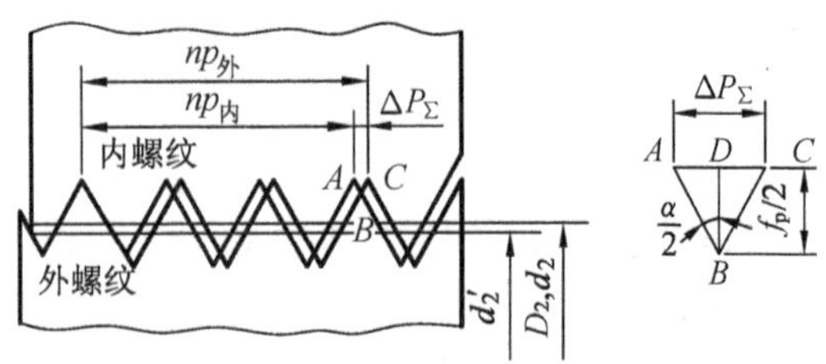

图 9-3 螺距累积误差对旋入性的影响

3. 牙型半角误差对螺纹互换性的影响

螺纹牙型半角误差也会影响螺纹的旋合性与连接强度。

为讨论方便，假设相互结合的内、外螺纹的实际中径和螺距都没有误差，内螺纹具有理

想牙型，但外螺纹牙型半角有误差，这样牙侧间将发生干涉而不能旋合。其干涉分两种情况，如图 9-4 所示。

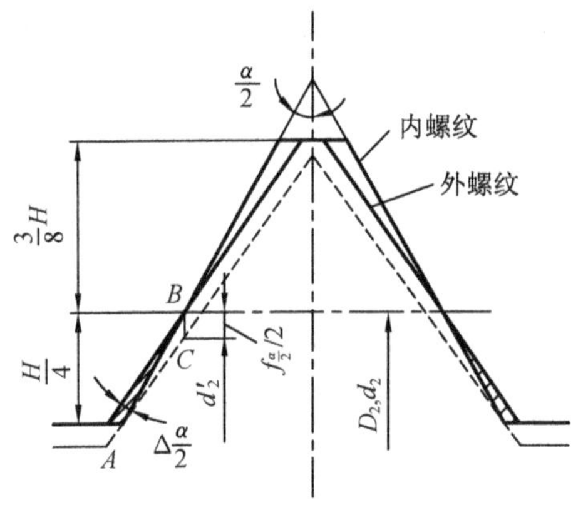

(a) 外螺纹牙型半角大于内螺纹牙型半角

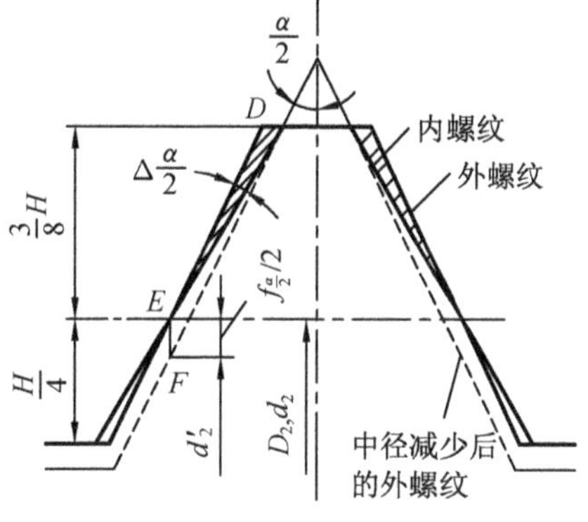

(b) 外螺纹牙型半角小于内螺纹牙型半角

图 9-4　牙型半角误差的影响

(1) 外螺纹牙型半角大于内螺纹牙型半角

设外螺纹左、右牙型半角误差相等，即 $\Delta\alpha_{左}/2=\Delta\alpha_{右}/2=\Delta\alpha/2>0$，见图 9-4 a。它们将在牙侧根部发生干涉（见图中剖面线部分）。为了使外螺纹能自由旋入，可将外螺纹中径减小一个 f 值，这 f 值称为牙型半角误差的中径当量（中径补偿值）。

由图 9-4 a 中△ABC，按正弦定理得

$$\frac{\frac{1}{2}f_{\alpha/2}}{\sin\left(\Delta\frac{\alpha}{2}\right)}=\frac{\overline{AB}}{\sin\left[180°-\left(\frac{\alpha}{2}+\Delta\frac{\alpha}{2}\right)\right]}$$

其中，$\overline{AB}=\frac{H}{4\cos(\alpha/2)}$，将其代入上式得

$$f_{\alpha/2}=\frac{\frac{1}{4}H/\cos\frac{\alpha}{2}}{\frac{1}{2}\sin\left[180°-\left(\frac{\alpha}{2}+\Delta\frac{\alpha}{2}\right)\right]}\sin(\Delta\frac{\alpha}{2})$$

因 $\Delta\frac{\alpha}{2}$很小，故 $\sin\Delta\frac{\alpha}{2}\approx\Delta\frac{\alpha}{2}$，$\sin\left[180°-\left(\frac{\alpha}{2}+\Delta\frac{\alpha}{2}\right)\right]=\sin\left(\frac{\alpha}{2}+\Delta\frac{\alpha}{2}\right)\approx\sin\frac{\alpha}{2}$，从而

$$f_{\alpha/2}=\frac{H\Delta\frac{\alpha}{2}}{2\cos\frac{\alpha}{2}\sin\frac{\alpha}{2}}=\frac{H}{\sin\alpha}\Delta\frac{\alpha}{2}$$

对普通螺纹，$\alpha=60°$，$H=0.866P$，则代人上式可得

$$f_{\alpha/2}=0.291P\Delta\frac{\alpha}{2} \tag{9-2}$$

式中：$\Delta\frac{\alpha}{2}$的单位是分（′），P 单位是 mm，$f_{\alpha/2}$的单位是 μm，$1'=0.291\times10^{-3}$ rad。

(2) 外螺纹牙型半角小于内螺纹牙型半角

同样考虑左、右牙型半角误差相等，即 $\Delta\alpha_{左}/2=\Delta\alpha_{右}/2=\alpha/2<0$，见图 9-4 b，在牙顶处发

生干涉而无法旋合。为实现旋合，将外螺纹中径减小 $f_{\alpha/2}$。

同理，由图 9-4 b 中的△EFD，按正弦定理得

$$f_{\alpha/2}=0.437P\left|\Delta\frac{\alpha}{2}\right| \tag{9-3}$$

实际上，经常是左、右牙型半角误差不相等，甚至一边半角误差为正，一边半角误差为负，故应根据不同的实际情况加以考虑。

以上讨论的是外螺纹牙型半角有误差时的情况，同理当内螺纹牙型半角有误差时，为保证可旋合性，应把内螺纹的中径加大一个 $f_{\alpha/2}$ 补偿值。

§9.3 螺纹中径合格性判断原则

9.3.1 作用中径的概念

根据上述螺纹的螺距误差、牙型半角误差对互换性的影响的分析，当外螺纹有螺距误差和牙型半角误差时，只能与一个中径较大的内螺纹旋合，误差带来的结果相当于外螺纹的中径增大了。同样，当内螺纹有螺距误差和牙型半角误差时，只能与一个中径较小的外螺纹旋合，即误差带来的结果相当于内螺纹的中径减小了。

对外螺纹而言，这个增大了的假想中径就叫作外螺纹的作用中径。对内螺纹而言，这个减小了的假想中径就叫作内螺纹的作用中径。

因此，作用中径定义为：在规定的旋合长度内，恰好包容实际螺纹的一个假想的理想螺纹的中径，这个假想螺纹具有基本牙型的螺距、半角和牙型高度，并且在牙顶和牙底处留有间隙，以保证不与实际螺纹的大、小径发生干涉。外螺纹的作用中径如图 9-5 所示。

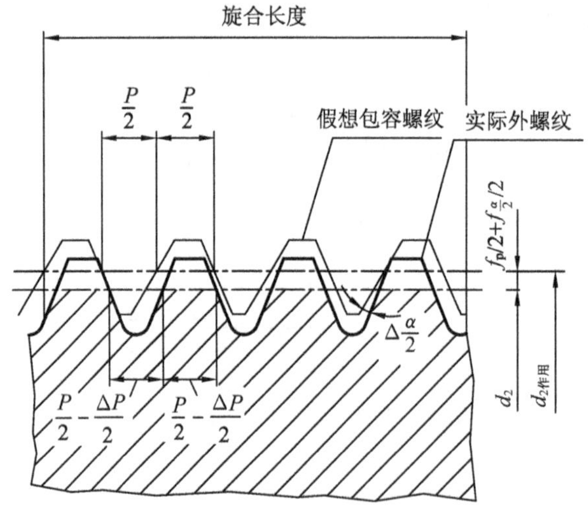

图 9-5 外螺纹的作用中径

因此，对外螺纹，作用中径等于外螺纹的实际中径与螺距误差及牙型半角误差的中径补偿值之和。对内螺纹，作用中径等于内螺纹的实际中径与螺距误差及牙型半角误差的中径

补偿值之差，即

$$\text{外螺纹}\quad d_{2作用}=d_{2单一}+(f_p+f_{\alpha/2}) \tag{9-4}$$

$$\text{内螺纹}\quad D_{2作用}=D_{2单一}-(f_p+f_{\alpha/2}) \tag{9-5}$$

9.3.2　螺纹中径合格性判断准则

根据以上分析，螺纹中径是衡量螺纹互换性的主要指标。判断螺纹中径合格性的准则应遵循泰勒原则，即实际螺纹的作用中径不能超出最大实体牙型的中径，而实际螺纹上任何部位的单一中径不能超出最小实体牙型的中径。

对外螺纹，作用中径不大于中径最大实体尺寸，单一中径不小于中径最小实体尺寸。对内螺纹，作用中径不小于中径最大实体尺寸，单一中径不大于中径最小实体尺寸，即

$$\text{外螺纹}\quad d_{2作用}\leqslant d_{2max};d_{2单一}\geqslant d_{2min}$$

$$\text{内螺纹}\quad D_{2作用}\geqslant D_{2max};D_{2单一}\leqslant D_{2min}$$

图 9-6 为螺纹中径合格性判断示意图。

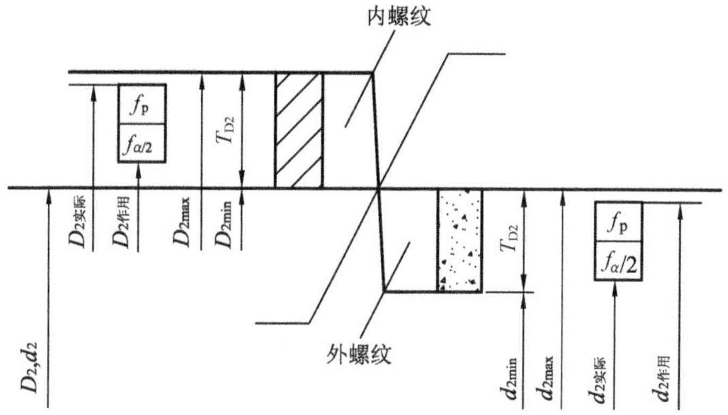

图 9-6　中径合格性判断示意图

【例 9-1】 有一螺母 M20-6G，加工后测得尺寸为：单一中径 $D_{2单一}=18.61$ mm，螺距偏差 $\Delta P_\Sigma=40$ μm，牙型半角偏差 $\Delta\frac{\alpha_1}{2}=+30'$，$\Delta\frac{\alpha_2}{2}=-50'$，螺距 $P=2.5$ mm。试画出公差带图，并判断该螺母是否合格？

解 根据已知条件由表 9-1、表 9-4、表 9-6 查得 $D_2=18.376$ mm，基本偏差 EI＝＋42 μm，中径公差 $T_{D_2}=224$ μm，则中径的上偏差 ES＝EI＋T_{D_2}＝＋266 μm。因此，中径最大极限尺寸 $D_{2max}=D_2+ES=18.642$ mm，最小极限尺寸 $D_{2min}=D_2+EI=18.418$ mm。

由式(9-1)计算得到螺距误差的中径补偿值

$$f_p=1.73|\Delta p_z|=1.73\times40=69.28\ \mu m$$

由式(9-2)、(9-3)求得牙型半角偏差的中径当量为－34.58 μm。

因此，由式(9-5)可计算螺母的作用中径为：显然，$D_{2作用}\geqslant D_{2min}$；$D_{2单一}<D_{2max}$，所以该螺母合格，满足互换性要求。其公差带图如图 9-7 所示。

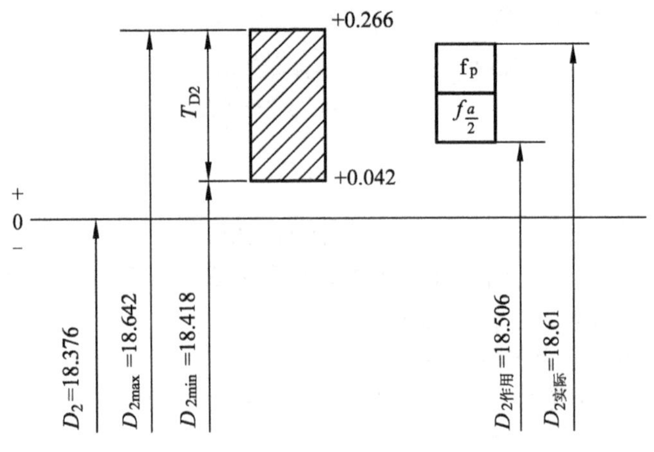

图 9-7 例 9-1 公差带图

§9.4 普通螺纹公差与配合

GB/T 197—2003《普通螺纹 公差》标准中规定了螺纹配合的最小间隙为零，以及具有保证间隙的螺纹公差带、旋合长度和精度等级。

9.4.1 螺纹公差带及旋合长度

螺纹公差带由其相对于基本牙型的位置和公差带大小这两个因素决定。

1. 螺纹公差带

螺纹公差带大小由公差值决定，而公差值大小取决于螺纹公称直径、螺距和公差等级。GB/T 197—2003 对内、外螺纹规定了中径和顶径公差等级，见表 9-2。

表 9-2 螺纹的公差等级(摘自 GB/T 197—2003)

螺纹	直径	公差等级	螺纹	直径	公差等级
内螺纹	小径 D_1	4,5,6,7,8	外螺纹	大径 d	4,6,8
	中径 D_2			中径 d_2	3,4,5,6,7,8,9

各公差等级中 3 级最高，9 级最低，其中 6 级为基本级。考虑到内螺纹加工较困难，因此内螺纹中径公差 T_{D_2} 为同级外螺纹中径公差 T_{d_2} 的 1.32 倍，甚至比低一个公差等级的外螺纹中径公差还要大。螺纹小径、中径的公差见表 9-3，表 9-4。

表 9-3 螺纹小径的基本偏差和公差(摘自 GB/T 197—2003) μm

螺距 P/mm	内螺纹小径公差 T_{D_1}					外螺纹大径公差 T_d		
	公差等级					公差等级		
	4	5	6	7	8	4	6	8
1	150	190	236	300	375	112	180	280
1.25	170	212	265	335	425	132	212	335
1.5	190	236	300	375	475	150	236	375
1.75	212	265	335	425	530	170	265	425

续表

螺距 P/mm	内螺纹小径公差 T_{D_1}					外螺纹大径公差 T_d		
	公差等级					公差等级		
	4	5	6	7	8	4	6	8
2	236	300	375	475	600	180	280	450
2.5	280	355	450	560	710	212	335	530
3	315	400	500	630	800	236	375	600
3.5	355	450	560	710	900	265	425	670
4	375	475	600	750	950	300	475	750
4.5	425	530	670	850	1 060	315	500	800
5	450	560	710	900	1 120	335	530	850
5.5	475	600	750	950	1 180	355	560	900
6	500	630	800	1 000	1 250	375	600	950
8	630	800	1 000	1 250	1 600	450	710	1 180

表 9-4　螺纹中径公差(部分)(摘自 GB/T 197—2003)　μm

公称直径 D/mm	螺距 P/mm	内螺纹中径公差 T_{D_2}					外螺纹中径公差 T_{d_2}						
		公差等级					公差等级						
		4	5	6	7	8	3	4	5	6	7	8	9
5.6～11.2	0.75	85	106	132	170		50	63	80	100	125		
	1	95	118	150	190	236	56	71	90	112	140	180	224
	1.25	100	125	160	200	250	60	75	95	118	150	190	236
	1.5	112	140	180	224	280	67	85	106	132	170	212	265
11.2～22.4	1	100	125	160	200	250	60	75	95	118	150	190	236
	1.25	112	140	180	224	280	67	85	106	132	170	212	265
	1.5	118	150	190	236	300	71	90	112	140	180	224	280
	1.75	125	160	200	250	315	75	95	118	150	190	236	300
	2	132	170	212	266	335	80	100	125	160	200	250	315
	2.5	140	180	224	280	355	85	106	132	170	212	265	335
22.4～45	1	106	132	170	212		63	80	100	125	160	200	250
	1.5	125	160	200	250	315	75	95	118	150	190	236	300
	2	140	180	224	280	355	85	106	132	170	212	255	335
	3	170	212	265	335	425	100	125	160	200	250	315	400
	3.5	180	224	280	355	450	106	132	170	212	265	335	425
	4	190	236	300	375	475	112	140	180	224	280	355	450
	4.5	200	250	315	400	500	118	150	190	236	300	375	475

2. 基本偏差

螺纹公差带位置是由基本偏差确定的。GB/T 197—2003 规定内螺纹的下偏差 EI 和外螺纹的上偏差 es 为基本偏差，并对内螺纹规定了 G，H 两种基本偏差，如图 9-8 所示。对外螺纹规定了 e，f，g，h 四种基本偏差，如图 9-9 所示。

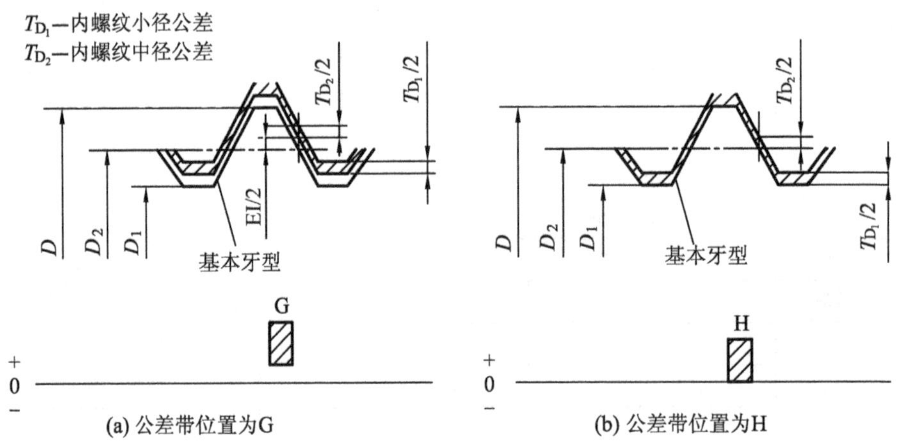

图 9-8　内螺纹的基本偏差

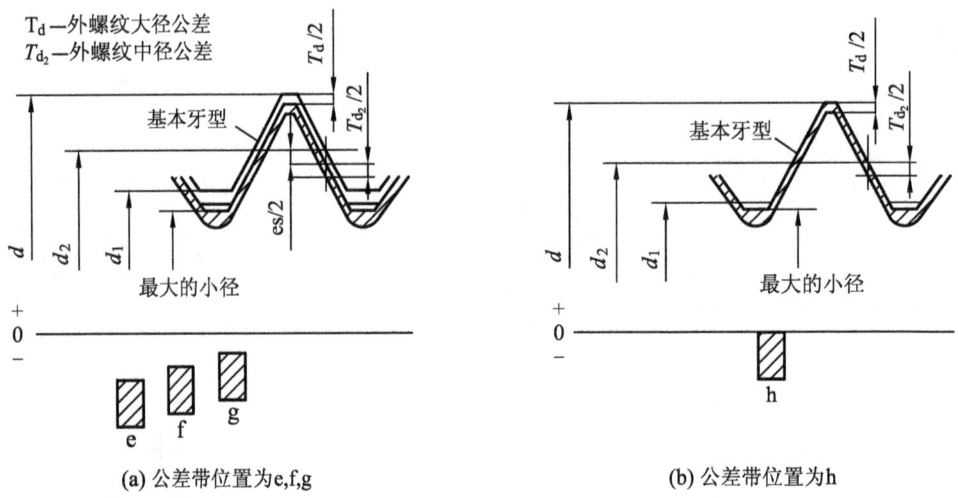

图 9-9　外螺纹的基本偏差

各基本偏差的数值按表 9-5 所列公式计算，其中 H，h 的基本偏差为零，G 的基本偏差为正值，e，f，g 的基本偏差为负值。

表 9-5　基本偏差计算公式　μm

内螺纹		外螺纹	
基本偏差代号	下偏差(EI)	基本偏差代号	上偏差(es)
G	$+(15+11P)$	e	$-(50+11P)$
		f	$-(30+11P)$
H	0	g	$-(15+11P)$
		h	0

内、外螺纹的基本偏差见表 9-6。

表 9-6　内、外螺纹基本偏差(摘自 GB/T 197—2003)　μm

螺距 P/mm	内螺纹基本偏差		外螺纹基本偏差			
	G(EI)	H(EI)	e(es)	f(es)	g(es)	h(es)
0.5	+20	0	−50	−36	−20	0
0.6	+21	0	−53	−36	−21	0
0.7	22	0	−56	−38	−22	0
0.75	+22	0	−56	−38	−22	0
0.8	+24	0	−60	−38	−24	0
1	26	0	−60	−40	−26	0
1.25	+28	0	−63	−42	−28	0
1.5	+32	0	−67	−45	−32	0
1.75	34	0	−71	−48	−34	0
2	+38	0	−71	−52	−38	0
2.5	+42	0	−80	−58	−42	0
3	48	0	−85	−63	−48	0

3. 螺纹的旋合长度

螺纹的旋合长度与螺纹的精度密切相关。旋合长度增加，牙型半角误差和螺距误差就可能增加，以同样的中径公差值加工就会更困难，显然，衡量螺纹的精度应包括旋合长度。

标准中将螺纹的旋合长度分为三组，分别称为短旋合长度(S)，中等旋合长度(N)和长旋合长度(L)。各旋合长度的特点及应用如图 9-10 所示。

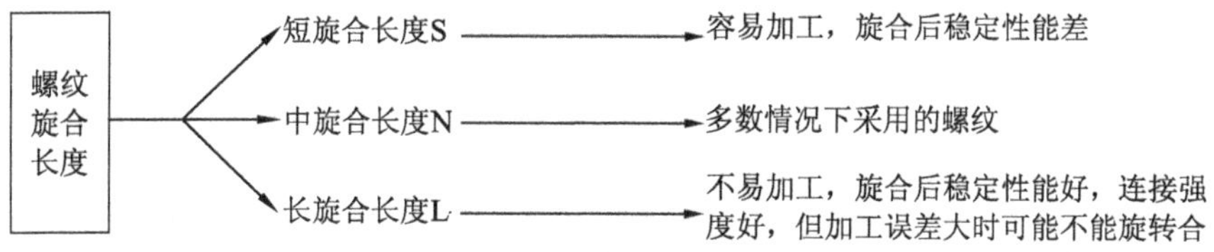

图 9-10　螺纹旋合长度的特点及应用

表 9-7 反映了内、外螺纹精度与旋合长度的关系。

表 9-7　螺纹的旋合长度(摘自 GB/T 197—2003)　mm

基本大径 D,d		螺距 P	旋合长度			
			S	N		L
>	⩽		⩽	>	⩽	>
5.6	11.2	0.75	2.4	2.4	7.1	7.1
		1	3	3	9	9
		1.25	4	4	12	12
		1.5	5	5	15	15
11.2	22.4	1	3.8	3.8	11	11
		1.25	4.5	4.5	13	13
		1.5	5.6	5.6	16	16
		1.75	6	6	18	18
		2	8	8	24	24
		2.5	10	10	30	30

续表

基本大径 D,d		螺距 P	旋合长度			
			S	N		L
>	≤		≤	>	≤	>
22.4	45	1 1.5 2 3 3.5 4 4.5	4 6.3 8.5 12 15 18 21	4 6.3 8.5 12 15 18 21	12 19 25 36 45 53 63	12 19 25 36 45 53 63

9.4.2 螺纹公差带与配合的选用

在生产中，为减少刀、量具的规格和数量，提高经济效益，标准给出了推荐公差带，见表9-8和表9-9。除有特殊要求，不应选择标准规定以外的公差带。表中只有一个公差带代号的表示中径和顶径公差带是相同的；有两个公差带代号的，则前者表示中径公差带，后者表示顶径公差带。

公差带优先选用的顺序为粗字体公差带、一般字体公差带、括号内公差带。带方框的粗字体公差带用于大量生产的紧固件螺纹。如无其他特殊说明，推荐公差带适用于涂镀前螺纹，且为薄涂镀层的螺纹，如电镀螺纹。涂镀后，螺纹实际轮廓上的任何点不应超越按公差位置H或h所确定的最大实体牙型。

表 9-8 内螺纹的推荐公差带(摘自 GB/T 197—2003)

公差精度	公差带位置 G			公差带位置 H		
	S	N	L	S	N	L
精密				4H	5H	6H
中等	(5G)	6G	(7G)	**5H**	**[6H]**	**7H**
粗糙		(7G)	(8G)		7H	8H

表 9-9 外螺纹的推荐公差带(摘自 GB/T 197—2003)

公差精度	公差带位置 e			公差带位置 f			公差带位置 g			公差带位置 h		
	S	N	L	S	N	L	S	N	L	S	N	L
精密								(4g)	(5g4g)	(3h4h)	4h	(5h4h)
中等		6e	(7e6e)		**6f**		(5g6g)	**[6g]**	(7g6g)	(5h6h)	6h	(7h6h)
粗糙		(8e)	(9e8e)					8g	(9g8g)			

表中按不同旋合长度给出了精密、中等、粗糙三种精度级别。用于一般机械、仪器和构件的选中等精度；用于要求配合性质变动较小的选精密级精度；对用于要求不高或制造困难的选粗糙级精度。

内、外螺纹的选用公差带可以任意组合，为保证接触精度，完工后的螺纹结合最好组合成H/g、H/h或G/h的配合。对直径小于1.4mm的螺纹副应采用5H/6h或更精密的配合。

一般情况采用最小间隙为零的 H/h 配合；对用于经常拆卸、工作温度高或需涂镀的螺纹，通常采用 H/g 与 G/h 具有保证间隙的配合。

9.4.3　普通螺纹的标记

完整的螺纹标注有螺纹特征代号、尺寸代号、公差带代号及其他必要的说明信息，如图 9-11 所示。

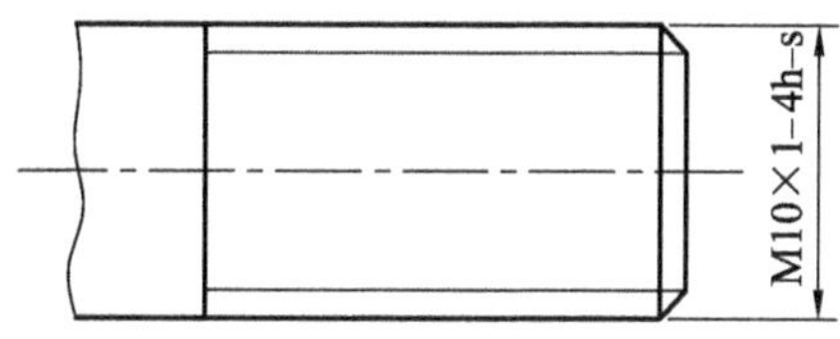

图 9-11　普通螺纹的标注

螺纹具体的标注方法说明如下。

(1) 普通螺纹特征代号

其螺纹特征代号用 M 表示。单线螺纹的尺寸代号为“公称直径×螺距”，公称直径和螺距数值的单位为 mm。对粗牙普通螺纹省略“螺距”项。

多线螺纹的尺寸代号为“公称直径×Ph(导程)×P(螺距)”，公称直径、导程和螺距数值的单位为 mm。如果要进一步表明螺纹线数，在后面增加括号说明(使用英文进行说明，如双线为 two starts；三线为 three starts；四线为 four starts)。

(2) 公差带代号

它包含中径公差带代号和顶径公差带代号，中径公差带代号在前，顶径公差带代号在后。各直径的公差带代号由表示公差等级的数值和表示公差带位置的字母(内螺纹用大写字母，外螺纹用小写字母)组成。如果中径公差带代号和顶径公差带代号相同，则只标注一个公差带代号。螺纹尺寸代号与公差带间用“—”分开。

在下列情况下，中等公差精度螺纹不标注其公差带代号：

内螺纹 5H　公称直径≤1.4 mm 时；

　　　 6H　公称直径≥1.6 mm 时；

外螺纹 6h　公称直径≤1.4 mm 时；

　　　 6g　公称直径≥1.6 mm 时；

(3) 装配图样标注

装配图样上表示内、外螺纹配合时，内螺纹公差带代号在前，外螺纹公差带代号在后，中间用斜线分开。

(4) 螺纹的旋合长度和旋向的标注

对短旋合长度组和长旋合长度组的螺纹，在公差带代号后分别标注“S”和“L”代号。旋合长度代号与公差带间用“—”号分隔。中等旋合长度组的螺纹不标注旋合长度代号“N”。

(5) 旋合长度代号标注

左旋螺纹应在旋合长度代号之后标注“LH”。旋合长度代号与旋向代号用“—”号分隔。右旋螺纹不标注旋向。

在图样上标注螺纹应标在螺纹的大径尺寸线上。

§9.5 普通螺纹的检测

普通螺纹的检测方法分为单项测量和综合检验两种。

9.5.1 单项测量

螺纹的单项测量是指分别测量螺纹的各项几何参数。主要用于单件、小批量生产，尤其是在精密螺纹的生产中(如螺纹量规、螺纹刀具、精密丝杠螺纹等)，应用极其广泛。

单项测量方法最常用的有三针测量法和用工具显微镜测量螺纹参数。

1. 三针测量法

三针测量法用于螺纹中径的测量，它是一种间接测量法。如图 9-12 所示，将三根直径相等的精密量针放在被测螺纹的沟槽中，然后用接触式量仪测出针距 M 值，通过已知被测螺纹的螺距 P、牙型半角 $\alpha/2$ 和量针直径 d_0 等数值计算出被测螺纹中径 d_2。

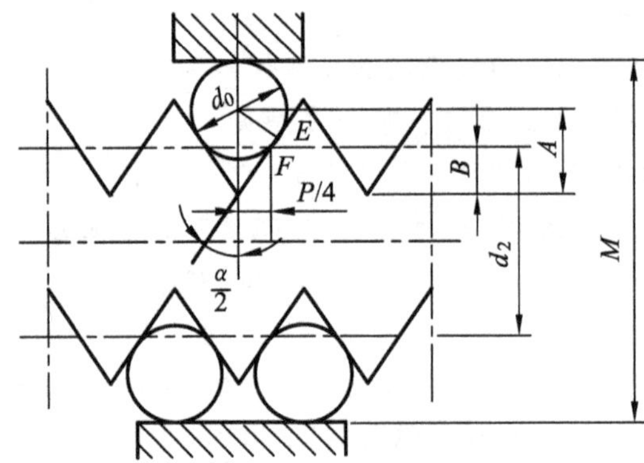

图 9-12 三针法测量中径

被测螺纹中径 d_2 与测量值 M 之间的关系为

$$d_2=M-d_0\left[1+\frac{1}{\sin(\alpha/2)}\right]+\frac{P}{2}\cot(\alpha/2) \tag{9-6}$$

式中：d_0——量针公称直径，mm；

P——螺距，mm；

α——螺纹牙型角基本值，(°)；

M——检测尺寸，mm；

d_2——中径，mm。

对于普通公制螺纹，$\alpha=60°$，则

$$d_2=M-3d_0+0.866P$$

对于梯形螺纹，$\alpha=30°$，则

$$d_2=M-4.863d_0+1.866P$$

由式(9-6)可知，螺距误差和牙型半角误差都将影响测量结果。而牙型半角误差的影响又与量针直径 d_0 有关。为避免牙型半角误差的影响，所用量针直径具有最佳值，$d_{0最佳}=\frac{P}{2\cos(\alpha/2)}$。这说明选择合适的量针直径 d_0 可提高测量精度。

三针测量法适用于测量精密螺纹的中径。

2. 用工具显微镜测量螺纹参数

在工具显微镜上，可使用影像法等方法来测量螺纹的螺距、牙型半角和中径等参数。所谓“影像法”就是将被测螺纹的牙型轮廓放大成像，按被测螺纹的影像测量其螺距、牙角和中径。

9.5.2 综合检验

螺纹中径的合格性判断原则遵循“泰勒原则”。综合检验就是指使用螺纹量规检验被测螺纹某些几何参数误差的综合结果，控制螺纹各参数综合误差形成的实际轮廓，并判断其合格性。

在生产中，螺纹量规按泰勒原则设计，分“通规”和“止规”。螺纹通规控制被测螺纹的作用中径不超出最大实体牙型的中径（d_{2max}或 D_{2min}），同时控制外螺纹小径和内螺纹大径不超出其最大实体尺寸（d_{1max}或 D_{1min}）。通规应具有完整的牙型，其长度要接近被测螺纹的旋合长度。螺纹止规控制被测螺纹的单一中径不超出最小实体牙型的中径（d_{2min}或 D_{2max}）。止规牙型采用截短牙型，其螺纹长度也应较短，以消除螺距误差和牙型半角误差的影响。

综合检验适用于成批生产，检验效率高。图 9-13 为检验内螺纹情况。

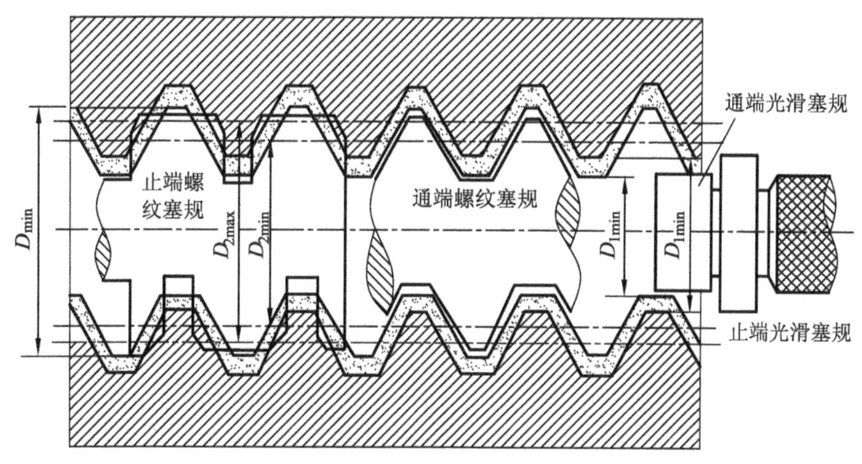

图 9-13　用螺纹塞规和光滑极限塞规检验内螺纹

实训习题与思考题

1. 螺纹中径、单一中径和作用中径三者有何区别和联系？

2. 普通螺纹结合中，内、外螺纹中径公差是如何构成的？如何判断中径的合格性？

3. 对于同级精度的普通螺纹，为何有时当旋合长度不同时，其中径公差带规定得不同？

4. 对普通紧固螺纹，标准中为什么不单独规定螺距公差与牙型半角公差？

5. 一对螺纹配合代号为 M20×2－6H/5g6g，试查表确定外螺纹中径、大径和内螺纹中径、小径的极限偏差。

6. 某螺栓 M20－6f，加工后测得尺寸为：单一中径 $d_{2单一}=18.39$ mm，螺距累积偏差 $\Delta P_{\Sigma}=30$ μm，牙型半角偏差 $\Delta\alpha_1/2=+30'$，$\Delta\alpha_2/2=-35'$，验证此螺栓是否合格，并画出公差带图。

第 10 章　圆柱齿轮的公差与检测

圆柱齿轮的公差与检测是圆柱齿轮生产、选择、使用中的重要依据，合理的选择圆柱齿轮的公差带并进行有效的检测，有利于提升对圆柱齿轮传动的精度和质量。本章主要从齿轮的误差项目及检测、齿轮副的误差项目及检测齿轮的公差等级及选择三个方面来分析和讲解，引用的国家标准主要有：GB/T 10095.1—2008《圆柱齿轮　精度制　第 1 部分：轮齿同侧齿面偏差的定义和允许值》，GB/T 10095.2—2008《圆柱齿轮　精度制　第 2 部分：径向综合偏差与径向跳动的定义和允许值》，GB/Z 18620.1～4—2008《圆柱齿轮　检验实施规范》，GB/Z 18620.2—2008《圆柱齿轮　检验实施规范　第 2 部分：径向综合偏差、径向跳动、齿厚和侧隙的检验》，GB/T 1356—2001《通用机械和重型机械用圆柱齿轮　标准基本齿条齿廓》。

§10.1　概　述

在机械产品中，齿轮传动通常用来传递运动或传递动力。相对于带、链、摩擦、液压等传动形式，齿轮传动具有功率范围大、传动效率高、圆周速度高、传动比准确、使用寿命长、结构尺寸小等一系列特点，故在机器和仪器的机械传动形式中所占比重最大，也最为常见。

凡是用齿轮传动的机器产品，其工作性能、承载能力、使用寿命及工作精度等都与齿轮的制造和装配精度有密切关系。齿轮传动是由齿轮副、轴、轴承与箱体等主要零件组成的，由于组成齿轮传动装置的这些主要零件在制造和安装时有误差。因此，必然会影响齿轮传动质量。为了保证齿轮传动质量，就要规定相应公差。本章专门介绍圆柱齿轮传动的误差、测量方法和有关的公差标准。

10.1.1　对齿轮传动的使用要求

在各种机器产品中所用齿轮，对齿轮传动的要求因用途不同而异，归纳起来主要有以下四项。

1. 传递运动的准确性

要求齿轮在一转范围内，最大转角误差要尽量小，以保证从动件与主动件协调。

2. 传动的平稳性

要求瞬时传动比的变化尽量小，以保证低噪音、低冲击和较小振动。

3. 载荷分布的均匀性

要求齿轮啮合时齿面接触良好，若齿面接触不均匀易引起应力集中，齿面局部磨损加剧，易失效，缩短齿轮的使用寿命。

4. 传动侧隙

要求齿轮啮合时非工作齿面间应有一定的间隙。齿侧间隙的作用是补偿齿轮传动受力后的弹性变形、热膨胀及齿轮的加工安装误差，从而防止齿轮传动咬死和烧伤，保证齿轮自由回转并贮存润滑油。

根据齿轮工作条件不同而对上述四项要求的侧重点是不同的。

矿山机械、轧钢机等设备上的低速重载齿轮称为动力齿轮，其特点是传递动力大，模数和齿宽均较大，转速一般较低。所以对以上第 3,4 项要求较高。

高速发动机、减速器、高速机床的变速箱等设备上用的齿轮称为高速齿轮，其特点是传递功率大，圆周速度高。所以对以上第 2,3,4 项要求较高。

测量仪器上用的读数分度齿轮，其特点是传递运动准确性要高，负荷不大，转速不高。所以对以上第 1 项要求较高，且要求侧隙要小。

10.1.2　齿轮加工误差的来源及其特征

在机械制造中，齿轮加工方法按齿廓形成原理可分为仿形法和范成法。

仿形法：如用成型铣刀在铣床上铣齿。

范成法（又称展成法）：如用滚刀在滚齿机上滚齿，其加工误差主要来源于机床—刀具—工件系统的周期性误差。图 10-1 所示为滚切加工齿轮时的情况，其主要加工误差有以下几种。

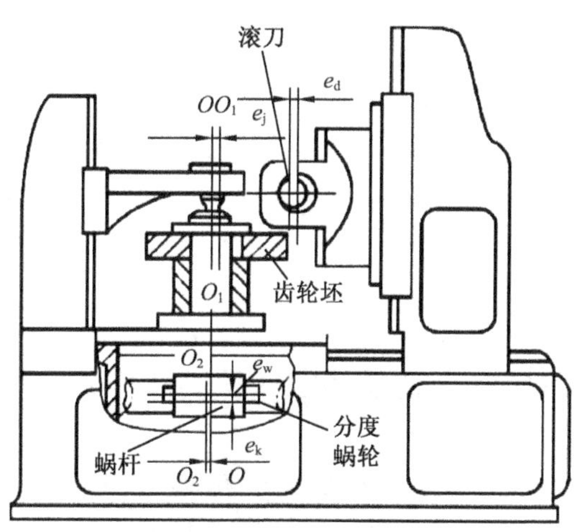

图 10-1　滚切齿轮加工示意图

1. 几何偏心(e_j)

加工时，齿坯基准孔轴线 O_1 与滚齿机工作台旋转轴线 O_2 不重合，而发生偏心，其偏心量为 e_j。几何偏心使齿轮在加工过程中，齿坯相对于滚刀的距离发生变化，切出的齿一边短而肥、一边瘦而长，如图 10-2 所示。当以齿轮基准孔定位进行测量时，在齿轮一转内产生周期性的齿圈径向跳动误差，同时齿距和齿厚也产生周期性变化。有几何偏心的齿轮装在传动机构中，就会引起以每转为周期的速比变化，产生时快、时慢现象。对于齿坯基准孔较大的齿轮，为了消除此偏心带来的加工误

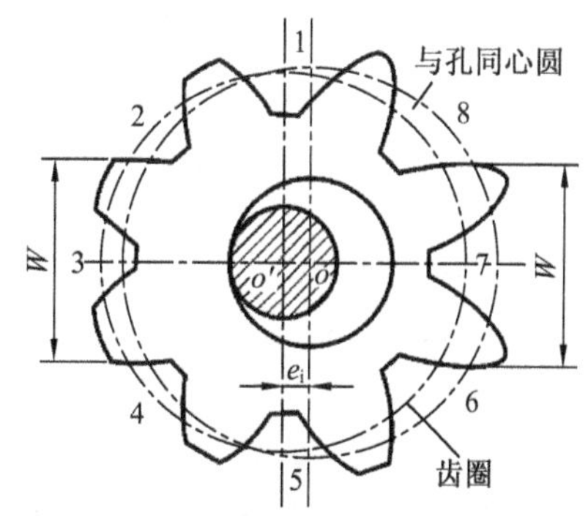

图 10-2　具有几何偏心的齿轮

差，工艺上有时采用液性塑料可胀心轴安装齿坯。设计上，为了避免由于几何偏心带来的径向误差，齿轮基准孔和轴的配合一般采用过渡配合或过盈量不大的过盈配合。

2. 运动偏心(e_y)

运动偏心是由于滚齿机分度蜗轮加工误差和分度蜗轮轴线 O_2 与工作台旋转轴线 O 有安装偏心 e_k 引起的。运动偏心使齿坯相对于滚刀的转速不均匀，破坏了齿坯与刀具之间的正常滚切运动。当角速度由 ω 增加到 $\omega+\Delta\omega$ 时，切齿提前使齿距和公法线都变长；当角速度由 ω 减少到 $\omega-\Delta\omega$ 时，切齿滞后使齿距和公法线都变短，使齿轮产生切向周期性变化的误差。如图 10-3 所示，这时，齿廓在径向位置上没有变化。这种偏心，一般称为运动偏心，又称为切向偏心。

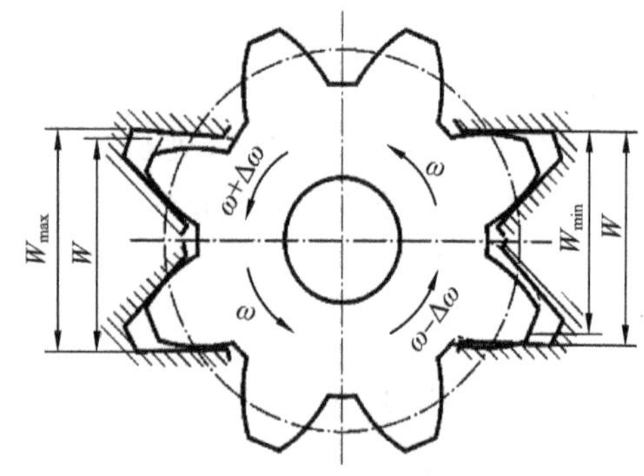

图 10-3 具有运动偏心的齿轮

3. 机床传动链的短周期误差

加工直齿轮时，主要受分度链各传动元件误差的影响，尤其是分度蜗杆的径向跳动和轴向窜动的影响；加工斜齿轮时，除分度链误差影响外，还受差动链误差的影响。

4. 滚刀的加工误差与安装误差

主要是指滚刀的径向跳动、轴向窜动、齿形角误差和安装时刀具的偏心、刀具轴心线的安装倾斜误差等。

由于滚齿过程是滚刀对齿坯周期地连续滚切的结果。因此，加工误差具有周期性是齿轮误差的特点。上述四个方面产生的齿轮加工误差中，前两项是长周期误差，以齿轮一转为周期。后两项是短周期误差，以分度蜗杆一转或齿轮一齿为周期，而且频率较高，在齿轮一转中多次重复出现，所以也叫高频误差。

§ 10.2 齿轮的误差项目及检测

齿轮误差会使齿轮的各设计参数发生变化，影响传动质量。为此，国家出台和实施了新标准 GB/T 10095.1—2008《圆柱齿轮　精度制　第 1 部分：齿轮同侧齿面偏差的定义和允许值》和 GB/T 10095.2—2008《圆柱齿轮　精度　第 2 部分：径向综合偏差与径向跳动的定义和允许值》，以及指导性技术文件 GB/Z 18620.1～4—2008《圆柱齿轮　检验实施规范》，组成了一个标准和指导性技术文件的体系。

10.2.1 影响运动准确性的误差项目及其测量

在齿轮传动中，影响运动准确性的误差项目共有五项。

1. 切向综合总偏差 F_i'

(1) 定义

F_i' 是指被测齿轮与测量齿轮单面啮合时，被测齿轮一转内，齿轮分度圆上实际圆周位移与理论圆周位移的最大差值，如图 10-4 所示。

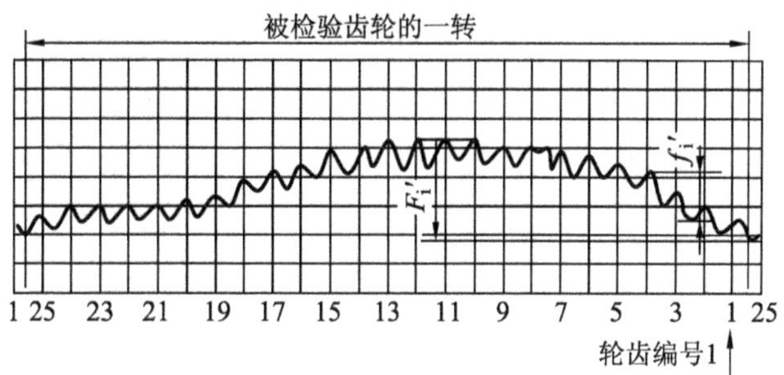

图 10-4　切向综合总偏差 F_i'

F_i'反映齿轮的运动误差，它说明齿轮的运动是不均匀的，在转动一周的过程中其速度忽快忽慢，周期性地变化。

（2）F_i' 产生的原因

① 几何偏心；

② 运动偏心；

③ 各种短周期误差综合影响。

（3）F_i'的测量

F_i'可以用单面啮合综合测量仪测量，如图 10-5 所示。测量时，理想精确的测量齿轮允许以齿条、蜗杆或测头等代替。让被测齿轮在公称中心距状态下与理想精确的测量齿轮（可以是蜗杆、齿条或专用测头）单面啮合，在啮合过程中，当被测齿轮有误差时，将引起被测齿轮的回转角误差，此时转角的微小角位移误差变为两电信号的相位差，两路电信号输入比相器进行比相后输出，再输入电子记录器，记录出被测齿轮的 F_i'曲线，如图 10-6 所示。图 10-6 a 为用长记录纸记录的 F_i'曲线，图 10-6 b 为用圆形记录纸记录的 F_i'曲线。

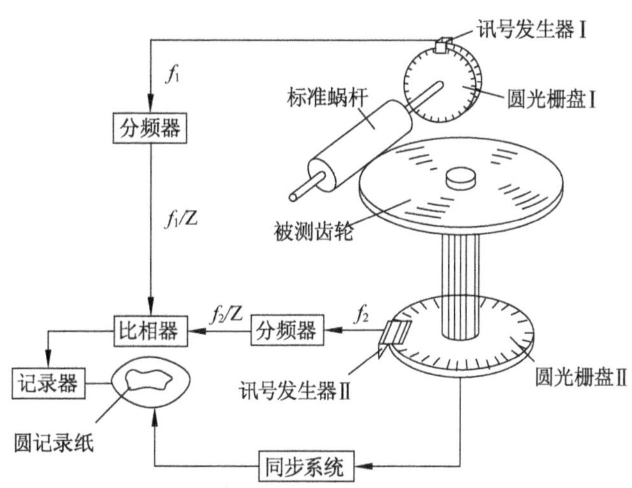

图 10-5　光栅式单面啮合综合测量仪原理图

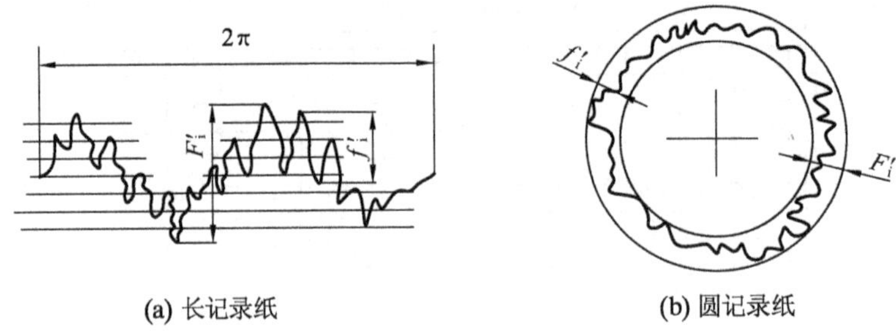

图 10-6 切向综合误差曲线

单面啮合综合测量主要优点是：

① 利用单啮仪测量切向综合误差时，被测齿轮近似于工作状态，测得的 F_i' 反映了齿轮各种误差的综合作用，因而 F_i' 是评定齿轮传递运动准确性较为完善的指标，反映了齿轮总的使用质量，因而更接近于实际使用情况。

② F_i' 是各单项误差综合的影响，由于各单项误差在综合测量可能相互抵消，从而避免了把一些合格产品当作废品的可能性。

③ 容易实现测量的机械化和自动化，测量效率高。

2. 齿距累积总偏差 F_p

（1）定义

① 齿距累积总偏差 F_p。指在齿轮同侧齿面任意弧段（$k=1$ 至 $k=Z$）内的最大齿距累积偏差，它表示为齿距累积偏差曲线的总幅值，如图 10-7 所示。

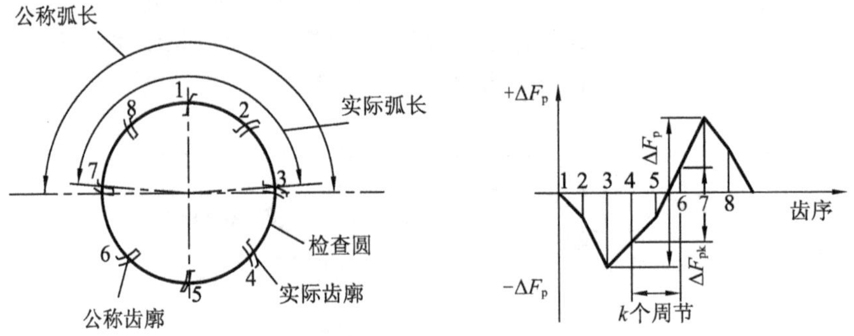

图 10-7 周节累积误差

② 齿距累积偏差 F_{pk}。指任意 k 个齿距的实际弧长与理论弧长的代数差，如图 10-8 所示。理论上它等于这 k 个齿距的各单个齿距偏差的代数和。

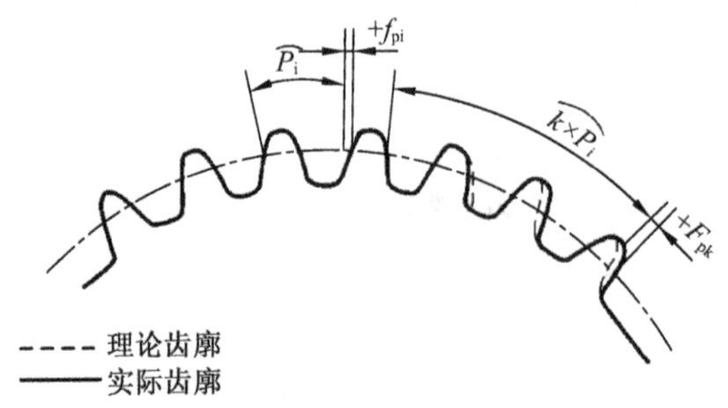

图 10-8 单个齿距偏差与齿距累积偏差

(2) $F_p(F_{pk})$ 产生的原因

$F_p(F_{pk})$主要是在滚切齿形过程中几何偏心(e_j)和运动偏心(e_y)所造成的。e_j 和 e_y 都是近似按正弦规律变化,在误差合成过程中由于两者初相角的差异可能相互叠加,也可能相互抵消,所以 $F_p(F_{pk})$能较好地综合反映齿轮误差。但由于测量时是沿所取分度圆圆周上若干点(一般与齿数 z 相等)测量的,测得结果为一折线,故 $F_p(F_{pk})$只能说明有限点运动误差情况,而不能反映两点之间传动比变化,所以它近似地反映齿轮运动误差。

F_i'和 $F_p(F_{pk})$均能较全面反映齿轮一转的转角误差,为评价齿轮运动精度高低的综合性精度,但两者又有差别,$F_p(F_{pk})$不如 F_i'反映全面。

(3) F_p 的测量

测量方法通常有相对测量法和绝对测量法两种,其中以相对测量法应用最广。

① 绝对测量法。如图 10-9 所示,利用一精密分度装置和定位装置准确控制被测齿轮,每次转过一个或 k 个齿距角,测量其实际转角与理想转角之差(以测量圆的弧长计),即可测得齿距累积误差 F_p 和齿距偏差 f_{pt}。

② 相对测量法。中等模数的齿轮多采用此法测量。相对测量法常用万能测齿仪和齿距仪进行测量。如图 10-10 所示,以内孔或顶尖孔为定位基准,活动量脚与指示表相连接,被测齿轮在重锤作用下靠在固定量脚上。测量时先按任一齿距调整活动、固定量脚的距离,使两量脚在分度圆附近与相邻同名齿廓接触,将指示表调整到零,作为测量基准,然后沿整个齿圈依次测出其他实际齿距与作为基准的齿距的差值称为相对齿距差。然后利用"圆周封闭原则"进行数据处理,求出各个"相对齿距差"与"相对齿距差平均值"的代数差,即得到各个齿距的误差,将它逐个累积,各个累积值之间的最大代数差的绝对值即为齿轮累积误差。

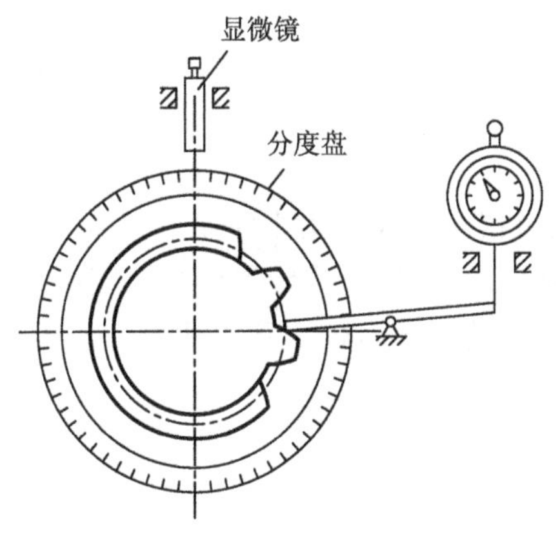

图 10-9　周节的绝对量法

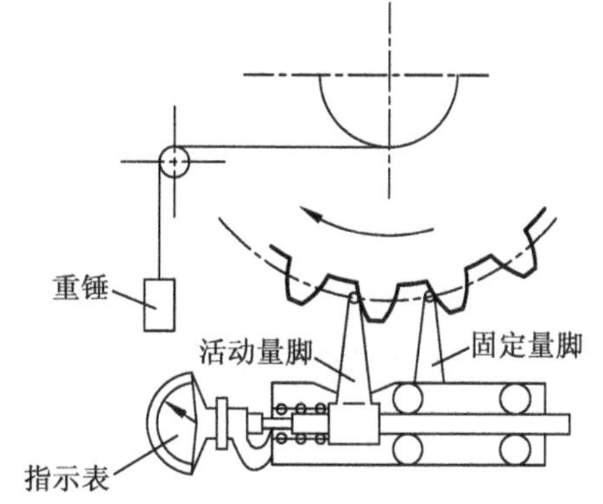

图 10-10　周节的相对测量法

3. 齿圈径向跳动 F_r

(1) 定义

F_r 是指在齿轮一转范围内,测头在齿槽内(或轮齿上)于齿高中部双面接触,测头相对于齿轮轴心线的最大变动量,如图 10-11 所示。

(2) F_r 产生的原因

F_r 是由几何偏心 e_j 引起的。而几何偏心可能是加工中产生的，也可能是装配时产生的。如图 10-12 a 所示，齿坯孔中心 O 与心轴中心 O' 之间有间隙，所以孔中心 O 可能与切齿时的回转中心 O' 不重合，而有一个偏心 e_j。在切齿过程中，刀具至回转中心 O' 的距离始终保持不变，因而切出的齿圈就以 O' 为中心均匀分布，当齿轮装配在轴上工作时，是以孔中心 O 为回转中心，由于 e_j 存在，所以在齿轮转动时，从齿圈到孔中心 O 的距离不等，从而产生齿圈径向跳动误差 F_r。F_r 按正弦规律变化，如图 10-12 b 所示。它以齿轮一转为一个周期，属长周期误差。若忽略其他误差的影响，则 $F_r=2e_j$。由 e_j 引起的误差是沿着齿轮径向方向产生的，属径向误差。

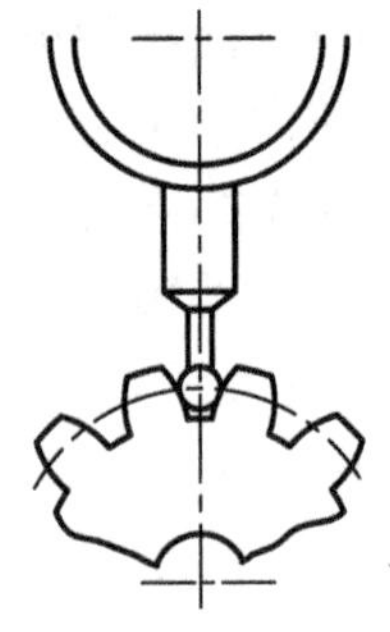

图 10-11　齿圈径向跳动的测量

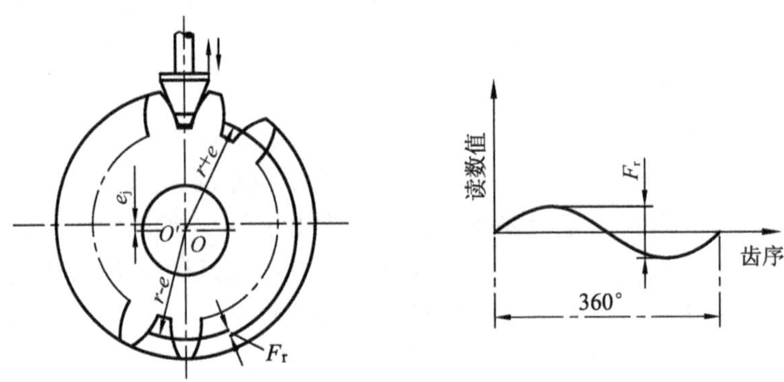

(a) 齿圈径向跳动误差的测量　　(b) 齿圈径向跳动误差变化曲线

图 10-12　几何偏心 e_j 产生 F_r

假如齿轮加工时无误差，但加工好的齿轮安装在轴上时，若齿轮孔与传动轴有间隙，其影响与加工时产生的 e_j 相同。

(3) F_r 的测量

F_r 可在齿圈径向跳动检查仪、万能测齿仪或普通偏摆检查仪上用小圆棒和百分表测量。普通偏摆检查仪测量方法如图 10-13 所示。把测量头（可采用球形或锥形的）或圆棒放在齿间，对于标准齿轮球测头的直径可取 $d_p=1.68m$（m 为齿轮模数），依次逐齿测量。在齿轮一转中指示表最大读数与最小读数之差就是被测齿轮的 F_r。

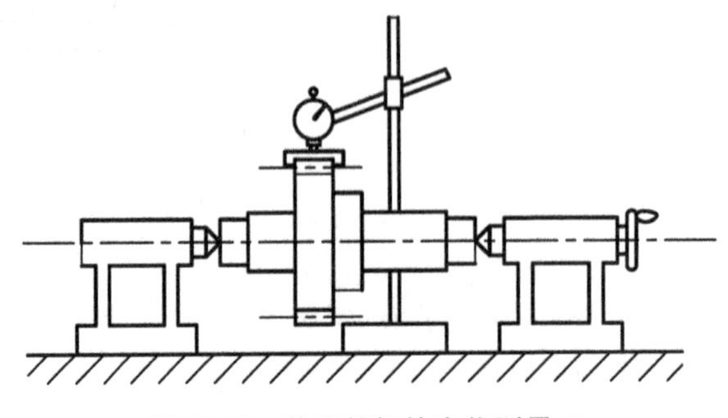

图 10-13　普通偏摆检查仪测量 F_r

4. 径向综合总偏差 F_i''

(1) 定义

F_i''是指被测齿轮与理想精确的测量齿轮双面啮合时，在被测齿轮一转内的双啮距的最大值与最小值之差，如图 10-14 所示，即

$$F_i''=E_{amax}-E_{amin} \tag{10-1}$$

式中：E_{amax}——双啮最大中心距；

E_{amin}——双啮最小中心距。

双啮中心距 E_a 是指被测齿轮与精确齿轮紧密啮合时的中心距。

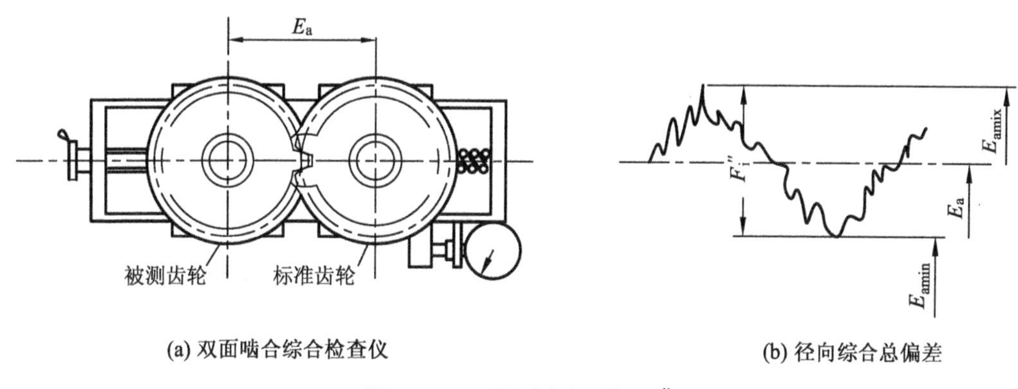

(a) 双面啮合综合检查仪　　(b) 径向综合总偏差

图 10-14　双面啮合仪测量 F_i''

(2) F_i''产生的原因

F_i''主要反映几何偏心，可以代替 F_r 的检查。径向综合公差 F_i''与齿圈径向跳动公差 F_r 的关系是

$$F_i''=F_r+f_i''$$

式中：f_i''——径向相邻齿综合公差。

(3) F_i''的测量

F_i''用双啮仪测量(图 10-14 a)，被测齿轮安装在固定滑座上，理想精确齿轮(其精度比被测量齿轮高 3～4 级)装在浮动滑座上，在弹簧力作用下与被测齿轮做紧密啮合，旋转被测齿轮，此时由于齿圈偏心、齿形误差、基节偏差等因素引起双啮中心距的变化使浮动滑座产生位移，此位移量通过自动记录装置画出误差曲线如图 10-14 b 所示。在被测齿轮一转中，双啮中心距最大变动量就是 F_i''。

由此可见，F_i''是评定齿轮传递运动准确性一项较好的综合性指标。用双啮仪测量齿轮的 F_i''的优点是操作方便，测量效率高，在成批生产和大量生产中被普遍采用；其缺点是由于测量时被测齿轮齿面是与理想精确齿轮啮合，与工作状态不相符合。

由于 F_i''只能反映齿轮的径向误差，而不能反映切向误差，故 F_i''并不能确切和充分地用来表示齿轮的运动精度。

5. 公法线长度变动偏差 F_W

(1) 定义

F_W 是指在齿轮一周范围内，实际公法线长度最大值与最小值之差，如图 10-15 所示，即

$$F_W=W_{kmax}-W_{kmin} \tag{10-2}$$

式中：W_{kmax}——实际公法线长度最大值；

W_{kmin}——实际公法线长度最小值。

公法线 W_k 是指跨 k 个齿的异侧齿形平行切线间的距离。如图 10-16 所示，亦即 k 个齿的异侧齿形平行切线间的距离或在基圆切线上所截取的长度。由渐开线形成原理可知跨 k 个齿侧公法线的长度

$$W_k=(k-1)t_j+s_j \tag{10-3}$$

式中：k——跨齿数；

t_j——基圆上的周节(称基节)；

s_j——基圆上的齿厚。

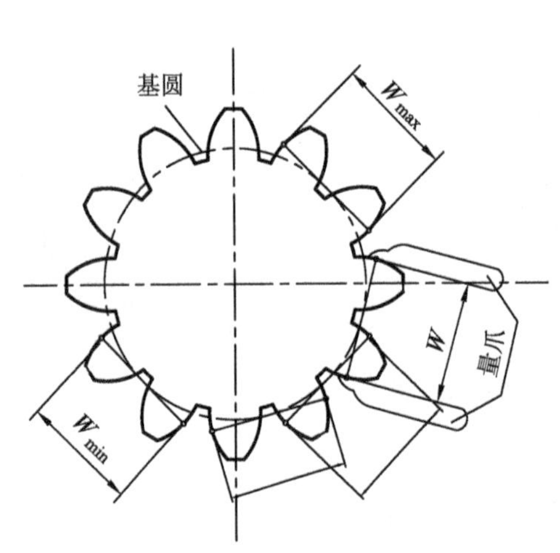

图 10-15　公法线长度变动

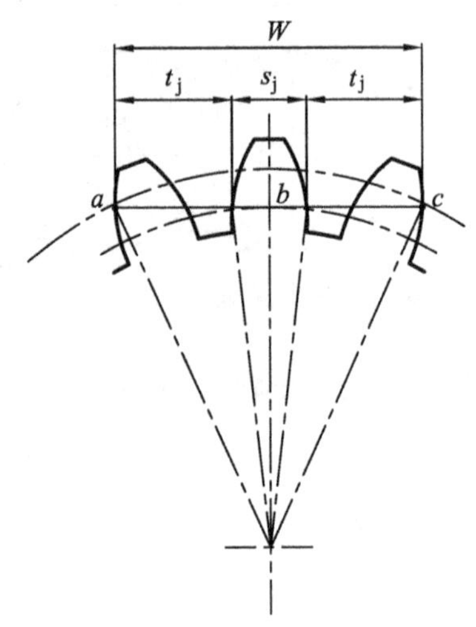

图 10-16　公法线长度

(2) F_W 产生的原因

滚齿时，F_W 是由运动偏心 e_y 引起的。e_y 来源于机床分度蜗轮的偏心 $e_{蜗}$(图 10-17)。假设此时齿轮无安装误差，即 $e_j=0$，由于分度蜗轮有偏心，此时分度蜗轮的回转轴线 O'-O' 与工作台轴线(齿坯中心)O-O 不重合，产生偏心，当蜗杆匀速转动时，蜗轮节点处的线速度为常数(等于蜗杆的线速度)，但由于分度蜗轮安装偏心，各瞬时节点的回转半径不等。所以分度蜗轮的角速度 ω 按正弦规律变化，从而使齿坯的转速不均匀，加工出齿轮的牙齿在齿圈上就会分布不均匀。

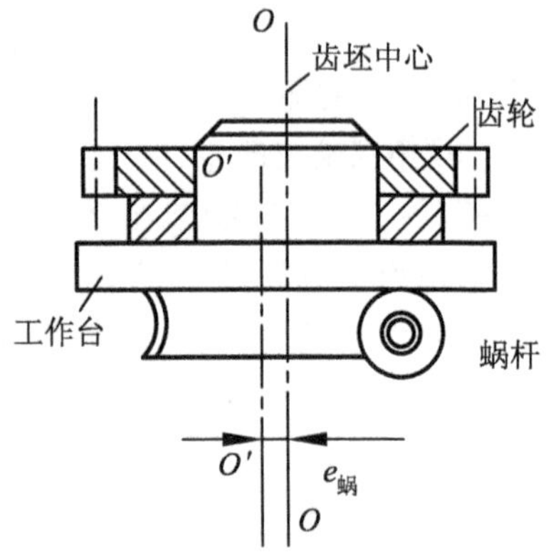

图 10-17　机床工作台分度蜗轮偏心

(3) F_W 的测量

F_W 是采用公法线千分尺或公法线长度指示卡规测量。由于测量方法比较简单，所以在生产中将公法线长度变动作为齿轮运动精度的评定指标之一。

经过上述分析，可以得出以下几点结论：

① F_r，$\Delta F_i''$主要是由 e_j 引起的；

② F_W 是 e_y 引起的；

③ F_p 是由 e_j 和 e_y 综合而引起的；

④ F_i'是由长、短周期误差综合影响的结果。

10.2.2　影响传动平稳性的误差项目及其测量

齿轮在工作时，如果只有长周期误差，其误差曲线如图 10-18 a 所示，此时虽然运动不均匀，但齿轮在工作速度不高时，其传动还是比较平稳的。如果只有短周期误差，其误差曲线如图 10-18 b 所示，由于它在齿轮一转中多次重复出现，将引起齿轮瞬时传动比的急剧变化，使齿轮传动不平稳。在高速传动中，将发生冲击，产生噪声与振动。所以对短周期误差必须加以控制。在实际工作中，齿轮运动误差是一条复杂的周期函数，如图 10-18 c 所示，此曲线是长、短周期误差曲线叠加而成。

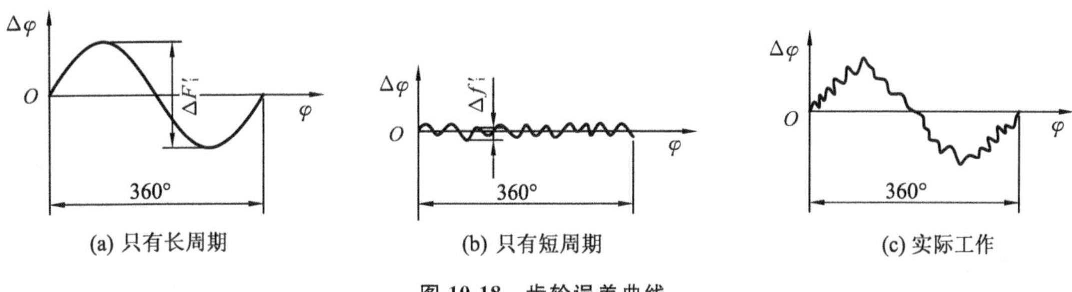

(a) 只有长周期　(b) 只有短周期　(c) 实际工作

图 10-18　齿轮误差曲线

影响齿轮传动平稳性的误差项目主要有以下五项：

1. 一齿切向综合偏差 f_i'

(1) 定义

f_i'是指被测齿轮与理想精确的测量齿轮（一般高于被测齿轮精度 3～4 级）单面啮合时，在被测齿轮一齿距角内的实际转角与理论转角之差的最大幅度值，以分度圆弧长计值。

(2) f_i'产生的原因

f_i'主要由刀具的制造和安装误差，机床传动链的短周期误差（主要是分度蜗杆齿侧面的跳动及其蜗杆本身的制造误差）等原因引起。f_i'反映的是高频误差（短周期误差），将影响齿轮传动的平稳性。

(3) f_i'的测量

f_i'是采用单啮仪测量的。它是切向综合误差曲线上（图 10-4）小波纹中幅值最大的那一段所代表的误差，它综合反映了齿轮各种短周期误差，因而能充分地表明齿轮工作平稳性的高低，是评定齿轮工作平稳性精度的一项综合性指标。

2. 一齿径向综合偏差 f_i''

(1) 定义

f_i''是指被测齿轮与理想精确的测量齿轮双面啮合时，在被测齿轮一齿距角内的双啮中心距的最大变动量，也就是径向综合误差曲线上小波纹中幅值最大的那一段所代表的误差，如图 10-19 所示。

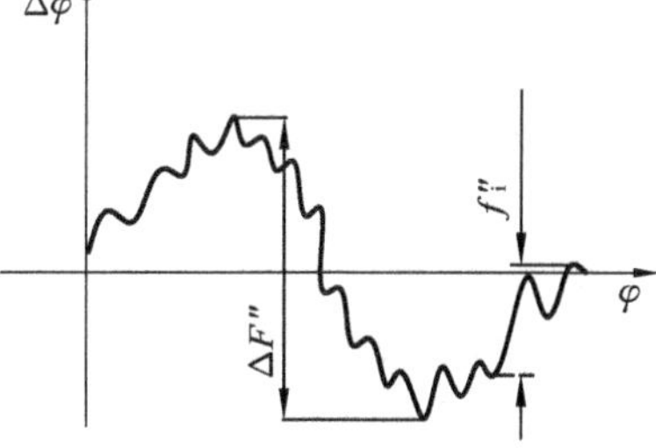

图 10-19　径向相邻齿综合偏差 f_i''

（2）f_i''产生的原因

f_i''产生的原因与f_i'产生的原因基本相同。

（3）f_i''的测量

f_i''采用双啮仪测量。当测量啮合角与加工啮合角相等（$\alpha_{测}=\alpha_{加工}$）时，f_i''只反映刀具制造和安装误差引起的径向误差，而不能反映机床传动链短周期误差引起的周期切向误差。当$\alpha_{测}\neq\alpha_{加工}$时，则$f_i''$除包含径向误差外，还反映部分周期误差。因此用$f_i''$评定齿轮传动的平稳性不如用$f'_i$评定完善，但由于双啮仪结构简单，操作方便，在成批生产中仍广泛被采用。

3. 齿廓总偏差F_a、齿廓形状偏差f_{fa}、齿廓倾斜偏差f_{Ha}

（1）定义

F_a是指在计算范围内，包容实际齿廓迹线的两条设计齿廓迹线间的距离，如图10-20 a所示。

f_{fa}是指在计算范围内，包容实际齿廓迹线的两条与平均齿廓迹线完全相同的曲线间的距离，且两条曲线与平均齿廓迹线的距离为常数，如图10-20 b所示。

f_{Ha}是指在计算范围的两端与平均齿廓迹线相交的两条设计齿廓迹线间的距离，如图10-20 c所示。

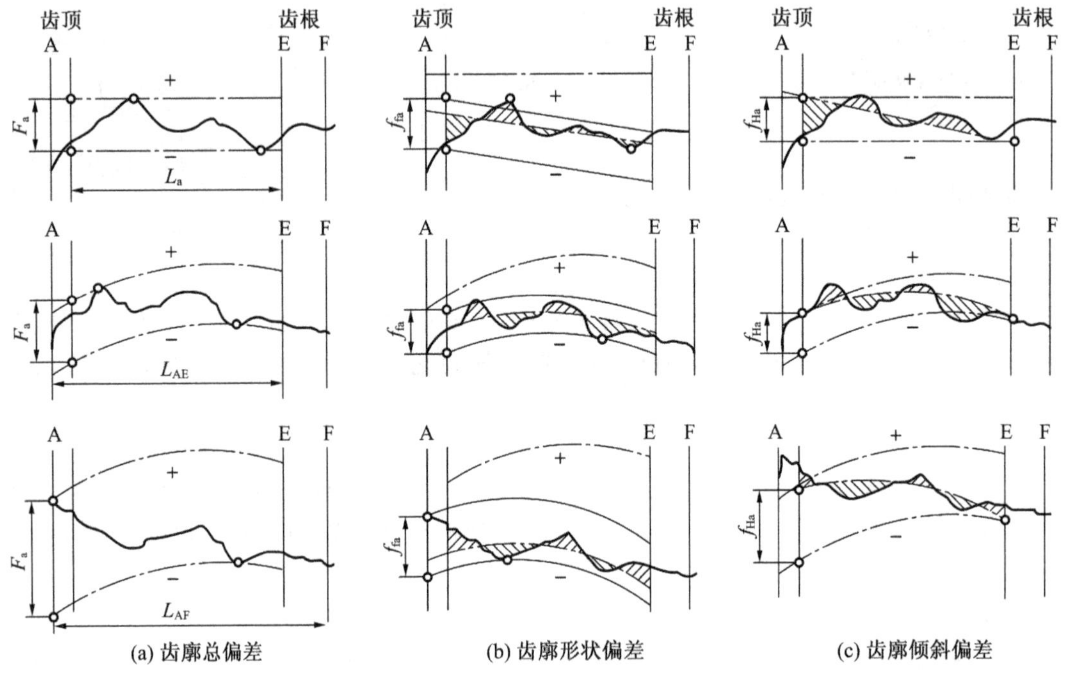

L_a—齿廓计值范围；L_{AE}—齿廓有效长度；L_{AF}—齿廓可用长度

图10-20 齿廓偏差

（2）齿廓偏差产生的原因

① 刀具的制造误差（如刀具齿形误差和齿形角误差）和安装误差（如滚刀在刀杆上的安装偏心及倾斜）；

② 机床传动链误差；

③ 刀具的轴向窜动；

④ 工艺系统（机床、刀具、夹具和工件组成的系统）的振动。

从齿轮啮合原理可知，当齿轮具有正确的渐开线齿形时，一对齿轮啮合过程中任一瞬间的接触点（啮合点）K 必在啮合线上，如图 10-21 所示。而啮合线就是两基圆的公切线，亦即齿形的公法线。啮合线与齿轮中心线交点即为节点 P。齿轮瞬间的传动比与节点所分的中心线两线段成反比，即 $i=\frac{\omega_1}{\omega_2}=\frac{PO_2}{PO_1}$。

所以具有理论渐开线的齿轮，每一瞬间传动比是个定值。当齿形有偏差时（图 10-22），实际接触点 a' 在啮合线上，此时过 a' 所作齿轮公法线必定不相交于 P 点，而交于另一点，所以破坏了瞬间传动比的关系，从而影响齿轮传动的平稳性。

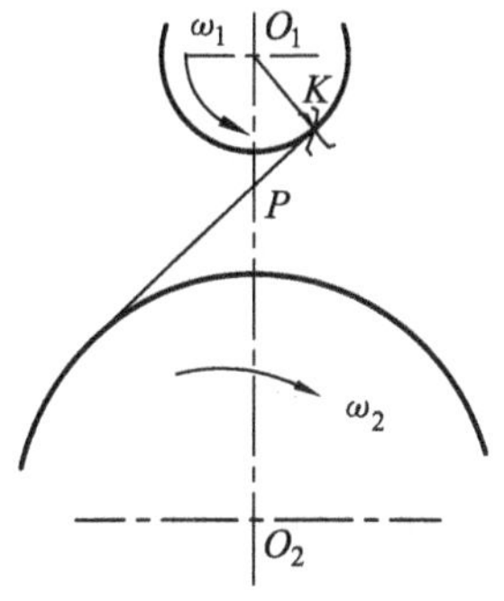

图 10-21　齿轮正确啮合

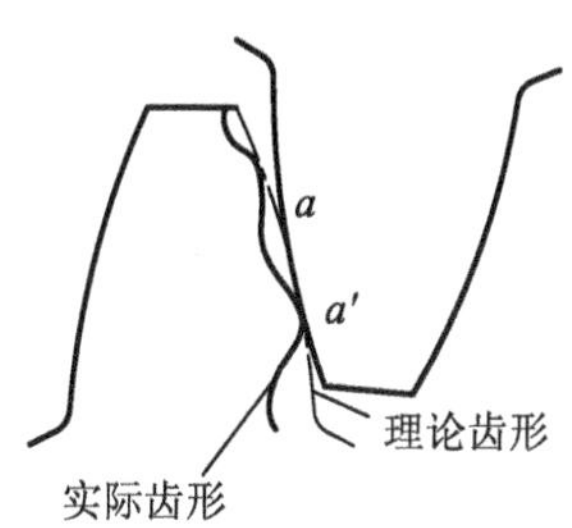

图 10-22　齿形有偏差时啮合情况

（3）齿廓偏差的测量

齿廓偏差的检验也叫齿形检验，通常是在渐开线检查仪上进行的。图 10-23 所示为单盘式渐开线检查仪原理图。该仪器是用比较法进行齿形偏差测量的，即将产品齿轮的齿形与理论渐开线比较，从而得出齿廓偏差。产品齿轮 1 与可更换的摩擦基圆盘 2 装在同一轴上，基圆盘直径要精确等于被测齿轮的理论基圆直径，并与装在滑板 4 上的直尺 3 以一定的压力相接触。当转动丝杠 5 使滑板 4 移动时，直尺 3 便与基圆 2 作纯滚动，此时齿轮也同步转动。在滑板 4 上装有测量杠杆 6，它的一端为测量头，与产品齿面接触，其接触点刚好在直尺 3 与基圆盘 2 相切的平面上，它走出的轨迹应为理论渐开线，但由于齿面存在齿形偏差，因此在测量过程中测头就产生了偏移并通过指示表 7 指示出来，或由记录器画出齿廓偏差曲线，按 F_a 定义可以从记录曲线上求出 F_a 数值，然后再与给定的允许值进行比较。有时为了进行工艺分析或应用户要求，也可以从曲线上进一步分析出 f_{fa} 和 f_{Ha} 数值。

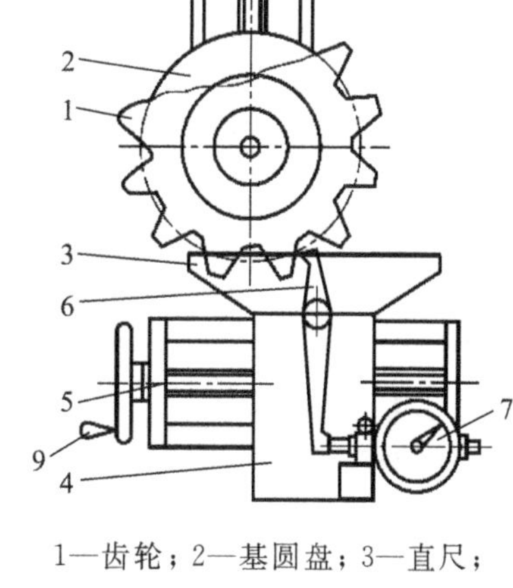

1—齿轮；2—基圆盘；3—直尺；4—滑板；5—丝杠；6—杠杆；7—指示表；8,9—手轮

图 10-23　单盘式渐开线检查仪原理图

4. 基圆齿距 p_b 与基圆齿距偏差 f_{pb}

（1）定义

齿轮端面基圆齿距等于两相邻同侧齿面端面齿廓间公法线长度，也等于两相邻同侧渐开线齿廓基圆圆弧长度。其计算为

$$p_{bt}=d_b\frac{\pi}{Z} \tag{10-4}$$

法向基节和端面基圆齿距有以下关系

$$p_{bn}=p_{bt}\cos\beta \tag{10-5}$$

f_{pb}为实际基圆齿距与公称基圆齿距之差。实际基圆齿距是指切于基圆柱的平面与两相邻同侧齿面交线间的距离，如图 10-24 所示。公称基圆齿距可计算或查表得到。

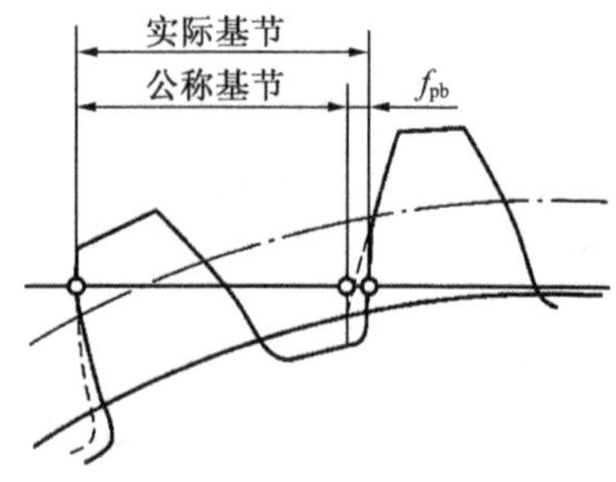

图 10-24 基圆齿距偏差 f_{pb}

(2) f_{pb}产生的原因

f_{pb}产生的原因主要是切齿刀具的制造误差，包括刀具本身基节偏差和齿形角误差。

齿轮工作时，要实现正确地啮合传动，主动轮与从动轮的基节必须相等，即

$$t_{j1}=t_{j2}$$

式中：t_{j1}——主动轮基节；

t_{j2}——从动轮基节。

但齿轮存在 f_{pb}，使 $t_{j1}\neq t_{j2}$。基节不等的一对齿轮在啮合过渡的一瞬间发生冲击，如图 10-25 所示。

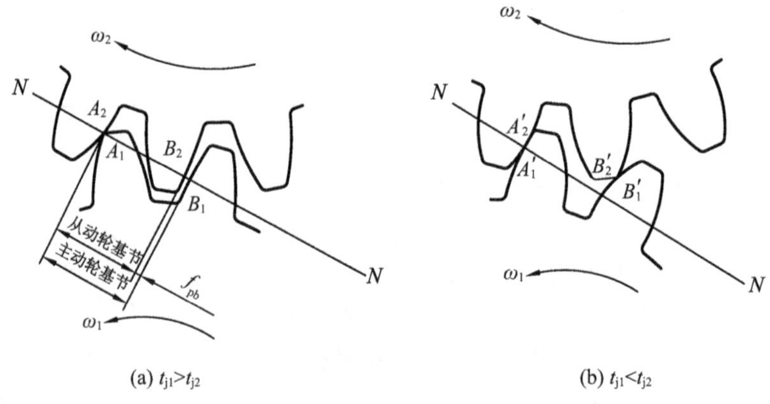

图 10-25 基节偏差对齿轮传动工作平稳性的影响

① $t_{j1}>t_{j2}$时，第一对齿在 A_1，A_2 点啮合终止，第二对齿 B_1，B_2 尚未进入啮合。此时，A_1 的齿顶将沿着 A_2 的齿根“刮行”(称齿刃啮合)，发生啮合线外的啮合，使从动轮突然降速，第二对齿 B_1，B_2 进入啮合时，使从动轮又突然加速。从而引起冲击、振动和噪声，使传动不平稳。

② $t_{j1}<t_{j2}$时，第一对齿 A_1'，A_2'的啮合尚未结束，第二对齿 B_1'，B_2'就已开始进入啮合，B_2'的齿顶反向撞击 B_1'的齿腹，使从动轮突然加速，强迫 A_1'和 A_2'脱离啮合。B_2'的齿顶在 B_1'的齿腹上“刮行”，同样产生顶刃啮合。直到 B_1'和 B_2'进入正常啮合，恢复正常转速为止。这种情况比前一种情况更坏，除有冲击、振动和噪声外，有时还发生卡住和不能传动的现象。

上述两种情况的冲击，在齿轮一转中多次重复出现，误差的频率等于齿数，称为齿频误差。这是影响传动平稳性的重要原因。

(3) f_{pb}的测量

常用的测量仪器有基节仪、万能测齿仪和万能工具显微镜等。

图 10-26 为基节测量仪，测量时，先以一组量块将活动量头和固定量头的距离调至被测齿轮的公称基节尺寸，并将指示表对准零位。然后将定位脚靠在轮齿上，令两个量爪在基圆切线上与两相邻同侧齿面的交点接触，此时在指示表的读数即为 f_{pb}。

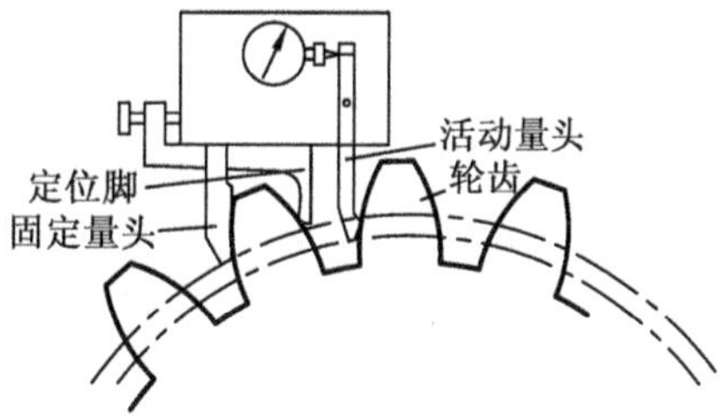

图 10-26　基节测量仪

5. 单个齿距偏差 f_{pt}

(1) 定义

f_{pt}是指在端平面上接近齿高中部的一个与齿轮轴线同心的圆上，其大小为实际齿距与理论齿距的代数差，如图 10-27 所示。单个齿距偏差是短周期误差，影响齿轮传动的平稳性精度。

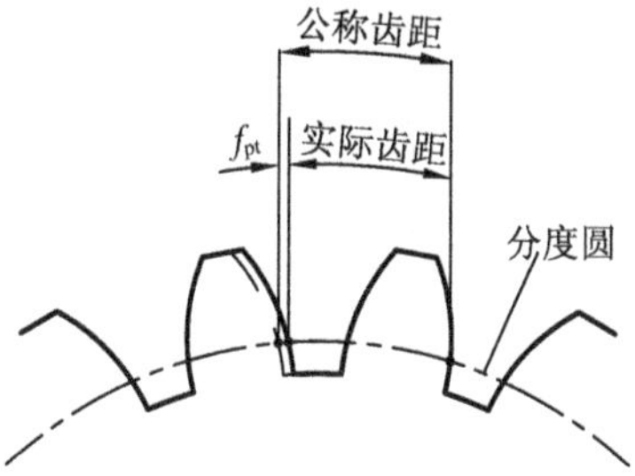

在理论上，齿距 p_t 与基节 p_b 之间的关系如下：

$$p_b = p_t \cos\alpha \tag{10-6}$$

式中：α——齿形角。

对式(10-6)微分得

$$\Delta p_b = \Delta p_t \cdot \sin\alpha \cdot \Delta\alpha$$

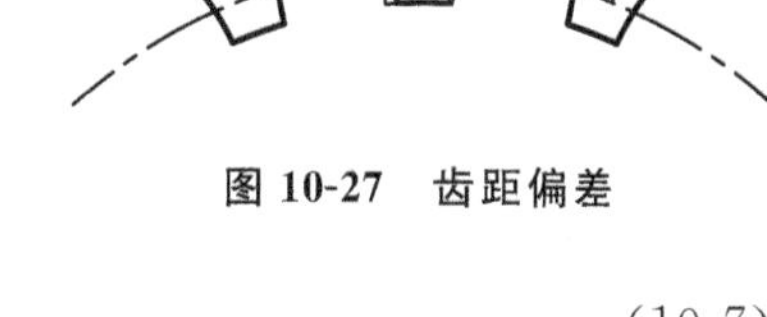

图 10-27　齿距偏差

解得

$$\Delta p_t = \frac{\Delta p_b + \Delta\alpha \cdot p_t \sin\alpha}{\cos\alpha} \tag{10-7}$$

式中：Δp_t 只体现齿距偏差，Δp_b 体现基节偏差，$\Delta\alpha$ 体现齿形误差。

因此式(10-7)表明齿距偏差在一定程度上反映了基节偏差和齿形误差的影响。所以可用齿距偏差来评定齿轮工作平稳性精度。

(2) f_{pt}产生的原因

在滚齿加工中，主要是由分度蜗杆的跳动引起的。在有些切齿工艺(如磨齿)中，可以通过 f_{pt}暴露齿轮机床分度盘的误差对切向相邻齿综合误差 f_i'的影响。

(3) f_{pt}的测量

f_{pt}可采用齿距仪测量，方法可见前面关于齿距累积误差 F_p 的测量中的说明。

10.2.3　影响载荷分布均匀性的误差项目及其测量

从理论上讲，一对齿在啮合过程中，由齿顶到齿根每一瞬间都是沿全齿宽接触的，如果不考虑弹性变形的影响，每一瞬间轮齿都是沿着一条直线进行接触的。但实际上，由于齿轮的制造和安装误差，啮合齿并不是沿全齿宽及全齿高接触。下面介绍螺旋线总偏差 F_β、螺旋线形状偏差 $f_{f\beta}$及螺旋线倾斜偏差 $f_{H\beta}$。

(1) 定义

F_β 是指在计值范围内包容实际螺旋线迹线的两条设计螺旋线迹线间的距离，如图 10-28 a 所示；计值范围 L_β 指在轮齿两端处各减去 5%的齿宽或减去一个模数长度后得到的两者中最小值，齿宽两端 b 中减去 L_β 以外的范围称减薄区。

$f_{f\beta}$是指在计值范围内，包容实际螺旋线迹线的，与平均螺旋线迹线完全相同的两条曲线间的距离，且两条曲线与平均螺旋线迹线的距离为常数，如图 10-28 b 所示。

$f_{H\beta}$是指在计值范围的两端与平均螺旋线迹线相交的两条设计螺旋线迹线间的距离，如

图 10-28 c 所示。

(2) F_β 产生的原因

① 机床刀架导轨方向相对于工作台回转中心线有倾斜误差；

② 齿坯安装时内孔与心轴不同轴或齿坯端面跳动量过大而引起；

③ 对于斜齿轮，还与机床差动传动链(附加传动)的调整误差有关。

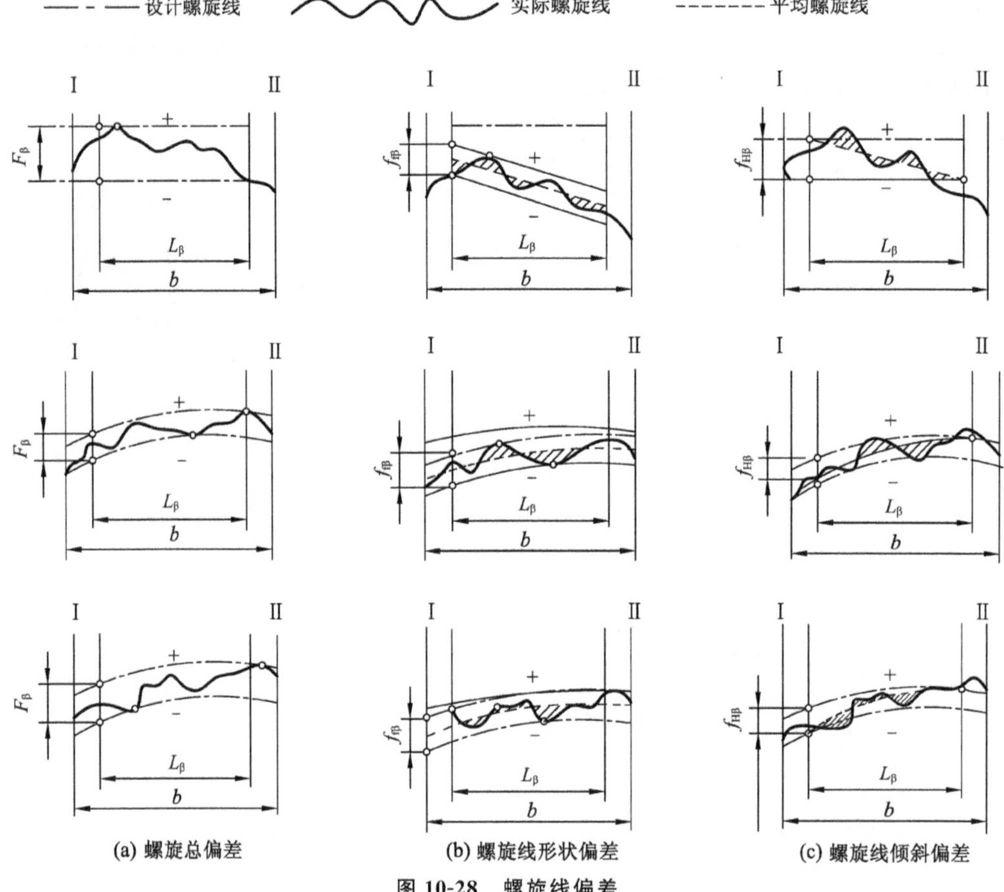

(a) 螺旋总偏差　(b) 螺旋线形状偏差　(c) 螺旋线倾斜偏差

图 10-28　螺旋线偏差

(3) F_β 的测量

F_β 的测量比较简单，常用方法有：

① 齿向检查仪测量；

② 万能工具显微镜或光学分度头等通用量具进行螺旋线的点测法来测量。

10.2.4 影响侧隙的加工误差及其测量

在齿轮的加工误差中，影响齿轮副侧隙的误差主要是齿厚偏差和公法线平均长度偏差两项。

1. 齿厚偏差 E_{sn}

(1) 定义

E_{sn}是指分度圆柱面上齿厚实际值与公称值之差，如图 10-29 所示。对于斜齿轮，指法向齿厚。该评定指标由 GB/Z 18620.2—2008 推荐。齿厚偏差是反映齿轮副侧隙要求的一项单项性指标。

齿轮副的侧隙一般是用减薄标准齿厚的方法来获得。为了获得适当的齿轮副侧隙，规定用齿厚的极限偏差来限制实际齿厚偏差，即 $E_{sni}<E_{sn}<E_{sns}$。一般情况下，E_{sns} 和 E_{sni} 分别为齿厚的上、下偏差，且均为负值，$E_{sn}=E_{sns}-E_{sni}$。

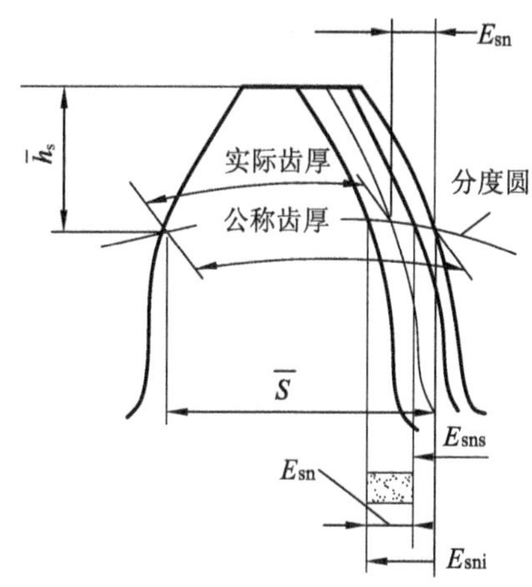

图 10-29　齿厚偏差

(2) E_{sn}产生的原因

为了设计所要求的最小侧隙值，多采用将齿轮的齿厚作必要的减薄，即相当于基准齿条作必要的径向位移，由于齿侧间隙只能安装完后才能测得，因为侧隙与中心距和齿厚偏差有关。

(3) E_{sn}的测量

E_{sn}一般是用齿厚游标卡尺(图 10-30 a)和光学齿厚卡尺(图 10-30 b)测量。测量时应尽量使量爪与齿面在分度圆上接触，因此，量仪上与齿顶接触的定位板的位置应根据实际齿顶高误差值来调节。测得分度圆弦齿厚的实际值后，减去其公称值就得到分度圆弦齿厚的实际偏差。分度圆上公称弦齿高 $\bar{h}_a$ 与公称弦齿厚 $\bar{S}$ 分别为

$$\bar{h}_a=m\left[1+\frac{Z}{2}\left(1-\cos\frac{\pi}{2Z}\right)\right]\pm\Delta R_e \tag{10-8}$$

$$\bar{S}=m\cdot Z\cdot\sin\frac{\pi}{2Z} \tag{10-9}$$

式中：ΔR_e——齿顶圆半径的实际偏差，作为计算的修正量；

Z——被测齿轮齿数；

m——被测齿轮模数。

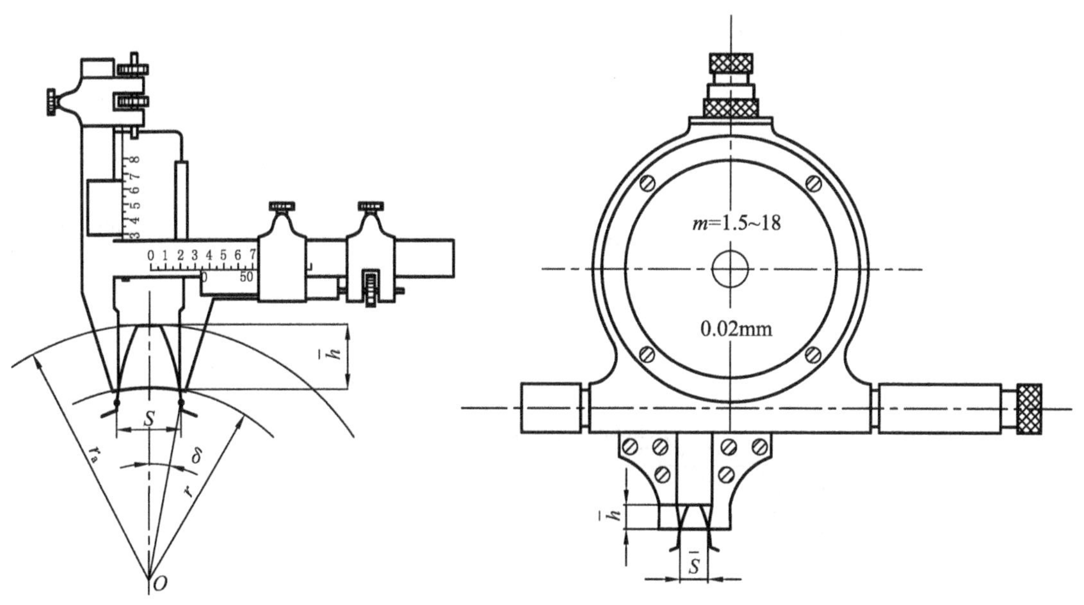

(a) 齿厚游标卡尺测量　　(b) 光学齿厚卡尺测量

图 10-30　齿厚测量

2. 公法线平均长度偏差 E_{bn}

E_{bn}是指在齿轮一圈内公法线长度平均值 W_a 与公称值 W 之差，如图 10-31 所示。E_{bn}用公法线平均长度的极限偏差（上偏差 E_{bns}和下偏差 E_{bni}）来限制，$E_{bn}=E_{bns}-E_{bni}$。

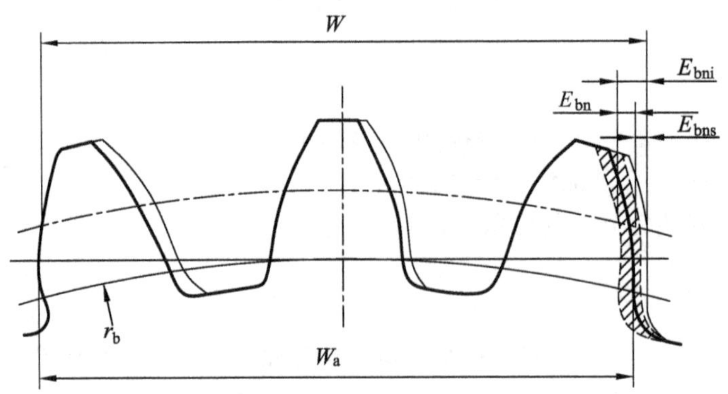

图 10-31　公法线长度偏差

齿轮齿厚的变化必然引起公法线长度的变化。测量公法线长度同样可以控制齿侧间隙。测量公法线长度比测量齿厚方便、精确，因此生产中常用。公法线平均长度极限偏差与齿厚极限偏差之间的换算关系为

$$E_{bns}=E_{sns}\cos\alpha_n$$

$$E_{bni}=E_{sni}\cos\alpha_n$$

§10.3　齿轮副的误差项目及检测

齿轮在工作中，除上面分析的单个齿轮的加工误差外，齿轮副的误差项目也对齿轮传动的使用性能产生影响。齿轮副的误差项目主要有以下几项。

10.3.1　齿轮副的接触斑点

1. 定义

齿轮副的接触斑点是指安装好的齿轮副，在轻微的制动下，运转后齿面上分布的接触擦亮痕迹。接触痕迹的大小在展开齿面上用百分比计算，如图 10-32 所示。

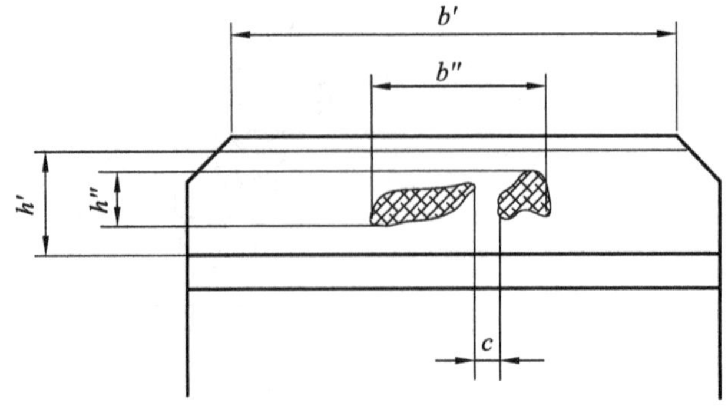

图 10-32　接触斑点

沿齿长方向：接触痕迹的长度 b''(扣除超过模数值的断开部分 c)与工作长度 b'之比的百分数，即

$$\frac{b''-c}{b'}\times 100\ \% \tag{10-10}$$

沿齿高方向:接触痕迹的平均高度 h''与工作高度 h'之比的百分数，即

$$\frac{h''}{h'}\times 100\%$$

沿齿长方向的接触斑点主要影响齿轮副的承载能力;沿齿高方向的接触斑点主要影响工作平稳性。齿轮副的接触斑点综合反映了齿轮副的加工误差和安装误差，是评定齿轮接触精度的一项综合性指标。对接触斑点的要求应标注在齿轮传动装配图的技术要求中。

2. 接触斑点的检验

接触斑点的检验方法极为简单，从定义即可知如何测量(方法略)。这种检验方法对较大规格的齿轮副更具有现实意义，因为对较大规格齿轮副一般是在安装好的传动中检验。对成批生产的机床、汽车、拖拉机等中小齿轮允许在啮合机上与精确齿轮啮合检验。目前，国内各生产单位普遍使用这一精度指标。若接触斑点检验合格，则此齿轮副中的单个齿轮的承载均匀性的评定指标可不予考核。

10.3.2　齿轮副的偏差

1. 齿轮副的切向综合总偏差 F_i'

齿轮副的切向综合总偏差是指按设计中心距安装好的齿轮副，在啮合转动足够多的转数内，一个齿轮相对于另一个齿轮的实际转角与公称转角之差的总幅度值，以分度圆弧长计值。一对工作齿轮的切向综合总偏差等于两齿轮的切向综合总偏差 F_i'之和，它是评定齿轮副的传递运动准确性的指标。对于分度传动链用的精密齿轮副，它是重要的评定指标。

2. 齿轮副的一齿切向综合偏差 f_{ic}'

齿轮副的一齿切向综合偏差是指安装好的齿轮副，在啮合转动足够多的转数内，一个齿轮相对于另一个齿轮，在一个齿距角内的实际转角与公称转角之差的最大幅度值，以分度圆弧长计值。也就是齿轮副的切向综合总偏差记录曲线上的小波纹的最大幅度值。齿轮副的一齿切向综合偏差是评定齿轮副传递平稳性的直接指标。对于高速传动用齿轮副，它是重要的评定指标，对动载系数、噪声、振动有着重要影响。

齿轮副啮合转动足够多转数的目的，在于使误差在齿轮相对位置变化全周期中充分显示出来。所谓"足够多的转数" 通常是以小齿轮为基准，按大齿轮的转数 n_2 计算。计算公式为

$$n_2=z_1/x$$

式中：x——大、小齿轮齿数 z_2 和 z_1 的最大公因数。

10.3.3　齿轮副侧隙与安装误差

1. 齿轮副的侧隙

齿轮副侧隙是指一对齿轮啮合时，在非工作齿面间留有的间隙。齿轮副侧隙对储藏润滑油、补偿齿轮传动受力后的弹性变形和热变形，以及补偿齿轮及其传动装置的加工误差和安装误差都是必要的。但对于需要反转的齿轮传动装置，侧隙又不能太大，否则回程误差及冲击都较大。

齿轮副的侧隙可分为圆周侧隙 j_t 和法向侧隙 j_n 两种。

圆周侧隙 j_t 是指装配好的齿轮副，当其中一个齿轮固定时，另一齿轮圆周的晃动量。以分度圆上弧长计值，如图 10-33 a 的所示。

法向侧隙 j_n 是指装配好的齿轮副，当工作齿面接触时，非工作齿面之间的最小距离，如图 10-33 b 所示。

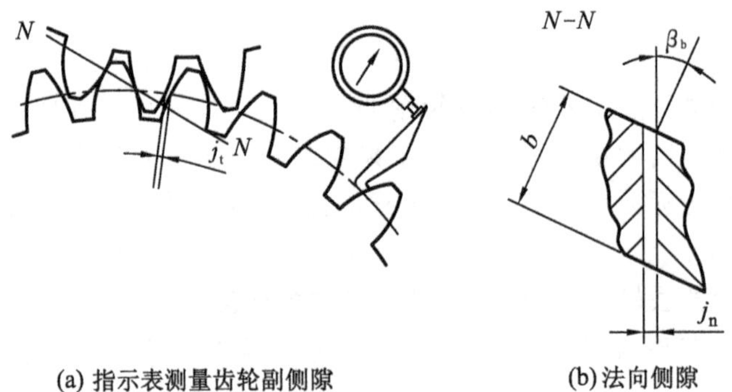

(a) 指示表测量齿轮副侧隙　　(b) 法向侧隙

图 10-33　齿轮副侧隙

法向侧隙 j_n 与圆周侧隙 j_t 之间的关系为

$$j_n = j_t \cdot \cos\beta_b \cdot \cos\alpha \tag{10-11}$$

式中：β_b——基圆螺旋角。

法向侧隙可以用塞尺测量，也可用式(10-11)换算得到。

齿侧间隙类似于光滑孔轴结合中的间隙，保证侧隙即最小侧隙与齿轮的精度无关。而侧隙公差或最大侧隙则需要根据具体工作条件和精度要求来计算。实际侧隙应控制在最大和最小侧隙之间，即

$$j_{tmin} \leqslant j_t \leqslant j_{tmax}$$

$$j_{nmin} \leqslant j_n \leqslant j_{nmax}$$

2. 齿轮副安装误差

(1) 齿轮副轴线的平行度误差 Δf_x，Δf_y 与轴线平行度公差 f_x，f_y

Δf_x 是指一对齿轮的轴线在其基准平面上投影的平行度误差。

Δf_y 是指一对齿轮的轴线在垂直于基准平面，并平行于基准轴线的平面上投影的平行度误差，如图 10-34 所示。

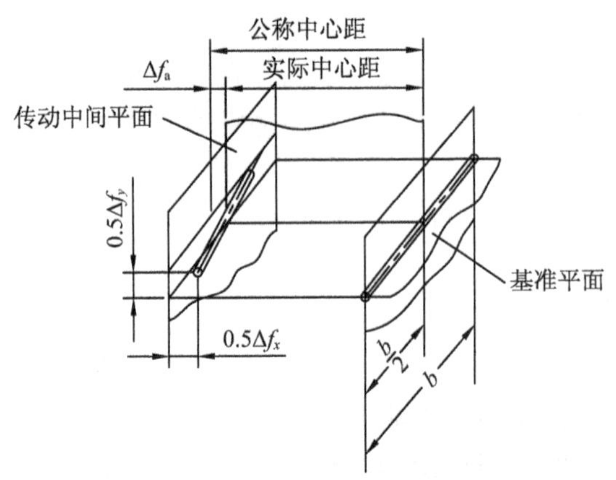

图 10-34　齿轮副的安装误差

基准平面是包含基准轴线并通过由另一轴线与传动中间平面相交的点所形成的平面。两条轴线中的任何一条轴线都可作为基准轴线。

为了保证载荷分布均匀，平行度误差应分别限制在平行度公差 f_x 和 f_y，即

$$\Delta f_x \leqslant f_x$$

$$\Delta f_y \leqslant f_y$$

(2) 齿轮副的中心距偏差 Δf_a 与极限偏差 $\pm f_a$

Δf_a 是指在齿轮副的传动中间平面内，实际中心距与公称中心距之差(如图 10-34)，其极限偏差为 $\pm f_a$。

§10.4　齿轮的公差等级及选择

我国圆柱齿轮传动公差现行国家标准为 GB/T 10095.1—2008《圆柱齿轮　精度制　第 1 部分：轮齿同侧齿面偏差的定义和允许值》和 GB/T 10095.2—2008《圆柱齿轮　精度制　第 2 部分：径向综合偏差与径向跳动的定义和允许值》，同时还有 GB/Z 18620.1～4 等 4 个指导性技术文件。

以上标准(文件)适用于单个渐开线圆柱齿轮，其法向模数 $m_n \geqslant 0.5 \sim 70$ mm，分度圆直径 $d \geqslant 5 \sim 10\ 000$ mm，齿宽 $b \geqslant 4 \sim 1\ 000$ mm。对于 F_i'' 和 f_i''，其 $m_n \geqslant 0.2 \sim 10$ mm，$d \geqslant 5 \sim 1\ 000$ mm。基本齿廓按 GB/T 1356—2001《通用机械和重型机械用圆柱齿轮标准基本齿条齿廓》的规定。该标准可用于内、外啮合的直齿、斜齿和人字齿圆柱齿轮。

10.4.1　齿轮公差等级

国家标准对单个齿轮规定了 13 个精度等级(对 F_i'' 和 f_i'' 规定了 4～12 共 9 个精度等级)，依次用阿拉伯数字 0,1,2,3,…,12 表示，其中，0 级精度最高，依次递减，12 级精度最低。0～2 级精度的齿轮对制造工艺与检测水平要求极高，目前加工工艺尚未达到，是为将来发展而规定的精度等级；一般将 3～5 级精度视为高精度等级；6～8 级精度视为中等精度等级，使用最多；9～12 级精度视为低精度等级。5 级精度是确定齿轮各项允许值计算式的基础级。常用的轮齿各项偏差的公差值或极限偏差值见表 10-1～10-4，可参考使用。

表 10-1　$\pm f_{pt}$, F_p, F_a 偏差允许值(摘自 GB/T 197—2003)　μm

分度圆直径 d/mm	法向模数 m_n/mm	单个齿距极限偏差 $\pm f_{pt}$					齿距累积总公差 F_p					齿廓总公差 F_a				
		精度等级					精度等级					精度等级				
		5	6	7	8	9	5	6	7	8	9	5	6	7	8	9
≥5～20	>0.5～2	4.7	6.5	9.5	13	19	11	16	23	32	45	4.6	6.5	9.0	13	18
	>2～3.5	5.0	7.5	10	15	21	12	17	23	33	47	6.5	9.5	13	19	26
>20～50	≥0.5～2	5.0	7.0	10	14	20	14	20	29	41	57	5.0	7.5	10	15	21
	>2～3.5	5.5	7.5	11	15	22	15	21	30	42	59	7.0	10	14	20	29
	>3.5～6	6.0	8.5	12	17	24	15	22	31	44	62	9.0	12	18	25	35

续表

分度圆直径 d/mm	法向模数 m_n/mm	单个齿距极限偏差$\pm f_{pt}$					齿距累积总公差 F_p					齿廓总公差 F_α				
		精度等级					精度等级					精度等级				
		5	6	7	8	9	5	6	7	8	9	5	6	7	8	9
>50～125	≥0.5～2	5.5	7.5	11	15	21	18	26	37	52	74	6.0	8.5	12	17	23
	>2～3.5	6.0	8.5	12	17	23	19	27	38	53	76	8.0	11	16	22	31
	>3.5～6	6.5	9.0	13	18	26	19	28	39	55	78	9.5	13	19	27	38
>125～280	≥0.5～2	6.0	8.5	12	17	24	24	35	40	69	98	7.0	10	14	20	28
	>2～3.5	6.5	9.0	13	18	26	25	35	50	70	100	9.0	13	18	25	36
	>3.5～6	7.0	10	14	20	28	25	36	51	72	102	11	15	21	30	42
>280～560	≥0.5～2	6.5	9.5	13	19	27	32	46	64	91	129	8.5	12	17	23	33
	>2～3.5	7.0	10	14	20	29	33	46	65	92	131	10	15	21	29	41
	>3.5～6	8.0	11	16	22	31	33	47	66	94	133	12	17	24	34	48

表 10-2　F_β 偏差允许值(摘自 GB/T 10095.1—2008)　μm

分度圆直径 d/mm	齿宽 b/mm	精度等级				
		5	6	7	8	9
≥5～20	≥4～10	6.0	8.5	12	17	24
	>10～20	7.0	9.5	14	19	28
>20～50	≥4～10	6.5	9.0	13	18	25
	>10～20	7.0	10	14	20	29
	>20～40	8.0	11	16	23	32
>50～125	≥4～10	6.5	9.5	13	19	27
	>10～20	7.5	11	15	21	30
	>20～40	8.5	12	17	24	34
	>40～80	10	14	20	28	39
>125～280	≥4～10	7.0	10	14	20	29
	>10～20	8.0	11	16	22	32
	>20～40	9.0	13	18	25	36
	>40～80	10	15	21	29	41
	>80～160	12	17	25	35	49
>280～560	≥10～20	8.5	12	17	24	34
	>20～40	9.5	13	19	27	38
	>40～80	11	15	22	31	44
	>80～160	13	18	26	36	52
	>160～250	15	21	30	43	60

表 10-3　f_i'，F_r 偏差允许值(摘自 GB/T 10095.1—2008)　μm

分度圆直径 d/mm	法向模数 m_n/mm	一齿切向综合偏差 f_i'/K					径向跳动公差 F_r				
		精度等级					精度等级				
		5	6	7	8	9	5	6	7	8	9
≥5～20	≥0.5～2	14	19	27	38	54	9.0	13	18	25	36
	>2～3.5	16	23	32	45	64	9.5	13	19	27	38
≥20～50	≥0.5～2	14	20	29	41	58	11	16	23	32	46
	>2～3.5	17	24	34	48	68	12	17	24	34	47
	>3.5～6	19	27	38	54	77	12	17	25	35	49
≥50～125	≥0.5～2	16	22	31	44	62	15	21	29	42	59
	>2～3.5	18	25	36	51	72	15	21	30	43	61
	>3.5～6	20	29	40	57	81	16	22	31	44	62
≥125～280	≥0.5～2	17	24	34	49	69	20	28	39	55	78
	>2～3.5	20	28	39	56	79	20	28	40	56	80
	>3.5～6	22	31	44	62	88	20	29	41	58	82
≥280～560	≥0.5～2	19	27	39	54	77	26	36	51	73	103
	>2～3.5	22	31	44	62	87	26	37	52	74	105
	>3.5～6	24	34	48	68	96	27	38	53	75	106

注：① f_i'/K 乘以 K 即得到 f_i'。当重合度 $\varepsilon_\gamma<4$ 时，系数 $K=0.2\left(\frac{\varepsilon_\gamma+4}{\varepsilon_\gamma}\right)$；当 $\varepsilon_\gamma\geqslant4$ 时，$K=0.4$。

② $F_i'=F_p+f_i'$。

表 10-4　F_i''，f_i'' 公差值(摘自 GB/T 10095.2—2008)　μm

分度圆直径 d/mm	法向模数 m_n/mm	径向综合总公差 F_i''					一齿径向综合公差 f_i''				
		精度等级					精度等级				
		5	6	7	8	9	5	6	7	8	9
≥5～20	≥0.2～0.5	11	15	21	30	42	2.0	2.5	3.5	5.0	7.0
	>0.5～0.8	12	16	23	33	46	2.5	4.0	5.5	7.5	11
	>0.8～1.0	12	18	25	35	50	3.5	5.0	7.0	10	14
	>1.0～1.5	14	19	27	38	54	4.5	6.5	9.0	13	18
≥20～50	≥0.2～0.5	13	19	26	37	52	2.0	2.5	3.5	5.0	7.0
	>0.5～0.8	14	20	28	40	56	2.5	4.0	5.5	7.5	11
	>0.8～1.0	15	21	30	42	60	3.5	5.0	7.0	10	14
	>1.0～1.5	16	23	32	45	64	4.5	6.5	9.0	13	18
	>1.5～2.5	18	26	37	52	73	6.5	9.5	13	19	26
≥50～125	≥1.0～1.5	19	27	39	55	77	4.5	6.5	9.0	13	18
	>1.5～2.5	22	31	43	61	86	6.5	9.5	13	19	27
	>2.5～4.0	25	36	51	72	102	10	14	20	29	41
	>4.0～6.0	31	44	62	88	124	15	22	31	44	62
	>6.0～10	40	57	80	114	161	24	34	48	67	95
≥125～280	≥1.0～1.5	24	34	48	68	97	4.5	6.5	9.0	13	18
	>1.5～2.5	26	37	53	75	106	6.5	9.5	13	19	26
	>2.5～4.0	30	43	61	86	121	10	15	21	29	41
	>4.0～6.0	36	51	72	102	144	15	22	31	44	62
	>6.0～10	45	64	90	127	180	24	34	48	67	95

续表

分度圆直径 d/mm	法向模数 m_n/mm	径向综合总公差 F_i''					一齿径向综合公差 f_i''				
		精度等级					精度等级				
		5	6	7	8	9	5	6	7	8	9
≥280～560	≥1.0～1.5	30	43	61	86	122	4.5	6.5	9.0	13	18
	>1.5～2.5	33	46	65	92	131	6.5	9.5	13	19	27
	>2.5～4.0	37	52	73	104	146	10	15	21	29	41
	>4.0～6.0	42	60	84	119	169	15	22	31	44	62
	>6.0～10	51	73	103	145	205	24	34	48	68	96

10.4.2 齿轮公差等级的选择

精度等级的选择应根据使用要求、工作条件、技术要求等具体情况来选择。其选择原则是在满足使用要求的前提下，应尽量选用精度较低的等级。这主要是既要考虑满足使用要求，又要考虑经济性，确定齿轮精度等级的方法有计算法和类比法两种。由于影响齿轮传动精度的因素多而复杂，按计算法得出的齿轮精度仍需要进行修正，故很少被采用。多数场合采用类比法选择齿轮精度等级。类比法是根据以往产品设计、性能试验、使用过程中所积累的经验，以及较可靠的技术资料进行对比，从而确定齿轮的精度等级。表 10-5 为各种机械产品常用的齿轮精度等级，表 10-6 为典型齿轮精度等级的适用范围。

表 10-5　常见机械传动采用的齿轮精度等级

齿轮用途	精度等级	齿轮用途	精度等级	齿轮用途	精度等级
测量齿轮	2～5	内燃机车	5～8	拖拉机、轧钢机	6～10
汽轮机减速器	3～6	轻型汽车	6～9	起重机	6～9
金属切削机床	3～8	载重汽车	6～9	矿山绞车	8～10
航空发动机	4～7	一般减速器	6～9	农业机械	8～11

表 10-6　齿轮精度等级的适用范围

精度等级	应用范围及工作条件	圆周速度/(m/s)	
		直齿	斜齿
3	极精密分度机构的齿轮，在极高速度下工作，且要求平稳、无噪声的齿轮，特别精密机构中的齿轮，检测 5～6 级齿轮用的测量齿轮	>40	>75
4	很高精密分度机构中的齿轮，在很高速度下工作，且要求平稳、无噪声的齿轮，特别精密机构中的齿轮，检测 7 级齿轮用的测量齿轮	>30	>50
5	精密分度机构中的齿轮，在高速下工作，且要求平稳、无噪声的齿轮，精密机构中的齿轮，检测 8,9 级齿轮用的测量齿轮	>20	>35
6	要求高效率且无噪声的高速下平稳工作的齿轮传动或分度机构的齿轮，特别重要的航空，汽车齿轮，读数装置中的精密传动齿轮	≤20	≤35
7	金属切削机床进给机构用齿轮，具有较高速度的减速器齿轮，航空、汽车及读数装置用齿轮	≤15	≤25
8	一般机械制造用齿轮，不包括在分度链中的机床传动齿轮，飞机、汽车制造业中的不重要齿轮，起重机构用齿轮，农业机械中的重要齿轮，一船减速器齿轮	≤10	≤15
9	用于粗糙工作的较低精度齿轮	≤4	≤6

10.4.3　齿坯精度和齿轮表面粗糙度的选择

齿坯的内孔、外圆和端面通常作为齿轮的加工、测量和装配基准，它们的精度对齿轮的加工、测量和安装精度有很大的影响，所以必须规定其公差。齿坯精度包括齿轮内孔、顶圆、端面等定位基准面和安装基准面的尺寸偏差和形位误差，以及表面粗糙度要求。齿坯精度直接影响齿轮的加工精度和测量精度，并影响齿轮副的接触状况和运行质量，所以必须加以控制。

齿轮各主要表面粗糙度也将影响加工方法、使用性能和经济性，其要求见表 10-7 和表 10-8。齿轮孔或轴颈的尺寸公差和形状公差，以及齿顶圆柱面的尺寸公差见表 10-9。基准面径向和端面跳动公差见表 10-10 所示。

表 10-7　齿面表面粗糙度 *Ra* 的推荐极限值　μm

<table>
<tr><th rowspan="2">精度等级</th><th colspan="3">Ra</th></tr>
<tr><th>$m<6$</th><th>$6\leqslant m\leqslant 25$</th><th>$m>25$</th></tr>
<tr><td>3</td><td></td><td>0.16</td><td></td></tr>
<tr><td>4</td><td></td><td>0.32</td><td></td></tr>
<tr><td>5</td><td>0.5</td><td>0.63</td><td>0.8</td></tr>
<tr><td>6</td><td>0.8</td><td>1.0</td><td>1.25</td></tr>
<tr><td>7</td><td>1.25</td><td>1.6</td><td>2.0</td></tr>
<tr><td>8</td><td>2.0</td><td>2.5</td><td>3.2</td></tr>
<tr><td>9</td><td>3.2</td><td>4.0</td><td>5.0</td></tr>
<tr><td>10</td><td>5.0</td><td>6.3</td><td>8.0</td></tr>
</table>

表 10-8　齿轮各基准面表面粗糙度 *Ra* 的推荐值　μm

<table>
<tr><td>精度等级</td><td>5</td><td>6</td><td>7</td><td>8</td><td>9</td></tr>
<tr><td>齿面加工方法</td><td>精磨</td><td>磨或珩齿</td><td>剃或精插、精铣</td><td>滚齿或插齿</td><td>滚齿或铣齿</td></tr>
<tr><td>齿轮基准孔</td><td>0.32～0.63</td><td>1.25</td><td colspan="2">1.25～2.5</td><td>3.2～5</td></tr>
<tr><td>齿轮轴基准轴颈</td><td>0.32</td><td>0.63</td><td>1.25</td><td colspan="2">1.25～2.5</td></tr>
<tr><td>齿轮基准端面</td><td>1.25～2.5</td><td colspan="2">2.5～5</td><td colspan="2">3.2～5</td></tr>
<tr><td>齿轮顶圆</td><td>1.25～2.5</td><td colspan="4">3.2～5</td></tr>
</table>

表 10-9　齿坯尺寸公差　μm

<table>
<tr><td colspan="2">齿轮精度等级</td><td>1</td><td>2</td><td>3</td><td>4</td><td>5</td><td>6</td><td>7</td><td>8</td><td>9</td><td>10</td><td>11</td><td>12</td></tr>
<tr><td rowspan="2">孔</td><td>尺寸公差</td><td>IT4</td><td>IT4</td><td>IT4</td><td rowspan="2">IT4</td><td rowspan="2">IT5</td><td rowspan="2">IT6</td><td colspan="2" rowspan="2">IT7</td><td colspan="2" rowspan="2">IT8</td><td colspan="2" rowspan="2">IT8</td></tr>
<tr><td>形状公差</td><td>IT1</td><td>IT2</td><td>IT3</td></tr>
<tr><td rowspan="2">轴</td><td>尺寸公差</td><td>IT4</td><td>IT4</td><td>IT4</td><td rowspan="2">IT4</td><td colspan="2" rowspan="2">IT5</td><td colspan="2" rowspan="2">IT6</td><td colspan="2" rowspan="2">IT7</td><td colspan="2" rowspan="2">IT8</td></tr>
<tr><td>形状公差</td><td>IT1</td><td>IT2</td><td>IT3</td></tr>
<tr><td colspan="2">顶圆直径公差</td><td colspan="2">IT6</td><td colspan="3">IT7</td><td colspan="3">IT8</td><td colspan="2">IT9</td><td colspan="2">IT11</td></tr>
</table>

表 10-10 齿坯径向和端面圆跳动公差 μm

分度圆直径/mm		精度等级				
大于	到	1,2	3,4	5,6	7,8	9～12
—	125	2.8	7	11	18	28
125	400	3.6	9	14	22	36
400	800	5.0	12	20	32	50

10.4.4 图样标注

国家标准规定：在技术文件需叙述齿轮精度要求时，应注明 GB/T 10095.1—2008 或 GB/T 10095.2—2008。关于齿轮精度等级标注建议如下：

① 若齿轮的检验项目同为某一精度等级时，可标注精度等级和标准号。例如，齿轮检验项目同为 8 级，则标注为 8 GB/T 10095.1—2008 或 8 GB/T 10095.2—2008。

② 若齿轮检验项目的精度等级不同时，如齿廓总偏差 F_a 为 7 级，而齿距累积总偏差 F_p 和螺旋线总偏差 F_β 均为 8 级时，则标注为 7(F_a)，8(F_p，F_β)GB/T 10095.1—2008。

实训习题与思考题

1. 对齿轮传动有哪些使用要求？

2. 齿轮加工误差产生的原因有哪些？

3. 为什么要对齿坯提出精度要求？齿坯精度包括哪些？

4. 齿轮传动中的侧隙有什么作用？用什么指标来控制侧隙？

5. 齿轮副精度评定指标有哪些？

6. 齿轮各项误差如何测量？

7. 有一单级圆柱齿轮减速箱，已知一齿轮，$m=3$ mm，$Z=50$，$\alpha=20°$，齿宽 $b=25$ mm，齿轮基准孔直径 $d=45$ mm，中心距 $a=120$ mm，传动功率为 7.5 kW，转速 $n=750$ r/min。传动中齿轮温度为 $t_1=75$ ℃，箱体温度 $t_2=50$ ℃，设钢齿轮线膨胀系数 $\alpha_1=11.5\times10^{-6}$ ℃$^{-1}$，铸铁箱体的线膨胀系数 $\alpha_2=10.5\times10^{-6}$ ℃$^{-1}$。采用喷油润滑。若该齿轮的生产类型为小批量生产，试确定齿轮的精度等级、有关侧隙的指标、齿坯公差和表面粗糙度。

8. 已知直齿圆柱齿轮副，模数 $m_n=5$ mm，齿形角 $\alpha=20°$，齿数 $z_1=20$，$z_2=100$，内孔 $d_1=25$ mm，$d_2=80$ mm，图样标注为 6 GB/T 10095.1—2008 和 6 GB/T 10095.2—2008。试确定：

(1) 两齿轮 f_{pt}，F_p，F_α，F_β，F_i''，f_i''，F_r 的允许值；

(2) 两齿轮内孔和齿顶圆的尺寸公差、齿顶圆的径向圆跳动公差，以及端面跳动公差。